大学计算机优秀教材系列

C程序设计导引

第 2 版

尹宝林　编著

Second Edition

机械工业出版社
China Machine Press

图书在版编目（CIP）数据

C程序设计导引 / 尹宝林编著. —2版. —北京：机械工业出版社，2020.6（2022.8重印）
（大学计算机优秀教材系列）

ISBN 978-7-111-65672-2

I. C… II. 尹… III. C语言－程序设计－高等学校－教材 IV. TP312.8

中国版本图书馆CIP数据核字（2020）第089559号

本书是一本讲解C程序设计的入门教材，根据学生对新知识学习和认知的规律，从C语言和C程序的基本要素以及程序设计的基本方法开始，循序渐进地引入对程序设计专业化的要求和相关知识。全书共分10章（不包括第0章引言），全面地介绍了C语言的基本语法及C语言程序设计方法，内容包括：C程序的创建及其基本结构；常量、变量和表达式；条件语句和开关语句；循环语句和goto语句；函数；数组；指针初步；结构和联合；输入 / 输出和文件；程序设计的基本方法。每章均配有大量的例题和习题，附录中给出了部分习题参考答案，介绍了vi/vim的常用命令、使用MS VC++ 6.0 IDE创建C程序的基本过程、使用CodeBlocks创建和运行C程序、cc/gcc的常用命令行选项、常用的标准库函数名及其头文件、ASCII编码、调试工具GDB的常用命令、不同版本的C语言标准之间的主要区别、基本数据类型的长度。

本书特别适合作为计算机和非计算机专业学生学习高级语言程序设计的教材，也可供计算机等级考试者和其他各类学习者使用。

出版发行：机械工业出版社（北京市西城区百万庄大街22号 邮政编码：100037）

责任编辑：游 静　　责任校对：殷 虹

印　刷：三河市宏达印刷有限公司　　版　次：2022年8月第2版第3次印刷

开　本：185mm×260mm 1/16　　印　张：19

书　号：ISBN 978-7-111-65672-2　　定　价：69.00元

客服电话：（010）88361066 88379833 68326294　　投稿热线：（010）88379604

华章网站：www.hzbook.com　　读者信箱：hzjsj@hzbook.com

再版说明

本书第 1 版被北京航空航天大学等高校选为计算机专业以及非计算机专业程序设计入门课程教材。根据这些年的使用经验，任课教师们对本书提出了宝贵的意见和建议。其中一些建议涉及本书章节的组织，一些建议涉及具体内容的修改。笔者根据任课教师们的建议以及学生们在学习中的反映，对本书进行了修订，以期更好地满足程序设计课程课堂教学和学生自学两方面的要求。

新版的修订内容包括三部分：第一部分是内容结构的调整和补充，第二部分是现有各章内容和叙述细节的修改及补充，第三部分是对书中附录的修改和补充。在内容结构的调整方面，新版将第 1 版的第 8 章“程序设计的基本方法”移到“输入 / 输出和文件”之后作为全书的最后一章，以便授课教师根据学生的接受程度、课时数和讲课进展灵活选择是否讲解以及讲解的内容。此外，新增“初学者程序中容易出现的错误”一节，提示初学者注意在实际编程中的一些常见错误，以便减少失误，提高效率。

在各章具体内容和叙述细节的修改方面，主要是对习题和例题进行了修改及补充。本书的特点之一是有丰富的例题和习题。据授课教师反馈，有些例题的难度稍高，部分学生接受起来有一定的困难，建议更换例题或在这类例题之前增加难度稍低的例题作为过渡，以便于教师讲授和学生接受。在这些意见的基础上，新版对部分例题和习题以及部分正文内容进行了修改和补充。

目前，很多学生在上机练习时均使用自备的便携式计算机，以及从互联网上下载的开源软件开发工具。本书第 1 版关于软件工具的介绍以当时北航计算机实验室所配置的软件工具为依据，将这些工具的使用方法作为附录列入本书。根据授课教师的建议，新版将现在使用较为普遍的软件开发工具 CodeBlocks 列入附录，并适当讲解。此外，根据一些任课教师和学生的反馈，在附录中增加了一些学生反映较有难度以及在作业中错误率较高的编程题目的参考答案。

本书第 1 版面世以来，一些新的程序设计语言得到了广泛的应用。其中最为突出的是 Python 等对人工智能应用领域提供较多支持的编程语言得到了迅速的普及。一些高校甚至把 Python 作为编程课程的入门语言。然而，这些变化并没有改变 C 语言在信息技术中的重要地位。多年来，C 语言在 TIOBE 编程语言排行榜中始终稳居前两名，它在信息技术和商业领域的使用率远远高于排名在其后面的各种编程语言。而像 Java、Python 这类解释型和半解释型语言的解释器和虚拟机，以及一些广泛使用的人工智能系统的开发工具都是使用 C 或者 C++ 实现的，而 C++ 的基础部分就是 C 语言。C 语言作为与计算机硬件结合紧密的语言，对于理解计算机系统的工作原理和工作过程有着其他各种语言无法比拟的优势。因此 C

语言仍然是学习信息技术的重要基础，是计算机专业人员的第一语言。在掌握了C语言和基本的编程方法之后再学习其他的编程语言，就会感到轻车熟路、游刃有余。

本书的修订再版得到了北京航空航天大学的教材立项资助。在本书的修订过程中，得到了很多老师的热情帮助。特别感谢北京航空航天大学软件研究所晏海华副所长和北航软件学院宋友副院长的大力支持和宝贵意见。特别感谢温莉芳副总经理的鼓励和鞭策以及机械工业出版社华章分社各位同仁对本书从第1版的出版到修订再版所付出的努力，她们多方面的支持和积极帮助，使得本书的修订再版得以早日面世。限于水平，书中的错漏之处在所难免，还望读者不吝指正。

尹宝林

2019年12月3日

第1版作者自序

本书是一本讲解C程序设计的入门教材，以C语言为工具讲解程序设计，围绕程序设计的基本方法讲解C语言，其主要目的是使读者通过学习能够了解C语言常用语句的语法和语义，掌握程序设计的基本方法和技术，较为熟练、规范地完成不涉及复杂算法和数据结构的小型C程序的设计、编码和调试，为进一步发展自己的专业程序设计能力打下一定的基础。

程序设计与程序设计语言是密切相关但又互不相同的两个概念。程序设计语言是程序设计的工具，主要涉及语法和语义两个层面；而程序设计所要掌握的主要内容是对问题求解过程的理解和描述方法，以及如何在此基础上运用程序设计语言将问题求解过程表达为可以由计算机执行的程序。因此，学习程序设计在内容和方法上都与单纯地学习程序设计语言有很大的不同。很多初学者往往混淆于到底是学习程序设计还是学习程序设计语言，往往发现在花不少时间学会了一门程序设计语言之后却写不出一个像样的程序。这其中的重要原因就在于学习目标以及相关学习内容和学习方法的选择。

因为是入门级的程序设计教材，所以本书不讨论复杂的算法、技巧和数据结构，也不要求读者学习过这方面的课程。书中涉及的少量数据结构，也只是作为讲解C语言使用的例子，而不是对数据结构本身的深入探讨。当然，复杂的程序设计离不开算法和数据结构，但那是其他课程和教材的领域了。因为是基础性的教材，所以本书不过多地讨论在基本程序设计中很少遇到的语言内容和较为深入的工程性细节，而是把重点放在如何有条理地思考所面对的程序设计问题，运用已有的知识描述对问题的求解思路，运用C语言准确地表达自己的思想等方面。因为是讲解程序设计方法的教材，所以本书在语言标准上采用C89，而不是更新的C99和C11。C99和C11与C89的主要区别是为满足大型复杂程序的特殊需要而增加了一些新特性，没有对C89进行实质性的改变，对学习基本程序设计方法没有任何影响。而且，C89是目前得到最广泛支持的C语言标准。几乎所有的主流编译器，包括支持C99和C11的编译器，也都支持C89。而C99和C11则因为标准较新，支持的编译器较少，而且这两个标准中有不少可选项，影响了编译器之间的兼容性。采用C89，可以在不妨碍读者今后学习C99和C11的前提下更方便地选择上机练习所使用的编译器。

“兵无常势，水无常形”，程序设计也是如此。程序设计的水平和质量在很大程度上取决于程序设计人员的想象力和创造力，因此很多计算机领域的先驱和大家把程序设计称为一种艺术。对程序设计这样一门兼具技术和艺术性质的课程的学习，自然也没有一成不变的方法；为这样一门课程编写教材更绝非易事，特别是入门级的教材。

由于机械工业出版社华章分社同仁的鼓励和帮助，本书才得以早日问世。本书的主要内容在北京航空航天大学的本科生程序设计课程中讲授有年，担任过该课程教学辅导的研究生们在学生意见的收集、例题和习题的拟定以及课程的练习、考试成绩的统计等方面贡献良多，从而使本书的内容能够更加贴近初学者的需要。本书在写作中也得到了不少同事的热情鼓励和多方支持，作者对此表示衷心的感谢。限于水平，书中的错漏之处在所难免，还望读者不吝指正。

尹宝林

2012年仲夏于京北

教学建议

本书的教学内容不要求学生先修任何大学课程，因此可以安排在大学一年级讲授。建议授课时间为 32 ~ 36 学时，各章的参考学时见下面的各章内容重点说明。本书在内容安排上兼顾计算机专业和非计算机专业的使用。对于非计算机专业，可以考虑只讲到 7.4 节，各章的教学学时也可以酌情增加。5.9 节、6.2 节以及 7.5 节之后的内容主要面向计算机专业的学生，有些内容以及相关例题的难度有所增加，在讲授时可以酌情选择。

例题和相关的程序代码是本书的重要内容。一些重点例题可以在课堂上重点讲解，其余例题可以要求学生自行阅读，并将不完整的代码补充完整。习题，特别是编程练习题，是本书的重要组成部分，对于巩固所学的理论知识、提高实际编程能力具有不可替代的作用。建议安排与讲课时数相当的上机时间，并提供必要的检查和辅导。本书提供的习题较多，教师可以根据教学目标和学生的掌握程度酌情选择。

各章内容重点和学时分配如下：

第 1 章　C 程序的创建及其基本结构（2 学时）

本章简要介绍 C 程序的创建过程、基本结构和各种组成要素、C 程序在编译过程中可能出现的问题及其调试方法，以及数据的输入 / 输出和标准文件的概念。本章的讲授重点是 C 程序的开发过程、C 程序的基本结构，以及语法错误的定位。本章中的**【例 1-4】**~**【例 1-6】**不必讲解，也不要求学生理解，可以鼓励学生自己阅读，建立对 C 程序的感性认识。

第 2 章　常量、变量和表达式（3 学时）

本章讨论常量、变量、算术表达式、数据类型及类型转换，以及输入 / 输出函数 scanf() 和 printf()，重点是数据类型、数据类型的强制转换，以及 scanf() 和 printf() 的使用方法及字段说明符。本章中的**【例 2-7】时钟指针**综合讲解了数据类型强制转换的使用，以及从对问题的分析到方法的选择和代码实现的过程，可以在讲解前引导学生进行适当的讨论。

第 3 章　条件语句和开关语句（2 学时）

本章讨论关系运算符和逻辑运算符、运算符的优先级、if 语句、switch 语句，重点是使用逻辑表达式描述实际问题中给定的条件、复合语句，以及 if 语句的嵌套关系。在讲解 switch 语句时，需要强调其分支条件表达式及其各个 case 的常量表达式应为整型，以及在各个 case 中语句段落的结尾不使用 break 的条件。

第 4 章　循环语句和 goto 语句（2 学时）

本章讨论 while、for、do while 三种循环语句和 goto 语句，重点是 while 和 for 语句，以及循环语句的嵌套和非常规控制。本章的例题较多，其中**【例 4-2】最大公约数**、**【例 4-6】水仙花数**、**【例 4-7】π 的近似值**、**【例 4-10】连续正整数**在本章或后面的章节中再次或多次使用，对启发学生分析和解决问题、设计恰当的程序结构等有示范作用；**【例 4-3】数据读入**、**【例 4-8】输出提示信息，读入应答**是实际程序中常用的模式，可以重点讲解。

第 5 章　函数（4 学时）

本章贯穿始终的基本思想是通过函数的定义和调用，实现对计算过程的层次化描述。本章的重点内容包括函数的基本概念、函数的结构和定义方式、函数的调用和返回值、全局变量和局部变量。递归在理论和实际计算中占有重要的地位，但对于初学者来说可能有一定的难度。对于非计算机专业的学生，5.9 节的内容可以不讲。

第 6 章　数组（6 学时）

本章的内容包括一维数组、字符数组和二维数组，其中一维数组及其在程序中的使用、字符数组的相关函数，以及数组作为函数参数时的描述和使用方式是重点。本章的篇幅较长，对于非计算机专业的学生，6.2 节可以跳过不讲。例题中**【例 6-2】字符分类统计**、**【例 6-3】质数表**、**【例 6-11】数组元素的二分查找**、**【例 6-18】字符串倒置**、**【例 6-25】星期几**、**【例 6-26】数据中的最长行**、**【例 6-28】使用二维数组绘制函数图像**在课时允许的情况下可以重点讲解。对于计算机专业的学生，**【例 6-13】区间合并**、**【例 6-15】括号匹配**、**【例 6-17】*N* 位超级质数**等也可以重点讲解。

第 7 章　指针初步（5 学时）

本章以 7.4 节为界，分为前后两个部分，前一部分讲述指针的入门知识，面向一般读者，后一部分讲述较为深入的内容，适用于计算机专业的学生，教师可以根据教学对象选择是否讲解后一部分。本章前一部分的重点是指针的概念、指针的类型、指针的运算，以及指针与数组的关系；后一部分的重点是指向二维数组的指针和函数指针。在函数指针部分，具有函数指针参数的库函数 qsort() 和 bsearch() 是学习的难点。这两个函数所提供的功能在程序设计中经常会用到，掌握这两个函数的使用方法不仅可以帮助学生理解函数指针的使用方法，而且对于提高初学者的编程水平具有重要的作用，因此需要重点讲解。在本章的前一部分，**【例 7-7】多行数据的平均值**、**【例 7-8】子串逆置**和**【例 7-9】超长整数加法**是较为重要的例子。在本章的后一部分，**【例 7-13】输入数据的编号**可以重点讲解。

第 8 章　结构和联合（2 学时）

本章的重点是结构，包括结构的概念、结构变量的定义和初始化、结构成员的访问方式、结构指针等。**【例 8-2】输入数据的编号**、**【例 8-4】同心圆**、**【例 8-5】单向链表**以及**【例 8-6】排序二叉树的节点插入、查找和中序遍历**是较为重要的例子。复杂类型的解读对于提高学生阅读和编写较为复杂程序的能力较为重要，在课时允许的情况下可以重点讲解。联合在初级程序设计中使用较少，可以根据课时情况酌情选择。

第 9 章　输入 / 输出和文件（2 学时）

本章的重点是文件的概念、文件访问的操作步骤、文件读写的定位等。**【例 9-2】日程列表**和**【例 9-2-1】日程列表的排序显示**是本章较为重要的例子。以正文方式对文件的基本读写操作在前面的章节中使用较多，因此上面这些内容的难度不大。相比之下，二进制读写的内容不多，对初学者来说可能有一定的难度，可以根据情况酌情选择。

第 10 章　程序设计的基本方法（6 学时）

本章是本书的重点之一，讨论从问题分析、方案设计、编码到调试和测试的程序设计过程，以便使学生掌握正确的程序设计方法。本章的教学目的在于使学生建立起从对问题的分析和求解过程的整体规划入手进行程序设计的概念，逐步掌握自顶向下进行问题分析的方法，养成脱离编程语言和代码设计问题求解方案的习惯，以及初步具备对程序进行测试和调试的能力。本章概念性和理论性的内容稍多，多数例子也比前面各章的例子复杂，因此需要根据学生的反馈和学生完成练习的情况，把握和调整教学进度。本章中**【例 10-3】流程控制关键字的统计**、**【例 10-6】数字删除**、**【例 10-9】Cantor 表的第 *n* 项**、**【例 10-10】单向链表的逆置**、**【例 10-11】公式求解**等对学生体会程序设计的基本方法具有启发作用，可以重点讲解。**【例 10-12】花朵数**、**【例 10-16】序列的第 *N* 项**较为复杂，可以根据情况酌情选择。

目　　录

例题索引

CHAPTER 0

第 0 章

引　言

计算机技术是人类在 20 世纪最重要的发明之一，小到我们日常使用的手机，大到探月飞船的发射，计算机技术无处不在，对我们社会的方方面面产生了重大的影响，深刻而持久地改变着我们的社会和生活。人们普遍认为，在 21 世纪，一个国家的计算能力是一个国家实力的重要组成部分。作为计算机技术的重要组成部分，程序设计技术在计算机技术的发展和应用过程中发挥了至关重要的作用。

计算机与程序设计

现代计算机系统可以分为硬件和软件两部分，硬件提供了具有广泛通用性的计算平台，软件描述计算任务的处理对象和处理规则。硬件决定计算机系统的性能，软件决定计算机系统的功能。计算机的各种软件，包括各种手机 APP 在内的移动应用，以及最近广受关注的人工智能，其核心的支撑技术都是程序设计技术。如果说硬件是计算机的躯体，那么程序就是计算机的灵魂。程序设计就是塑造计算机灵魂的工作，程序设计语言就是计算机技术这一庞大复杂的技术体系的重要基石。

从描述的层面和与硬件的相关程度上看，程序设计语言可以分为低级编程语言和高级编程语言两大类。低级语言包括机器语言和汇编语言，其语言结构基本上是面向特定机器指令系统的指令序列，对计算过程的描述是在目标机操作的层面进行的。因此低级语言严格依赖于特定的硬件指令系统，可移植性差。同时，由于语言的描述层次很低，程序的代码较长，可读性和可维护性差，不适于大型软件的开发。

高级程序设计语言在与目标机无关的层面上对问题的计算过程进行描述，它可以屏蔽计算过程的执行细节、突出计算过程的目标和运算方法，便于问题的分析和描述。由于高级程序设计语言在较高的层次上对计算机的执行过程进行抽象描述，一条高级程序设计语言的语句往往等价于很多条机器指令，这就大大提高了程序设计的效率。使用高级语言编写的程序需要通过编译系统转换成机器指令，或者通过语言解释系统解释执行，其本身与具体的目标机无关。只要提供相应的编译系统或解释系统，用高级程序设计语言写成的程序就可以运行在任何计算机上。高级程序设计语言的这些特点，使得它成为目前程序设计中使用的主流语言。在众多的高级程序设计语言中，C 语言由于其突出的特点，不仅在软件开发中得到了广泛的应用，而且在程序设计技术的学习上发挥着无可替代的作用，成为广大专业人员学习程序设计的第一语言。

C 语言概述

C 语言是由美国 Bell 实验室的 Dennis M. Ritchie 于 1973 年为研制 UNIX 操作系统而专门设计的，是一种编译型的高级程序设计语言。由于它简洁精练，描述能力强，生成代码的执行效率高，适用领域宽，同时又与 UNIX 等操作系统有着天然的紧密关联，因此迅速地被计算机和信息领域的专业人员普遍接受。尽管 C 语言面世已 40 余年，但它仍然是一种使用最广泛和具有重要技术影响力的程序设计语言。目前，C 语言被广泛地应用于从系统软件到应用软件的各种软件系统。据统计，近些年来，C 语言在编程领域的使用比例一直保持在 15% ~ 20%，位居编程语言的前列。大量的通用软件和工具软件，特别是各类基础软件，如各种操作系统和编译器、各种脚本语言的解释器以及 Java 虚拟机等的实现，几乎毫无例外地都使用 C 语言。在 C 语言之后发展起来的很多重要语言也是建立在 C 语言的基础之上的。对于 C++ 和 C# 这样的语言，仅从名字上就可以明白它们和 C 语言的关系。

C 语言是一种编译型的编程语言。所谓编译型语言，是与解释型语言相对的。使用编译型语言编写的程序，需要使用编译系统进行编译，生成以所在计算平台的机器指令码表示的可执行代码，然后再在计算平台上运行。使用编译型语言所写的程序运行效率很高，大多数主流编程语言，如 C、C++ 等都是编译型语言。而广为人知的 BASIC 语言则是解释型语言的典型代表，大量的脚本语言，如 Web 网页编程使用较多的 Perl、PHP 和 Python 等也都是解释型语言。解释系统对使用解释型语言编写的程序进行分析，有可能生成一些中间表示形式，但是不生成以所在计算平台的机器指令码表示的可执行代码。程序的运行是以对程序或中间结果进行解释的方式完成的，因此程序的运行效率较低。

C 语言的成功得益于它的诸多特点。根据设计者自己的评价，“C 是一种通用的程序设计语言，它包含了紧凑的表达式、现代控制流和数据结构，以及丰富的运算符集合。C 不是一种‘很高级’的语言，也不‘大’，它不特定于某一个应用领域。但是 C 的限制少，通用性强，这使得它比一些被认为功能强大的语言更方便，效率更高。”对于刚刚涉足软件领域的人来说，把 C 语言作为第一门高级编程语言的重要优点是，C 语言简洁精练，所涉及的概念比较少，语法和结构也简单。这不但便于初学者掌握 C 语言的基本要素，而且便于初学者把学习的注意力集中在掌握 C 语言的运用以及更一般的程序设计技术方面。

C 语言的早期版本定义在 Brian W. Kernighan 和 Dennis M. Ritchie 的经典著作《C 程序设计语言》第 1 版的参考手册中，一般称其为 K&R C。1989 年，美国国家标准协会（ANSI）完成了一个 C 语言的标准化版本 ANSI C。这个新版本与 K&R C 基本相同，只是在一些描述方式上做了少量的改进，对语法做了少量的扩充，有些语句的语义有轻微的改变，增加了一些新的关键字，改变了函数声明和定义的语法，并且定义了一个标准的 C 函数库。但总的来说，ANSI C 保持了 K&R C 的基本风格和内容，绝大部分以 K&R C 编写的程序都可以在 ANSI C 的环境下正确地编译运行。1990 年，国际标准化组织（ISO）采纳了这个标准 (ISO/IEC 9899)，称为 ISO C90。我国于 1994 年制定的国家标准 GB/T15272 等也采用该标准。因为这一标准的 ANSI 版本是在 1989 年制定的，因此也常被称为 C89。除了这两个版本之外，GCC 和 MS VC 等也是目前使用比较广泛的 C 语言版本。这些版本对 ANSI C 进行了少量的扩充，但是在语言描述层面没有大的改动，因此都可以正确地编译运行采用 ANSI C 编写的程序。1999 年，ANSI 和 ISO 合作，提出了 ISO/IEC 9899:1999，简称 ISO C99 标准，它在语言的描述层面和实际特性上都进行了一些扩展。ISO C99 提供了一些新的机制，并且在个别地方与 ANSI C 有明显的差异。目前完全支持 ISO C99 标准的编译系统不多。一些号称支持 C99 标准的编译系统只是有选择地实现了 C99 对 C89 的部分扩展。有些编译系统在实现 C99 特性时也根据自己系统的特点做了部分的调整和改动。因此很多支持 C99 的编译系统之间并不兼容。实际上，C99 的这些新机制及相关的语法改动在规模较小的简单程序中不太会用到，对于初学者来说并不重要。2011 年，ISO 提出了 ISO/IEC 9899:2011，简称 ISO C11 标准，它增加了一些新的特性，以提高与 C++ 的兼容性。因为这一标准推出时间较短，所以尚未有编译系统对其提供完整的支持。附录 I 列出了 C89 与 C99 和 C11 的主要差别。

本书的内容依从 C89 标准，此外只采用了目前所有主流编译器都支持的“行注释”。本书不采用 C99 和 C11 标准的原因有二。首先，本书所要讲解的是如何使用 C 语言进行程序设计，而不是最新的 C 语言标准。C89 提供了 C 语言的全部基础功能，已经超过了学习 C 语言编程的基本需要。而 C99 及 C11 所扩充的特性主要用于大型复杂程序的编写，在学习基本编程时很难用到。本书把注意力集中在 C89 上，有助于读者减轻学习负担，加快掌握 C 语言程序设计的核心能力。其次，C89 是目前得到最广泛支持的 C 语言标准。即使是 C99 和 C11 的编译器，也必然向下兼容 C89，反之则未必。使用 C89 可以使读者在选择编译器进行练习时更容易一些。本书把内容限制在 C89，不会影响读者所能学到的程序设计知识和能力。C89 本身完全可以胜任大规模复杂程序的设计，而不必借助于 C99 和 C11 的新特性。当掌握了 C89 以及基本的程序设计方法后，学习和掌握 C99 和 C11 的新特性应该是一件很容易的事。

程序运行平台和文件

程序的运行平台由硬件和软件两部分组成。运行平台中与程序设计直接相关的硬件配置主要是计算机 CPU 的类型和内存的大小。CPU 是中央处理器的英文缩写，是计算机进行运算的核心部件。内存是计算机在运行时保存程序代码和中间运算结果的线性存储空间，一般以字节为单位，各个存储单元的编号称为存储单元的地址。与程序设计直接相关的软件配置主要是操作系统和编译系统。用户通过操作系统向计算机发布各种命令，通过编译系统将自己的程序翻译成计算机能够执行的代码。程序的运行平台与程序设计的工作平台在概念上是相互独立的，但在多数情况下编程人员就在程序的运行平台上进行程序设计的各项工作。这时，程序的运行与程序的设计就共享同一个工作平台了。

尽管高级程序设计语言可以屏蔽计算机硬件的大部分差异，但仍然有一些硬件上的差异会影响到程序的设计和实现，特别是在使用 C 语言这样兼具高级语言和低级语言特征的编程语言时。对 C 语言而言，CPU 的类型主要影响到语言中一些基本数据类型的长度，而这会影响到数值表达和计算的范围；内存的大小可能会影响到程序中可以使用的内存空间的大小，以及程序运行的速度。目前很多计算机使用的 CPU 都采用 Intel 公司的 32 位二进制位字长的 IA32 结构（有时也称为 x86 结构），所配置的内存一般都数以十亿字节（GB）计，远远超过了简单程序运行时的需要，因此硬件平台对初学程序设计的读者影响不大。

目前广泛使用的操作系统主要有UNIX/Linux和MS Windows两大类。从系统基本功能的角度看，这两类操作系统的差异不大。从具体操作的角度看，UNIX/Linux既提供了基于字符终端的命令行操作模式，也提供了基于用户桌面的图形界面操作模式；而MS Windows则主要提供基于用户桌面的图形界面操作模式。从程序设计的角度看，这两类操作系统之间有一些小的差别。例如，UNIX/Linux区分文件名中的大小写字母，而MS Windows对文件名中的大小写字母一视同仁；在这两类操作系统上，对于文件中的换行符和结束符的表示方法也不完全相同。在刚刚开始学习程序设计时，这些小小的差异可能会给初学者带来一些麻烦，但在有了一定的编程经验之后，这些问题其实是很容易解决的。使自己的程序具有一定的环境适应能力，或者用专业术语说，具有一定的可移植性，既是必要的，也是不难的。

C语言是一种编译型的程序设计语言，需要使用编译器将以C语言写成的源程序翻译为宿主机上的CPU指令序列。目前几乎所有常见的编译器都支持C89。比较常见的编译器和开发环境有GCC、MS VC++ Visual Studio、CodeBlocks、MinGW等。读者可以根据自己的情况选择。

文件是计算机技术中的一个重要概念，是一种按名字保存数据的存储机制。它既可能对应于磁盘上按一定方式组织起来的磁盘存储块，也可能对应于某些指定的设备，例如计算机终端的键盘或显示器。计算机中的各种数据，包括用户使用C语言编写的源程序、通过编译器生成的可执行代码等，都是以普通文件的方式保存在磁盘等存储介质上的。此外，程序中数据的输入/输出也都是和文件密切相关的。每个文件都有一个确定的名字以及与此对应的一组数据。当需要读写数据时，只要给出相应的文件名，数据处理程序就会从文件中读出数据或向指定的文件中写入数据。

计算机中文件的创建方式一般有两种：第一种是用户通过文件编辑工具输入文件的内容并将其保存在计算机的文件系统中；第二种是由各种程序在运行时生成并保存在文件系统中。以程序设计过程中经常使用的文件为例，程序的源文件是编程人员使用编辑工具创建的；目标代码文件和可执行文件是由编译系统根据源文件的内容和编译命令的要求生成的；程序的输出数据文件是程序在运行时使用相应的语句生成的。计算机中各种文件的内容是以字节序列的方式保存的。文件系统对于文件中的数据没有任何特殊的格式要求，对于写入文件中的内容也没有任何限制，既可以是可显示的字符，也可以是不可显示的字符。这些内容的具体含义，需要由使用这些数据的程序或人员来解释。

磁盘上的文件数量成千上万。为了有效地管理这些文件，方便用户的使用和查找，磁盘上的文件通过目录结构以文件树的方式组织起来，一个目录中可以包含很多文件以及子目录，子目录下还可以包含文件和子目录。这样一层层地组织起来，看起来像是一棵水平生长的树，其中顶层的目录被称为文件树的根目录，树的中间节点是各级子目录，叶节点是文件。我们编写程序生成的各种文件就是文件树中的叶节点。

从文件中数据的类型和使用方式来看，文件可以分为正文文件和二进制文件。正文文件只包含可显示字符，一般供人阅读和操作，也可以由程序进行处理。例如，由编程人员使用编辑工具创建的源文件就是正文文件。二进制文件中既可以包含可显示字符，也可以包含不可显示字符，一般只由特定的程序进行处理。例如，目标代码文件和可执行文件就是由编译系统根据源文件的内容生成的二进制文件，分别供编译系统中的链接程序生成可执行文件和由操作系统调用、执行相应的程序。在本书中，我们主要讨论对正文文件的处理，因为初级编程中的输入/输出数据文件基本上都以正文文件的方式保存。

学习方法要点

程序设计与程序设计语言关系密切，但又分处不同的层面。程序设计的核心任务是建立求解问题的思路和方案，包括从问题分析、方案设计、数据结构和算法的选择、程序编码到代码调试、测试等多个环节；程序设计语言则是程序编码所使用的工具。对这两者的学习应该是相辅相成、互相促进的。对于初学者来说，在入门阶段，下面几点是需要特别注意的：

1）**明确学习的重点**。程序设计的学习主要包含两方面的内容：第一方面是关于程序设计的方法和技术，第二方面是关于编程语言的知识。程序是程序设计者对计算步骤和过程的描述，而编程语言则是进行这种描述的工具，是程序外在的表现形式，所涉及的是具体语言的语法和语义。与编程语言相比，程序设计的方法和技术更为重要、更为基础、更为本质，也更为复杂。它所涉及的是独立于具体程序设计语言的系统化的程序设计思路和方法。初学者需要明确的是，程序设计并不等于编程语言，学习 C 语言程序设计和学习 C 语言是完全不同的两种学习目标。对学习程序设计来说，C 语言很重要，但学会了 C 语言并不等于学会了程序设计。学习程序设计中需要重点关注的是如何运用 C 语言编程，而不仅仅是记住 C 语言的语法、语义或个别语句的细节。即使对 C 语言本身，单纯学习和记忆语法、语义也很难学好，就像仅仅背诵单词和熟记语法很难学好外语一样。对 C 语言的语法、语义，只有通过在大量编程实践中的应用才能真正掌握。只有在程序设计的背景下、在相关程序段落的上下文中才能逐渐深入地领悟 C 语言的精髓，理解和把握 C 语言的细节。

2）**注重编程实践**。程序设计不是一种抽象的理论。它所要求的不仅是对知识记忆和理解的能力，而且是对知识运用的能力。为了掌握和提高程序设计能力，需要进行大量的编程实践。对有些习惯于以记忆知识点的方式学习书本知识的读者，在开始学习程序设计时可能会感到无从下手：明明 C 语言的语法都记住了，题目的要求似乎也都清楚，但就是难以完整、正确地写出一个看似不复杂的程序。这里面的关键在于，记住了知识不等于理解了知识，理解了知识不等于能够运用知识。知识掌握的这几个层面之间是有相当距离的。在理论指导下的实践是掌握运用知识的能力的唯一途径。想要学好程序设计的读者，一定要把编程实践放在应有的重要位置上。所谓编程实践，不仅包括自己动手写程序，也包括阅读他人编写的具有示范性的程序。在这一过程中，可以体会程序从设计思想到方案、从方案到代码的转换过程，可以体会在描述计算过程时 C 语言的各种要素是如何综合运用的。只有通过这样的实践，C 语言才不再是一个个孤立的知识点，而是一个完整的系统，是描述计算思想的有力工具。

3）**掌握正确的编程方法**。程序设计是一门实践性很强的课程。要想学好程序设计不仅需要大量的编程实践和经验的积累，而且需要在编程实践中掌握正确和规范的工作方法。完成任何一个稍具规模的程序，从工作流程上可以大致分为四步：第一步是明确目标，即弄清程序的功能要求、已知的条件以及各种限制和对边界条件的处理等；第二步是设计实现方法，也就是根据对程序目标的分析，确定完成任务的策略和步骤，包括对核心算法和数据结构等的选择；第三步是编码，也就是使用编程语言对程序目标的实现方法进行描述，在此基础上生成可执行代码；第四步则是对程序进行测试和调试，发现和改正其中的错误，使其能够圆满地完成题目规定的任务。可以看出，在这一过程中，前两步的工作都与具体的程序设计语言无关。因此我们应该避免一开始就使用编程语言来思考问题。正确的方法应该是首先使用自然语言，从更高的抽象层面完成对程序的整体功能、结构和计算过程的思考和规划。

只有在使用自然语言对程序的计算过程以及其中每一步的具体动作进行完整准确描述的基础上进行编码，才能够最大限度地保证程序的正确性，提高工作效率，收到事半功倍的效果。

4）不过度追求语言的细节。学习 C 语言程序设计必然要对 C 语言有比较准确全面的了解和掌握，但这并不是说要学好程序设计就需要掌握 C 语言的全部内容和各种细节，尤其不是说只有掌握了 C 语言的全部内容和各种细节才能学习程序设计。浏览一下 C 语言的标准就可以知道，尽管 C 不是一个大型语言，但是也包含有大量的概念、定义、术语、规则。实际上，除了计算机语言工作者、专业作者、编译器开发人员外，从头到尾仔细研究过 C 语言标准的人不多，但这并不妨碍很多人成为优秀的程序员，就好像优秀的作家未必详细研究过语法书，也未必是语言学家一样。对于初学者来说，尤其不应该在没有初步掌握程序设计的基本原理和方法时就过于深究 C 语言的细节。其实，在基础编程中用到的语言要素不多，遵循良好的编程规范时所涉及的细节也不太多。而且，C 是一种非常灵活的语言，不少功能都可以用多种方式描述，不少细节都可以通过简单的方法规避。例如，当 sizeof 作用于变量或数组时不必加括号，但当其作用于类型名时就需要加括号。如果记不住这些，则可以在 sizeof 的操作对象上一律加上括号，而不必深究到底什么时候必须加括号。对 C 语言细节的学习应该是与对编程技能的掌握相辅相成的。通过编程来学习 C 语言，编译器可以随时提示我们哪些语句是符合语法的，哪些语句在语法上是错误的。随着编程经验的增加，我们可以更准确地了解：哪些语言成分是常用的，因此需要重点掌握；哪些细节是编程中容易混淆的，因此需要深入理解；哪些细节是较少遇到或者是可以规避的，因此不必深究。在一些网站论坛上常可以看到有人反复讨论 C 语言的某些细节，而这些细节往往在编程中很少用到，有些甚至是在语言标准中未规定或未定义因此不宜在编程中使用的。对希望提高编程能力的读者来说，这很难说是有效利用时间的做法。

本书的内容和结构

本书是一本讲解 C 程序设计的入门教材，主要内容涉及 C 语言的基本要素，以及基本的程序设计方法和技术，包括对问题的分析、方案的设计，以及编码和调试。本书的重点是如何使用 C 语言进行程序设计，对 C 语言里一些不常用或非关键的内容没有涉及，对于语言的一些语法和语义也没有过于深入的讨论。读者在学习和练习的过程中，当遇到这方面的问题时，可以自行查阅相关的资料。

本书共 11 章。本章（第 0 章）介绍程序设计的入门知识和学习方法。第 1 章介绍 C 语言和 C 程序的基本要素，以及 C 程序的创建过程和方法，以便读者可以开始获得实际编程的感性知识。在涉及其他相关知识的地方，书中也给出了必要的说明，作为读者进一步查阅资料的线索。第 2 章讨论 C 语言中的基本计算对象，包括常量、变量和数据类型，以及基本的算术运算。第 3 章讨论 C 语言中的条件语句以及如何使用条件语句描述程序中的分支结构。第 4 章讨论循环语句并描述程序中的循环结构。第 5 章讨论函数的概念、使用、定义，并简单介绍递归的概念以及递归函数的结构。第 6 章讨论数组及其在程序中的运用，包括一维数组、二维数组和字符数组。第 7 章讨论指针及其运用的基本知识。第 8 章讨论结构及联合。第 9 章讨论输入 / 输出和文件。第 10 章讨论程序设计的基本方法。5.9 节、6.2 节以及 7.5 节等的内容涉及较为深入复杂的知识和编程技术，与其他章节的内容相比难度有所增加，读者可以根据自己的学习目的酌情选择。

为了说明程序设计中的各种原则和方法及其在实际编程中的运用，本书中使用了较多的例题，而且有些例题还被使用了多次，以便说明在一个问题求解过程的不同阶段如何具体运用相关的方法，或者比较对同一个问题的不同观察角度和求解思路。读者在阅读例题时，可以首先独立思考，得出自己的结论，然后再参考例题中给出的答案，也许会发现比例题答案更好的方法。在有些例题中只给出了关键部分的程序代码，其余部分则留待读者去补充完善。为了便于阅读，本书对例题按章号加例题序号的方式编号。同一道例题在同一章中被再次使用时会在原例题编号的后面加上后缀。如果这道例题在其他章节中被再次使用，则按照其所在的章号和序号重新编号。

程序设计是一门实践性很强的课程，练习是学习过程中的重要一环，也是检验学习效果的主要方法。本书的习题分为两类：一类是书面问答题和选择题，供读者复习C语言的相关概念；另一类是需要上机完成的程序设计题，供读者练习和检验运用C语言进行程序设计的能力。在程序设计题中，一部分题目要求读者根据书中的讨论，改写例题中的相关代码。这部分习题相对比较容易。认真完成这部分习题，有助于读者深入理解书中讲解的内容，便于从模仿开始逐步掌握程序设计的各个步骤。另一部分题目要求读者从问题分析入手，独立地完成程序设计的全部过程。本书中所有的程序设计题均不涉及复杂的数据结构、算法和技巧，所需要的多是对求解过程有条理的描述，以及基本的数学知识。大多数题目的代码量不超过三五十行，有些甚至在一二十行之内。完成这些题目，需要的是对问题准确全面的理解，对求解方法的清晰思考，对计算过程的常识性把握，以及编码的细致准确。对于程序设计题，即使是不复杂的题目，方案的选择和设计编码也往往不是唯一的。这就需要读者具有开放灵活的思路，对各种知识融会贯通，对各种原则灵活运用。这些使得程序设计充满挑战，也充满乐趣。只要具备勇于实践、勇于探索的精神，以及理论联系实际的态度，就可以在学习程序设计的同时得到更多的锻炼，在思想方法和工作方法上得到更大的提高。

CHAPTER 1

第 1 章

C 程序的创建及其基本结构

1.1 C 程序的创建过程

作为一种编译型的编程语言，C 程序的基本创建过程可以大致分为程序设计和程序生成两个主要阶段。第一阶段可以称为编程构思阶段，是程序创建中最重要的阶段。在这一阶段中，编程人员需要分析题目的任务要求，完成解题过程的构思、程序结构和数据结构的设计，以及算法的选择等。这一部分工作的复杂程度取决于任务的规模和性质，是程序设计中最具挑战性和创造性的工作。完成这一阶段的工作除了需要用到数据结构、算法设计和分析，以及任务相关领域的知识之外，还需要掌握程序设计的基本思想和工作方法。在编程构思阶段，我们需要使用纸笔，把对题目的分析和解题思路写下来。在完成了这一阶段的工作后，就进入了程序的实际创建阶段。这一阶段可以分为下面几个主要步骤：

1）创建源程序文件。

2）编译生成可执行文件。

3）运行可执行文件，测试程序。

4）调试程序，修改错误。

图 1-1 展示了编程工作的完整过程。在程序创建阶段需要创建源程序文件，使用编辑工具把以 C 语言编写的程序代码输入到源程序文件中；使用编译系统对源文件进行编译，生成可执行文件；通过操作系统运行可执行文件；使用调试工具调试程序。在程序创建阶段的各个步骤中，都需要使用相应的软件工具，以便完成对程序源文件的编辑、编译，以及对可执行文件的调试。例如，在 Linux 下，常用的编辑工具有 gedit 和 vi，编译系统有 gcc，调试工具有 GDB。在 Windows 下，编辑工具有 Notepad++，编译系统有 MinGW，调试工具有 WinDbg 和 gdb.exe。为便于工作，人们把这些独立的功能集成在一起，构造出基于图形界面的集成开发环境（Integrated Development Environment，IDE），IDE 系统集成了用于源文件创建和修改的编辑工具，以及编译系统和调试系统，使用者可以在一个软件工具下完成程序的编码、生成、运行和调试工作。目前，各种开源的、免费的和商用的 IDE 工具很多，有些只能在特定的操作系统下使用，有些则可以跨平台使用。如果读者对 Windows 系统更熟悉，可以使用 Microsoft 公司的 MS VC++ 6.0。这个工具只能在 Windows 系统下

运行，目前有免费的版本可供下载。附录 C 说明了如何使用 MS VC++ 6.0 创建一个程序。CodeBlocks 是一种开源软件工具，可以免费使用，在 Windows、Linux 以及苹果的 iMac 系统下都可以运行，附录 D 说明如何使用 CodeBlocks 创建一个程序。其他编辑工具的使用可以参见操作系统或集成开发环境本身所带的使用手册。

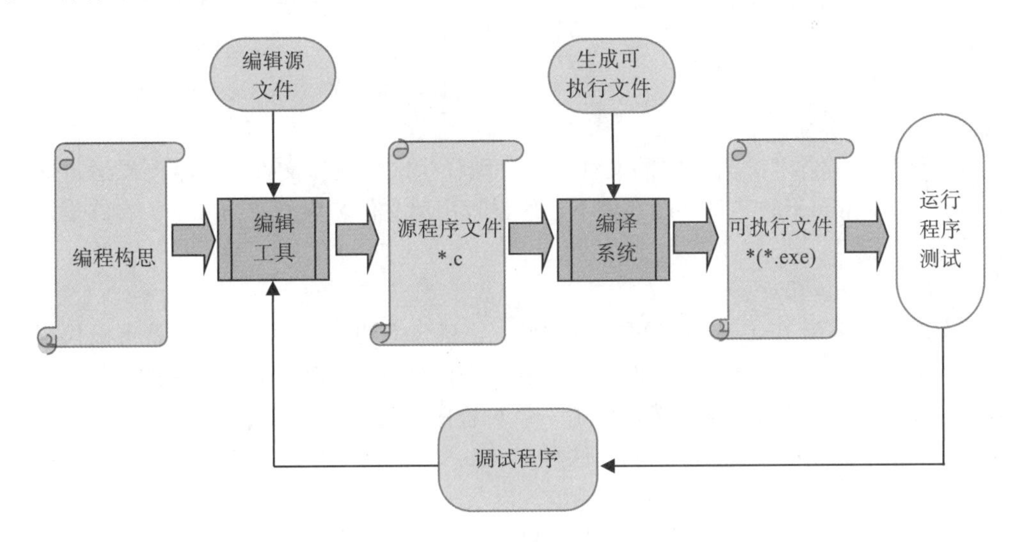

图 1-1　C 程序的生成、调试和运行

Linux 系统上的开源工具更多一些，常见的有 KDevelop、Eclipse CDT、CodeLite、NetBeans 等。实际上，各种 IDE 工具的功能和使用方式大同小异，在掌握了一种 IDE 后换用其他 IDE 并不困难，读者可以根据自己的喜好自行选择。有些使用 Linux 系统的读者愿意在字符终端上通过命令行使用独立的编辑器、编译器和调试器。

需要注意的是，当前很多常用的 IDE 都支持多种编程语言，很多编译器都既可以在 C 语言模式下进行编译，也可以在 C++ 语言模式下进行编译。例如，当使用 MS VC++ 的集成开发环境时，如果源文件的后缀名是 .c，编译器就以 C 语言模式工作，如果源文件的后缀名是 .cpp，编译器就以 C++ 语言模式进行编译；当使用 CodeBlocks 创建项目时，更是需要首先确定项目的类型是 C 还是 C++。尽管 C++ 语言的基础部分与 C 语言有很多相同之处，但是两者在一些细节上依然有明显的差异。有些在 C 语言中正确的表达方式在 C++ 语言中是不正确的，反之亦然。这就要求我们在使用这些编译器时选择正确的工作模式。当编译一个自己确认没有语法错误的源程序文件而编译器却报出语法错误信息时，尤其是当第一次使用某种 IDE 或编译器时，需要首先确认该 IDE 或编译器是否工作在正确的编译模式下。

程序设计是一项复杂的工作，在程序开发的任何阶段都有可能产生错误。例如，在编译阶段，编译器可能会发现源代码中的语法错误和潜在的语义错误，产生警告或错误信息，并可能因此而导致编译过程的中断。在链接阶段，链接器可能会发现有些函数没有定义，因此无法生成可执行文件。在运行阶段，由于程序中的语义或逻辑错误，程序可能会崩溃或者产生错误的结果。一旦出现这样的情况，就需要我们对程序进行调试和修改，发现和改正程序中存在的错误，以期实现预期的运行目标。各种基于图形界面的集成开发环境都提供了自己的调试操作界面，可以直接调用相关的调试工具。

1.2 C 程序的基本组成

下面是一个最简单的符合 ANSI 规范的 C 程序：

【例 1-1】最简单的 C 程序

```
int main()                          /* 函数头 */
{                                   /* 函数体开始 */
   return 0;                        /* 语句，退出主函数，结束程序的运行并返回0 */
}                                   /* 函数体结束 */
```

将这段代码写入一个以 .c 为后缀的文件中，并编译生成可执行文件后，就可以运行这个程序了。在 UNIX/Linux 的字符终端环境下，假设程序源文件名为 first_prog.c，在终端键盘上输入下列命令行：

cc –o first_prog first_prog.c

就可以生成一个名为 first_prog 的可执行文件。在键盘上输入 ./first_prog，就可以执行这段程序了。实际上，这段程序在执行时除了消耗一点计算机的计算时间外，不产生任何可见的效果。尽管如此，这段源代码仍然包含了一个 C 程序所必备的基本要素，并为我们引入了 C 语言的三个基本概念，即函数、语句和注释。

这段代码只包含一个名为 main 的函数，以及一些对程序的执行没有任何影响的程序注释。函数是 C 程序的基本组成单元，由函数头和函数体两部分组成。在上面这段代码中，第一行 `int main()` 就是函数头。其中 main 是函数名，括号 () 中是函数的参数表；在这个例子中，参数表为空。main 前面的 int 是函数返回值的类型，说明函数 main() 需要返回一个 int 类型的值。函数头中的这三项内容也被称为函数原型。它向调用者以及编译器说明，当调用该函数时，必须传给它什么样的参数，以及它会产生什么类型的计算结果返回给调用者。函数体由被一对大括号 {} 括起来的一系列语句组成，说明函数所要执行的操作和运算。语句是 C 程序的基本执行单位，以分号结束。在这个例子中，函数 main() 的函数体中只有一条语句，即 `return 0`。这条语句不进行任何计算，只是将函数的返回值设为 0，并结束函数的运行。

一个完整的 main() 函数是一个合法 C 程序的最基本的组成部分。从编程人员的角度看，一个 C 程序的执行就是从 main() 函数的第一条语句开始，直到 main() 执行结束为止。所谓一个函数执行结束，并不一定是从第一条语句开始，逐一地执行完函数中的全部语句。在程序的执行过程中有可能根据条件判断产生分支和转移，使得有些语句被跳过，也可能遇到类似于 return 这样退出函数的语句，提前结束函数的执行。无论哪种情况，只要程序从函数 main() 中退出，整个程序就算执行完毕。在 C 程序中，函数 main() 是最顶层的函数，由操作系统调用，是用户程序的入口。一般在用户程序中没有任何直接调用它的语句。函数 main() 的返回值也是由实际调用它的操作系统使用的。操作系统根据 main() 的返回值来判断程序是否正常结束。大多数操作系统的规定是，返回值为 0 表示程序正常结束，非 0 值表示程序异常结束。因此一个 main() 函数中至少需要包含一个 `return 0` 语句。

注释是一个程序的重要组成部分。C 程序中的注释以字符串“/*”开始，以字符串“*/”结束，在这一对注释界限符之间的所有内容都被当作对程序的注释而不是程序本身的语句。目前大多数 C 编译器也接受 C++ 风格的单行注释方式，把一行中连续两个斜线（//）之后直至这一行末尾的内容都视作注释。注释是写给编程人员自己或其他阅读和维护程序的人的文字信息，用于解释编写程序的目的、说明设计思想及代码的含义、记录程序修改的历史和原因等。编译器在对源代码进行编译时会跳过注释，因此注释的内容不会被编译，也不会对程序的实际运行产生任何影响。因此在对程序进行调试时，经常使用注释符临时屏蔽一些暂时不需要执行的代码。

为产生可见的效果，一个程序至少应该有一个输出语句。下面就是一个可以产生可见效果的程序：

【例 1-2】产生可见效果的 C 程序　*在终端屏幕上输出字符串"Hello, world!"。*

```
#include <stdio.h>                  /* 预处理命令，将系统头文件stdio.h包含进程序中 */
int main()
{
   printf("Hello, world!\n");      // 语句，调用函数printf()输出字符串
   return 0;
}
```

在这段代码中，函数 main() 的函数体中又多了一行语句：

```
printf("Hello, world!\n");         // 语句，调用函数printf()输出字符串
```

其中 // 后面的中文是行注释的内容。假设我们把这段代码保存在文件 hello.c 中，在 UNIX/Linux 系统上使用如下的命令编译并执行这段代码：

```
cc –o hello hello.c
./hello
```

在终端屏幕上会出现一行字符，同时终端屏幕上的命令行提示符也会出现在这行字符下面一行的开始处：

```
Hello, world!
```

语句 `printf("Hello, world!\n");` 是一个函数调用语句，它调用了名为 printf 的函数，并把字符串 "Hello, world!\n" 作为这个函数被调用时的参数。更改这个字符串就可以使程序输出不同的内容。

函数 printf() 是由编译器提供的一个标准库函数，其功能是根据参数表字符串的内容，向字符终端的屏幕上输出数值、字符、字符串等各类数据。在 C 程序中经常会用到各类标准库函数，但这些标准库函数并不是 C 语言自身的组成部分，而是 C 语言编译器的必备部分。C 语言自身只定义了基本的计算、操作、数据类型，以及数据和程序的组织方法。大量复杂的功能，例如数据的输入 / 输出、常用数值函数的计算以及时间的获取等，都是以库函数的形式，由具体的编译器提供的。为了在程序中使用这些标准库函数，必须对它们的原型，也就是函数的名称、参数表和返回值的类型进行说明。这些说明保存在由编译器提供的被称为头文件的文件中，所有头文件的文件名均以 .h 为后缀。函数 printf() 的说明被保存在头文件 stdio.h 中。上面代码的第一行：

```
#include <stdio.h>
```

其作用就是将系统头文件 stdio.h 包含进程序中，以便编译器能够知道函数 printf() 的函数原型。否则，编译系统会报告"函数未知"错误。除了数据的输入 / 输出外，在程序中还常常会用到大量与数值计算、数据类型的判断、数据的处理和检索等相关的标准库函数。这些库函数为程序设计提供了很大的便利。熟练掌握这些库函数对于提高程序设计能力是很有作用

的。在第 5 章中将详细介绍一些常用的库函数。附录 F 列出了一些常用库函数及相关的头文件。对于这些库函数的详细说明，可以参阅操作系统或 IDE 所带的函数使用手册。数据的输入输出函数，如 printf()，是几乎每一个程序都要用到的，因此头文件 stdio.h 也几乎是每个程序都需要包含的。在后面的章节中，为了节省篇幅，一般不列出例子中相关函数所需要的头文件。读者在编译运行这些例子时，可以自行在附录 F 或者有关的手册中查找需要在程序中包含的系统头文件。

除了可见的字母、数字、标点符号外，printf() 还可以输出一些不可见的字符和终端控制字符。上面例子中的 \n 就是一个不可见的字符，称为换行符，其功能是使终端屏幕的光标移到下一行，使其后的输出内容出现在新的一行。这种以反斜线（\）引导的字符称为转义字符。C 程序中常用的转义字符见表 1-1。

表 1-1　转义字符序列

转义字符	含　义	转义字符	含　义
\a	响铃符	\v	纵向制表符
\b	退格符	\\	反斜线
\f	换页符	\?	问号
\n	换行符	\'	单引号
\r	回车符	\"	双引号
\t	横向制表符		

为单引号和双引号提供转义字符，是因为它们具有特殊的语法含义。例如，双引号是字符串界限符，其本身不能直接出现在字符串中。当需要在字符串中包含双引号时，就需要使用转义字符。转义字符可以和普通字符一样用在字符串中的任何地方。下面我们看一个例子。

【例 1-3】生成直角三角形　*在终端屏幕上输出由星号（*）组成的底和高为 3 的直角三角形，并使终端发出振铃声。*

```
#include <stdio.h>
int main()
{
   printf("*\n**\n***\n\a");
   return 0;
}
```

这段程序在运行时会输出下面的图形，并且在输出结束时使终端发出振铃声：

```
*
**
***
```

为了使代码显得清晰，我们也可以把上面代码中的 printf() 语句拆成 3 句，分写在 3 行上：

```
printf("*\n");
printf("**\n");
printf("***\n\a");
```

函数是 C 程序的基本组成单元。除了极少数类型的语句外，每条语句都必须被包含在某个函数中，否则编译器会报告在程序中存在语法错误。本书后面有些例子为了节省篇幅，没有直接给出代码所处的函数。这时我们总是假定它们是被包含在某一个函数（例如 main()）中的。除了 main() 函数外，一个 C 程序中还可以包含多个编程人员自行定义的函数。这些在程序中自行定义的函数由 main() 直接或间接调用，执行函数中的语句，完成相应的功能。除了调用这些自定义的函数外，程序中还可以调用外部定义的函数。例如，printf() 就是由 C 语言函数库提供的函数。C 语言对包括 main() 在内的所有函数的位置没有硬性规定，无论放在程序中的哪个位置，程序总是从 main() 函数的第一条可执行语句开始执行。关于函数定义和调用的细节将在第 5 章中讨论。为使读者对 C 程序有一个较为完整的印象，我们再看几个例子。

【例 1-4】生成质数表　下面的程序按升序在终端屏幕上输出 100 以内的所有质数，每个数占一行。

```
#include <stdio.h>
#define MAX_N      100                    // 定义一个符号常数MAX_N，使其代表的数值为100

int prime_tab[MAX_N / 2], prime_n;        // 定义一个包含50个整数型(int)元素的
                                          // 数组prime_tab，保存100以内的质数
                                          // 定义一个整数型变量prime_n
int is_prime(int a);                      // 声明函数is_prime(int a)
void gen_primes(int max_n) // 定义一个名为gen_primes的函数，生成不大于参数max_n的质数表
{                          // 保存在数组prime_tab中，质数的个数保存在变量prime_n中
    int i;

    prime_tab[0] = 2, prime_n = 1;
    for (i = 3; i <= max_n; i += 2)
        if (is_prime(i))
            prime_tab[prime_n++] = i;
}

int main()
{
    int i;

    gen_primes(MAX_N);                    // 生成不大于MAX_N(100)的所有质数
    for (i = 0; i < prime_n; i++)         // 从小到大，顺序打印出数组prime_tab中的质数
        printf("%d\n", prime_tab[i]);
    return 0;
}

int is_prime(int a)                // 定义一个名为is_prime的函数，判断它的参数a是否是质数
{
    int i;

    for (i = 0; prime_tab[i] * prime_tab[i] <= a; i++)  // 从小到大逐一检查
if (a % prime_tab[i] == 0)                // prime_tab内的质数是否能够整除参数a
        return 0;                         // 直至质数大于等于a的平方根。当任一质数
    return 1;                             // 能够整除a时函数返回0，表示a不是质数，
}                                         // 否则，返回1，表示a是质数
```

【例 1-5】生成镶边的等腰三角形　下面的程序从键盘读入一个整数 n（$3 \leqslant n \leqslant 40$）以及两个字符 c1、c2，在终端屏幕上输出以 c1 为边框字符，c2 为填充字符的高为 n、底为 $2n-1$ 的等腰三角形。

```
#include <stdio.h>
void draw_line(int st, int len, int c1, int c2) // 定义一个名为draw_line的函数，
{                                                // 在终端屏幕上用len个字符画一条线，其中
    int i;                                       // 前st-1个字符是空格符，第st个和最后一个字符
                                                 // 是字符c1，其余是字符c2
    for (i = 0; i < st - 1; i++)
        putchar(' ');
    putchar(c1);
    for (i = 1; i < len - 1; i++)
        putchar(c2);
    putchar(c1);
    putchar('\n');
}

void triangle(int hi, int c1, int c2)    // 定义一个名为triangle的函数，
{                                        // 在终端屏幕上画一个高度为hi的三角形，
    int i, j;                            // 其边框字符为c1，填充字符为c2

    for (i = 0; i < hi - 1; i++)
        putchar(' ');
    putchar(c1);
    putchar('\n');
    for (i = 1; i < hi - 1; i++)
        draw_line(hi - i, i * 2 + 1, c1, c2);
    for (j = 0; j < hi * 2 - 1; j++)
        putchar(c1);
    putchar('\n');
}

int main()
{
    int h, c1, c2;

    scanf("%d %c %c", &h, &c1, &c2);      // 读入整数h和字符c1、c2
    if (h < 3 || h > 40) {                // 检查整数h是否介于3和40之间
        printf("The height must be between 3 and 40\n");
        return 1;
    }
    triangle(h, c1, c2);                  // 在屏幕上画出高度为h的等腰三角形
    return 0;
}
```

【例 1-6】猜数游戏　下面的程序生成一个整数，并告诉你该数所在的区间。你通过键盘输入自己的猜测。如果没猜对，程序会告诉你猜测是大于还是小于该数，并要求你再猜，直至猜对为止。试试看如何用最少的次数猜中。

```
#include <stdio.h>
#include <stdlib.h>
#include <time.h>

#define MINMAX      100     // 符号常数，定义最小值的上限
#define MAXMIN      300     // 符号常数，定义最大值的下限
#define MAXMAX      2000    // 符号常数，定义最大值的上限

int main()
{
```

```
    int low, hi, ans, num, n = 0;
    srand( (unsigned) time(NULL));        // 初始化随机数生成器
    while ((low = rand()) > MINMAX)
        ;                             // 生成小于等于最小值的上限的随机数，保存在变量low中
    while ((hi = rand()) > MAXMAX || hi < MAXMIN)
        ;                     // 生成介于最大值上限和最大值下限之间的随机数，保存在变量hi中
    while ((num = rand()) > hi || num < low)
        ;                             // 生成介于hi和low之间的随机数，保存在变量num中
    printf("My integer is between %d and %d, please give me your guess: ", low, hi);
    while (1) {                       // 反复读入用户输入的数，直至与num中的数相等为止
        scanf("%d", &ans);            // 读入用户输入的数，保存在变量ans中
        n++;
        if (ans > num)                // 将用户输入的数与num中的数比较，输出相应的信息
            printf("Your guess is too big, try again: ");
        else if (ans < num)
            printf("Your guess is too small, try again: ");
        else {
            printf("Yes! your got it in %d steps!\n", n);
            return 0;
        }
    }
}
```

为了便于理解，在上面这些例子中加了较多的注释，以说明相应语句的作用。读者如果一时看不懂这些例子也没有关系，因为其中包含很多有待学习的知识。建议读者随着学习的进展，不时回过头来重新看看这些例子，这样可以加深对新学习到的各种语句在程序中实际使用方式的理解。目前通过浏览这些程序，读者只需要理解 C 程序是由一系列的函数构成的，程序的执行是从函数 main() 开始的就够了。有兴趣的读者可以把这些程序键入计算机中，编译并运行一下，看看程序运行的结果。细心的读者会发现，有些函数的定义在上面的程序代码中无法找到。这些没有在程序中定义的函数是 C 语言中的标准库函数，如 printf()、scanf()、putchar()、fgets() 等。printf() 我们解释过；scanf() 的功能是从终端键盘上按规定格式读取数据；putchar() 的功能是向终端屏幕输出一个字符；fgets() 的功能是从键盘上读入一行字符；time() 的功能是获取当前的时间；rand() 是生成随机数的函数。关于这些函数的说明可以在联机手册中查找。如果在编译过程中编译系统报告程序中有错误，请仔细检查一下键入的内容是否与上面的代码完全相同，是不是丢了哪些字符，特别是括号、逗号、分号等标点符号。在支持中文输入的计算机上需要注意，C 程序中的标点符号，如运算符、逗号、分号、引号等，必须是西文方式下的半角式标点符号，而不能是中文的全角式标点符号。

1.3 调试初步——语法错误的定位

编写程序很少有不出错的，程序很少有不经过检查、调试和修改就能够正常运行的。程序中错误的复杂程度和调试的难易程度随着程序的规模和复杂性的增加而增加。因此程序调试技术是程序设计能力的重要组成部分。

程序中的错误一般可以分为语法错误、语义错误和设计错误三类。语法错误是指由于程序代码的描述不符合 C 语言的语法要求而产生的错误。例如，程序中的括号不匹配、变量未定义即使用、语句结尾处的分号丢失等都是常见的语法错误。语法错误是较容易发现且较

容易处理的错误类型。对于这类错误，编译器在程序编译时会报告错误的类型及其在程序中的位置。根据编译器所产生的错误信息，通过对程序的仔细阅读和检查，一般都可以很快发现语法问题的所在并迅速改正错误。与语法错误相比，语义错误和设计错误要复杂得多，调试的难度也更大。对于这两类错误及其调试方法，我们将在后面的章节中讨论。

如果程序中的错误没有影响到语法，那么程序仍然可以正常地编译和执行，只是执行的结果可能有错误。例如在【例 1-2】中，如果在输入字符串的内容时键入了错误的字符，那么程序运行时在屏幕上将出现错误的信息。如果键入错误导致语法错误，那么程序就无法通过编译器的检查，很可能无法生成可执行程序文件。此时，编译器就会输出相应的错误信息。对于程序中的语法错误，编译器会根据其错误程度产生不同等级的错误信息。概括来看，编译器所报告的语法错误可以分为两类，即 error 和 warning。error 表示该语句的错误非常严重，以致编译器无法理解语句的含义，无法生成任何可能的可执行代码。语句中的括号不匹配就属于这类严重错误，因为编译器不知如何理解语句的结构。warning 表示虽然该语句存在语法错误，但是编译器仍然可以生成相应的可执行代码，尽管该代码可能与编程人员的原意不符，或者程序在执行中可能产生错误。例如，将一个实数赋给一个只能保存整数的变量就属于这类错误：尽管赋值操作可以执行，但是会造成数据中小数部分的丢失，影响数值的精度；当实数的大小超过整数的表示范围时，甚至会造成数据的错误。

大多数编译器都允许使用者选择编译器所报告的错误等级以及具体信息的详细程度，至少允许使用者选择是否要编译器报告 warning 类型的错误信息。为排除程序中任何可能的潜在错误，编程人员应该充分利用编译器的语法检查功能，要求编译器报告所发现的全部语法错误，而无论其严重程度如何。在 gcc 下，这需要使用命令行选项 -Wall。例如，当编译 hello.c 时，可以使用如下命令行：

gcc –o hello –Wall hello.c

当使用 MS VC++ 集成开发环境时，在调试模式下使用其默认设置即可。编程人员应排除程序中所有的语法错误，包括各类 warning 类型的错误，以保证程序在语法层面没有任何隐患。

编译器在报告语法错误类型的同时，也会报告错误出现的位置。但是，错误定位是一个较为复杂的问题，编译器所报告的错误位置不一定准确，而且对于同一个错误，不同编译器产生的错误信息和所报告的错误位置也可能不同。这就需要我们对照编译器生成的错误信息，仔细检查程序代码。

下面我们看一个程序中语法错误的例子。假设【例 1-2】的程序被输入成下面的样子：

```
#include <stdio.h>
int main()
{
    printf("Hello, world!\n")
    return 0
}
```

也就是丢掉了两个语句后面的分号，编译器会产生下面这样的错误信息：

```
first_prog.c(5) : syntax error : missing ';' before 'return'
first_prog.c(6) : syntax error : missing ';' before '}'
```

这提示我们，在程序第 5 行的 return 前以及第 6 行的大括号 } 前各缺少一个分号。仔细查看程序，我们会发现这两个分号应该分别处于第 4 行和第 5 行，与编译器报告的错误位置差了一行。之所以如此，是因为 C 语言对于程序的书写格式没有硬性的规定。在这个例子中，只要在 printf() 的闭括号和 return 之间，以及 return 语句的 0 和大括号 } 之间各有一个分号，就符合 C 语言的语法要求。因此编译器是在读到其后面的语法元素时才发现并报告这两个错误的。加上这两个分号，程序就可以正确地编译和执行了。

对于有些语法错误，编译器所报告的出错信息就不一定很准确了。例如，如果我们丢掉了 printf() 闭括号前的双引号，编译器可能报告下面这样的错误信息：

```
first_prog.c(4) : newline in constant
first_prog.c(5) : syntax error : missing ')' before 'return'
```

第一条信息说明编译器认为在常量，也就是 printf() 要打印的字符串中包含了一个换行符；第二条信息说明编译器认为在第 5 行的 return 前缺少了一个和 printf() 中开括号相匹配的闭括号。尽管程序中实际上只是漏掉了一个界定字符串结尾的双引号，编译器却报告了两个错误。如果我们补上了这个双引号而丢掉了第 3 行的大括号，编译器可能报告下面这样 5 条错误信息：

```
first_prog.c(4) : syntax error : identifier 'printf'
first_prog.c(4) : syntax error : ';'
first_prog.c(4) : syntax error : 'string'
first_prog.c(5) : syntax error : 'return'
first_prog.c(6) : syntax error : '}'
```

这些信息说明，编译器认为标识符 printf，以及后面的分号、字符串、关键字 return 和大括号 } 都出现在了错误的位置上，并引起了语法错误。而实际上的错误只是第 3 行缺少一个大括号 {。补上这个大括号后再试一试删掉字符串前面的双引号，有些编译器可能会报告更多的错误信息。再例如，当使用 VC++ 6.0 的编译器时，如果我们把 int main() 错写成 imt main()，系统会报告如下的错误信息：

```
first_prog.c(2) : error C2061: syntax error : identifier 'main'
first_prog.c(2) : error C2059: syntax error : ';'
first_prog.c(2) : error C2059: syntax error : ')'
```

编译器认为标识符 main 是不应该出现的，‘ ; ’和‘) ’也是错误的，尽管在这一行中根本就没有字符‘ ; ’。可以看出，虽然编译器此时对错误行的定位正确，但对错误类型和性质的报告却完全不对。这些例子说明，有些时候编译器所报告的错误信息并不一定是准确的，一个小小的错误有可能引起大量的错误信息。而且不同的编译器对同一个程序的同一个错误，特别是像上面例子中那样的错误，所报告的错误信息也不尽相同。仔细观察一下这些错误信息就会发现，尽管编译器所报告的错误类型不一定准确，但是第一条错误信息往往在引发错误信息的真正源头附近。因此在遇到编译器报告大量错误信息时，我们应该把注意力首先集中在产生第一条错误信息的语句上及其前后。在发现、改正并通过编译确认改掉了该行所产生的错误之后，再进一步修改其他错误。

程序中出现的各种标点符号，包括各类运算符、逗号、分号、括号、引号等，只要不包含在注释中，都必须是半角的，也就是在西文方式下输入的标点符号。否则，编译系统会报错。例如，在下面的代码中使用了中文的全角分号‘；’，

```
int main()
{
```

```
    return 0;
}
```

VC++ 6.0 的编译系统就会产生如下的错误信息：

```
f:\chn_punct\chn_punct.c(3) : error C2018: unknown character '0xa3'
f:\chn_punct\chn_punct.c(3) : error C2018: unknown character '0xbb'
f:\chn_punct\chn_punct.c(4) : error C2143: syntax error : missing ';' before '}'
```

其中 0xa3 和 0xbb 是中文全角分号‘；’的编码。gcc 也会产生类似的错误信息。

初学阶段的简单程序没有复杂的算法和数据结构，代码很短，程序结构也很简单，多数错误都属于语法错误：或者由于对语法记忆不牢，或者由于输入时的疏忽或键入错误，导致被编译的代码不符合 C 语言语法的要求。对于这类错误，不需要复杂的调试技术，也不需要使用其他调试工具，只要根据编译器提供的错误信息，加上对程序的观察，就可以发现和改正了。

1.4 数据的输入 / 输出和标准文件

数据的输入 / 输出是程序中最基本的组成部分。大多数程序在运行时都需要从指定的设备上读入一些数据，对其进行处理，然后再将计算结果输出到指定的设备上。输入数据可以来自计算机系统上的各类数据输入设备，如键盘、网络设备、传感器，以及磁盘文件等。数据可以输出到各类数据输出设备，如终端显示器、网络设备、执行机构，以及磁盘文件等。为便于对数据进行处理，计算机系统把这些输入 / 输出设备都抽象为“文件”。文件是操作系统中的一个重要概念，也是一种数据的组织方式。除了保存在磁盘上的数据存储文件外，各种输入 / 输出设备也都被映射为文件。在 C 程序中，所有的数据输入 / 输出操作都是对指定的文件进行的。每一个文件都对应着一个具体的数据输入 / 输出设备或磁盘上的数据存储文件。当输入或输出数据时，程序需要首先打开指定的文件，以便与具体的输入 / 输出设备建立联系，为数据的输入 / 输出准备必要的资源。在读写操作完成后，需要关闭不再需要访问的文件，以便彻底完成数据的输入 / 输出操作，并释放相应的资源。

为了便于对数据的输入 / 输出操作，操作系统和 C 语言的输入 / 输出函数中都引入了标准文件的概念。标准文件包括标准输入文件、标准输出文件和标准错误输出文件。标准文件在程序开始运行时被自动打开，在程序运行结束时被自动关闭，因此编程人员不需要对这些文件进行除数据的输入 / 输出以外的其他操作。在默认的情况下，标准输入文件对应于用户终端设备的键盘，标准输出文件和标准错误输出文件对应于字符终端设备的显示器。在 C 程序中，标准输入文件与任何其他输入文件一样，就是一个可以从中按顺序连续读出字节流的数据来源。而标准输出文件和标准错误输出文件也与任何其他输出文件一样，是一个可以向其按顺序连续写入字节流的数据容器。标准输入文件和标准输出文件是 C 程序中最常用的标准文件，常被简称为标准输入 / 标准输出。为方便用户的使用，在 C 语言的标准函数库中提供了大量通过默认方式对标准输入 / 标准输出进行操作的函数，完成读入和输出数据的功能。例如，我们已经使用过的 printf() 就是这类标准库函数中的一个。它不需要我们指明数据的输出目标文件，自动地在标准输出上按格式输出各类数据。我们将在后面的章节中陆续介绍其他与数据的输入 / 输出相关的函数，并在第 9 章中进一步讨论与文件相关的操作，以及可以对指定文件进行操作的输入 / 输出函数。

习题

1. 一个 C 程序的正常创建过程是什么？需要使用哪些类型的工具？
2. 编译器的作用是什么？其输入文件和输出文件的类型及文件名后缀分别是什么？
3. 一个 C 程序的基本结构是什么？
4. 一个 C 程序的正常执行过程是什么？
5. 函数 main() 的返回值是什么类型？有什么含义？
6. C 语言规定，在一个源程序中，main 函数的位置______。

   A. 必须在程序的最开始　　B. 必须在其他函数前面

   C. 可以任意　　D. 必须在程序的最后
7. C 语言的函数体必须放在一对 _____ 之中。

   A. { }　　B. ""　　C. [ ]　　D. ( )
8. C 语言中每条语句必须以 _____ 结束。

   A. 句号　　B. 小数点　　C. 分号　　D. 换行符
9. 什么是程序中的注释？它有什么作用？
10. 什么是标准输入 / 输出文件？它们的默认值是什么？
11. 列举你所知道的输入设备和输出设备。
12. 了解和使用一种 C 语言编译器，编译和运行【例 1-1】和【例 1-2】。
13. 编译器输出的错误信息分为哪些类型？有什么区别？
14. 编译系统在编译程序时给出的错误信息都是准确的吗？哪些出错信息具有更大的参考价值？
15. 如何按照编译器报告的语法错误信息对程序进行检查和修改？
16. 试着在【例 1-2】的程序中增加或删除一些字符，使之包含语法错误，看看编译器会产生什么样的错误信息。
17. 仿照【例 1-3】写几个简单的程序，输出不同的图形。
18. 写一个程序，在屏幕上输出下列信息：

```
Good morning, everybody!
This is just a test.
I love programming in C.
```

19. 使用函数 printf() 在屏幕上输出一个如下图所示的平行四边形图案：

```
    ********
   ********
  ********
 ********
********
```

20. 使用字符 '#' 在屏幕上输出一个底边和高都等于 6 的等边三角形图案。
21. 浏览【例 1-4】、【例 1-5】、【例 1-6】的代码，推测其中各条语句的含义以及程序的执行过程。
22. 键入【例 1-4】、【例 1-5】、【例 1-6】的代码，分别保存在文件 prime.c、triangle.c、guess.c 中，编译并执行这些例子。
23. 如果你使用的系统可以输入和显示中文，把【例 1-4】、【例 1-5】、【例 1-6】代码中的英文提示信息改为中文。

CHAPTER 2

第 2 章

常量、变量和表达式

数值计算是 C 语言的基本功能。在 C 语言中，可以参与数值计算的运算对象分为常量和变量。这些运算对象与运算符一起，构成表达式的基本内容，完成对计算任务的描述。

2.1 常量

常量是直接给定、不可以被程序改变的数值。根据数据的类型，C 语言中的常量可以分为数字常量、字符常量和字符串字面量。

2.1.1 数字常量

数字常量表示参与计算的数值，既可以是没有小数部分的整数，也可以是具有小数部分的实数。无论是整数还是实数，在 C 语言中都有多种表示方法。同时，因为数据是保存在计算机中的，所以一个数据除了有它的书面值以外，还有其在计算机中保存时所使用的格式和数据长度。

1. 整数

在 C 语言中，整数默认的表示方式是十进制。当没有任何其他说明时，一个整数是按十进制方式解释的。一个十进制整数由数字 0~9 组成，与算术中的表示方式相同。除了数值 0 以外，一个十进制数不能以数字 0 开头。例如，0、123、456 等都是正确的十进制整数。对于负数，在第一个数字前面应加负号（–），如 –12 345、–678 等也都是正确的十进制整数。从语法上讲，在数值 0 前加负号也是合法的。也就是说，–0 在语法上是正确的，尽管这样写没有任何意义。

除了十进制方式外，C 语言中的整数也可以用十六进制或八进制方式表示。十六进制整数由前缀 0x 引导，由数字 0~9 和字母 a~f（大小写均可）组成，其中字母 a~f 分别表示十进制的 10 到 15。例如，0x1、0x10、0xc5、0xFFFF 等都是合法的十六进制数，分别等于十进制数的 1、16、197 和 65 535。八进制整数以 0 开头，数中只允许出现数字 0 到 7。例如，01、010、035、067 等都是合法的八进制数，分别等于十进制数的 1、8、29 和 55。表 2-1 说明了不同进制数值的对应关系。

表 2-1　不同进制数值对照表

二进制 Bin	八进制 Oct	十进制 Dec	十六进制 Hex	二进制 Bin	八进制 Oct	十进制 Dec	十六进制 Hex	二进制 Bin	八进制 Oct	十进制 Dec	十六进制 Hex
0000	00	0	0x0	1000	010	8	0x8	00010000	020	16	0x10
0001	01	1	0x1	1001	011	9	0x9	00010001	021	17	0x11
0010	02	2	0x2	1010	012	10	0xa	00010110	026	22	0x16
0011	03	3	0x3	1011	013	11	0xb	00100000	040	32	0x20
0100	04	4	0x4	1100	014	12	0xc	00100101	045	37	0x25
0101	05	5	0x5	1101	015	13	0xd	10100110	0246	166	0xa6
0110	06	6	0x6	1110	016	14	0xe	11000000	0300	192	0xc0
0111	07	7	0x7	1111	017	15	0xf	11111111	0377	255	0xff

下面是几个整数常量的例子。它们所代表的都是同一个数值，只是使用不同的数制来表示：

```
90          // 十进制数90
0x5a        // 十六进制数5a, 5 × 16 + 10 = 90
0132        // 八进制数132, 1 × 64 + 3 × 8 + 2 = 90
```

与十进制数不同的是，十六进制数和八进制数与计算机中使用的二进制数有确定的对应关系：一个十六进制数字对应于 4 位二进制位，一个八进制数字对应于 3 位二进制位。而且，由于用十六进制数或八进制数表示二进制位比直接使用二进制数更加简练，十六进制数或八进制数在 C 程序中被广泛使用。特别是由于两位十六进制数字的长度为 8 位二进制位，与计算机中一个字节的长度相同，因此在 C 程序中使用十六进制数的场合更多一些。在十进制数和十六进制数之间进行转换既可以使用带有十六进制和八进制表示方法的计算器来完成，也可以使用不同进制数值的转换算法，通过手工计算来完成。下面我们就看一看十进制数与十六进制数之间的转换算法。

十进制数转换为十六进制数的基本方法是，对需要转换的十进制数用 16 连续整除，将整除后的余数按顺序作为十六进制数中由低到高各位的数字，直至商等于 0。下面我们看一个例子。

【例 2-1】十进制数转换为十六进制数　将 12 345 转换为十六进制数。

我们用 $a/b \rightarrow x(y)$ 表示 b 整除 a 后的商为 x，余数为 y，整个转换过程可以表示为如下的序列：

$12\,345/16 \rightarrow 771\ (9)$

$771/16 \rightarrow 48\ (3)$

$48/16 \rightarrow 3\ (0)$

$3/16 \rightarrow 0\ (3)$

因此 12 345 = 0x3039。

十六进制数各位的权重分别是 16 的整数次幂，从低位到高位逐位递增，其最低位的权重为 16^0。这样，在将十六进制数转换为十进制数算法时，只需对该十六进制数从低位到高位将各位分别乘以其权重，并将结果累加起来即可。下面我们看一个例子。

【例 2-2】十六进制数转换为十进制数　将十六进制数 0x1357 转换为十进制数。

因为十六进制数 0x1357 的十进制值可以表示为 $1 \times 16^3+3 \times 16^2+5 \times 16^1+7 \times 16^0$，所以

0x1357 = 4 096 + 768 + 80 + 7 = 4 951

十进制整数与八进制整数相互转换的方法与十六进制数相同，只是整除时的除数以及幂的底都是 8。从语法上讲，十六进制数与八进制数前也可以使用负号，表示对给定的十六进制数或八进制数取负值。但是，当使用十六进制或八进制方式时，其所直接表示的是数据的二进制位，其中包括数据的符号位，因此一般情况下在十六进制或八进制数前不直接使用负号。

此外，在描述一个整数时，也可以同时说明该数在计算机中的保存格式。一个整数常量在计算机中可以保存为普通整数或长整数。长整数需要在数字后面加上后缀 L，例如，56L、0x12345L 、0L 等都是长整数。普通整数则不加后缀。普通整数和长整数的区别取决于具体的计算平台。在有些计算平台上，这两种保存方式是相同的，而在有些计算平台上，表示长整数所使用的二进制位要多于普通整数。

2. 实数

对于实数，在 C 语言中有两种基本表示方法。第一种方法和日常算术中的书写方式相同，即直接使用十进制数字表示数据的整数和小数，并使用小数点分隔数字的整数部分和小数部分。与常规方法略有不同的是，当整数或小数部分为 0 时，相应的部分可以不写数字 0，而只写上小数点即可。下面是这种表示方法的几个例子：

```
0.12
.23         // 小数0.23
1.23
4.5
6.          // 实数6.0
```

第二种方法被称为科学表示法。这种方法把一个数据表示为有效数字部分和指数部分。有效数字部分可以是整数，也可以是用常规方式表示的小数。指数部分是以字母 e 或 E 开头的整数，可以带正负号，表示有效数字所要乘以的 10 的幂。下面是几个用科学表示法表示的小数：

```
0.12E3      // 120.0
5.6E-6      // 0.000 005 6
-7.6E12     // -7 600 000 000 000.0
5e3         // 5 000.0
```

整数和实数在计算机中的表示和保存方式不同，数值的表示范围和精度不同，计算时的方法也不同。因此尽管没有小数部分的实数表示的是一个整数，但是它在数据类型上并不等同于整数。例如，5E3 等价于 5 000.0，却不等价于 5 000，因为两者的数据类型不同，尽管从数值上看这两者是相同的。

此外，同一个实数在 C 语言中也有两种不同的保存类型：一种是单精度实数，另一种是双精度实数。两种数据类型在数值的表示范围、数据的有效数字位数，以及所占用的存储空间等方面都不相同。C 语言中默认的实数类型是双精度类型，上面的几个例子所表示的都是双精度实数。当需要描述单精度实数时，需要在数据后面加上后缀 f 或 F。下面是几个单精度实数的例子：

4.5f、6.3F、0.123E3f、5.6E–6F

2.1.2 字符常量

字符常量是用一对单引号（''）引起来的单个字符，表示引号中的单个字符。字符常量既可以是能够被显示和打印的可见字符，如字母、数字、标点等，也可以是不可见的特殊字符，例如控制光标在终端屏幕上移动位置、使终端发出振铃声音以及控制打印机走纸等的各类字符。可见字符可以直接用其自身表示。不可见字符中有些特殊字符有其专用的转义字符，参见表 1-1。对于这些字符，可以用它的转义字符来表示。此外，一个字符，无论是否是可见字符，都可以用它的内部编码值构成转义序列来表示。目前计算机通用的字符编码是 ASCII 码，其编码表见附录 G。由 ASCII 编码值构成的转义序列可以有十六进制和八进制两种表示方法。当使用十六进制方式时，转义序列的形式是 '\xhh'，其中 hh 是一个或两个十六进制数字（0 ~ 9, a ~ f, A ~ F）。当使用八进制方式时，转义序列的形式是 '\ooo'，其中 ooo 是一个、两个或三个八进制数字（0 ~ 7）。这样，一个字符可以有多种表示方式。例如，'a'、'\x61'、'\141' 等都表示字符 a。为了更好地强调字符常量的字符性质，对于可见字符，一般使用单引号将字符直接引起来的方式，对于不可见字符，一般使用单引号将字符转义序列引起来的方式。下面是几个字符常量的例子：

```
'0'              // 数字0
'Z'              // 大写字母Z
'\n'             // 换行符
'\t'             // 横向制表符（tab）
'\x31'           // 数字1
'\071'           // 数字9
```

需要注意的是，字符的编码与其所代表的字符是不同的。字符是一个字符常量的名称及其在输出时所显示的符号，而字符的编码是该字符在计算机内部表示中所使用的数字。这一点在处理表示符号的数字时应该特别注意，以免混淆。例如，字符 '0' 的 ASCII 编码是 0x30，或十进制的 48，而不是 0。数字 0x30 只有在作为字符输出到计算机屏幕、文件或其他输出设备上时才显示为字符 0。在 ASCII 编码中，数字字符 0 ~ 9，字母 a ~ z、A ~ Z 之间的所有字符都是连续编码的。这就可以使我们在不知道这些字符的具体编码的情况下对这些字符的编码进行计算。例如，字符 '5' 的编码等于 '0' + 5，也就是 0x35；'a' + 2 等于 'c'；'8' – '0' 的结果等于 8；等等。ASCII 编码的这一特点在对字符处理的程序中是会经常用到的。

2.1.3 字符串字面量

字符串字面量也称字符串常量，是用一对双引号（""）引起来的 0 个或多个连续的字符。C 语言对字符串的长度没有限制。字符串两端的双引号不是字符串的组成部分，它只是字符串的界限符。当需要在字符串中包含双引号时，需要用 \" 来表示。字符串中可以包含转义字符和转义序列，但不可以包含未经 '\' 转义的换行符。下面是几个字符串常量的例子：

```
"This is a string\n"                  // This is a string 加换行符
"\" is \x61 double quote"             // " is a double quote
```

当多个字符串连续出现，且各个字符串之间只有空白符（如空格、换行符、制表符（tab））时，编译系统会自动地把它们连接在一起。这样，如果在程序中需要使用比较长的字符串，可以把它分成若干段，分别写在若干连续的行中。下面的例子：

```
printf("This is a long string so"
"we divide \n it into three lines"
"and output it in two lines\n");
```

输出如下的结果：

```
This is a long string so we divide
it into three lines and output it in two lines
```

可以看出，输出数据的换行与程序中字符串的排列方式无关，只受字符串中的换行符 '\n' 控制。在上面这段代码中，字符串在分行书写时每一行都必须用一对双引号引起来，否则就会产生语法错误。

一个字符串可以包含任意多个字符。包含 0 个字符的字符串（""）一般称为空串，它也是一个合法的字符串。需要特别注意的是，只包含一个字符的字符串不同于单个字符，不能互相替换。例如，"a" 不同于 'a'。前者是一个字符串，后者是一个字符。这两者不仅类型不同，表示方法不同，在计算机内部的存储方式不同，而且在程序中的用途也不同。

2.2　变量

变量是数据的存储单元。一个变量所存储的数值可以通过赋值操作加以改变。在 C 程序中，一个变量在被使用前必须首先被定义。

2.2.1　变量名和变量类型

与代数中的情况相似，C 语言中的变量也是由它的名字和所代表的值构成的。变量的名字必须是合法的标识符。一个标识符是由字母或下划线开头，由字母、数字和下划线组成的字符序列。a、ab、_cd、_6、x8 等都是合法的变量名，而 3x、5b、x+y、b.3、sum*co、x%y 等则不是合法的变量名。此外，C 语言中保留做特殊用途的一些字符序列，如 auto、if 等，也不能用作变量名。C 语言中保留的关键字见表 2-2。

表 2-2　C 语言中的关键字

auto	break	case	char	const	continue	default
do	double	else	enum	extern	float	for
goto	if	int	long	register	return	short
signed	sizeof	static	struct	switch	typedef	union
unsigned	void	volatile	while			

为了增加程序的可读性，变量名往往使用具有一定含义的单词或单词缩写，以及由下划线连接起来的几个单词或单词缩写，例如 hi、low、num、ratio、sum_of_arr、x_min、x_max、top_left、bottom_right 等。也有些编程人员喜欢使用大小写混合的方式把几个单词或单词缩写连接起来构成变量名，例如 xMin、xMax、topLeft、bottomRight、NumOf、TopWin 等。在程序中使用哪种风格的变量名称主要取决于编程人员自己的选择，但习惯上这两种风格不混合使用。还有一点需要特别注意的是，在 C 语言中是区分字母的大小写的。因此变量名 hi 和 low 与变量名 Hi 和 Low 是两组不同的变量名。

变量在被使用前必须首先被定义。变量是按名字读写的数据存储空间，是具有类型的。

因此在定义变量时，不但需要指定变量的名字，还需要指定变量的类型。变量定义语句的基本语法格式如下：

```
<类型> <变量名>;
```

其中 < 类型 > 是 C 程序中的合法数据类型，包括 C 语言中的基本数据类型，以及用户在程序中自行定义的其他合法类型。< 变量名 > 是合法的变量标识符，且不与同一程序段中已有的其他变量重名。除了上述语法格式外，C 语言还允许在一条变量定义语句中定义多个具有相同类型的变量，其语法格式如下：

```
<类型> <变量名>,<变量名>, …;
```

类型是数据的一个重要属性。数据的类型规定了数据在计算机内部的表示方式、所需要的存储空间，以及进行运算的方法。C 语言中定义了若干用于数值计算的基本类型。这些基本类型按照是否可以表示小数部分，分为只能表示整数的定点型和可以表示实数的浮点型两大类，每一类又可以根据数据所占用存储空间的长度分为若干小类。不同类型的数据在计算机中的表达方式不同，所表示数值的范围和精度不同，所占用的存储空间的大小也不同。定点型又可称为整型，可分为 char、short、int 和 long 四个小类，每一个小类还可以根据是否能表示负数而分为有符号数（signed）和无符号数（unsigned）两种。对于 short、int 和 long 类型的整型数据，如果不加符号说明符，则默认为有符号数。下面是一些整型变量的例子：

```
int a, b, year_days;
unsigned int age, num, item_num;
short x, y;
char char_1, char_2;
```

C 语言中的整型数采用二进制补码表示。其中 int 是整数类型，一般反映了计算平台硬件所直接支持的整数的大小；short 是短整数类型，其字长不大于 int 类型的长度；long 是长整数类型，其字长不小于 int 类型的长度。在 IA32 结构的计算平台上的各种 C 编译系统中，int 类型和 long 类型的字长均为 32 位二进制位，占 4 个字节；short 类型的字长为 16 位二进制位，占 2 个字节；char 是字符类型，长度为 8 位二进制位，占 1 个字节。对于无符号数，全部数据长度都用来表示数据的值，因此不能表示负数，只能表示正数和 0。对于有符号的整型数据，其最高二进制位用于表示符号，0 代表正号，1 代表负号。整型数据的长度决定了它们所能表示的数值的范围。设某整型数据的长度是 n 个二进制位，则其无符号类型的表示范围是 $0 \sim 2^n-1$，其有符号类型的表示范围是 $-2^{n-1} \sim 2^{n-1}-1$。在 IA32 平台上各种整型数据所能表示的数值的范围见表 2-3。

表 2-3　IA32 平台上整型数据的数值表示范围

数据类型	最小值	最大值
signed char	–128	127
unsigned char	0	255
short	–32 768	32 767
unsigned short	0	65 535
int	–2 147 483 648	2 147 483 647
unsigned int	0	4 294 967 295
long	–2 147 483 648	2 147 483 647
unsigned long	0	4 294 967 295

C语言中提供的这些整型数据类型可以满足不同类型的计算要求。char型变量主要用于保存字符型数据。short型变量主要用于数值范围较小且内存空间有限的计算环境，如嵌入式系统。而对于一般的整型计算和数据存储，特别是对于初学者来说，int型变量是最适当的选择。这是因为，现在的计算平台具有足够大的内存空间，节省存储空间不再是选择存储类型的重要考虑因素。int是计算平台硬件所直接支持的数据类型，在IA32平台上，其表示范围可以满足一般整型计算的要求，可以大大减少采用short时计算结果超出变量表示范围引起溢出的可能。无符号类型的变量只能表示正整数，其计算结果与有符号整数也有些微妙的差别。因此对于初学者来说，除特殊的需求外，在计算中一般不使用无符号类型的变量，以免在计算过程中引起难以察觉的错误。

浮点型数据使用标准数据格式（IEEE-754），分为float和double两个小类，与计算平台的硬件无关。float类型是单精度类型，长度为32位二进制位，占4个字节，其有效数字大约相当于十进制的7位，表示范围约为 -3.4×10^{38}~3.4×10^{38}，能表示的最小绝对值约为 $10^{-44.85}$。double类型是双精度类型，长度为64位二进制位，占8个字节，其有效数字大约相当于十进制的15位，表示范围约为 -1.7×10^{308}~1.7×10^{308}，能够表示的最小绝对值约为 $10^{-323.3}$。下面是一些浮点数变量定义的例子：

```
double sum, avg, salary;
float _float, temp;
```

无论是定点类型还是浮点类型，比较短的类型的数据可以放在比较长的类型的变量中。例如，char或short类型的数据可以放在int类型的变量中，float类型的数据可以放在double类型的数据中，而反之则有可能造成数据的错误或者数据精度的丢失。因为double类型数据的表示范围和精度都高于float类型，所以除了内存资源紧张以及有其他特殊需要的情况外，在程序中凡是涉及实数运算时一般都选择使用double类型的变量。

在使用浮点数据类型变量时，需要注意的是，对于大多数的实数，无论是float还是double类型都不能表示其精确值而只能表示其近似值。这一近似值有可能略大于数值的精确值，也可能略小于数值的精确值，这取决于具体的数值和其变量类型。例如，程序中float类型0.1的实际值会比精确值大1.5e–9，而double类型0.1的实际值会比精确值大1e–17；float类型0.04的实际值比精确值小9e–10，而double类型0.04的实际值比精确值大1e–18。对于大多数数值计算来说，浮点数的表示误差很小，一般不会对计算结果造成很大影响。但是在特殊情况下，特别是在对计算的结果进行比较或将浮点数转换为整数时，这种误差的影响可能较为显著，需要认真考虑并进行相应的处理。

2.2.2 变量的赋值和类型转换

使一个变量保存给定数值的操作称为向这个变量赋值。赋值操作的操作符是=，其语法格式如下：

```
<变量名> = <表达式>;
```

操作符的左侧是变量名，其右侧是一个算术表达式。赋值操作将算术表达式的值保存在左侧的变量中。常数和变量是最简单的表达式。例如，在执行完下面的语句后，变量a和b的值是55，d的值是123.456。

```
int a, b;
```

```
double d;
a = 55;
b = a;
d = 123.456;
```

尽管我们常把赋值操作符 = 读作等于，例如把 `a = 55;` 读作“a 等于 55”，但是 C 语言中的 = 不是数学中的“等于”。它表示的不是对变量与 = 右侧的表达式进行比较，而是对变量的赋值，是使 = 左侧的变量的值变成与其右侧表达式相同的值，而不管这个变量以前的值是什么。可以看出，出现在赋值操作符 = 两端的变量名的含义是不同的：= 右侧的变量名表示该变量的值，而 = 左侧的变量名表示该变量的存储空间。例如，`b = a;` 表示将变量 a 的内容保存到变量 b 中。

<变量名> = <表达式> 本身也是一种表达式，其值等于 = 右侧表达式的值。利用这一性质可以一次性地为多个变量赋相同的值。例如，`a = b = 5;` 就将 5 同时赋给了变量 a 和 b，`x = y = z = 1.7321;` 就将 1.7321 同时赋给了变量 x、y 和 z。因为 = 是右结合的，赋值过程从右至左进行，所以不需要使用括号。

C 程序中表达式的类型取决于表达式中数据的类型。如果表达式的类型与变量的类型相同，则赋值操作可以直接进行。当表达式的类型与变量的类型不同时，C 语言在赋值前要将表达式自动转换为符合变量要求的类型。由于不同数据类型的“宽度”不同，有些类型转换有可能产生数据错误或精度丢失等问题。数据类型的宽度以数据类型能够表示的数据范围来度量。在 C 语言中对于数据类型的宽度有下列不等式：

```
double > float > int > short > char
```

在相同的整型类型中，无符号（unsigned）类型的宽度大于有符号类型的宽度。将较窄类型的表达式向较宽类型的变量赋值不会产生任何问题。C 语言会自动进行相应的类型转换，以便正确保存表达式的值。例如，在执行完 `double a = 2;` 之后，变量 a 中的数值是 double 类型的 2.0。但是，如果将较宽类型的表达式向较窄类型的变量赋值的话，就有可能产生错误。例如，当把 double 型的数值赋给 int 型变量时，数值的小数部分会丢失；如果该数值超过了 int 型变量所能保存的范围，赋值结果就完全不对了。此时，编译系统会给出警告信息，要求改正这一潜在的错误。如果我们确实需要将较宽类型表达式的值保存在较窄类型的变量中的话，就需要使用“强制类型转换”的方法，通知编译系统抑制相关的警告信息。强制类型转换将在 2.4 节中讨论。

2.2.3　变量的初始化

变量的初始化就是在变量定义的同时对变量赋值，即在相应的变量名之后直接跟着 = 以及相应的赋值表达式。在对函数外部的变量初始化时，赋值表达式必须是常量表达式；也就是说，表达式中只能包含常量和运算符。被初始化的变量可以与不需要初始化的变量混合定义在同一个变量定义语句中，只要它们的类型相同即可。下面是几个变量初始化的例子：

```
short s = 0x123;
int a = 35, year_seconds = 365 * 24 * 60 * 60;
double x = 3.3e3 + 257.36, y = 128.9, z;
```

2.2.4　类型限定符 const

类型限定符 const 可以放在任何变量定义之前，说明该变量是只读的，即其内容在程序中是不可修改的。因此，由 const 限定的变量只能通过变量初始化赋值。下面是几个 const 变量初始化的例子：

```
const int n = 5, year_seconds = 365 * 24 * 60 * 60;
const double pi = 3.1415926, e = 2.71823;
```

在程序中，由 const 限定的变量可以和普通变量一样用于表达式中，但是不能作为被赋值的对象。试图对 const 变量赋值会引起编译系统报错。因此，在程序中所需的各类常数经常保存在 const 变量中，以防编程人员在无意中对它们进行改动。

2.3 算术表达式

C 语言中的算术表达式主要由运算对象和运算符构成，运算对象包括变量和常量，运算符包括常规的加减乘除四则运算，以及对整数的整除运算和模操作（整除取余数）。除此之外，在算术表达式中还可以包含用于改变表达式计算顺序的括号，以及用于完成复杂计算的函数调用。

2.3.1 算术运算符

C 语言中常规的四则运算以及对整数的整除和模操作的运算符分别是 +、–、*、/ 和 %。加、减、乘、除运算符的运算对象既可以是整数，也可以是实数；模操作只能应用于整数，它的运算优先级与乘除法相同。这些运算符的含义和示例见表 2-4。

表 2-4　算术运算符

运算符	名　称	示　例	结　果
+	加	2 .3 + 3	5.3
–	减	8 – 15	–7
*	乘	3 * 4	12
/	除	5 / 2 5.0 / 2.0	2 2.5
%	模（取余数）	15 % 7	1

在 C 语言中，对算术运算的描述与一般的算术规则相同，只是乘除运算符的写法不同。但是，在求值的计算方法和结果上，C 语言中的算术表达式与一般的算术运算有一个重要的差别，那就是 C 语言表达式中的运算对象是有类型的，而运算对象的类型直接影响到对表达式的求值方法和结果的类型。当进行算术运算时，运算符两端运算对象的类型必须一致。如果运算符两端运算对象的类型不一致，程序就进行自动类型转换，将较窄的数据类型转换为较宽的数据类型，以保证计算正确地进行。具体地说，当一个运算符两端的数据都是整数时，运算按照 int 的规则进行，其结果的类型也是 int。当一个运算符两端的数据中有一个是实数时，运算按照 double 的规则进行，其结果的类型也是 double。这个规则对除法的影响最为明显。当除法运算符两端的运算对象都是整数时，除法按整除规则进行，即除法的商只保留整数部分，小数部分被抛弃。例如，表达式 5 / 2 的结果是 2，而不是 2.5。而当运算符两端至少有一个实数时，除法就按实数除法的规则进行。例如，表达式 5.0 / 2 的结果是 2.5，而不再是 2 了。这一规则依次作用于表达式中的各个运算符，因此，当一个表达式中所有的运算对象都是整数时，表达式结果的类型是 int ；只要表达式中有一个运算对象是实

数，表达式结果的类型就是 double。

C 语言中运算符的优先级和运算的顺序与一般算术运算相同：*、/ 和 % 的优先级高于 + 和 –；表达式的计算按照运算符的优先级从高到低的顺序进行；相同优先级的运算符按从左到右的顺序进行。当需要改变运算的顺序时，可以和常规的算术运算一样使用括号。由于整除的原因，当改变一个包含除法的整数表达式的计算顺序时，即使新的计算顺序在算术中与原计算顺序等价，也可能产生不同的计算结果。例如，表达式 1 + 2 * 3 / 2 的值等于 4，而表达式 1 + 2 * (3 / 2) 的值等于 3。% 作为运算符时称为“模”运算符，也称为“取余数”运算符，8 % 5 可以读作“8 模 5”。“模”运算在程序中常用来判断一个数是否能够整除另一个数。如果 a % b 等于 0，就说明 b 能够整除 a。如果 a % 2 等于 0，就说明 a 是偶数，否则就是奇数。另外，在程序中“模”运算也常用来取出一个十进制数的后几位。例如，12 345 % 10 等于 5，12 345 % 100 等于 45，分别是 12 345 的最后一位和最后两位。下面我们再看几个算术运算表达式的例子。

【例 2-3】**表达式的类型和值** 判断下面表达式的类型，计算它们的值。

```
1 + 4 * 7 - 8 / 5.0
(3 + 4) * (7 - 2) / 4
(8 / 5.0) + (6 / 5)
```

第一个表达式中包含一个实数，因此它的类型是 double，其求值结果是实数 27.4。第二个表达式中所有的数据都是整数，因此其类型是 int，其中的除法是整除，所以整个表达式的求值结果是整数 8，而不是实数 8.75。第三个表达式中第一个括号内有一个实数，除法按实数规则进行，结果为 1.6；第二个括号内的两个数都是整数，除法按整除规则进行，结果为 1。因此整个表达式的结果为 2.6。

【例 2-4】**计算球体体积** 已知计算球体体积的公式是 $V = 4 * \pi * r^3 / 3$。给定球体的半径 r，求球体的体积。

在定义了相关的变量，给定了变量 r 的值之后，这个公式就可以直接写成下面的代码：

```
double v, r = 2.345;
v = 4.0 * 3.14159265 * r * r * r / 3.0;
```

【例 2-5】**星期几** 已知 9 月 8 日是星期一，求 10 月 15 日是星期几。

给定某月某日是星期几，求其下个月某日是星期几，可以首先算出两个日期的天数差，加上给定日期的星期数，再对 7 取余数。我们用 0~6 表示周日至周六，则 10 月 15 日是星期几可以表示为下面的表达式：

```
int m = (30 - 8 + 15 + 1) % 7;
```

在上面的表达式中，30 是 9 月份的天数，8 是给定的日期，15 是所要求的 10 月份的日期，1 表示星期一。写出这样只包含常量的表达式可以使我们的描述更便于理解，避免计算中的错误。同时，这样的描述也清楚地说明了计算过程中相关参数的关系。当我们使用变量表示各个参数时，就可以很容易地把这一计算过程推广到一般的情况。

【例 2-5-1】**星期几** 已知某月 x 日是星期 y，该月有 n 天，求下一个月的 k 日是星期几。

我们用 0~6 表示周日至周六，则根据已知条件求下个月的 k 日是星期几可以表示为下面的表达式：

```
m = (n - x + k + y) % 7;
```

【例 2-6】求一元二次方程的根 已知一元二次方程 $ax^2 + bx + c = 0$ 的系数 a、b、c，设该方程有两个实根，求这两个根并将结果保存在 r1 和 r2 中。

根据一元二次方程的求根公式，可以写出下面的代码：

```
#include <stdio.h>
#include <math.h>
int main()
{
    double a = 1, b = 6, c = 5, r1, r2;
    r1 = (-b + sqrt(b * b - 4 * a * c))/(2 * a);
    r2 = (-b - sqrt(b * b - 4 * a * c))/(2 * a);
    printf("r1: %f, r2: %f\n", r1, r2);
    return 0;
}
```

这段程序的第二行是对 C 语言标准头文件 <math.h> 的包含。这是因为在这段代码中用到了求平方根的标准库函数 sqrt()。在 UNIX/Linux 系统上，当编译上述代码时还需要在编译命令中使用 -lm 选项，以便链接含有 sqrt() 可执行码的标准函数库 libm。设源程序保存在文件 froot.c 中，则编译命令行如下所示：

cc -o froot froot.c -lc -lm

有些编译系统自动链接 libc 库。使用这些编译系统时选项 -lc 可以省略。读者可以修改系数 a、b、c 的值，看看程序的执行结果。

在 C 语言的各种算术运算中，整除和模运算不在我们所熟悉的普通算术运算之列。为深入理解这两种算术运算的性质和应用，我们将在 2.4 节中结合强制类型转换进一步讲解和举例。

2.3.2 增量和减量运算符

在运算中经常会遇到对变量的值加 1 或减 1 的情况。因为这种操作很常见，而且经常与其他的运算或赋值结合在一起，所以 C 语言中为此提供了专门的运算符。++ 是对变量值加 1 的增量运算符，也称自增运算符；-- 是对变量值减 1 的减量运算符，也称自减运算符。这两个运算符既可以作为前缀运算符放在变量的前面，也可以作为后缀运算符放在变量的后面。例如：i++ 和 ++i 都是使变量 i 的值加 1，而 j-- 和 --j 都是使变量 j 的值减 1。如果只是想改变变量本身的值，那么这两种表达方式没有什么区别。如果增量或减量运算表达式要作为其他表达式的组成部分，那么这两种方式就有明显的区别了。对于前缀方式，程序首先修改变量的值，然后把修改后的变量值作为增量或减量运算表达式的值参与其他表达式的求值计算。对于后缀方式，程序首先对变量求值，并把它作为增量或减量运算表达式的值参与其他表达式的求值计算，然后再修改变量值。例如，在下面的代码中，int 类型变量 i 和 j 的初始值都是 6，m 和 n 的值都是 10。在执行了下列语句后，i 和 j 的值都变成了 7，m 和 n 的值都变成了 9，但是 u 和 v 的值分别是 6 和 7，而 x 和 y 的值则分别是 10 和 9。

```
int i = 6, j = 6, m = 10, n = 10, u, v, x, y;
u = i++; v = ++j;
x = m--; y = --n;
```

2.3.3 位运算

位运算只能作用于整型数据，是对数据以二进制位为单位进行的二元运算，包括对数据中二进制位的移动，以及两个数据中对应位的按位运算。

移位运算包括对数据的左移和右移，运算符分别是 << 和 >>。x<<y 的结果等于 x 的值左移 y 位，并在移位后空出来的低 y 位补 0。x>>y 的结果等于 x 的值右移 y 位，并根据 x 的符号类型在移位后空出来的高 y 位补位：如果 x 是有符号整数，则补 x 的符号位，否则补 0。下面是几个移位运算的例子：

```
int x = 1, y = 2, z = 125, a, b, c;
a = 3 << 3;
b = y << x;
c = z >> y;
```

在执行完这些操作后，变量 a、b、c 的值分别是 24、4、31。与其他运算符一样，<< 和 >> 不改变参与运算的变量的值，因此 x、y、z 的值不变。可以看出，将一个整数左移 *n* 位等价于将该整数乘以 2^n，将一个整数右移 *n* 位等价于将该整数除以 2^n。需要注意的是，当左移结果超出数据类型所能表示的范围时，会产生数据丢失并造成结果错误。例如，7 << 32 的结果为 0。

按位运算包括“按位与”“按位或”和“异或”，其运算符分别是 &、| 和 ^。在这些运算中，数据被看作一个个独立的二进制位，而不是一个整体。两个运算数据中对应的二进制位进行运算，不受数据中其他二进制位的影响，运算结果也不影响其他二进制位。表 2-5 是这些运算符的运算规则。

表 2-5　位运算规则表

<table>
<tr><th colspan="3">按位与（&）</th><th colspan="3">按位或（|）</th><th colspan="3">异或（^）</th></tr>
<tr><td>x / y</td><td>0</td><td>1</td><td>x / y</td><td>0</td><td>1</td><td>x / y</td><td>0</td><td>1</td></tr>
<tr><td>0</td><td>0</td><td>0</td><td>0</td><td>0</td><td>1</td><td>0</td><td>0</td><td>1</td></tr>
<tr><td>1</td><td>0</td><td>1</td><td>1</td><td>1</td><td>1</td><td>1</td><td>1</td><td>0</td></tr>
</table>

下面是几个位运算的例子：

```
int x = 13, y = 5, a, b, c;
a = 3 & 5;
b = y | x;
c = 7 ^ y;
```

在执行完这些操作后，变量 a、b、c 的值分别是 1、13、2。位运算在初级程序设计中使用较少，我们就不再对它们进一步讨论了。

2.3.4 复合赋值运算符

在程序中经常会遇到对一个变量的值在其原有值的基础上进行修改的情况。例如，下面的运算是经常遇到的：

```
i = i + 5;
j = j - k * m;
s = s / (t + u);
v = v << 5;
```

在这样的语句中，赋值运算符左边的变量也同时出现在右边，并且作为二元运算符左端的运算对象。为了简化对这种赋值运算的描述，C语言中提供了复合赋值运算符，使得既要被赋值又要参与运算的变量在表达式中只出现一次。使用复合赋值运算符的表达式称为复合赋值表达式，其语法格式如下：

```
<变量> <运算符>= <表达式>
```

它等价于：

```
<变量> = <变量> <运算符> (<表达式>)
```

在复合赋值表达式中，<运算符>必须是下列运算符中的一个：

```
+  -  *  /  %  <<  >>  &  ^  |
```

这样，上面的几个语句可以改写如下：

```
i += 5;
j -= k * m;
s /= t + u;
v <<= 5;
```

这种描述方式更加简洁，也更加接近人们的常规思维方式。例如，当我们希望把 k 的值乘上 5 时，就可以直接根据这一想法写出 `k *= 5;`，而不必写成把 k 乘以 5 的结果再保存到 k 中。同时，这种表达方式也有助于编译程序生成更为高效的目标代码。

2.4 强制类型转换

运算对象的类型转换是C程序中常见的操作，它往往出现在表达式的求值、变量的赋值，以及函数调用时参数的传递等场合。我们在2.3节已经讨论过数据类型在计算和赋值时的自动类型转换。自动类型转换的基本作用是使运算符两端的运算对象类型一致，以保证计算正确地进行。在C语言中，除了自动类型转换外，编程人员还可以使用强制类型转换的手段改变运算对象或表达式的类型，以满足特殊的计算需要。例如，通过强制类型转换，可以在不同类型数据的混合计算中改变自动类型转换规则和表达式的默认求值方式；可以改变表达式的类型，以便将表达式的值赋给特定类型的变量。

表达式的强制类型转换需要由程序员显式地指定，并使用下面的描述语法：

```
(<类型名>) <表达式>
```

其中<类型名>可以是C语言中任何一个合法的类型，如int、double等基本类型，或者是其他派生类型和复合类型。强制类型转换的优先级高于各种算术运算符，因此当对一个计算表达式进行强制类型转换时，需要使用括号将整个需要转换的表达式括起来。否则，强制类型转换只对紧随其后的运算对象发生作用。下面是几个强制类型转换的例子：

```
int a = 5, b = 7;
double c, d;
c = (double) b / a;            // double类型的除法，结果为1.4
d = (double) (b / a);          // 先进行整除，再转换为double类型的1.0
```

在上面的例子中，变量 c 的值为1.4，而 d 的值为1.0。这是因为在计算 c 的值时，强制类型转换操作 (double) 放在 b 的前面，因此程序首先将 b 转换为 double 类型，然后再计算 b/a 的值。因为 b 的值是 double 类型，所以除法按 double 类型进行，结果为 double 类型的 1.4。在计算 d 的值时，强制类型转换操作 (double) 放在 (b/a) 之前，表示对该计算结果的类型进行转换，因此程序首先计算 (b/a) 的值。因为 a 和 b 都是 int 型的变量，所以除法按整除进行，结果为整数 1，经过强制类型转换后变为 double 类型的 1.0。

在算术运算中，强制类型转换也常用来进行浮点数的整数和小数部分的分离。对于一个浮点型的变量 f，无论它是 float 还是 double 类型，(int)f 都表示取 f 中值的整数部分。下面的代码分别获取一个浮点数的整数部分和小数部分：

```
int int_part;
double x, decimal_part;
…
int_part = (int) x;                       // 获取x的整数部分
decimal_part = x - (int) x;               // 获取x的小数部分
```

C 语言在使用强制类型转换获取浮点数的整数部分时，是按照该浮点数在计算机内部的实际值进行操作的，而它所产生的结果有可能与我们的直觉不同。对于下面的代码，有些编译器的输出结果是 3，而不是我们期待的 4：

```
int x;
float f = 0.04;
x = (int) (f * 100);
printf("%d\n", x);
```

产生这样的结果的原因是，f 中的数值由于 float 类型的精度而略小于 0.04，乘以 100 后也略小于 4，其整数部分自然是 3。如果把变量 f 改为 double 类型，则输出结果是 4。对于这类误差，应该根据计算的实际需要进行必要的处理。在上面的例子中，如果我们需要避免数据的实际值由于精度不足而小于精确值，并由此引起计算错误，则可以将赋值语句改为 x = (int) ((f + DEALT) * 100);，其中 DEALT 是一个略大于数据精度误差的小数，如 1e–6。

将浮点数通过类型转换取整时，小数部分被完全地舍弃了。这样获得的整数的值小于相应浮点数的值。有时在计算中需要对小数部分进行四舍五入处理，以保证取整后的值与原来浮点数的差值不大于 0.5。为此，可以将浮点数加上 0.5，再进行类型转换，如下面的例子所示：

```
int int_part;
double x;
int_part = (int) (x + 0.5);
```

采用类似的方法，我们可以对一个数值的任意位进行四舍五入的处理。例如，对浮点数小数点后的第 3 位四舍五入，保留两位小数；对整数的百位四舍五入，保留千位以上的有效数字，等等。

强制类型转换的优先级高于自动转换。使用强制类型转换可以把表达式或其中某一部分的类型转换为需要的类型，而不管其原来的类型以及默认的自动转换规则。例如，假设我们需要把一个 int 型变量的值与一个 float 型变量的值相加，并将结果保存到 int 型的变量中。因为这个计算只需要获取运算结果的整数部分，所以可以使用强制类型转换，首先把 float 型变量的值的类型转换成 int 类型，使得加法运算和后面的赋值都以 int 类型的方式进行，以避免按照自动转换规则所造成的多次不必要的类型转换，以及编译系统可能产生的警告信息。这一做法如下面的代码所示：

```
int a, b;
float f;
…
a = b + (int) f;
```

除了改变混合类型数据计算的默认类型转换规则外，强制类型转换的另一个常见用途就是抑制编译系统对较宽类型数据向较窄类型变量赋值所产生的警告信息。例如，当我们把一个 double 类型的表达式赋值给一个整型变量时，如果设置了相应的编译选项，编译系统会发出警告信息，提示可能产生精度的损失和数据高位的丢失。如果我们确实需要进行这样的类型转换，并且确定这种转换不会引起程序运行错误，就可以使用强制类型转换的方式告诉编译系统，这确实是我们所需要的，因此不必产生警告信息：

```
int x;
double d1, d2;
…
x = (int) (d1 * d2);
```

将较窄的值向较宽的变量赋值时不需要使用强制类型转换。这时数据的自动类型转换不会引起精度的损失和数据高位的丢失，因此编译系统不会产生警告信息。

强制类型转换在 C 程序中经常使用。下面我们看一个例子。

【例 2-7】时钟指针　时钟的时针和分针的夹角随时间而变化。从标准输入读入一个 24 小时制的时间，其格式为“*h*:*m*”，其中 h（$0 \leqslant h \leqslant 23$）表示小时，$m$（$0 \leqslant m \leqslant 59$）表示分钟，均为整数。求该时刻时针和分针的夹角 A（$0 \leqslant A \leqslant 180$）。在标准输出上输出结果，保留 3 位小数。例如，当输入为 8:10 时，输出 175.000。

求解这道题目的基本思路是，首先根据给定的时间分别计算出时针和分针相对于某一参考方向的角度，然后再将两个角度相减，计算出两个指针之间的夹角。为方便起见，我们以表盘上 12 点的方向为起点顺时针计算各个指针的角度。因为分针每分钟转动 6 度，所以使用分钟数乘以 6 就是分针的角度。时针每小时转动 30 度，每分钟转动 0.5 度，因此以小时数乘以 30 再加上分钟数乘以 0.5 就是时针的角度。但是，将这样算出的指针角度相减得到的结果可能不符合要求。首先，题目中给出的小时的范围是 0~23，以上述方法算出的时针的角度在 0~720 度之间，有可能超过一个圆周角。其次，由于两个指针的相对位置不固定，两个角度相减的结果可能为正，也可能为负；即使结果为正，也不一定在 0~180 度的范围内。为解决这两个问题，需要在计算过程中进行一系列的变换，以便使最终结果符合题目的要求：

1）将小时数从区间 [0, 23] 映射到区间 [0, 11]，以便使时针的角度在 0~360 度之间。例如，将 15 点转换为 3 点。

2）将结果为负数的夹角角度转换为正数。例如，将 –30 度转换为 30 度。

3）将大于 180 度的夹角角度转换为小于 180 度的角度。例如，将 185 度转换为 175 度。

所有上述变换，都需要根据给定的数据或计算结果所处的不同区间进行不同的处理：

1）当小时数处于区间 [12, 23] 时，从中减去 12。

2）对于负数的夹角角度 a，取 $-a$。

3）对大于 180 度的夹角角度 a，取 $360 - a$。

为实现上述这些变换，最容易想到的方法就是使用条件语句，根据相关数据所在的区间分别执行不同的操作。例如，将区间 [0, 360) 中的角度映射到区间 [0, 180) 的方法是，对位于区间 [0, 180) 中的角度不做任何处理，而对位于区间 [180, 360) 中的角度，则用 360 减去该角度。但是，我们现在还没有学习条件语句，因此这种方法暂时还不可用。我们可以换一种方法，在不使用条件语句的情况下，利用刚刚学过的算术运算和强制类型转换完成所需的数据变换。

将 24 小时制下的小时转换为 12 小时制下的小时的方法是，直接将小时数模 12。这样，就不必判断小时数的具体数值了。根据转换后的小时数计算出的时针的角度必然位于区间 [0, 360) 中。

因为时针和分针的角度范围都是 0~360 度，所以两个指针角度相减得出的指针夹角的范围在 –360~360 度之间。为避免对负数进行处理，我们首先将指针夹角加上 360 度，使其从区间 (–360, 360) 等价地映射到区间 [0, 720)，然后再将该角度从区间 [0, 720) 映射到区间 [0, 360)。与对小时数的转换不同的是，这一角度的值是实数而不是整数，因此不能通过对该角度模 360 完成相应的处理，只能对大于等于 360 的角度减去 360。为避免使用条件语句，可以使用 360 整除已经被映射到区间 [0, 720) 的角度。如果该角度大于等于 360 度，结果等于 1；否则结果等于 0。从该角度中减去该整除结果与 360 的乘积，即可完成这一映射。

最后，我们还需要将角度从区间 [0, 360) 映射到区间 [0, 180)。如前所述，对于位于区间 [0, 180) 中的角度不需要做任何转换，对于位于区间 [180, 360) 中的角度需要用 360 减去该角度。为此需要根据角度是否大于等于 180 度来决定是否对角度取负值，以及是否在角度上加上 360。仿照上一步的做法，我们首先用 180 整除该角度，以判断该角度是否大于等于 180 度。如果该角度大于等于 180 度，结果等于 1；否则结果等于 0。将该整除结果乘以 –2 再加上 1。如果该角度大于等于 180 度，结果等于 –1；否则结果等于 1。以此结果乘以夹角，就实现了根据角度所在的区间来决定是否对角度取负值的操作。再将这一乘积加上整除结果与 360 的乘积，就完成了将角度从区间 [0, 360) 到区间 [0, 180) 的映射。

在变量类型的选择上，因为给定的小时和分钟数都是整数，可以使用整型变量；而与角度相关的变量可能包含小数部分，因此需要使用浮点数据类型。根据 2.2 节提到的原则，我们选择使用 int 类型的变量保存小时和分钟的数值，使用 double 类型的变量保存各种角度。根据上述讨论，可以写出程序的代码如下：

```
int main()
{
    int h, m, n;
    double ang_d, ang_h, ang_m, ang;

    scanf("%d:%d", &h, &m);
    h = h % 12;                              // 将小时从区间[0, 23]映射到[0, 11]
    ang_h = h * 30.0 + m * 0.5;              // 时针每小时转30度，每分钟转0.5度
    ang_m = m * 6.0;                         // 分针每分钟转6度
    ang_d = ang_m - ang_h + 360;             // 将角度从-360~360 度映射到 0~720度
    ang_d -= ((int) ang_d / 360) * 360.0;    // 将角度从360~720度映射到0~360度
    n = (int) ang_d / 180;                   // ang_d大于180度时n为1，否则为0
    ang = 360.0 * n + (1 - n * 2) * ang_d;   // 将180~360之间的角度映射到180~0
    printf("%.3f\n", ang);
    return 0;
}
```

在上面的代码中，变量 h 和 m 分别用于保存小时和分钟的数值，ang_h 和 ang_m 分别保存时针和分针的角度，ang_d 保存两个指针的角度差，ang 保存最后的计算结果。代码中有两处强制类型转换，分别用于判断 ang_d 是否大于等于 360 和 180 的整除。通过这个例子可以看出，在 C 程序中对同一个问题的求解可以有不同的方法，同一种功能也可以使用不同的语句实现。我们在程序设计时需要开阔思路，灵活运用已有的知识，根据已知的条件和限制，有效地完成给定任务。

2.5　数据输出 / 输入函数 printf() 和 scanf()

数据的输入 / 输出并不是 C 语言的组成部分。C 程序中用到的输入 / 输出操作是由编译系统提供的标准库函数完成的。本节中将介绍其中两个最常用到的函数，即 printf() 和 scanf()。其余常用的输入 / 输出函数将在后面的章节中陆续介绍。

2.5.1　数值的输出函数 printf()

如第 1 章中所述，函数 printf() 是在标准输出上进行格式化输出的函数。在默认的情况下，它在计算机的屏幕上根据编程人员规定的格式打印输出各种类型的数据，包括整数、浮点数、字符以及字符串。printf() 的函数原型可以表示如下：

```
int printf(char *format, …);
```

printf 的返回值说明其输出字符的个数，当返回值为负数时表示函数在执行中遇到了错误。这一返回值在程序中往往弃之不用。函数中第一个参数 format 的类型是 char *，其中的 * 与类型说明符相连，因此不表示乘法而表示指针。指针是 C 语言中的一个重要概念，我们在第 7 章再详细讨论。这里我们可以把指针理解为数据的存储位置，即变量在内存中的地址。具有 char * 类型的参数 format 称为数据格式说明字符串，一般是一个字符串常量，说明直接输出的字符以及其他输出数据的数量、类型和格式。与一般函数不同，printf() 的参数数量可变，参数表中的省略号表示 0 个或多个参数，实际数量和类型由格式说明字符串说明。在格式说明字符串中可以包含任意字符，其中普通字符由函数直接输出，而以 % 开头的字符序列则是数据输出说明字段，按顺序与格式串后面变长参数表中的数据一一对应，说明相应数据的类型以及输出该数据时使用的格式。也就是说，在格式说明字符串中有多少个以 % 开头的数据输出说明字段，在其后的变长参数表中就应该有多少个以常量、变量或表达式形式给出的数据。printf() 中常用的字段说明符如表 2-6 所示。

表 2-6　printf() 常用的字段类型说明符

字段说明符	相应数据的类型	输出格式	样例
%d	int	有符号的十进制	–123
%x	int	十六进制	7b
%e	double	实数的科学表示法	1.200000e+003
%f	double	实数的常规表示法	1200.000000
%c	char、int	字符	a
%s	char *	字符串	Hello World

在表 2-6 中，与字段说明符 %s 对应的数据类型 char * 是 char 型指针。在 printf() 中的

实际参数可以是字符串常量或者保存了字符串的数组。下面是几个使用 printf() 函数的例子。

【例 2-8】**整数的表示方式** 以十进制、十六进制和八进制输出同一个整数。

```
int a = 123;
printf("Dec %d = Hex %x = Oct %o\n", a, a, a);
```

所输出的结果如下：

```
Dec 123 = Hex 7b = Oct 173
```

在格式说明串中，除了说明各个字段所对应的数据类型外，还可以进一步说明对各个字段输出格式的其他要求，如字段宽度、保留小数点的位数、正数前是否显示 '+' 号、数据是左对齐还是右对齐，等等。例如，在 % 与字段说明符之间插入整数说明该字段的最小宽度；在 % 与字段说明符之间插入小数说明输出的浮点数所要保留的小数位数。读者可以阅读联机手册或第 5 章中的相关内容，进一步了解这些细节。下面是一个控制浮点数小数位数的例子。可以看出，printf() 在对小数部分进行截断时进行了必要的舍入。

【例 2-9】**浮点数和字符序列的输出格式**

```
double x = 123.456, y = 6.0, r = 10.0;
printf("x: %e (%.1f), y: %.2f\n", x, x, y);
printf("r = %.1f, Area = %s = %f\n", r, "r * r * 3.141592653", r * r * 3.141592653);
```

上述代码执行完毕后，在屏幕上显示的结果如下：

```
x: 1.234560e+002 (123.5), y: 6.00
r = 10.0, Area = r * r * 3.141592653 = 314.159265
```

2.5.2 数值的输入函数 scanf()

函数 scanf() 是在标准输入上进行格式化输入的函数。在默认情况下，它从计算机的终端键盘上读入各种类型的数据，包括整数、浮点数、字符以及字符串等，按规定的格式写到指定的变量中。与 printf() 相似，函数 scanf() 也是一个具有变长参数表的函数，其函数原型如下：

```
int scanf(char *format, …);
```

其中参数 format 是格式说明字符串，简称格式串，包含一个或多个以 % 开头的输入字段说明序列，说明函数 scanf() 所要输入的数据的数量和类型。format 后的变长参数表中指定数据所要保存的位置，即计算机内存中存储单元的地址。其数量及类型必须与 format 中的输入字段说明序列相一致。scanf() 中常用的字段说明符如表 2-7 所示。

表 2-7 scanf() 常用的字段类型说明符

字段说明符	相应的变量类型	数据格式	输入数据样例
%o	int	八进制	063
%d	int *	有符号的十进制	+123
%x	int *	十六进制	7B
%f	float *	实数	1.23
%lf	double *	实数	–567.8
%c	char *	字符	b
%s	char *	字符串	this123x

对于格式串中的每个字段说明序列，函数 scanf() 会跳过输入数据中的空格符、换行符等空白符，从与该字段说明相匹配的数据起点开始读入数据并进行规定的格式转换，直至遇到不属于此数据项的字符为止。当一个数据项读入成功后，scanf() 会继续处理格式串中后续的字段，直至格式串的末尾。在此过程中，任何一个字段读入失败都会结束 scanf() 的执行，并把无法读入的数据留在输入序列中。当 scanf() 结束执行时，其返回值表示函数成功地读入并完成内部格式转换、保存到指定变量中的数据字段的个数；0 表示没有数据被成功地读入和保存。当读入错误或者只读到文件结束符而没有读到任何数据时，函数返回一个名为 EOF 的常量。当从键盘上读入数据时，根据所用系统的设置的不同，可以使用 ^Z 或 ^D 表示输入数据的结束。如果此时 scanf() 正在等待来自键盘的输入数据，就会返回 EOF。

除了字段说明序列外，格式串中也可以包含空白符和其他不属于字段说明序列的普通字符。格式串中的空白符可以与输入序列中任意数量的空白符匹配。当 scanf() 在格式串中遇到普通字符时，会将其与下一个输入字符进行比较。当这两个字符相同时，scanf() 跳过该字符，继续处理格式串中的后续部分。如果输入字符格式串中的字符不相同，scanf() 将该字符留在输入序列中，并结束执行。例如，格式串 "%d/%d" 可以与输入序列 23/45 相匹配，并读入整数 23 和 45。但是该字符串不能与输入序列 23*45 相匹配。此时，scanf() 只读入了整数 23，而把 *45 留在了输入序列中。程序中任何后续的输入函数遇到的第一个输入字符就是 *。

在参数的使用上，scanf() 与 printf() 既有相同之处，也有不同之处。两者的相同之处是，变长参数表中所指定的变量的数量和类型必须与格式说明字符串中以 % 开头的字段说明序列一一对应。两者的不同之处有三点。首先，在 scanf() 中，与所有字段说明符对应的变量类型都是带 * 的指针类型，因此在 scanf() 的变长参数表中需要使用变量的地址，而不是变量名称来指定保存相应数据的变量。在 C 语言中，一个变量的地址可以通过在变量名前加一个 & 获得。例如，变量 a 的地址是 &a。其次，在 scanf() 的格式说明字符串中，%f 所对应的输入变量类型是 float，%lf 所对应的输入变量类型才是 double。最后，scanf() 函数的返回值表示函数成功地读入并完成内部格式转换、保存到指定变量中的数据字段的个数，而不表示读入的字符的个数。下面是几个使用 scanf() 的例子。

【例 2-10】读入数据　从标准输入上读入两个整数。

```
int x, y;
scanf("%d%x", &x, &y);
```

这个例子从终端键盘（即标准输入的默认设备）上读入两个整数，并分别保存到 int 型的变量 x 和 y 中，其中第一个整数是以十进制数的格式给出的，而第二个整数是以十六进制数的格式给出的。

【例 2-11】计算实数乘积的整数部分　从标准输入上读入两个实数，在标准输出上输出两数之积的整数部分。

```
int main()
{
    double x, y;
    scanf("%lf %lf", &x, &y);
    printf("%d\n", (int) (x * y));
```

```
    return 0;
}
```

在这个例子中有两点需要注意。第一，因为我们需要把数据读入 double 类型的变量中，所以在 scanf() 的格式说明字符串中需要使用 %lf 来说明相应变量的类型。第二，因为我们需要输出两个输入数据之积的整数部分，所以在 printf() 的格式说明字符串中需要使用 %d。与此相对应，我们需要首先在 double 类型下完成输入数据的乘积，然后再把 `x*y` 的结果转换为 int 类型。

此外，当 scanf() 读入字符串时，以输入数据中的空白符作为一个字符串的结尾。如果输入的字符串中包含空格符和 TAB 键，输入字符串将按这些字符的位置被分割为不同的子串。保存字符串需要使用数组，我们在第 6 章中再给出相应的例子。

2.6 常量的符号表示方法

在 C 程序中经常使用一些便于记忆的符号来表示各类常量，这些用符号表示的常量一般称为符号常量。C 语言中提供的符号常量定义机制可以分为两类：一类是通过编译预处理命令 #define 定义的常量宏，另一类是枚举常量。无论通过哪种机制定义，符号常量在程序中的使用都与一般的常量相同。符号常量的符号可以是任意的合法标识符，但是习惯上往往使用只由大写字母和下划线组成的标识符。

2.6.1 常量宏

#define 是编译预处理中的宏定义命令，使用 #define 可以定义一个符号和它所代表的字符串。在编译时这一符号被替换为对应的字符串。例如：

```
#define PI  3.1415926535
```

就定义了一个符号 PI，它代表的是 π 的近似值 3.1415926535。在此后的表达式中，凡是需要用到 π 的近似值的地方，就都可以用符号 PI 来表示，而不必写 3.1415926535 了。例如，计算一个半径为 5 的圆的面积，就可以写成 5 * 5 * PI。又例如，在**【例 2-5-1】星期几**中，我们可以定义一个符号常量 W_DAYS 来表示一周的天数：

```
#define W_DAYS      7
```

这样，求解**【例 2-5-1】**中问题的计算公式就可以改写为下面更容易理解的式子：

```
m = (n - x + y + k) % W_DAYS;
```

符号常量的定义也可以是常量表达式，在表达式中可以包含已定义过的符号常量。如果该符号常量的定义是一个表达式，就需要用一对括号将整个表达式括起来，以避免在符号常量替换时可能产生的错误。下面是几个符号常量定义的例子：

```
#define SEC_PER_DAY         (24 * 60 * 60)             // 一天24小时所包含的秒数
#define SEC_PER_YEAR        (365 * SEC_PER_DAY)        // 一年的秒数
#define N_GROUP             80
#define NUM_PER_GRP         25
#define ITEMS               (N_GROUP * NUM_PER_GRP)
```

在第一个定义中，符号 SEC_PER_DAY 表示一天之中所包含的秒数。我们没有直接给出这个数值，只是说明一天有24小时，一小时有60分钟，一分钟有60秒，而把具体的计算留给编译系统去做。第二行根据SEC_PER_DAY定义了一年中的秒数SEC_PER_YEAR。后面三行定义了三个互相关联的符号常量：ITEMS是N_GROUP与NUM_PER_GRP的乘积。N_GROUP定义为80，NUM_PER_GRP定义为25，于是ITEMS的值就等于2 000。这样定义具有关联关系的符号常量可以提高程序的可维护性。在上面这个例子中，当由于程序的修改而需要改变N_GROUP或NUM_PER_GRP的值时，符号常量ITEMS的值会自动地随之更新。需要注意的是，当符号常量的定义中包含一个以上的数据和符号时，必须使用括号将它们括起来。

符号常量不仅可以表示数值，也可以表示字符或字符串等其他类型的常量。例如，**【例1-2】**中的程序可以改写如下：

```
#define HELLO       "Hello, world!\n"   /* 预处理命令，定义表示字符串的符号常量 */
int main()
{
   printf(HELLO); // 使用表示字符串的符号常量输出字符串
   return 0;
}
```

在C语言的各个标准头文件中都使用#define定义了大量的符号常量。例如2.5.2节中提到的scanf()可能返回的EOF，以及在后面例子中经常见到的NULL，都是在头文件<stdio.h>中定义的符号常量。阅读这些头文件，了解和使用这些由系统定义的符号常量，对于提高程序代码的可读性和可移植性是很有帮助的。

2.6.2　枚举常量

枚举常量是一种用符号表示的整型数字常量。枚举常量由标识符表示。当定义枚举常量时，需要使用由关键字enum引导的枚举符表。枚举符表中包含由逗号分隔的枚举符序列。下面是一个枚举常量的例子：

```
enum {A, B, C, D, E = 50, F, G, H, I, J, K};
```

上面语句中的枚举符表包含11个枚举符，定义了从A到K共11个枚举常量。当枚举符的形式为“标识符 = 常量表达式”时，该枚举常量的值等于该常量表达式的值。当枚举符只是一个标识符时，该枚举常量的值等于其前面枚举常量的值加1。当第一个枚举符只是一个标识符时，该枚举常量的值等于0。因此在上述枚举常量中，从A到D的值分别是从0到3；从E到K的值分别是从50到56。

在定义枚举常量时也可以同时给出所定义枚举常量的枚举类型符，说明枚举常量的含义或用途。枚举类型符是位于关键字enum和枚举符表之间的标识符。下面是一个具有枚举类型符的枚举常量定义的例子：

```
enum month_t {JAN = 1, FEB, MAR, APR, MAY, JUN, JLY, AUG, SEP, OCT, NOV, DEC};
```

上面的语句定义了一组类型为month_t的12个枚举常量，这些常量的值从1到12，分别表示1月到12月。

枚举类型符可以作为一种数据类型说明符，用来定义变量。例如，在定义了枚举类型month_t后，我们可以写出下列变量定义语句：

```
enum month_t mon_1, mon_2;
```

从理论上讲，每一种枚举类型都是一种独特的数据类型，但实际上大多数编译系统都把枚举类型的变量等同于一般的整型变量。在程序中可以把任意的整型数值，包括其他类型的枚举常量赋给一个枚举类型的变量。编译系统不对赋值数据的范围进行检查，也不会报告语法错误。

在程序中使用符号常量有助于提高程序的正确性、可读性和可维护性。首先，编程人员可以根据常量的用途和含义使用符号对常量命名，提醒编程人员避免误用。这样不但便于编程人员记忆，而且便于其他人员阅读和理解程序。特别是当程序中有用于不同目的但是数值相同的常数时，使用符号常量有助于区分这些表面上看起来相同但实际意义不同的数值，表明它们的作用，在修改用于某一目的的常量时不至于错误地修改原来数值相同但用途不同的其他常量。例如，假设我们在程序中使用了一个行数和列数均为 6 的表，并在多处分别引用了行数和列数的值。如果直接使用数值 6，当需要增加表的行数时，我们不能简单地使用编辑工具中的字符串替换功能将 6 替换为新的值，而需要逐一地检查所有的数值 6，看看它是否表示行数，再决定是否替换，以免错改了表示列数或其他数值的 6。而如果我们使用符号常量 ROW 和 COL 分别表示行数和列数的值，并且将它们都定义为 6，当需要修改行数的值时，则只需要修改符号常量 ROW 的定义即可，而不必逐一检查在程序的哪些地方引用了行数的值。同时，使用符号常量也有助于发现和减少程序中的错误。在输入程序源代码时，直接键入数字时产生的数字错误不会引起任何语法错误，因此难以发现和及时改正；而对符号常量名的键入错误往往会产生不存在的标识符，引起编译程序的错误报告，提示编程人员及时发现和改正错误。当程序中有大量数值相同的常数时，使用符号常量的优点就更加明显。如果在程序中有几十处或上百处使用了同一个符号常量，当需要改变这个符号常量的实际数值时，只需要在该符号常量定义的地方进行一次修改即可。而当直接使用数值时，就需要对这几十处甚至上百处的常数一一进行修改，而且这些修改往往可能遗漏或出错。由于上述原因，符号常量在程序中得到了广泛的应用。

在本书后面的例子中，也经常使用符号常量。为了节省篇幅，有些符号常量没有给出定义。读者可以根据题目的要求和程序代码的上下文，自行确定这些没有给出定义的符号常量的值。

习题

1. 数据类型在程序中有什么作用？
2. 列举 C 语言中的整型数据类型。
3. 说明 float 和 double 类型的差别。
4. 一个 int 型数据和一个 double 型数据相加，结果是什么类型？
5. 一个 unsigned short 型数据和一个 int 型数据相乘，结果是什么类型？
6. 设变量 `c` 定义和初始化为 `char c = '\010';`，则变量 `c` 中包含的字符个数为 ______ 个。

   A. 1　　B. 2　　C. 3　　D. 4
7. 手工计算下列 C 语言表达式的值：

   (123 * 5) + (345 / 3)，(234 / 5.0) – (234 / 56)，(123 / 5.0) + (345.0 / 3)

8. 手工计算下列 C 语言表达式的值：

(123 << 5) + (345 >> 3)，(234 & 567) – (234 | 567)，345 ^ 678

9. 将十进制数 87 654 321 转换为十六进制数。
10. 将十六进制数 0x3C7FA5 转换为十进制数。
11. '6' – '0' 等于几？为什么？
12. 已知 'A' 的 ASCII 码是十进制数 65，'A' + '8' – '6' 的十进制值是多少？用作 ASCII 码时表示哪个字符？这个表达式是什么类型？
13. 下面哪些变量名是错误的？为什么？
    A3_0，_a5，3zk，_3zk，a5-6，cx^d，d_3c，int_1，short，if_x
14. 设有变量 `int a, b; double c, d;`，下列表达式的类型分别是什么？
    a + b; c + d; a / c; b – d;
15. int 型变量和 unsigned int 型变量的区别是什么？在 IA32 平台上，它们所能表示的数值范围是什么？
16. 将 3.5e12 分别赋给一个 int 型变量 `i` 和一个 short 型变量 `s`，看看在不使用强制类型转换时编译系统会报告什么错误信息。当使用强制类型转换后使用 printf() 输出这两个变量，看看 `i` 和 `s` 的值是什么。
17. 写程序计算下列表达式的值并输出在屏幕上，整数表达式按整数格式输出，浮点表达式保留 3 位小数。
    123 * 456，567 % 8，1356 / 82，33.45 * 6，6893 / 225.0
18. 写一个程序，从标准输入上读入浮点数 x，在标准输出上分别输出 x 的整数部分和小数部分。
19. 写一个程序，从标准输入上读入浮点数 x，在标准输出上按四舍五入的方式输出 x 的整数部分。
20. 写一个程序，从标准输入上读入整数 x（$x > 1000$），在标准输出上输出 x 的值，使用本章讨论过的各种运算，以四舍五入的方式保留百位以上的有效数字。例如，输入 1238，输出 1200；输入 2356，输出 2400。
21. 写一个程序，从标准输入上读入两个正整数 a 和 b，在标准输出上输出 a^2 / b^3，保留 3 位小数。
22. 从标准输入上读入正整数 x，按下列公式计算 y 的值，在标准输出上输出，保留 5 位小数：

$$y = 1 + \cfrac{1}{2 + \cfrac{2}{3 + \cfrac{3}{x}}}$$

23. 从标准输入上读入两个浮点数 a 和 b，在标准输出上输出两个数的整数部分的乘积。
24. 从标准输入上读入两个浮点数 a 和 b，在标准输出上输出 $a^2 + b^2$ 的整数部分。
25. 从标准输入上读入两个非 0 整数 c 和 d，在标准输出上分别输出 c / d 的整除和浮点除法的结果，其中浮点除法的结果保留 3 位小数。
26. 鸡兔同笼。从标准输入上读入表示鸡兔数量之和的正整数 m 和表示鸡兔脚数之和的偶数

n（$2m \leqslant n \leqslant 4m$），在屏幕上输出鸡的数量 j 和兔的数量 t，两个整数占一行，以空格分隔，以换行符结束。

27. 龟兔赛跑。龟的速度为 m 米 / 分钟，兔的速度为 n 米 / 分钟，比赛开始前龟位于兔前方 k 米。从标准输入上读入正整数 m、n、k（$m < n$），在标准输出上输出开赛后几分钟兔子可以追上龟，输出数据为四舍五入后的整数。
28. 一艘游艇在沿河的码头 A 和 B 之间行驶。已知船速为 v_b，河水流速为 v_r，且 $v_b > v_r$，A B 间的距离为 s。从标准输入上顺序读入三个正整数 v_b、v_r 和 s，在标准输出上输出该游艇从 A 到 B 再返回 A 所需的时间，保留 3 位小数。

CHAPTER 3

第 3 章

条件语句和开关语句

在有些计算过程中，程序需要根据不同的条件来决定所要执行的语句以及执行步骤。例如，一个实数的绝对值等于该数本身还是该数的负数，取决于该数是正数还是负数，因此在求一个实数的绝对值时需要根据其正负而分别产生不同的值。又例如，一元二次方程 $ax^2+bx+c=0$ 可能有两个、一个或 0 个实根，这取决于系数之间的关系 b^2-4ac 是大于 0、等于 0 还是小于 0，因此在求方程的实根时，需要根据系数之间的关系分别进行不同的计算。在这类情况下，程序需要根据相关条件是否成立而执行不同的语句。程序中的这种分支是由条件语句和开关语句描述的。

3.1 关系运算符和逻辑运算符

程序中对不同分支的执行取决于给定的条件。C 语言中的条件由逻辑表达式来描述。逻辑表达式可以是一个简单的关系表达式，也可以是由逻辑运算符连接起来的多个关系表达式。与算术表达式相似，逻辑表达式也产生一个确定的值，逻辑表达式所产生的值称为真值，只有“真”和“假”两种可能的取值。有些编程语言为真值设置了专门的数据类型，一般称为布尔类型（Boolean）或真值类型。在 C 语言中没有为真值单独设置数据类型，真值使用 int 类型。当逻辑表达式生成真值时，“真”和“假”分别以 1 和 0 代表：1 表示条件成立，0 表示条件不成立。

关系表达式由关系运算符和运算对象组成，描述的是数据之间的关系。C 语言中的关系运算符包括大于、小于、等于、不等于，以及这些关系的合法组合。关系运算符及其含义见表 3-1。

表 3-1　关系运算符

关系运算符	含　义
<、<=、>、>=	左端小于、小于等于、大于、大于等于右端时产生 1，否则产生 0
==、!=	左端等于、不等于右端时产生 1，否则产生 0

表 3-1 中的运算符是按优先级顺序排列的，第一行中运算符的优先级高于第二行中的运算符，同一行中的运算符具有相同的优先级。关系运算符的运算对象既可以是表达式或变

量，也可以是常量，只要其数据类型是可以直接进行比较的数值，例如整数、实数等即可。下面是几个关系表达式及其所产生的值的例子，其中假设 int 型变量 a、b、c 的值分别是 7、8、9：

```
关系表达式                     表达式的值
3 > 3                            0
3 >= 3                           1
a == a                           1
a < a                            0
b <= b                           1
a != a                           0
a != b                           1
a * b > c                        1
(a / b) < (b / c)                0
b * b - 4 * a * c > 0            0
```

逻辑运算符包括“逻辑与”“逻辑或”和“逻辑非”，简称“与”“或”和“非”，其符号以及含义见表 3-2。

表 3-2　逻辑运算符

<table>
<tr><th>逻辑运算符</th><th>含　义</th></tr>
<tr><td>!</td><td>一元逻辑非运算，把 0 值变成 1，非 0 值变成 0</td></tr>
<tr><td>&&</td><td>逻辑与，两端的表达式都为非 0 值时产生 1，否则产生 0</td></tr>
<tr><td>||</td><td>逻辑或，两端的表达式中有一个为非 0 值时产生 1，否则产生 0</td></tr>
</table>

在表 3-2 中，“逻辑非”的优先级最高，“逻辑或”的优先级最低。“逻辑非”运算符是一元运算符，其余两个是二元运算符。逻辑运算符的运算对象是具有表示真或假的非 0 值或 0 值的变量、常量或逻辑表达式。下面是几个逻辑表达式及其产生的值的例子，其中假设整型变量 a、b、c、d 的值分别是 6、7、8、–3：

```
逻辑表达式                     表达式的值
((a + b) > c) && (c > 7)         1
(a > b) && (b < c)               0
(a > b) || (b < c)               1
!(a > b)                         1
!a                               0
a && 5                           1
(a > b) || d                     1
```

从上面的例子可以看出，不仅关系表达式可以作为逻辑表达式中的运算对象，整型变量或整型常量也可以。只要不等于 0，这一运算对象在逻辑表达式中就表示“真”。

由逻辑运算符 && 和 || 连接的表达式按照从左至右的顺序求值。在这一求值过程中，一旦可以明确地知道表达式的值，求值过程就立即停止，以避免不必要的运算。对于 &&，如果其左侧表达式的值是 0，则无论其右侧的表达式的值是什么，整个逻辑表达式的值都是 0，因此 && 右侧的表达式将不会被计算。同样，当 || 左侧的表达式的值不等于 0 时，其右侧的表达式也不会被求值。例如，假设变量 a、b、c 的值分别是 7、8、9，那么下列前两个逻辑表达式中都只有第一个关系表达式会被求值，第三个逻辑表达式中的前两个关系表达式会被求值。只有第四个逻辑表达式中的所有关系表达式会被求值：

```
(a > b) && (b > c) && (a > c)
```

```
(a < b) || (c > b) || (c > a)
(a < b) && (b > c) && (a > c)
(a > b) || (c < b) || (c != 0)
```

逻辑表达式的这一重要性质也称为“短路求值”，在程序设计中经常会用到。例如，在对输入数据进行处理时我们常会见到下面这样的逻辑表达式：

```
((c = getchar()) != EOF) && (c >= 'a' ) && (c <= 'z')
```

这个表达式的作用是判断所读入的字符是否是一个小写的字母，其中的函数 getchar() 是一个从键盘读入字符的标准函数，EOF 是表示输入数据结束的符号常量。如果 (c = getchar()) != EOF 为假，说明输入数据结束，后面的判断就没有任何意义了。此处逻辑表达式的短路求值特性保证了后面的比较操作不再进行。

3.2 运算符的优先级

在 C 语言的各种运算符中，关系运算符和逻辑运算符的优先级是比较低的。表 3-3 是 C 语言中运算符的优先级和结合律。在这个表中，运算符按优先级的高低自上而下排列。处在上面的运算符的优先级高于下面的运算符，处在同一行中的运算符的优先级相同。表中很多的运算符我们尚未遇到。这些运算符将在后面的章节中讨论。

表 3-3 运算符优先级与结合律

运算符	名 称	结合律
()、[]、->	函数调用、数组下标、指向结构成员	从左至右
!、~、++、--、+、-、*、&、(type)、sizeof	逻辑非、按位取反、增量（加 1）、减量（减 1）、正号、负号、间接访问、取变量地址、类型转换、类型或数据的字节数	从右至左
*、/、%	乘、除、取余数	从左至右
+、-	加、减	从左至右
<<、>>	左移位、右移位	从左至右
<、<=、>、=>	小于、小于等于、大于、大于等于	从左至右
==、!=	等于、不等于	从左至右
&	按位与	从左至右
^	按位异或	从左至右
|	按位或	从左至右
&&	逻辑与	从左至右
||	逻辑或	从左至右
?:	条件表达式	从右至左
=、+=、-=、*=、/=、%=、&=、^=、|=、<<=、>>=	赋值、复合赋值	从右至左
,	逗号	从左至右

从表中可以看出，关系运算符的优先级低于四则运算符，其中 == 和 != 还要低于 <、<=、> 和 >=。而逻辑运算符的优先级则更低，而且 || 的优先级低于 &&。利用运算符的优先级，可以省略表达式中的一些括号。例如，(x + y) > (a - b) 就可以写成 x + y > a - b，(a > b) && (c > d) 也可以写成 a > b && c > d。上一节中有些逻辑表达

式例子中的括号也可以省去。但是很多时候，即使代码中所表达的运算顺序与运算符的优先级完全一致，我们还是选择使用括号，而不是完全依靠运算符的优先级。这里面的原因有两点：一是这样可以使代码的书写更加清晰，便于阅读；二是 C 语言中运算符的优先级比较多，不容易记忆。为了避免由于记忆的误差而导致程序出错，使用括号明确地表达运算的顺序是一种更安全的做法。

3.3 从实际问题中的条件到逻辑表达式

在使用逻辑表达式对实际问题中的条件进行描述时，我们可以把逻辑表达式与实际问题中的命题相对应：逻辑表达式中的逻辑变量和关系表达式可以看成是简单命题，当对复合命题进行描述时，则使用逻辑运算符将由逻辑变量和关系表达式表示的简单命题连接起来。当逻辑表达式中的变量都具有了确定的值时，逻辑表达式的真值也就确定了。比较简单的命题可以直接转换成逻辑表达式。对于比较复杂的命题，可能需要借助于真值表、卡诺图、布尔代数等工具，对命题进行变形或简化，再将其转换成为相应的逻辑表达式。下面我们看几个对实际问题进行描述的逻辑表达式的例子。

【例 3-1】判断闰年 已知年份 *y*，判断该年份是否为闰年。

我们知道，如果年份 *y* 不能被 100 整除，但能被 4 整除，则该年份为闰年。否则，如果年份 *y* 能被 100 整除，则只有当 *y* 能被 400 整除时才是闰年。根据这些条件，我们可以写出判断年份 *y* 是否为闰年的逻辑表达式，如下所示：

```
(y % 100 != 0 && y % 4 == 0) || (y % 400 == 0)
```

在上面这个表达式中，第一对括号所括起来的部分就是闰年条件的第一部分。如果这一条件得到满足，逻辑表达式为真，|| 右侧的表达式不会被求值。否则，程序将对第二对括号中的条件求值。这个条件中只判断 *y* 能否被 400 整除，而没有按照对闰年条件的说明，首先判断 *y* 是否能被 100 整除。这是因为如果 *y* 能被 400 整除，就必然能被 100 整除，所以就没有必要再进行重复的判断了。

【例 3-2】水仙花数 一个三位正整数，如果其各位数字的立方之和等于该数，则该数被称为水仙花数。例如，153 就是一个水仙花数，因为 $1^3 + 5^3 + 3^3 = 153$。写出水仙花数的判断条件。

设一个三位正整数 abc 各位的数字分别保存在变量 a、b、c 中，则该数是一个水仙花数的条件可以描述如下：

```
(a * a * a + b * b * b + c * c * c) == (a * 100 + b * 10 + c)
```

当上述表达式为真时，正整数 abc 就是一个水仙花数。

关系运算符和逻辑运算符用整数 1 和 0 表示运算结果的真假。在对某些特定条件，特别是与条件真假的数量相关的描述中就可以利用这一特点，以简化条件描述。下面我们看两个例子。

【例 3-3】获奖 A、B、C、D 四名选手参加乒乓球比赛，一人夺冠。赛前四人预测获奖的情况，A 说：“我不会夺冠。”B 说：“C 会夺冠。”C 说：“D 会夺冠。”D 说：“我不会夺冠。”结果这些预测中只有一个是错误的。写出这些预测正确情况的逻辑表达式。

题目中给出了关于 A ~ D 四人获奖的四个猜测。因为只有一人夺冠，所以可以使用一个变量的值表示夺冠选手。如果使用字母 'a'~'d' 表示选手 A ~ D，用 char 型变量 `n` 的值表示夺冠选手，则这四个猜测可以分别写成表达式 `n != 'a'`、`n == 'c'`、`n == 'd'`、`n != 'd'`。这四个表达式中只有一个不正确，也就是有三个表达式的值等于 1，一个表达式的值等于 0，因此关于 A ~ D 四人获奖情况猜测的正确性可以表示为：

```
(n != 'a') + (n == 'c') + (n == 'd') + (n != 'd') == 3
```

【例 3-4】名次预测　A、B、C、D、E、F 六名选手在竞赛中分别获得前六名，赛前有人预测这六人会按顺序分获第一名到第六名。但是这一预测只猜对了三人的名次。写出这一预测正确情况的逻辑表达式。

这个题目中给出了关于 A ~ F 六人所获名次的六个猜测。如果使用 int 型变量 `a` ~ `f` 的值分别表示六名选手的名次，则这六个猜测可以分别写成表达式 `a == 1`、`b == 2`、`c == 3`、`d == 4`、`e == 5`、`f == 6`。因为这六个表达式中只有三个正确，所以关于 A ~ F 六人所获名次的猜测的正确性可以表示为：

```
(a == 1) + (b == 2) + (c == 3) + (d == 4) + (e == 5) + (f == 6) == 3        (3-1)
```

如果我们不利用逻辑表达式的真值等于 1 这一特点，那就只能逐一枚举上述预测中只有 3 项正确的所有可能的组合。这样的逻辑表达式的形式如下：

```
((a == 1) && (b == 2) && (c == 3) && (d != 4) && (e != 5) && (f != 6)) ||
((a == 1) && (b == 2) && (c != 3) && (d == 4) && (e != 5) && (f != 6)) ||
(...) || (...) || ...
```

在这个逻辑表达式中，由“||”连接起来的“与”表达式有 C_6^3 项，其长度和复杂程度远远超过表达式（3-1）。

在把题目中给定的条件转换成为逻辑表达式时，不但要考虑题目中明确给出的条件，也要考虑题目描述中隐含的条件，力求完整准确，避免遗漏。例如，在【例 3-4】中，无论是式（3-1）还是其下面等价的逻辑表达式，都只描述了题目中关于“预测这六人会按顺序分获第一名到第六名，这一预测只猜对了三人的名次”的内容，实际上，题目中“A、B、C、D、E、F 六名选手在竞赛中分别获得前六名”的描述隐含了六名选手的名次的取值在 1~6 之间，并且 A、B、C、D、E、F 六人的名次各不相同。当我们完整描述六名选手的获奖名次时，需要说明这两个条件。

在很多情况下，把一个由自然语言描述的条件转换成逻辑表达式的方式并不是唯一的。例如，`a` 不大于 `b` 既可以写成 `!(a > b)`，也可以写成 `a <= b`；`x` 不大于 `a` 且不大于 `b` 既可以写成 `!(x > a) && !(x > b)`，也可以写成 `x <= a && x <= b`，还可以写成 `!((x > a) || (x > b))`。对于复杂的条件，描述的方式会更加多样。仔细观察和思考条件的真实含义，利用逻辑代数的知识和公式，往往可以简化条件的逻辑表达式。

3.4　条件语句

条件语句根据给定的条件是否满足来决定是否执行指定的语句。C 语言中条件语句的语法格式有两种：第一种是 if 语句，第二种是 if else 语句。if 语句描述程序执行中的选择：只有在满足给定的条件时才执行给定的语句。if 语句的语法格式如下：

```
if (<表达式>) <语句>
```

在这个语句中，< 表达式 > 描述其后的 < 语句 > 可以执行的条件。当 if 语句判断 < 表达式 > 是否成立时，任何非 0 值均表示条件为真，只有 0 表示条件为假。如果 < 表达式 > 的求值结果不等于 0，则执行 < 语句 > 部分，否则不执行 < 语句 > 部分。下面是一个 if 语句的例子：

```
if (a % 2 == 0)
    printf("%d是偶数\n", a);
```

if else 语句描述程序执行中的分支，即描述当给定的条件满足时和不满足时分别执行什么语句。if else 语句的语法格式如下：

```
if (<表达式>) <语句1> else <语句2>
```

在这个语句中，当 < 表达式 > 的求值结果不等于 0 时，执行 < 语句 1>，否则执行 < 语句 2>。下面是一个 if else 语句的例子：

```
if (a % 2 == 0)
    printf("%d是偶数\n", a);
else
    printf("%d是奇数\n", a);
```

3.4.1 条件语句中的条件

因为条件语句只以 < 表达式 > 是否非 0 作为判断条件是否成立的标准，所以 < 表达式 > 不一定必须是产生 0 或 1 的逻辑表达式。任何产生整数或实数的表达式都可以用作 if 语句中的条件。例如，设 `a` 和 `b` 是 int 类型的变量，语句 `if (a + b) ···` 等价于 `if (a + b != 0) ···`。在语句

```
if (a + b)
    printf("Hello!\n");
```

中，当 `a + b` 不等于 0 时，函数 `printf("Hello!\n")` 就会被执行。类似地，`if(a)···` 等价于 `if(a != 0)···`。if(1) < 语句 > 中的 < 语句 > 部分总是会被执行，而 if (0) < 语句 > 中的 < 语句 > 部分绝不会被执行。

条件语句中对 < 表达式 > 部分类型的宽容在某些情况下可以使程序的描述显得更灵活一些。但是，直接使用计算表达式作为条件语句中的条件描述并不是一个良好的习惯，因为它不能清楚地表示出条件语句中的条件是一个逻辑判断，因此往往不能明确地表达编程人员的实际想法。这不仅会给以后的程序维护带来麻烦，有时也可能导致程序在运行时产生意想不到的结果。因此在条件语句中应当避免非逻辑表达式的这种使用方法。像上面的语句 `if (a + b) ···`，应该改写为 `if (a + b != 0) ···`。

3.4.2 复合语句

很多时候，当条件满足时程序需要执行的不是一个语句，而是一组由多个语句组成的语句序列。但是条件语句的语法只允许在语句的执行部分放置一条语句。为此，需要将这一组语句序列组合成为一个复合语句，以满足条件语句的语法要求。

所谓复合语句就是以一对大括号 { } 将一组语句组织为一个整体。从外部看，一个复合语句在语法上相当于一条语句；从内部看，一个复合语句可以包含由多个语句组成的语句序列，也可以定义和使用只在该复合语句内部使用的变量。下面是一个复合语句的例子：

```
{
    double a, b;
    a = x + y;
    b = x - y;
    z = a * a + b * b;
}
```

在这个复合语句中有3个可执行语句，并且定义了在复合语句内部使用的两个变量 a 和 b。需要注意的是，在复合语句的闭括号后面不应加分号。在复合语句中定义的变量只能在该复合语句中使用。在定义它们的复合语句外，这些变量是无效的。在简单的程序中，一般较少定义和使用局限于复合语句的变量。

复合语句经常用于需要将多条语句放在语法中只允许放置单条语句的位置上的情况。在条件语句中，if 语句中的 <语句> 部分和 if else 语句的 <语句 1> 和 <语句 2> 都既可以是一个由分号结束的单条语句，也可以是由一对大括号括起来的一组语句。下面是一个在条件语句中使用复合语句的例子。

【例 3-5】计算并输出一元二次方程的根　从标准输入上顺序读入一元二次方程 $ax^2 + bx + c = 0$ 的三个实数系数，计算该方程的实数根并写到标准输出上。

根据代数知识可知，一元二次方程 $ax^2 + bx + c = 0$ 在判别式 $b^2 - 4ac$ 大于、等于或小于0时分别具有两个、一个或0个实根。据此，我们可以写出如下的代码：

```
#include <stdio.h>
#include <math.h>

int main()
{
    double r1, r2, a, b, c, t;
    scanf("%lf%lf%lf", &a, &b, &c);
    t = b * b - 4 * a * c;
    if (t > 0.0) {
        r1 = (-b + sqrt(t)) / (2 * a);
        r2 = (-b - sqrt(t)) / (2 * a);
        printf("方程有两个实根 %f, %f\n", r1, r2);
    }
    else if (t == 0.0) {
        printf("方程有一个实根 %f\n", -b / (2 * a));
    }
    else {
        printf("方程没有实根\n");
    }
    return 0;
}
```

这段程序从标准输入上读入一元二次方程的三个系数 a、b、c，根据方程判别式的值分别输出方程的实根数量及结果。当方程有两个实根时，相应的语句有3条，因此使用了复合语句将这3条语句组织在一起。当方程只有一个实根和没有实根时，对应的语句只有1条。尽管在语法上不必要，但为了使代码的结构清晰，在这两处仍然使用了复合语句。

这段程序中的函数 sqrt() 是计算平方根的标准库函数，因此在这段程序的开头需要包含标准头文件 <math.h>，以便说明 sqrt() 的函数原型。<math.h> 中声明了大量的数值计算函数，如各种三角函数、对数函数等。在使用这些函数时，除了需要在程序的开头引入头文

件 <math.h> 外，有些编译系统还需要在编译命令中说明函数可执行码所在的函数库。例如，在 Linux 上的 gcc 就需要使用 -lm 选项，如【例 2-6】所示。

3.4.3 条件语句的嵌套和级联

在程序中条件语句经常会被嵌套使用，也就是在 if 部分或 else 部分包含了另一个 if 语句或 if else 语句。因为条件语句也是一种语句，所以自然也可以作为其外层条件语句的执行部分。根据语法规则，else 是与离它最近并且没有 else 相匹配的 if 语句匹配的，而与代码的书写格式无关。如果在编码过程中对这一匹配关系产生了误解，就会造成程序中难以发现的错误。例如，在下面的代码中，else 的缩进与第一个 if 的缩进是一样的。这表示了编程人员对代码的期望，即希望 else 是与第一个 if 相匹配的。

```
if (a > b)
    if (x > 0) {
        k = m;
        s = t;
    }
else
    u = v;
```

但是根据语法，这个 else 应该与第二个 if 相匹配。这里的缩进格式使得程序的形式和内容相矛盾，不但会引起对代码的误解，而且会妨碍到程序的调试和故障的定位。为了避免此类错误，在多重条件语句嵌套时，应当使用大括号将条件语句的执行部分括起来，即使该执行部分只有一条条件语句。这样可以避免误解，保证我们对代码的正确理解和描述。例如，如果我们确实希望上面代码中的 else 与第一个 if 相匹配，就需要在第一个 if 后面的条件语句两端加上大括号，如下面代码所示：

```
if (a > b) {
    if (x > 0) {
        k = m;
        s = t;
    }
}
else
    u = v;
```

在程序中经常会遇到需要对多个可能的条件进行判断，在一个条件不满足的情况下继续判断下一个条件，直到得出一个排他性结论的情况。使用条件语句描述这种情况时，需要在语句的 else 部分嵌套另一个 if 语句或 if else 语句。在代码执行时，if else 语句的这种嵌套更像是一种级联。因此一般在书写时也不按照嵌套语句的格式进行被嵌套语句的缩进。if else 语句在嵌套使用时的语法结构如下：

```
if (<表达式 1>) <语句1>
else if (<表达式 2>) <语句2>
else if (<表达式 3>) <语句3>
…
else if (<表达式 n>) <语句n>
else <语句n + 1>
```

在这个结构中，描述各个条件的表达式被依次求值。一旦某个表达式的值不等于 0，则执行相应的语句，然后结束整个语句序列的执行。当所有的表达式都不成立时，则执行跟在最后一个 else 后面的 < 语句 n + 1>。这个结构可以看成是一个根据条件序列顺序执行的多路转移。如果所有的条件都不满足时不需要执行任何动作，那么就不需要最后一个 else 及其后面的 < 语句 n + 1>。下面是一个级联使用 if else 语句的例子。

【例 3-6】判断季节 设 2、3、4 月为春季，5、6、7 月为夏季，8、9、10 月为秋季，11、12、1 月为冬季。写一段程序，打印出变量 month 中的月份所属的季节。

因为一个月份只能属于四季中的一个，所以使用嵌套的条件语句对其进行判断是很自然的：

```
if (month >= 2 && month <= 4)
    printf("Month %d is Spring\n ", month);
else if (month >= 5 && month <=7)
    printf("Month %d is Summer\n ", month);
else if (month >= 8 && month <=10)
    printf("Month %d is Autumn\n ", month);
else if (month == 11 || month == 12 || month == 1)
    printf("Month %d is Winter\n ", month);
else
    printf("Month %d is not valid\n ", month);
```

上面的代码没有在发现月份 month 不属于春、夏、秋之后就假定它一定属于冬季，而是用冬季的条件对其进行检查，并在其不符合冬季的条件时给出出错信息。这种对数据正确性进行全面检查，并且预期和防范输入数据中可能出错的做法是初学者需要注意学习和掌握的。

在使用级联的条件语句时，应注意尽量将语句各个分支的执行部分中相同的语句提取出来，放在级联的条件语句之外。这样做不仅可以避免不必要的重复描述，使程序的描述更为简洁，而且可以避免代码描述的不一致，增加代码的可维护性：这些共性的功能只在一处描述，不会由于键入的错误而使不同的分支执行不同的操作；当与这些共性语句相关的功能需要修改时，我们只需要修改这一处的代码即可，不必在各个分支代码中一一查找和修改。下面我们看一个例子。

【例 3-7】四则运算 写一个程序。从键盘读入一个四则运算符和两个浮点数，在终端屏幕上输出对这两个浮点数进行指定运算的结果，保留 3 位小数。例如，输入 * 5 6，程序输出 5.000 * 6.000 = 30.000。

为实现题目所要求的功能，我们需要首先从键盘上读入四则运算符和两个浮点数，保存到变量中，然后根据四则运算符对两个读入的浮点数进行相应的运算，再输出计算结果。从键盘上读入数据是无条件的操作，根据四则运算符进行相应的运算则需要使用 if else 语句。下面是程序的代码：

```
int main()
{
    char op;
    double a, b;

    scanf("%c%lf%lf", &op, &a, &b);
    if (op == '+')
        printf("%.3f + %.3f = %.3f\n", a, b, a + b);
    else if (op == '-')
        printf("%.3f - %.3f = %.3f\n", a, b, a - b);
    else if (op == '*')
        printf("%.3f * %.3f = %.3f\n", a, b, a * b);
```

```
    else if (op == '/' && b != 0.0)
        printf("%.3f / %.3f = %.3f\n", a, b, a / b);
    else {
        printf("Invalid expression: %.3f %c %.3f\n", a, op, b);
        return 1;
    }
    return 0;
}
```

当进行除法运算时，除数不得为0。因此当运算符为'/'时有一个附加的判断条件`b != 0.0`。当运算符错误或者除数为0时，程序输出一条错误信息，并返回1，表示程序非正常结束。

一般情况下，程序中不直接将一个浮点变量与另一个变量或常量进行比较来判断其是否相等。这是因为C程序中的浮点运算是不精确的，计算结果可能与理论值略有不同。尽管这一误差可能极其微小，但当直接进行比较时仍有可能产生与预期不同的结果。例如，假设某个保存在double类型变量x中的运算结果应该等于0，但由于误差，其实际结果为10^{-123}。尽管这一误差微乎其微，但表达式`x == 0.0`的值仍然为0，表达式`x != 0.0`的值仍然为1。因此当程序中需要对浮点变量进行比较时，通常是判断两个被比较的数值之差是否小于某个给定的误差范围。例如，当判断变量x是否等于0时，往往写成`fabs(x) < EPS`，其中fabs()是对浮点数取绝对值的标准库函数，其函数原型在<math.h>中说明；EPS是允许的最大误差，根据程序的要求自行定义。在上面的程序中，b与0.0直接进行了比较。这是因为从键盘上读入0时不会产生误差。

在上面的代码中，四则运算与计算结果的输出放在了一条printf语句中。这样做的执行结果是正确的，但是却不利于程序的维护。假如我们需要改变计算结果的输出格式，就需要对4条printf语句同时进行修改。为增加程序的可维护性，我们可以在if else语句中只执行四则运算，把计算结果的输出放到if else语句的后面。这样，当需要改变数据的输出格式时，只修改一条printf语句即可。这种方法的代码如下：

```
int main()
{
    char op;
    double a, b, r;

    scanf("%c %lf %lf", &op, &a, &b);
    if (op == '+')
        r = a + b;
    else if (op == '-')
        r = a - b;
    else if (op == '*')
        r = a * b;
    else if (op == '/' && b != 0.0)
        r = a / b;
    else {
        printf("Invalid expression: %.3f %c %.3f\n", a, op, b);
        return 1;
    }
    printf("%.3f %c %.3f = %.3f\n", a, op, b, r);
    return 0;
}
```

3.4.4　使用条件语句时的注意事项

使用条件语句时比较容易出现的错误有两类。第一类出现在作为条件的逻辑表达式中，第二类出现在使用条件语句的嵌套时。下面是几种常见的错误：

1）进行“等于”判断时运算符 == 与 = 混淆。从语法上讲，只要左端是一个变量，用 = 替代 == 就是合法的。在C语言中没有单独的布尔类型，条件语句 if 只根据条件描述的值是否为0来判断条件是否成立。使用 = 代替 == 只是使逻辑表达式变成了赋值表达式，而赋值表达式的值是赋值操作符 = 右端表达式的值。这样，尽管语句在语法上依然正确，但是在语义上却完全不同。例如，`if (a = b)` 等价于 `if ((a = b) != 0)`，即在完成赋值操作的同时判断 = 右端表达式的值是否不为0。如果我们想判断变量 `a` 是否等于变量 `b`，但是却把语句写成 `if (a = b)`，那么当 `b` 不等于0时条件永远为真，而当 `b` 等于0时条件永远为假，与变量 `a` 原来的值是什么完全没有关系。同时，误用 `a = b` 代替 `a == b` 还修改了变量 `a` 中的值，因此是一个双重错误。为避免用户由于疏忽而产生错误，一些编译系统会对此类语句给出警告。即使在符合语义要求的情况下，为保持程序的可读性，也应坚决避免此类以 `if (a = b)` 代替 `if ((a = b) != 0)` 的写法。

2）“逻辑与”(&&) 和“逻辑或”(||) 的混淆。C语言中的“逻辑与”和“逻辑或”与我们的日常语言大体一致，但是在某些情况下也有差别。例如，我们说“如果 x 等于 a 或 b”，在程序中应写为下面的语句：

```
if (x == a || x == b)
```

但是，当我们说“如果 x 不等于 a 或 b”时，我们真正的意思应该是 x 既不等于 a 也不等于 b，因此在程序中应写为下面的语句：

```
if (x != a && x != b)
```

如果根据口语的表述直接写成了下面的语句：

```
if (x != a || x != b)
```

则所表达的意思就错了。实际上，只要 a 和 b 不相等，那么在任何情况下这个条件都会满足，因为无论 x 取什么值，都不可能既等于 a 又等于 b，所以由 || 连接的这两个条件至少有一个会被满足。当 a 等于 b 时，只要 x 不等于 a，上述条件同样可以满足。很明显，这不是我们的本意。又例如，“以及”也是一个容易产生混淆的词。当我们说“条件 a‘以及’条件 b 成立”时，“以及”这个词的含义就不明确。一般情况下，“以及”表示“与”，即条件 a 与条件 b 均需成立。但是当我们说“每月1号以及每周三有讲座”时，这个“以及”对应于“或”，即只要有一个条件满足就有讲座。当我们说“温度大于 x 度以及气压大于 y 帕时天气会如何”，这个“以及”到底是对应于“与”还是对应于“或”，就需要相关领域的专家来解释了。由于自然语言本身固有的歧义性，我们在使用逻辑表达式描述程序执行的条件时一定要准确地理解条件的实际含义，避免由于望文生义而产生的误解。

3）对变量是否处于给定区间的判断有误。有时判断变量 x 是否处于区间 (a, b) 中的语句会被误写成 `if (a < x < b)`，而正确的写法应为 `if (x > a && x < b)`，即 x 应大于 a，同时小于 b。从语法上看，语句 `if (a < x < b)` 是正确的，编译系统也不会报错，但是其含义与我们的要求完全不同。因为关系运算符 < 是左结合的，所以表达式 `a < x < b` 等价于 `(a < x) < b`。`a < x` 的求值结果等于1或0，因此 `a < x < b` 等价于 `1 < b`

或者 `0 < b`，取决于 *x* 是否大于 *a*。如果 *b* 大于 1 或者 *b* 小于 0，则表达式的值恒等于 1 或 0，而与 *x* 的值无关。

4）**混淆“按位与”(&) 与“逻辑与”(&&)，混淆“按位或”(|) 与“逻辑或”(||)**。单个的 & 和 | 是对整数的二进制位进行操作的位运算符，其含义与逻辑运算符完全不同。从表达式的取值来看，逻辑运算符的结果是二值的，非 0 即 1；而位运算符所产生的结果是一个合法的整数。

5）**混淆运算符的优先级**。C 语言中运算符的优先级太多，不容易记忆。这一点在条件描述时所使用的关系运算符和逻辑运算符上表现得同样明显。这中间对编码影响较大的是“逻辑与”(&&) 和“逻辑或”(||) 的优先级之间的差异。尽管“逻辑与”和“逻辑或”都是逻辑运算符，但是“逻辑与”的优先级高于“逻辑或”。例如，`a || b && c` 等于 `a || (b && c)` 而不等于 `(a || b) && c`。因此，在书写较为复杂的逻辑表达式时，应该尽量使用括号来表示表达式的求值顺序，而不要仅仅依靠对运算符优先级的记忆。

6）**if else 语句嵌套时的混淆**。如 3.4.3 节所述，else 是与离它最近并且没有 else 相匹配的 if 语句匹配的，而与我们对代码的书写格式无关。当程序的分支结构较为复杂时，对 if else 语句嵌套的描述很容易出现与意图不符的错误。为避免此类错误的发生，在有多重 if else 语句嵌套时，应使用大括号明确描述我们所期望的程序分支结构。

3.4.5　条件运算符和条件表达式

条件运算符是形如“? :”的三元运算符，由条件运算符及其运算对象构成的表达式被称为条件表达式。条件表达式的语法格式如下：

```
<表达式1> ? <表达式2> : <表达式3>
```

当 < 表达式 1> 为真时计算 < 表达式 2> 的值作为条件表达式的值，否则计算 < 表达式 3> 的值作为条件表达式的值。因此，< 表达式 2> 和 < 表达式 3> 的类型应该相同。条件表达式可以使代码简洁，经常用在既需要根据条件进行不同的求值计算又只能使用表达式的地方。下面我们看两个例子。

【**例 3-8**】**求最大值**　给定变量 `a` 和 `b`，在变量 `z` 中保存 `a` 和 `b` 的最大值。

这一功能可以使用条件语句完成。但是使用条件表达式更加简洁：

```
z = (a > b) ? a : b;
```

【**例 3-9**】**输出比较结果的文字值**　根据变量 `a` 和 `b` 的值分别输出 "a is greater than b"、"a is less than b" 或 "a is equal to b"。

我们可以使用条件语句对 `a` 和 `b` 的值进行比较，根据比较结果分别输出不同的字符串。但是，如果使用条件表达式，则可以使用一条 printf 语句完成这一功能：

```
printf("a is %s b\n", (a > b) ? "greater than" : (a < b) ? "less than" : "equal to");
```

在 printf() 的变长参数表中只有一个参数，即两个嵌套在一起的条件表达式。当外层条件表达式的条件 `a > b` 成立时，表达式的值等于 `"greater than"`，否则，表达式的值等于内层条件表达式的值 `"less than"` 或 `"equal to"`。

3.5 switch 语句

嵌套使用的 if else 语句描述的是一种多路选择的分支结构。在程序中，经常会用到这种多路选择的分支结构，并且分支选择的条件往往是 int 型的常量表达式，即当某个表达式的值等于一个常量时执行某种操作，当该表达式等于另一个常量时执行其他操作。例如，假设我们以整数 0~6 表示星期日至星期六。如果我们需要程序根据当天是星期几而执行不同的操作，就需要将表示当天是星期几的变量与整数 0~6 进行比较。当需要比较的常数较多时，使用嵌套的 if else 语句会使程序结构不够清晰，代码也会显得冗长。为方便对这类多路选择的描述，C 语言中提供了一种 switch 语句，其语法格式如下：

```
switch (<控制表达式>) {
case <常量表达式 1>: <语句序列 1>
case <常量表达式 2>: <语句序列 2>
…
case <常量表达式 n>: <语句序列 n>
[default: <语句序列 n+1>]
}
```

在 switch 语句中，default 及其所对应的语句序列是可选项，任何一个 case 所对应的语句序列也可以为空。此外，各个常量表达式的类型必须是整型，而且表达式的值必须各不相同。在执行这条语句时，程序首先对 <控制表达式> 求值，然后将表达式的值与各个由 case 引导的常量表达式进行比较，并从与之相等的常量表达式所对应的语句序列开始执行。如果 <控制表达式> 的值与所有的常量表达式都不相等，则从 default 所对应的语句序列开始执行。当 <控制表达式> 的值与所有的常量表达式都不相等而且 default 及其所对应的语句序列不存在时，switch 不执行任何操作。

switch 语句以枚举的方式描述程序分支的条件。当条件分支较多且条件判断可以表达为可枚举常量时，往往优先选择使用 switch 语句。在使用 switch 语句时需要特别注意的是，在 switch 语句结构中，如果 <控制表达式> 与某个由 case 引导的常量表达式相等的，则程序从该 case 所对应的语句序列开始执行，但不仅仅执行这个常量表达式所对应的语句序列。如果不强制程序退出 switch 语句的执行，程序就会继续执行这个常量表达式后面的常量表达式所对应的语句序列，直至遇到强制退出语句，或者到达 switch 语句的末尾。为使程序退出 switch 语句，需要使用 break 语句。当程序在执行 switch 语句中遇到 break 时，就会跳出 switch 语句，执行紧随其后的后续语句。下面是一个在 switch 语句中使用 break 的例子。

【例 3-10】成绩信息　从键盘上读入一个表示五级评分制成绩的整数，输出如下与成绩相对应的成绩描述：0——absent；1——fail；2——poor；3——average；4——good；5——excellent。对其他整数，输出 illegal score。

```
int main()
{
    int score;
    scanf("%d", &score);
    switch (score) {
    case 0:
        printf("absent\n");
        break;
    case 1:
        printf("fail\n");
```

```
        break;
    case 2:
        printf("poor\n");
        break;
    case 3:
        printf("average\n");
        break;
    case 4:
        printf("good\n");
        break;
    case 5:
        printf("excellent\n");
        break;
    default:
        printf("illegal score: %d\n", score);
    }
    return 0;
}
```

在这段代码中，switch语句根据int型变量score的值进行分支：每个case分支对应着一条输出语句，并以break结束，以避免在一个语句序列执行完毕后自动进入下一个序列。

switch语句的这种自动地从一个语句序列转入另一个语句序列的执行方式可以使编程人员把一些操作灵活地组织在一起，以简化程序的结构。下面是两个利用switch语句这种性质的例子。

【例3-7-1】四则运算——使用switch语句　从键盘读入一个四则运算符和两个浮点数，在终端屏幕上输出对这两个浮点数进行指定的四则运算的结果，保留3位小数。在代码中使用switch语句代替if else语句。

这种方法的代码如下：

```
int main()
{
    char op;
    double a, b, r;

    scanf("%c %lf %lf", &op, &a, &b);
    switch (op) {
    case '+': r = a + b;
        break;
    case '-': r = a - b;
        break;
    case '*': r = a * b;
        break;
    case '/':
        if (b != 0.0) {
            r = a / b;
            break;
        }
    default:
        printf("Invalid expression: %.3f %c %.3f\n", a, op, b);
        return 1;
    }
    printf("%.3f %c %.3f = %.3f\n", a, op, b, r);
    return 0;
}
```

在上面代码的case　'/'中，当除数b不为0时，执行除法运算，然后通过break跳出switch语句。当b为0时，没有任何对应的语句，因此程序顺序执行default所对应的语句，输出错误信息，结束程序执行。

【例3-10-1】成绩信息　从键盘上读入一个表示五级评分制成绩的整数，输出如下与成绩相对应的成绩描述：0分和1分时输出fail，2分至5分时输出pass，其他得分时输出illegal score。

```
int main()
{
    int score;
    scanf("%d", &score);
    switch (score) {
    case 0:              // 缺席和不及格，打印fail
    case 1:
        printf("fail\n");
        break;
    case 2:              // 及格、中等、良好和优秀，均打印pass
    case 3:
    case 4:
    case 5:
        printf("pass\n");
        break;
    default:
        printf("illegal score: %d\n", score);
    }
    return 0;
}
```

上面的例子也可以看成是不同的case共享同一组语句序列。为节省书写空间，我们也可以把对应于同一组语句序列的case写在同一行。例如，上面的代码可以写成下面的形式：

```
int main()
{
    int score;
    scanf("%d", &score);
    switch (score) {
    case 0: case 1:                   // 缺席和不及格，打印fail
        printf("fail\n");
        break;
    case 2: case 3: case 4: case 5:   // 及格、中等、良好和优秀，均打印pass
        printf("pass\n");
        break;
    default:
        printf("illegal score: %d\n", score);
    }
    return 0;
}
```

这两种方式各有其优缺点，读者可以自行选择。有些时候，switch语句中语句序列间的顺序执行过程可能会在编程人员意识不到的情况下发生，而这往往会带来难以发现的错误。因此，作为一个良好的编程习惯，一般情况下应该在switch中每个case分支的语句序列后面加上一个break语句，使程序跳转到switch语句之外，即使该语句序列是switch语句中的最后一个语句序列也不例外。这样可以保证在对switch语句进行扩展时不至于由于疏忽而引入难以发现的错误。如果确实需要利用switch语句的这种语句序列间顺序执行的机制，则应该加以必要的注释，以避免误解和误用。

switch语句也可以嵌套使用。当switch语句嵌套使用时，break语句只跳出其所在的最内层switch语句，并把控制转向紧接在被跳出的switch语句后面的语句。

习题

1. 按优先级的顺序排列关系运算符、逻辑运算符、算术运算符和赋值运算符。
2. 关系表达式的类型是 ______。
   A. int　　B. double　　C. float　　D. 取决于参与运算的数据的类型
3. 关系表达式的求值结果是 ______。
   A. 1或–1　　B. 1或0　　C. 任意正整数或0　　D. 任意负整数或0
4. 设变量a和b的值满足a < b，判断变量x的值是否位于闭区间[a, b]的表达式是 _____。
   A. a < x < b　　B. a <= x <= b　　C. a <= x && x <= b　　D. a < x && x < b
5. 判断保存在变量c中的ASCII码是否是小写字母的表达式是 _____。
   A. 'a' <= c <= 'z'　　B. 'a' <= c || c <= 'z'
   C. 'a' <= c && c <= 'z'　　D. 'a' < c && c < 'z'
6. 下面表达式中表示int型变量x中的值可以被3整除的表达式是 _____。
   A. x / 3 == 0　　B. x % 3 == 0　　C. x % 3 != 0　　D. (x % 3)
7. 下面程序段的输出结果是什么？

```
int i;
i = (-1) && (-2);
printf("%d\n", i);
```

8. 下面的程序段执行完毕后各个变量的值分别是什么？

```
int a, b, c, d, x, y, z;
x = (a = -1) && (b = -2);
y = (c = 0) && (b = 5);
z = (d = 3) || (c = 6);
```

9. if语句如何判断条件的真假？
10. 什么是复合语句？它在程序中的用途是什么？
11. switch语句中的控制表达式应该是什么类型？
12. 在switch语句中使用break的作用是什么？当一个case所对应的语句序列中没有break或return这样的语句时会产生什么结果？
13. 修改**【例3-6】判断季节**中的代码，使用switch语句根据月份判断季节，并输出相应的信息。
14. 写程序从键盘上读入3个整数，在屏幕上输出其中绝对值最大的数。
15. 从标准输入上读入一个整数，当其介于1~12时，输出相应月份的英文名称，否则输出“Wrong month”。
16. 从标准输入上顺序读入5个整数n_1、n_2、n_3、n_4、n_5，判断其是否构成“单峰5元组”，即$n_1 < n_2 < n_3 > n_4 > n_5$，并分别输出“Yes”和“No”。

17. 鸡兔同笼。从标准输入上读入表示鸡兔数量之和的整数 m 和表示鸡兔脚数之和的整数 n，在屏幕上输出鸡的数量 j 和兔的数量 t，两个整数占一行，以空格分隔，以换行符结束。当输入数据不合法时，输出错误信息“Wrong number”。
18. 鸡兔同笼。共有 n 只脚，求笼子里动物数量的上下限。从标准输入上读入整数 n，在标准输出上按顺序输出动物数量的下限 m_{min} 和上限 m_{max}，两个整数占一行，以空格分隔，以换行符结束。当输入数据不合法时，输出错误信息“Wrong number”，以换行符结束。
19. 甲乙两辆汽车同向行驶，甲的速度为 m 公里 / 小时，乙的速度为 n 公里 / 小时，甲位于乙前方 k 公里。从标准输入上读入正整数 m、n、k（$m < n$），在标准输出上输出几小时后乙可以追上甲，当时间为整数时按整数格式输出，当时间有小数部分时保留两位小数。
20. 一只蜗牛位于井口下方 s 米。它每天白天向上爬 m 米，夜间向下滑落 n 米。从标准输入上读入正整数 s、m、n（$m > n$），以整数格式在标准输出上输出蜗牛在第几天能爬到井口。
21. 已知华氏温度 F 和摄氏温度 C 的换算公式为 $C = (F - 32) * 5 / 9$，从标准输入上读入一个带标记的整数 <n><T>，其中 <n> 是整数，<T> 是温度标记，可以是大写字母 C 或 F，分别表示摄氏和华氏。将该温度转换为另一种温度，在标准输出上以格式 <n_1><T_1> = <n_2><T_2> 输出结果，其中 <n_1> 和 <T_1> 是输入的温度和标记，<n_2> 和 <T_2> 是转换后的温度和标记。例如，当输入 50C 时，输出 50C = 122F。
22. 已知越野汽车在平路、上坡、下坡、弯道、起伏路面上行驶的速度分别为 v_f、v_u、v_d、v_c、v_t，在标准输入的第一行上顺序给出正整数 v_f、v_u、v_d、v_c、v_t，以后三行每行的数据格式为 <T><D>，其中 <T> 是字母 f、u、d、c、t 中的一个，表示道路的性质；<D> 是一个正整数表示具有性质 <T> 的道路的长度。在标准输出上输出越野汽车通过由这三段路段组成的道路所需的时间，保留两位小数。
23. 一艘游艇在沿河的码头 A 和 B 之间行驶。已知船速为 v_b，河水流速为 v_r，A B 间的距离为 s。从标准输入上顺序读入三个整数 v_b、v_r 和 s，在标准输出上输出该游艇从 A 到 B 再返回 A 所需的时间，保留 3 位小数。当输入数据错误时根据错误的类型输出“Negative distance”“Negative speed”和“No solution”，分别表示“距离为负数”“速度为负数”和“无解”。当输入数据同时包含多个错误时，按上述顺序输出相应的错误信息。

CHAPTER 4

第 4 章

循环语句和 goto 语句

在计算过程中经常会遇到需要重复执行某些相同或相似操作的情况，例如数值计算中的迭代需要使用同一个公式进行反复计算，直至误差缩小到预期的范围；矩阵之间的相加和相乘需要遍历矩阵的所有元素，使用相同的方式对每一组相应的元素进行计算。此外，在对字符串中字符的遍历和处理、数列求和、函数表的生成等过程中，也都需要重复进行大量相同或相似的计算。为了有效地描述这种相同或相似操作的重复执行，C 语言提供了循环语句。在循环语句中，对于需要重复执行的语句序列只需要描述一次即可根据需要多次执行。

循环语句也可以看成是一种条件语句：当条件满足时执行循环中的语句序列，当条件不满足时执行后续语句。循环语句中对循环条件的描述与条件语句中的条件相同，对操作的重复执行由语句的循环控制机制完成。为描述循环操作执行的过程，在循环语句中需要说明三点：循环开始前的初始状态、执行循环语句序列的条件，以及每次循环中需要执行的语句序列，即循环体。C 语言中提供了三种循环语句，即 while 语句、for 语句和 do while 语句，分别以不同的方式来描述这三点。

4.1 while 语句

C 语言中最基本的循环语句是 while 语句，它的语法格式如下：

```
while (<表达式>)  <语句>
```

在这个语句中，圆括号中的 <表达式> 描述循环条件。如果 <表达式> 的求值结果等于 0，则立即结束 while 语句的执行；如果 <表达式> 的求值结果不等于 0，则执行 <语句> 部分，然后继续判断循环条件，并在条件成立时再次执行 <语句>，直至 <表达式> 的求值结果等于 0 时结束循环。<语句> 描述每次循环所需要执行的操作，常被称为循环体。它既可以是简单语句，也可以是复合语句，即由一对大括号括起来的一组简单语句。

while 语句本身无法设置循环的初始状态，这一工作需要在 while 语句之前使用其他语句完成。对与循环相关的状态的修改是在循环体 <语句> 中完成的，因此除了少数特殊情况外，while 语句的循环体一般都是复合语句。下面是一个使用 while 语句计算从 1 到 n 的 n 个自然数累加的例子。

【例 4-1】自然数的累加 从标准输入上读入自然数 n，计算从 1 到 n 的 n 个自然数的累加。

```
int i = 1, n, r = 0;
scanf("%d", &n);
while (i <= n) {
    r += i;
    i++;
}
```

在这段代码中，循环开始时初始状态的设置是由变量 i 和 r 的初始化操作来完成的。循环的执行条件是 i <= n。在满足这一条件的情况下，i 的值被累加到变量 r 中，然后由语句 i++ 修改循环条件控制变量 i 的值。当 while 语句执行完毕后，变量 r 中就保存了从 1 到 *n* 的 *n* 个自然数的累加结果。

在使用 while 语句时有两点需要注意。第一点是对初始状态的描述要完整、准确。在上面的例子中，不仅要正确地设置循环条件控制变量 i 的初始值，而且要正确地设置累加变量 r 的初始值，即将其清零，否则计算结果将是错误的。第二点是，对 <表达式> 的循环求值应最终导致循环结束。如果在 <表达式> 中不包含读取输入数据等对外部条件的判断，则在循环体中必须包含影响 <表达式> 求值状态的语句，而且最终使 <表达式> 为假。在【例 4-1】中，循环执行的条件是 i <= n，因此在循环体中不仅必须要有对变量 i 的修改，而且 i 的值必须是递增的，以便使得循环条件在循环执行了一定的次数之后不再被满足，因此循环得以结束。忘记对循环条件相关变量的修改，或者修改的方向与循环判断条件不一致，会造成执行结果的错误，或者使得程序一直执行循环语句而不会停止。

【例 4-2】最大公约数　给出两个正整数，计算它们的最大公约数。

根据定义，两个整数的最大公约数是能够整除这两个整数的最大正整数。给定正整数 *a* 和 *b*，根据其最大公约数可能的取值范围，我们可以从 1 开始，直至 *a* 和 *b* 中最小的那个数为止，检验其间每一个整数是否能够同时整除 *a* 和 *b*。如果这其中的某个数满足上述条件，则将该数记录下来。因为我们是从小到大逐一检验可能取值范围中的各个整数，所以最后被记录的那个数即是 *a* 和 *b* 的最大公约数。据此，我们可以写出程序的代码如下：

```
int main()
{
    int a, b, gcd, i = 1;

    scanf("%d%d", &a, &b);              // 将两个正整数分别保存在变量a和b中
    while (i <= a && i <= b) {
        if (a % i == 0 && b % i == 0)
            gcd = i;
        i++;
    }
    printf("%d\n", gcd);
    return 0;
}
```

在上面的代码中，i 的初始值为 1。while 语句的循环条件是 i 既不大于 a 也不大于 b。当 i 处于这一取值范围时，在循环体中测试和记录 a 和 b 是否能被 i 整除。因为 a 和 b 都大于 0，所以 while 语句至少会执行一次。此时 if 语句中的条件必定为真，使得 gcd 被赋值。当 while 语句执行结束后，a 和 b 的最大公约数就保存在变量 gcd 中。在这段代码中，对循环控制状态的修改是由循环体中的语句 i++ 完成的。

在有些 while 语句中，与循环相关的状态的修改是在 <表达式> 中完成的，因此在循环

体 <语句> 中就没有对循环条件的修改动作。这其中最常见的情况就是在 <表达式> 中包含有从外部读入数据并且对读入数据进行判断的操作。下面我们看一个例子。

【例 4-3】数据读入　*在终端屏幕上显示信息，要求用户在终端键盘上输入一个 5 位的正整数。当输入数据错误时在终端屏幕上显示信息，要求重新输入，直至用户输入正确的数值为止。*

从题目的描述可以看出，读入数据的过程应该是一个循环，其循环条件是用户给出的数据不符合要求。而不符合要求的情况有两类：或者用户的输入不是一个合法的整数，或者输入的整数不是一个 5 位的正整数。据此，可以写出代码如下：

```
int n;

printf("Please input a 5-digit number\n");
while (scanf("%d", &n) == 0 || (n < 10000 || n > 99999)) {
    printf("Please input a 5-digit number\n");
    while (getchar() != '\n') ;
}
```

上面代码中循环的第一个条件 scanf() 的返回值为 0 表示输入数据不是一个合法的整数，不符合格式 %d 的要求。第二个条件 `(n < 10000 || n > 99999)` 满足时表示读入到 `n` 中的数据不是一个 5 位的正整数。这个判断条件两端的括号是为了更清楚地表示这一组条件是在 scanf() 执行成功后对输入数值范围的判断，在语法和语义上并非必要。循环体中嵌套的 while 语句的作用是在输入数据错误时跳过该行的所有字符，为读取新的输入数据做好准备，其中的 getchar() 是一个标准库函数，功能是返回从标准输入设备上顺序读入的一个字符，并在遇到数据结尾时返回常量 `EOF`。使用这一语句是因为 scanf() 只读入符合格式要求的输入数据。例如，当输入数据为 123x 时，上面的 scanf() 只读入 123，把 x 留给后续的输入操作；当输入数据为 xy123 时，scanf() 一个字符也不读入，全部留给后续的输入操作。此时，如果没有 while 语句中的 getchar() 清除这些未读入的字符，后续的 scanf() 会依然遇到这些字符。这样，这段代码在遇到这类错误数据后就会一直循环下去，即使用户随后输入了正确的数据，scanf() 也无法读到它们。下面我们再看一个使用 while 语句的例子。

【例 4-4】行数统计　*统计从标准输入上读入的数据的行数，并将其打印出来。*

在计算机系统上，数据行是以换行符结尾的。因此统计数据的行数等价于统计数据中包含的换行符 '\n' 的数量。为此，我们需要使用一个变量作为计数器：该变量的初始值为 0，每当在输入数据中遇到一个换行符时，就对其加 1。当输入结束时，该变量的值就是输入数据的行数。据此，可以写出代码如下：

```
int c, n = 0;
while ((c = getchar()) != EOF)
    if (c == '\n')
        n++;
printf("%d lines\n", n);
```

在上面的代码中，变量 `n` 用作计数器，在变量定义时被初始化为 0。

4.2 for 语句

对循环状态的初始化和对循环控制变量的修改是循环语句中必不可少的两个组成部分。为便于描述、阅读和检查，C 语言中提供了与 while 语句功能相近的 for 语句。for 语句的语法格式如下：

```
for (<表达式1>; <表达式2>; <表达式3>) <语句>
```

其中 <表达式 1> 只在 for 语句开始时被执行一次，一般用于设置循环的初始状态。<表达式 2> 的作用与 while 语句中的 <表达式> 相同，说明循环的条件。当其求值结果不等于 0 时，for 语句执行循环体 <语句>。循环体每次执行完毕后，for 语句执行 <表达式 3> 中的计算，以便修改循环控制状态。当循环体 <语句> 中不包含后面将介绍的 continue 语句时，上述格式的 for 语句等价于下面的 while 语句：

```
<表达式1>;
while (<表达式2>) {
    <语句>
    <表达式3>;
}
```

for 语句把循环的初始化操作、条件判断和循环控制状态的修改都一并放在了关键字 for 后面的括号中，可以使我们一目了然地看清楚控制循环的所有要素和相关的操作。例如，使用 for 语句，**【例 4-1】自然数的累加**中的代码可以改写如下：

```
int i, r = 0;
for (i= 1; i <= n; i++)
    r += i;
```

for 语句的语法并没有限制其中 <表达式 1> 和 <表达式 3> 的实际用途。但是一般说来，在 for 语句的括号中应该只包含和循环的初始状态及控制条件相关的操作，以保持描述的清晰。下面我们看几个例子。

【例 4-5】阶乘 从标准输入上读入正整数 *n*，使用 for 语句计算 *n* 的阶乘并将其写到标准输出上。

n 的阶乘 *n*! 定义为 1*2*⋯**n*。根据 *n*! 的定义，我们可以使一个变量的值遍历 1 到 *n* 之间所有的整数，并把它们依次与一个被初始化为 1 的变量相乘。使用 for 语句，就可以写出如下的代码：

```
int main()
{
    int i, n, r;
    scanf("%d", &n);
    for (r = i = 1; i <= n; i++)
        r *= i;
    printf("%d\n", r);
    return 0;
}
```

需要注意的是，上面的代码只能计算到 *n* 等于 12 时阶乘的值。这是因为 *n* 阶乘的值随着 *n* 的增加而迅速增加，当 *n* 等于 13 时 *n*! 就超出了 32 位整数所能表示的范围，并产生错误的计算结果。

for 语句中比较特殊的一点是，其括号中的三个表达式都是可以省略的。只要分隔这三个表达式的两个分号（;）存在，for 语句在语法上就是正确的。<表达式 1> 和 <表达式 3> 的省略表示在 for 语句中不执行相应的操作，而 <表达式 2> 的省略则等价于测试到一个非 0 的常量，表示循环条件永远成立。在这种情况下，必须在 for 语句的循环体内使用其他的跳转语句，以保证程序能在适当的条件下退出 for 语句，结束循环。这类使用非常规控制的循环语句将在 4.7 节中进一步讨论。下面我们再看一个常规 for 语句的例子。

【例 4-2-1】最大公约数　使用辗转相除法计算两个整数的最大公约数。

【例 4-2】给出了一种计算最大公约数的方法。这种方法很简单、直观，但是计算效率较低。为改进这一计算过程，我们使用效率更高的辗转相除法。辗转相除法的基本原理是，给定两个整数 a 和 b，如果 b 能够整除 a，则 b 是 a 和 b 的最大公约数；否则，a 模 b 后与 b 的最大公约数即是 a 与 b 的最大公约数。根据这一原理，使用辗转相除法计算 a 和 b 的最大公约数的过程可以描述如下：

1）当 b 为 0 时，a 即是 a 和 b 的最大公约数。

2）计算 a 模 b 的值。

3）检查该值是否为 0。若是，则停止计算，a 和 b 的最大公约数保存在 b 中。

4）否则，将 b 的值保存到 a 中，将 a 模 b 的值保存到 b 中，再计算 a 模 b 的值。

5）转到第 3 步。

根据这一算法可以写出程序代码如下：

```
int main()
{
    int a, b, r;

    scanf("%d%d", &a, &b);                      // 两个整数分别保存在变量a和b中
    if (b == 0) {
        printf("%d\n", a);
        return 0;
    }
    for (r = a % b; r != 0; r = a % b) {        // 迭代，直至余数r为0
        a = b;                                  // 数据移动
        b = r;
    }
    printf("%d\n", b < 0 ? -b : b);
    return 0;
}
```

上面的程序首先判断 `b` 是否等于 0，以避免在迭代计算中发生 0 作为除数的错误。当循环结束时，变量 `b` 中保存了最后一个不为 0 的 `a % b`，即两个输入数值的最大公约数。为避免当输入负数时产生负的结果，在 printf 语句中使用了条件表达式对 `b` 的值进行检查和调整。这些代码在【例 4-2】的程序中都没有。这是因为【例 4-2】说明输入数据是两个正整数。对于练习题，如果没有特殊要求，可以假定程序在运行时所需要处理的数据是在题目说明的范围内的。因此【例 4-2】的程序不必考虑输入数据为 0 或负数的情况。本例只说明输入数据是两个整数，其中包含了 0 和负数，因此在程序中需要对此进行处理。题目要求中这些看似细小的差别往往会对程序的实现产生显著的影响，初学者对此应该格外注意。

【例 4-6】水仙花数　一个三位正整数，如果其各位数字的立方之和等于该数，则该数被称为水仙花数。写一个程序，生成所有的水仙花数并输出在终端屏幕上，每个数占一行。

为求出所有的水仙花数，我们可以遍历所有的三位正整数，并逐一检查它们是否符合水仙花数的条件。【例 3-2】中给出了水仙花数的判断条件；遍历所有的三位正整数可以使用 for 语句；而分离三位正整数的各位，可以使用整除和模运算。根据这些讨论，就可以写出代码如下：

```
int main()
{
    int i, a, b, c;

    for (i = 100; i < 1000; i++) {
        a = i / 100;
        b = i % 100 / 10;
        c = i % 10;
        if (a * a * a + b * b * b + c * c * c == i)
            printf("%d\n", i);
    }
    return 0;
}
```

在上面的代码中，变量 a、b、c 中分别保存了三位正整数 i 的百位、十位和个位的值。这段代码的计算量正比于三位正整数的数量。因为三位正整数的数量很少，所以程序的运行速度是很快的。

在上面的几个例子中，for 语句括号列表中 <表达式 1> 和 <表达式 3> 分别对 <表达式 2> 中的条件控制变量进行初始化和修改。实际上，这三个表达式是互相独立的，无论是 <表达式 1> 还是 <表达式 3>，其所操作的变量都不必与 <表达式 2> 直接相关。下面我们看一个例子。

【例 4-7】π 的近似值　使用公式 $\pi = 16 * (1/5 - 1/(3 * 5^3) + 1/(5 * 5^5) - 1/(7 * 5^7) + \cdots) - 4 * (1/239 - 1/(3 * 239^3) + 1/(5 * 239^5) - 1/(7 * 239^7) + \cdots)$ 计算 π 的近似值，精确到小数点后 8 位，输出到标准输出上。

上述公式可以表示为 $\pi = 16 * A - 4 * B$，其中 A 的通项是 $(-1)^i/(2i + 1)5^{2i+1}$，B 的通项是 $(-1)^j/(2j + 1)239^{2j+1}$。我们可以使用两个循环分别计算 A 和 B 的值，i 和 j 都从 0 开始，以 1 为步长递增；循环的终止条件取决于对计算精度的要求，即 $16*(-1)^i/(2i + 1)5^{2i+1}$ 和 $4*(-1)^j/(2j + 1)239^{2j+1}$ 都应小于 10^{-8}。这样，可以写出程序如下：

```
int main()
{
    int i, j, k, sign;
    double n, d, sa = 0, sb = 0, eps, e = 1e-8;

    eps = e / 16.0;
    for (i = 0, d = 1; d > eps; i++) {
        sign = i % 2 == 0 ? 1 : -1;
        k = 2 * i + 1;
        for (j = 0, n = 1.0; j < k; j++)
            n *= 5;
        d = 1.0 / (n * k);
        sa += d * sign;
    }
    eps = e / 4.0;
    for (i = 0, d = 1; d > eps; i++) {
```

```
        sign = i % 2 == 0 ? 1 : -1;
        k = 2 * i + 1;
        for (j = 0, n = 1.0; j < k; j++)
            n *= 239;
        d = 1.0 / (n * k);
        sb += d * sign;
    }
    printf("%.8f\n", 16 * sa - 4 * sb);
    return 0;
}
```

上面的代码是对计算公式的直接翻译，其中两个内层的 for 语句分别用来计算 5 和 239 的 $2i + 1$ 次方。因为 i 是递增的，所以不必每次都从头开始计算 5 和 239 的 $2i + 1$ 次方，而可以分别利用前一次计算的结果。这样，两个内层嵌套的 for 语句就可以被精简掉。我们把这一改进作为练习留给读者。上面代码中各个 for 语句的 <表达式 1> 部分是由逗号分隔的两个表达式，称为逗号表达式，将在 4.5 节讨论。

4.3 do while 语句

无论是 while 语句还是 for 语句，对循环条件的判断都是在执行循环体之前进行的。因此如果在初始状态下循环条件就不满足，那么循环体中的语句就一次也不执行。在有些计算中，我们需要首先执行循环体中的语句，然后再判断循环条件是否成立。也就是说，循环体中的语句无论在什么情况下都需要执行至少一次。为了便于描述这种情况，C 语言中提供了 do while 语句，其语法如下：

```
do <语句> while <表达式>;
```

do while 语句首先执行 <语句> 部分，然后再计算 <表达式>，判断条件是否成立。当 <表达式> 不等于 0 时，就重复执行 <语句> 部分，然后再计算和判断条件是否成立。当 <表达式> 的值等于 0 时，就结束循环。

与 while 语句和 for 语句相比，在程序中使用 do while 语句的情况较少。但在需要首先执行运算然后再进行判断的情况下，do while 语句也有其方便之处。下面是一个使用 do while 语句的例子。

【例 4-8】输出提示信息，读入应答 在程序运行的某些分支处，可能需要由用户选择程序的执行方向。例如在程序运行遇到不太严重的错误时，可能会询问用户是结束程序的运行还是忽略这一错误。

在这种情况下，程序会在屏幕上输出一段提示信息，并等待用户的应答。相应的程序模式如下所示：

```
printf("Are you sure? (y/n)");
c = getchar();
if (c == 'y')
    ...
else
    ...
```

在上面这段代码中，程序希望用户输入字符 'y' 或 'n' 作为选择，但实际上只对输入字符是否为 'y' 进行了判断：用户输入 'y' 以外的任何字符都被认为是输入了 'n'。如果我们希望避免由于用户的疏忽而造成的错误，在用户输入 'y' 或 'n' 之外的其他字符时发出提示，并要求用户再次输入应答字符，就可以把对输出信息的提示和应答字符的读入放到一个循环语句中，以用户输入字符错误作为循环继续进行的条件。因为程序在运行时至少需要输出提示信息并读入应答一次，所以使用 do while 语句是一种很自然的选择：

```
do {
    printf("Are you sure? (y/n)");
    c = getchar();
} while (c != 'y' && c != 'n');
if (c == 'y')
    ...
else
    ...
```

注意，上面 do while 语句中的循环条件是 (c != 'y' && c != 'n')，即 c 既不等于 'y' 也不等于 'n'。如果把它误写成 (c != 'y' || c != 'n')，该 do while 语句就变成了一个永远无法结束的死循环，因为无论输入什么字符，都不可能既等于 'y' 又等于 'n'，|| 两端总会有一个条件被满足。

类似地，**【例 4-3】数据读入**也可以用 do while 语句改写如下：

```
int n = 0;
do {
    printf("Please input a 5-digit number\n");
    scanf("%d", &n);
    while (getchar() != '\n') ;
} while (n < 10000 || n > 99999);
```

当输入数据不符合格式要求时 scanf() 不读入数据，也就不会改变变量 n 的值。因此在这段代码中将变量 n 初始化为 0，就可以取消循环条件中对 scanf() 返回值的检测。下面我们再看一个使用 do while 语句求最大公约数的例子。

【例 4-2-2】最大公约数　用 do while 语句实现辗转相除法计算 a 和 b 的最大公约数。

我们看到，在【例 4-2-1】的算法描述中有两处需要计算 a 除以 b 的余数：一处是在第 2 步，即迭代开始前，另一处是在第 4 步，即每次迭代计算中。这就是说，在上述算法中，a 除以 b 的余数需要计算至少一次，而无论 a 和 b 的值是什么。因此这一算法可以更方便地使用 do while 语句来实现。为使用 do while 语句，辗转相除法的计算过程可以描述如下：

1）当 b 不等于 0 时计算 a 模 b 的值；将 b 的值保存到 a，将 a 模 b 的值保存到 b。

2）检查该值是否为 0。若是，则停止计算，a 和 b 的最大公约数保存在 a 中。

3）否则，转到第 1 步。

读者可以自行检查这一算法描述与【例 4-2-1】中算法描述的等价性。根据上面的算法描述，可以写出代码如下：

```
int a, b, r;
…       // 处理b等于0的情况。当b不等于0时将两个正整数分别保存在变量a和b中
do {
    r = a % b;
    a = b;
    b = r;
} while (r != 0);
```

当循环结束时，a 和 b 的最大公约数保存在变量 a 中。

4.4 循环语句的选择和使用

从功能上讲，上述三种循环控制语句基本相同，没有本质上的区别。一般来说，用一种循环语句实现的描述也可以使用其他类型的循环语句实现。例如，我们在前面的例子中看到了分别使用 while 语句、for 语句和 do while 语句实现的求最大公约数的程序。在程序中使用哪种语句经常受到编程人员个人习惯的影响。但是如果能够根据程序的具体情况选择最适当的语句，就可以使代码显得更加精练、自然和易于维护。

一般情况下 while 和 for 语句可以直接互换。当使用 while 语句替换 for 语句时，需要将循环的初始化操作放置到 while 语句的前面，将修改循环控制状态的操作放在循环体的最后。当使用 for 语句替换 while 语句时，只需将循环初始化操作和循环控制状态修改操作放在 for 语句圆括号中相应表达式的位置上即可。由于在 for 语句中可以一目了然地看清与循环相关的各个元素，在没有特殊要求和强烈的个人偏好时，在一般的循环计算描述中往往选择使用 for 语句。当在循环中既没有循环初始操作，也没有循环控制状态修改操作时，多选择使用 while 语句。例如，在程序中经常遇到的一种情况是从外部的文件或标准输入设备上读入数据直至数据的结尾。这时，循环结束的控制条件只取决于外部数据。在循环操作中既不需要做任何的数据初始化，也不需要修改任何与循环控制相关的状态。在这种情况下选择使用 while 语句就更加自然了。【**例 4-4**】中的代码就是这种循环模式的一个例子：

```
while ((c = getchar()) != EOF)
    ...
```

当然，这段代码也完全可以用 for 语句代替如下，尽管这样看起来有些不够自然：

```
for ( ; (c = getchar()) != EOF; )
    ...
```

4.5 逗号表达式

有时，我们需要在循环语句的 <表达式> 部分放置多个表达式，这时就可以使用逗号来分隔这些表达式。例如，当把【**例 4-1**】中代码用 for 语句改写时，也可以把所有的变量初始化放到 for 语句的 <表达式 1> 中：

```
int i, r;
for (i = 1, r = 0; i <= n; i++)
    r += i;
```

由逗号分隔的两个表达式在语法上可以看成是一个整体，称为逗号表达式。逗号表达式经常用于需要在语法中只允许放置一个表达式的位置上放置两个或多个表达式的情形，如上面 for 语句的例子所示。类似的，for 语句中其余的两个表达式以及 while 和 do while 中的 <表达式> 部分也可以使用逗号表达式放置多个必要的操作。逗号表达式也称顺序表达式，其中由逗号分隔的子表达式按照从左至右的顺序依次求值，而表达式的值等于其中最右侧子表达式的值。例如，下面的语句：

```
r = (a = x, b = y, c = z);
```

等价于：

```
a = x; b = y; r = c = z;
```

合理地使用逗号表达式可以使程序的表达简洁，但滥用逗号表达式有可能影响程序的结构和可读性。一般情况下，应当避免使用子表达式过多的逗号表达式。在循环语句的条件判断部分一般也较少使用逗号表达式，以保证代码中对循环条件描述的清晰。

4.6　循环语句的嵌套

循环语句经常嵌套使用，即在一个循环语句的循环体中包含有一个或多个循环语句。【例 4-3】和【例 4-7】的代码中都有循环语句的嵌套。从语法上讲，循环语句的嵌套没有任何特殊的地方：循环语句也是一种语句，当然可以作为另一个循环语句的循环体，或者包含在另一个循环语句的循环体中。下面我们看一个简单的嵌套循环的例子。

【例 4-9】平行四边形图案　设计一个程序，根据读入的正整数 n 的值，在屏幕上输出一个高度为 n、宽度为 $2n$、斜边斜率为 45° 的平行四边形图案。例如，当 n 等于 5 时，输出的图案如下：

```
     **********
    **********
   **********
  **********
 **********
```

对于形状固定的图案，我们可以直接使用一组 printf() 语句在屏幕上分别输出各行的字符。尽管这样做在图案行数较多的情况下显得有些笨拙，但却是切实可行的。然而在这道题目中，图案的行数以及每一行中字符的数量无法事先确定，这种使用固定数量的 printf() 语句的做法就不行了。在这种情况下，只能使用由变量控制的两重嵌套循环语句，由外层循环控制输出图案的行数，在内层循环体中控制各行输出空格符和‘*’的数量。在上述平行四边形图案的各行中，‘*’的数量等于 $2n$；而‘*’之前的空格符数量随着当前输出行的行号 i 的增加而递减，等于 $n-i$。因此对‘*’和空格符的输出需要各自单独使用一个循环语句，分别进行控制。根据这一分析，可以写出代码如下：

```
int main()
{
    int i, j, n;

    scanf("%d", &n);
    for (i = 0; i < n; i++) {
        for (j = 0; j < n - i; j++)
            putchar(' ');
        for (j = 0; j < 2 * n; j++)
            putchar('*');
        putchar('\n');
    }
    return 0;
}
```

嵌套的循环语句常常用于对运算对象中各种属性组合的枚举。下面我们看一个例子。

【例 4-10】连续正整数　有些正整数可以表示为 n（$n \geqslant 2$）个连续正整数之和，例如：15 可以表示为 7+8，或者 4+5+6，或者 1+2+3+4+5。编写程序，从标准输入上读入一个不大于 5 000 的正整数，找出和为该数的所有连续正整数序列，将相应的等式输出到标准输出上，每行一个等式，且不得重复输出。等式的左侧为输入的整数，右侧表达式中的数字以从小到大的顺序排列，并用“+”相连接。如果结果有多个等式，按等式右侧第一个正整数的升序输出。等式内各个字符相连。如果没有符合要求的等式，输出“NONE”。
例如，当输入为 15 时输出如下：

```
15=1+2+3+4+5
15=4+5+6
15=7+8
```

当输入为 16 时，输出“NONE”。

因为这道题中输入数据的最大值较小，所以可以采用一种简单且直接的方法，即枚举法：列出各种可能的连续正整数序列，检查它们的和是否等于给定的输入值。采用这种方法需要解决两个问题：一是给定正整数 i，如何生成一个从 i 开始的连续正整数序列，并检查它们的和是否等于给定的输入值；二是如何选定所有可能的连续正整数序列的起始值 i。对于第一个问题，我们可以从 i 开始，逐一累加 i、$i+1$、$i+2$、…，直至结果等于或大于给定的输入值 s。如果结果等于给定的输入值，则说明我们找到了一个满足要求的连续正整数序列，并以其起始值 i 和终止值 $i+k$ 表示这一序列。对于第二个问题，通过观察可以知道，对于给定的输入值 s，可能满足要求的连续正整数序列的起始值必然位于区间 $[1, s/2)$ 中。分别以 1、2、…、$s/2-1$（当 s 为偶数时）和 $s/2$（当 s 为奇数时）作为起始值，生成并检查相应的序列，就可以发现所有满足要求的连续正整数序列。这样，对这道题目的基本求解过程就可以用一个两重嵌套的循环语句来实现，其中外层循环遍历区间 $[1, s/2)$ 中的各个整数，并将它们作为可能的起始值，在内层循环中则根据给定的初始值生成连续正整数序列，并检查该序列的和是否等于给定的输入值 s。据此可以写出相应的代码如下：

```
int main()
{
    int s, i, j, k, st, sum, got = 0;

    scanf("%d", &s);
    for (i = 1; i <= s / 2; i++) {
        sum = i;
        for (j = i + 1; sum < s; j++) {
            sum += j;
            if (sum == s) {
                st = i;
                printf("%d=%d", s, st++);
                for (k = st; k <= j; k++)
                    printf("+%d", k);
                putchar('\n');
                got++;
            }
        }
    }
    if (got == 0)
        printf("NONE\n");
    return 0;
}
```

当检查到符合要求的结果时，在 if 语句中将输出内容分为两部分，以便生成格式为 $s = i + (i + 1) + \cdots + j$ 的输出。第一部分是固定部分 $s = i$，使用一个简单的 printf() 语句输出。第二部分是其后的 + $(i+1)+\cdots+j$，使用一个循环语句，将其拆分为多个格式相同的 +k 分步输出。变量 `got` 记录是否找到了符合要求的结果，以便在没有符合要求的等式时输出“NONE”。上述代码最外层 for 语句的循环条件是 `i <= s/2`，而不是 `i < s/2`。这是因为这里的除法是整除，如果使用条件 `i < s/2`，当 s 为奇数时会漏掉由 $s/2+(s/2+1)$ 构成的解。

在使用多层循环语句嵌套时需要注意的是，各层的循环控制应尽量互相独立。一般而言，外层循环的操作可以直接改变内层循环的控制条件，如【例 4-9】和【例 4-10】所示，但内层循环的操作一般不应影响外层循环的循环条件，以使描述逻辑清晰和易于理解。

C 语言对循环嵌套的层数没有任何限制。在实际编程中，循环嵌套的层数只取决于计算的性质和描述方式。一般情况下，在编程中多重循环嵌套的深度不会太深，并且往往出现在对多维数据结构的处理上。例如，矩阵乘法和三维数组的加减需要 3 层循环嵌套。除了复杂的数值计算和特殊情况外，如果在程序中用到了过多层次的循环嵌套，我们就需要认真考虑一下这么多的循环嵌套是否确实必要，以及是否有其他更清楚简明的描述方式。有些时候，适当地调整一下计算方法或计算步骤，也可以减少嵌套的层次，提高计算的效率。下面我们看一个例子。

【例 4-11】阶乘之和　给定一个正整数 N，计算从 1 的阶乘到 N 的阶乘之和 $1!+2!+3!+\cdots+N!$。

这种数列求和计算的基本结构是使用循环语句，通过循环遍历从 1 到 N 的各个整数，计算它们的阶乘，并将其累加起来。我们在**【例 4-5】阶乘**中已经看到，对阶乘的计算也需要使用循环。因此这个程序可以写成一个二重嵌套循环的结构：外层循环遍历各个正整数，内层循环完成对阶乘的计算：

```
int main()
{
    int sum = 0, i, j, n, r;

    scanf("%d", &n);
    for (i = 1; i <= n; i++) {
        for (r = j = 1; j <= i; j++)
            r *= j;
        sum += r;
    }
    printf("%d\n", sum);
    return 0;
}
```

观察和分析上面的程序结构和执行过程可以发现，在对正整数进行遍历的过程中，每一次都从头计算一个数的阶乘是不必要的。这是因为遍历是按升序方式进行的，每次的阶乘就等于前一次阶乘的值再乘以当前正在处理的正整数。因此，计算阶乘的循环可以被简化掉。这样，上面的程序可以改写如下：

```
int main()
{
    int sum = 0, i, n, r;

    scanf("%d", &n);
    for (i = r = 1; i <= n; i++) {
```

```
        r *= i;
        sum += r;
    }
    printf("%d\n", sum);
    return 0;
}
```

这一改进不但简化了程序，而且提高了程序的运行效率。当然，由于 int 型数据的长度所限，上面的程序所能正确处理的 n 的值不能超过 12，因此实际节省的时间是很少的。但是这一改进在理论上对计算速度的影响是显著的。在使用二重循环的程序中，计算量正比于 n 的平方，而在这个一重循环的程序中，计算量正比于 n。因此这两种方法的计算量相差 n 倍。对于 n 比较大并且每次循环的计算量都比较多的计算来说，这一差别不仅是显著的，而且可能是至关重要的。

嵌套循环经常用于二维数据结构，如矩阵、图片等的处理。例如，设 ***C*** 为矩阵 ***A*** 和 ***B*** 之和，则 **C** 中的元素 $c_{ij} = a_{ij} + b_{ij}$，因此计算矩阵之和时需要使用两层循环嵌套对矩阵中所有的元素进行遍历；而矩阵 ***A*** 和 ***B*** 之积 ***D*** 中的元素 $d_{ij} = \sum_{k=1}^{n} a_{ik} * b_{kj}$，因此当计算两个矩阵的乘积时，需要使用三层的循环嵌套。处理二维数据结构需要使用二维数组，我们将在第 6 章中再讨论。

4.7　循环语句中的非常规控制

在循环过程中，循环的次数一般是由循环语句中的条件表达式控制的，循环体内的语句一般是逐句执行的。但有时需要在循环过程中提前结束循环，或者跳过循环体内的一些语句而直接执行下一轮的循环。为满足这些特殊的要求，C 语言中提供了必要的跳转语句，以便简洁有效地描述这类情况。

1. break

在讨论 switch 语句时我们已经见过 break。在循环语句中，break 语句的作用与其在 switch 语句中的作用类似：程序在循环中遇到 break 语句时就立即结束对循环语句的执行，从循环体内直接跳出循环。在循环语句中使用 break 通常是由于循环需要在一些特殊条件下提前结束，而这些条件又不容易直接写到循环语句的循环控制条件中。下面是一个使用 break 语句结束循环的简单例子。

【例 4-1-1】自然数的累加　从标准输入上读入自然数 *n*，使用 while 语句计算从 1 到 *n* 的自然数的累加，使用 break 结束循环。

```
int i = 1, n, r = 0;
scanf("%d", &n);
while (1) {
    if (i > n)
        break;
    r += i;
    i++;
}
```

在这段代码中，while 语句的循环条件是常量 1，即循环条件永远为真。如果没有特殊的控制语句，则循环体会不停地执行下去，永远不会结束。这样的循环执行过程俗称“死循环”。为使程序能够在完成了 n 个自然数的累加后结束，我们在循环体中使用了条件语句对变量 i 的值进行判断。一旦 i 的值大于 n，程序就执行 break 语句，立即跳出 while 语句，结束对自然数累加的计算。下面是等价的使用 for 语句的代码。

【例 4-1-2】自然数的累加　从标准输入上读入自然数 n，使用 for 语句计算从 1 到 n 的自然数的累加，使用 break 结束循环。

```
int i, n, r;
scanf("%d", &n);
for (i = 1, r = 0; ; i++) {
    if (i > n)
        break;
    r += i;
}
```

在上面的代码中，for 语句的循环条件表达式为空，表示循环条件永远为真，因此也需要使用 break 语句来结束循环。从这些例子可以看出，C 语言是一种非常灵活的语言，一种计算可以用多种合法的方式来描述。在选择描述方式时，应该选择最有利于清楚表达计算过程和便于其他人理解的方式。

当有多重循环嵌套时，break 语句只终止其所在的最内层循环语句，并把控制转向紧接在被终止的循环语句后面的语句。当程序需要从多重循环中提前跳出时，需要在每一层循环中使用 break 语句，并辅以必要的标记变量和条件判断。下面我们看一个例子。

【例 4-10-1】连续正整数　编写程序，从标准输入上读入一个不大于 5 000 的正整数，输出和为该数的连续正整数序列。如果有多个序列满足条件，则输出最长的序列。将相应的等式输出到标准输出上。等式的左侧为输入的整数，右侧表达式中的数字以从小到大的顺序排列。若没有符合要求的等式，输出“NONE”。

这道题的要求与【例 4-10】相似，唯一的区别就是当有多个序列满足条件时只输出最长的序列，也就是起始整数最小的序列。因此，【例 4-10】的代码可以满足本题的基本要求，唯一需要改动的是当输出了第一个满足要求的序列后，程序需要从发现序列的嵌套循环中退出。下面是修改后的代码：

```
int main()
{
   int s, i, j, k, st, sum;

   scanf("%d", &s);
   for (i = 1; i <= s / 2; i++) {
      sum = i;
      for (j = i + 1; sum < s; j++) {
          sum += j;
          if (sum == s) {
              st = i;
              printf("%d=%d", s, st++);
              for (k = st; k <= j; k++)
                 printf("+%d", k);
              putchar('\n');
              break;
          }
      }
      if (sum == s)
```

```
            break;
        }
        if (sum != s)
            printf("NONE\n");
        return 0;
    }
```

在上面的代码中，条件语句中的 break 使程序从内层循环中退出。这种退出与内层循环正常退出的区别在于此时 sum 的值等于 s。因此在内层循环结束时，如果 sum 的值等于 s，就可以使用 break 来跳出外层循环。同样，当外层循环结束时，我们可以根据 sum 的值是否等于 s 来决定是否需要输出“NONE”。

2. continue

continue 是循环语句专用的一种跳转语句，它的作用是使程序跳过循环体中的其他语句而进行下一轮的循环。在 while 和 do while 语句里，continue 语句使得程序立即执行新一轮的循环条件测试；在 for 语句里，continue 使得程序立即执行语句中的后置处理表达式，然后再执行新一轮的循环条件测试。与 break 类似，当有多重循环嵌套时，continue 只影响其所在的最内层循环语句。在循环语句中使用 continue 通常是由于在一些特殊条件下只需要提前结束对当前一轮数据的处理，而不需要终止整个循环语句的执行。下面我们看两个使用 continue 的例子。

【例 4-12】乒乓球赛 甲队的 A、B、C 与乙队的 X、Y、Z 进行乒乓球赛。已知 A 不与 X 对阵，C 不与 X 和 Z 对阵，计算并输出三对选手的对阵名单。

为描述选手对阵的情况，我们可以使用 A、B、C 三个变量表示选手 A、B、C，以对变量的赋值 'X'、'Y'、'Z' 表示与其对阵的选手。三对选手对阵，只有 3！ = 6 种组合。我们可以生成这 6 种可能的组合，并检验哪种符合题目给出的条件。一种生成这 6 种组合的简单方法是使用三重循环，对 A、B、C 三个变量分别从 'X' 到 'Z' 进行赋值，过滤掉任意两个变量赋值相同的情况，输出符合条件的组合。据此可以写出代码如下：

```
int main()
{
    char A, B, C;
    for (A = 'X'; A <= 'Z'; A++)
        for (B = 'X'; B <= 'Z'; B++)
            for (C = 'X'; C <= 'Z'; C++) {
                if (A == B || A == C || B == C)
                    continue;
                if (A != 'X' && C != 'X' && C != 'Z')
                    printf("A <--> %c\nB <--> %c\nC <--> %c\n", A, B, C);
            }
    return 0;
}
```

在上面的代码中，当条件语句 if (A == B || A == C || B == C) 的条件满足时，说明至少有两个变量的赋值相同，不符合对阵要求，因此使用 continue 跳过循环体中第二个条件语句，进入下一次循环。这样显然比省略这一 if 语句和 continue 而把条件 !(A == B || A == C || B == C) 一并写到第二个 if 语句中更清晰一些。

【例 4-13】数据求和 从标准输入上读入多组整型数对 $<x_i, y_i>$，求所有满足 $a \leqslant x_i \leqslant b$，$c \leqslant y_i \leqslant d$，且 x_i 和 y_i 不能互相整除的 x_i 之和与 y_i 之和，其中 a、b、c、d 均为已知的整数，

且 $a < b$，$c < d$。

根据题目的要求，可以使用循环语句从标准输入上依次读入 x_i 和 y_i，判断它们是否满足给定的条件。对于符合要求的数据，分别进行累加。如此处理，直至读完所有的数据。由于数据所需同时满足的要求较多，如果使用一个条件语句则描述较为复杂。我们可以换一种方法，分别用这些条件对数据进行过滤：只要有一个条件不满足，就放弃对数据其他条件的检查和处理，转而读入新的数据。这样，每个过滤条件都比较简单，阅读和理解起来也更容易。据此可以写出代码如下：

```
int a, b, c, d, x, y, sum_x = 0, sum_y = 0;
…                                       // 完成对a、b、c、d的赋值
while (scanf("%d %d", &x, &y) == 2) {
    if (a > x || x > b || c > y || y > d)
        continue;
    if (x != 0 && y % x == 0)
        continue;
    if (y != 0 && x % y == 0)
        continue;
    sum_x += x;
    sum_y += y;
}
```

在上面的代码中，变量 sum_x 和 sum_y 分别是 x_i 和 y_i 的累加单元。当循环执行完毕后，这两个单元中就保存了符合条件的 x_i 的和与 y_i 的和。

4.8　goto 语句

goto 语句是一种无条件跳转语句，可以使程序的执行转向同一函数中的任意语句。goto 语句是程序设计语言中使用历史最长，同时也是最受非议的跳转语句，因为对它的滥用有可能造成程序结构的混乱，使得程序难以理解和维护。在结构化程序设计成为程序设计方法的主流之后，goto 语句在程序中的使用就日渐减少，有很多新设计的程序设计语言干脆就取消了 goto 语句。但是，在避免滥用的情况下，使用 goto 语句对于简化程序的描述仍然有其难以替代的作用，因此在 C 语言中依然保留了 goto 语句。

goto 语句是和语句标号一起使用的。语句标号在程序中标志一条语句的位置，其语法格式与普通的标识符相同。在程序中使用标号时，需要将语句标号的标识符放在一条语句的前面，并用一个冒号将这个标识符与它所标志的语句分开。下面是一个标号的例子：

```
A: x = y + z;
```

这里标识符 A 就是语句 x = y + z; 的标号。

goto 语句的语法格式如下：

```
goto <标号>;
```

其中的 <标号> 必须是定义在同一个函数中的。标号的位置既可以在引用它的 goto 语句之前，也可以在该 goto 语句之后。一个标号也可以被多个 goto 语句引用，只要它与引用它的 goto 语句在同一个函数中即可。下面是一个简单的例子：

```
A: goto B;
...
```

```
B: goto A;
```

在这个例子中，一旦程序执行到由语句标号 A 或 B 所标志的 goto 语句，就会不停地在两个 goto 语句之间跳转，永远也不会结束。无论这两个语句之间还有什么语句，也永远不会被执行到。

goto 语句可以提供无限制的程序跳转功能，一般用作条件语句的执行部分。下面我们看一个例子。

【例 4-8-1】输出提示信息，读入应答　输出提示信息，等待用户输入 'y' 或 'n'。使用 goto 实现对应答循环的控制。

在【例 4-8】的代码中使用了 do while 语句实现了对输出提示信息、读入应答循环的控制。这一循环控制也可以用 goto 语句实现：

```
A:  printf("Are you sure? (y/n)");
    c = getchar();
    if (c != 'y' && c != 'n')
        goto A;
    if (c == 'y')
        ...
    else
        ...
```

使用 goto 语句可以使语句的执行顺序不受程序结构的限制，使我们能够随心所欲地控制程序的执行路径。在结构化的 C 程序中，goto 语句最常见的用途是从多重循环中直接跳出。此外，goto 语句也常用在程序中多条分支需要汇集到一个公共点上的情况。例如在一个函数中，当多条分支中遇到的某种情况都需要相同的处理代码而又不便使用函数时，使用 goto 语句描述也比较简洁。但是，不加限制地使用 goto 也会使程序结构混乱，难于维护。因此一般的原则是尽量不使用 goto 语句。

习题

1. `while () ;` 是不是一个合法的语句？它产生的结果是什么？
2. `while (0) ;` 是不是一个合法的语句？它产生的结果是什么？
3. `while (10) ;` 是不是一个合法的语句？它产生的结果是什么？
4. 设有如下程序段：

```
int n = 20;
while (n > 0) n--;
```

while 语句中的循环体执行的次数是多少？

5. 设有如下程序段：

```
int n = 20;
while (n = 0) n--;
```

while 语句中的循环体执行的次数是多少？

6. 设有如下程序段：

```
int n = 20;
while (n = 10) n--;
```

while 语句中的循环体执行的次数是多少？

7. `for ( ; ; ) ;` 是不是一个合法的语句？它产生的结果是什么？
8. `for ( ; 5; ) ;` 是不是一个合法的语句？它产生的结果是什么？
9. 设有如下程序段：

```
int i;
for (i = 0; i < 100; i++) i++;
```

for 语句中的循环体执行的次数是多少？

10. 设有如下程序段：

```
int i;
for (i = 100; i <= 10; i--) i--;
```

for 语句中的循环体执行的次数是多少？

11. 从标准输入读入一个正整数 n（$n < 100$），在标准输出上输出 1 到 n 之间的所有整数及其平方和立方，每个整数及其平方和立方占一行，三个数之间以空格符分隔。
12. 从标准输入读入 n 个正整数，在标准输出上输出其中正数、负数和 0 的个数，并以浮点数的方式输出所有输入数据的平均值，保留 3 位小数。
13. 修改【**例 4-7**】**π 的近似值**的代码，去掉其中嵌套的 for 语句。
14. 修改【**例 4-7**】**π 的近似值**的代码，使用 do while 语句代替 for 语句。比较这两种语句用在这道题目时的优缺点。
15. 生成 1 000 以内的质数表，以每行十个质数的方式输出到屏幕上。
16. 已知摄氏温度 C 与华氏温度 F 的换算公式为 $C = (F - 32) * 5 / 9$。从标准输入上读入以格式 <T> <m> <n> 表示的温度区间，其中 <T> 为字母 C 或 F，表示摄氏或华氏，<m> 和 <n> 是两个整数，表示温度区间的起止点。生成相应的摄氏温度和华氏温度对照表。源温度使用整数显示在左侧，宽度 3 位，目标温度使用浮点数显示在右侧，整数部分宽度 3 位，保留 1 位小数。
17. 编写一个程序，按下列格式输出九九乘法表：

```
1*1=1
2*1=2  2*2=4
3*1=3  3*2=6  3*3=9
4*1=4  4*2=8  4*3=12  4*4=16
…
9*1=9  9*2=18  9*3=27  9*4=36  9*5=45  9*6=54  9*7=63  9*9=72  9*9=81
```

18. 已知 1 公里等于 0.621 388 英里，编写程序，并列显示下列两个对照表，其中英里数保留 4 位小数：

km	mile	km	mile
1	0.6214	20	12.4278
2	1.2428	25	15.5347
3	1.8642	30	18.6416
…		…	
14	8.6994	85	52.8180
15	9.3208	90	55.9249

19. 已知某年某月某日是星期几，求其前 n（$0 < n < 3\,000$）天的年月日和星期。程序从标准输入文件中读入四个整数 y1 m1 d1 n，分别表示已知的年月日和 n，在标准输出上输出四个整数 y2 m2 d2 x，分别表示结果的年月日和星期。
20. 已知 2000 年 1 月 1 日是星期六。从标准输入读取一行表示有效公历日期的字符串 "Y-M-D"，其中 Y 为年（$1800 \leqslant Y \leqslant 3000$），M 为月，D 为天，都不带有前缀的 0，且数值都在合法的范围内。在标准输出上输出这一天是星期几。输出一个 1 ~ 7 的整数，分别表示星期一至星期日。在行末输出一个换行符。例如，对于输入数据 2008-2-16，输出 6。
21. 从标准输入读入正整数 n，输出 n 的各位数字之和。例如，当输入 123 时，输出 6。
22. 有些正整数可以表示为 n（$n > 1$）个连续正奇数之和，例如：9 可以表示为 1+3+5。编写程序，从标准输入上读入两个正整数 s 和 t，找出和为 s 且包含不超过 t 个数的所有连续正奇数序列，将相应的等式输出到标准输出上，格式与【**例 4-10**】**连续正整数**相同。如果没有符合要求的等式，输出 "NONE"。例如，当输入为 9 3 时输出 1+3+5=9，当输入为 9 2 时，输出 "NONE"。
23. 从标准输入上读入整数 n（$2 < n < 3\,000$），在标准输出上输出 $n!$ 的最后两位低位不等于 0 的值。例如，当 n 等于 5 时输出 12，当 n 等于 7 时输出 04。
24. 回文数是正着读和反着读数值相同的数，例如，123454321、123321 等都是回文数。从标准输入上读入一个正整数，如果该数是一个回文数，输出 Yes，否则输出 No。
25. 从标准输入读入浮点数 x（$-10 < x < 10$）和整数 m（$0 < m < 13$），计算 $f(x) = \sum_{i=0}^{n}(-1)^i \times \frac{x^{2i}}{(2i)!}$ 的值，当 $\left|(-1)^i \times \frac{x^{2i}}{(2i)!}\right| < 10^{-m}$ 时结束计算。在标准输出上输出 $f(x)$ 的值，保留小数点后 8 位数字。
26. 写一个程序，从标准输入中读入三行字符，其中前两行各只有一个非空白字符，第三行有 n（$n < 100$）个字符。将第三行中所有与第一行相同的字符替换为第二行中的字符，其余字符不变，按原来的顺序写到标准输出上。例如，对于下面的输入数据：

```
A
1
AAbbAACdAd
```

输出

```
11bb11Cd1d
```

27. 从标准输入读入不超过 500 行、每行不超过 300 个字符的正文，过滤其中的空格，用一个空格代替多个连续的空格。若在换行符前存在一个或多个连续的空格，则将其全部删除。将处理结果写到标准输出上。
28. 已知越野汽车在平路、上坡、下坡、弯道、起伏路面、沙地的速度分别为 v_f、v_u、v_d、v_c、v_t、v_s，在标准输入的第一行上顺序给出正整数 v_f、v_u、v_d、v_c、v_t、v_s，以后 n（$n < 1\,000$）行的数据格式为 <T><D>，其中 <T> 是字母 f、u、d、c、t、s 中的一个，表示道路的性质；<D> 是一个正整数表示具有性质 <T> 的道路的长度。在标准输出上输出汽车通过由这些路段组成的道路所需的时间，保留两位小数。

CHAPTER 5

第 5 章

函　　数

函数是 C 程序的基本组织单位，在程序中具有重要的作用。在 C 程序中，除了全局变量的定义和初始化等少量的语句外，所有具有直接执行效果的语句都必须位于函数中。C 程序的运行就是执行函数 main() 中的语句以及在这些语句中可能调用的其他函数。在程序中使用函数的作用主要有三点：一是封装计算过程，二是增加程序的可读性，三是便于代码重用。封装计算过程可以使得一个独立的计算过程有一个独立的表达方式。这样可以隔离开没有直接关系的代码，避免相对独立的代码间相互的干扰和影响。同时，使用函数封装一段具有独立功能的代码，就可以用函数名来表示这段代码的功能，使得对计算过程的描述更加清晰和具有层次性。这样，我们在阅读程序的基本结构和流程时就可以从较高的层面理解程序的执行过程，而不必过早地关注程序实现的细节；在分析程序执行细节时可以迅速确定所需关注的代码。更重要的是，这样封装起来的独立程序段可以在需要相同或相似功能的地方被重复使用。这样既简化了程序，减少了工作量，又可以降低程序设计和编码中出错的可能，有助于提高程序的可靠性。

5.1　函数的基本概念

从使用的角度看，函数就是给一个确定的计算功能赋予一个名称，以便在后续的程序中通过函数名称来调用相应的计算功能。从组成结构的角度看，函数是一组被封装在一起、按固定顺序执行、具有固定功能、具有独立的名称并且可以被参数化的语句。函数在被调用时通过参数接受函数外部的数据，通过返回值向函数外部传递计算结果。从语法上看，对函数的调用很类似于数学中对函数的使用：当通过函数名调用一个函数时，给定调用参数，并获得相应的函数值。例如，在 C 语言的数学函数库中定义了三角函数 sin()。如果我们使用了 C 语言的数学函数库，下面的语句就是一个合法的函数调用。在这个语句中，以变量 y 作为参数调用函数 sin()，并将函数值赋给变量 x：

```
x = sin(y);
```

与数学中的函数不同的是，C 程序中的函数既可以带参数，也可以不带参数；既可以返回计算结果，也可以不返回计算结果。这完全取决于对函数功能的要求和对函数的定义。这些在函数调用时需要了解的属性，包括函数的名称、参数的个数及类型，以及函数返回值的类型，统称为函数原型。当进行函数定义时，也必须要首先定义函数名、函数参数表以及函数的返回值，以便说明函数的原型。

在涉及函数的各种术语中，比较容易混淆的是有关函数参数的术语。当定义一个函数时，函数的参数只是一个标识符，从形式上说明函数需要具有某种类型的参数。只有在函数被调用时，参数才被具体化为实际的数据。在很多教科书中，这两者分别被称为“变元”和“参数”。但是，关于这两个术语的使用并不统一。为避免混淆，在本书中当需要区分函数参数的这两种形态时，分别使用术语“形式参数”和“实际参数”。当不需要区分这两种形态或者根据上下文就可以正确理解时，则使用术语“参数”。

函数定义的实质是把一组具有固定执行顺序、完成规定计算功能的语句封装起来并加以参数化后作为一个整体，使其可以通过参数接受函数外部的数据，通过返回值向函数外部传递计算结果。这样做可以带来诸多的好处。第一，使用函数可以增加程序的可读性：以一个具有说明性的函数调用来代替一组语句，不仅可以使程序显得更加简洁，而且可以使程序执行的脉络显得更加清晰。第二，使用函数便于对计算过程进行自顶向下的层次化描述。在程序中以函数名代表计算过程，就可以通过对函数的定义实现对计算过程的逐步分解和细化。这样一种对计算过程自顶向下逐步分解和细化的描述，符合我们正常的思维过程，有利用我们从宏观到细节，完整准确地把握和描述程序。第三，使用函数还可以增加代码的可重用性。在函数定义完成之后，在程序中需要执行相同或类似计算功能的地方只需要对该函数进行调用即可，而不必再一一重复相应的计算语句。这样就可以大大减少程序设计中的编码工作量。C 语言的标准库函数就是代码重用的典型。由于 C 语言的标准函数库提供了大量数值计算、数据输入 / 输出、字符串处理之类的函数，编程人员在程序中就不必再自行定义这些在计算中常用的功能，而只需直接调用相应的函数即可。此外，当用户需要在程序中多次进行相同或类似的计算时，也可以通过自定义的函数来避免重复输入相同或相似的代码。第四，使用函数可以显著增加代码的可维护性。通过函数定义，可以把与指定功能相关的语句集中在一个明确的范围内，这样就大大方便了在程序调试时的故障定位。当某一功能的实现细节，如数据格式、计算方法等发生变化时，只会影响其所涉及的相关函数而不会影响程序的顶层结构和其他函数。同时，由于使用了函数，在程序中同一种功能的多处使用都可以通过对一个函数的调用来完成。当程序需要进行调试或修改时，因为一种功能只定义了一次，所以修改只在一处进行即可。这不仅减少了程序调试和修改时的工作量，更可以避免对多处代码进行修改时由于疏忽而引起的程序行为的不一致。

对于初学者来说，在程序设计中经常容易出现的问题是不善于使用函数对计算过程进行层次化的描述。当程序的规模比较小时，在 main() 函数中不分层次地直接描述计算过程的细节似乎不会对程序的实现带来什么不利的影响。但是随着程序规模的增加，不分层次地直接描述计算过程细节的负面影响会越来越显著。因此在学习程序设计的开始阶段就应该重视函数的使用，养成使用函数对计算过程进行层次化描述的习惯。

5.2　函数的调用

函数调用是 C 程序中最常用的语句之一。从程序执行的角度看，当一个函数被调用时，程序执行该函数定义中的各个语句。在函数执行完毕后，程序的控制权就返回给了函数的调用者：被调用函数的返回值被放在函数调用的位置，程序将继续执行后续的语句。从语法的角度看，函数调用就是一个表达式，并且具有该函数返回值的类型，因此可以被用在任何需要相应类型表达式的地方。

一个函数在被调用时，编译系统必须知道它的函数原型，以便对函数实际参数和返回值的类型进行检查和必要的类型转换。当函数定义在调用该函数的语句之前时，自然就说明了该函数的原型。如果函数定义在调用该函数的语句之后，或者定义在与函数调用不同的源文件中，就需要在函数调用之前使用函数说明语句说明该函数的原型。在程序中经常可以见到这样对函数进行说明、定义和使用的模式：一个函数首先由函数原型说明语句进行说明，在后续的程序段落中包含有调用该函数的语句，而对该函数的定义则可能放在调用该函数的程序段落之后。函数说明语句的语法格式如下：

```
<返回值类型> <函数名> (<参数表>);
```

其中 < 返回值类型 > 是任意合法的数据类型；< 函数名 > 是一个合法的标识符，标记函数的名称；括号中的 < 参数表 > 是一系列由逗号分隔的 < 类型 > < 标识符 > 对，说明函数调用时所需要的参数的数量、类型和顺序，也可以为空。可以看出，函数说明语句与函数定义时函数头的形式完全相同，只是其后紧跟着一个分号而不是定义函数功能的复合语句。下面是两个函数原型的例子：

```
double sin(double x);
int strncmp(const char *str1, const char *str2, size_t n);
```

第一个函数原型的例子说明，名为 sin 的函数在被调用时只需要一个 double 类型的参数，函数在执行完毕后返回一个 double 类型的值。这个例子是 C 语言标准函数库中正弦函数的函数原型说明，包含在头文件 <math.h> 中。第二个例子说明，名为 strncmp 的函数在被调用时需要两个 const char * 类型的参数以及一个 size_t 类型的参数，函数在执行完毕后返回一个 int 类型的值。这个例子是 C 语言标准函数库中字符串前 n 个字符比较函数的原型说明，包含在头文件 <string.h> 中，其中前两个参数类型中的限定符 const 说明函数中这两个参数字符串是只读的，不会对字符串的内容进行任何修改。函数返回值说明比较的结果。

知道了一个函数的原型，就知道了一个函数需要通过什么样的方式被调用，以及如何使用函数的返回值。函数在被调用时需要按照其参数表规定的参数数量和类型给出实际参数，并且与参数表中规定的参数顺序一致。函数的实际参数可以是具有正确类型的任意形式的表达式，如常量、变量、算术表达式或函数。例如，根据函数 sin() 的函数原型，我们可以知道，在语句 `x = sin(y);` 中，变量 `x` 和 `y` 都应该是 double 类型。

一个函数在一个程序中只能定义一次，但是其原型可以在程序中多次说明，只要各次说明是一致的即可。在一个程序中使用函数说明语句多次说明一个函数的情况是经常出现的。例如，大型程序源代码的各个部分往往被分别保存在不同的源文件中，一个函数可能需要在多个源文件中被引用。这时，在每个用到该函数的源文件中都需要使用函数说明语句说明该函数的原型。即使在同一个文件中，一个函数的原型也可以多次说明。通过函数原型，我们可以知道如何正确地使用相应的函数，而不必了解函数具体定义的代码。例如，标准库函数的定义以二进制代码的形式被保存在函数库中，而其函数原型则被定义在以 .h 为后缀的标准头文件中。当使用标准库函数时，我们通过手册了解函数的功能、原型、相关的 .h 文件，以及所需链接的标准函数库，在源文件中使用命令 #include 引用相关的头文件，再在编译阶段指定链接被调用函数所在的函数库即可，而不必了解这些函数的功能是如何实现的。下面我们看一个函数调用的例子。

【例 5-1】三角形的面积　从标准输入上按顺序给出三角形两边的边长 *a*、*b* 及其夹角的角度 *ang_c*，计算该三角形的面积 *s*。

已知三角形的两个边长 *a*、*b* 及其夹角 *ang_c*，则计算该三角形面积的公式如下：

$$s = a \times b \times \sin(ang\_c) / 2$$

根据这一公式，可以写出如下的代码：

```
#include <stdio.h>
double sin(double x);
#define PI  3.14159265

int main()
{
    double a, b, ang_c, s;

    scanf("%lf%lf%lf", &a, &b, &ang_c);
    s = a * b * sin(ang_c * PI / 180.0) / 2.0;
    printf("The area is %f\n", s);
    return 0;
}
```

在这段代码中使用了标准库函数 scanf()、sin() 和 printf()。我们在前面的章节中已经见过 scanf() 和 printf()，其函数原型定义在头文件 <stdio.h> 中。代码的第二行说明函数 sin() 的原型：其参数和返回值均是 double 类型的浮点数。sin() 的参数是一个以弧度为单位的角度，其返回值是该角度的正弦值。在上面的例子中，夹角 ang_c 的值是以度为单位的，因此需要将其转换为弧度后再用作 sin() 的参数。这一转换表达式作为参数直接放在了函数 sin() 的参数表中。函数 sin() 的返回值作为表达式的组成部分，用在了对变量 s 赋值的计算中。

具有返回值的函数在被调用时，其返回值既可以被赋给具有相同类型的变量，也可以如上面的例子那样直接用在其他表达式中。有些情况下，函数的返回值既不被使用，也不被保存，而是被直接抛弃。抛弃函数返回值在程序中是常见的现象。有些函数的返回值说明函数的执行是否成功，有些则表示与函数功能相关的某种状态。如果在程序中不需要对这些状态进行检查，就可以抛弃这些函数的返回值。例如，各种标准输出函数，如 printf()、scanf() 等，会用返回值表示其在执行时是否出现了错误，以及其他与其工作状态相关的信息。在一般的数据输入 / 输出，特别是简单的练习题中，我们可以假定这些函数在执行简单操作时不会出错，因此在程序中往往不对这些函数的返回值进行判断和处理。

当使用标准库函数时，我们往往不直接声明所需使用函数的原型，而是在程序中引用相应的标准头文件。例如，在上面的例子中，一般情况下我们使用下面的 #include 语句来代替对函数 sin() 的原型声明：

```
#include <math.h>
```

在标准头文件 <math.h> 中包含了由系统提供的各种数值计算函数的函数原型，也包含了大量的常用常量。了解头文件 <math.h> 的内容，对于充分利用系统所提供的各类资源，编写高质量的代码是很有帮助的。

在有些运行平台上，编译系统会自动将所需要的数值计算函数库链接到用户程序的可执行文件中。在有些运行平台上，则需要在编译选项中指定这些标准数值计算函数所在的函数库 libm，以便编译系统进行必要的链接。具体的编译选项取决于所使用的运行平台。在 UNIX/Linux 平台上，当用 cc/gcc 编译上述代码时需要使用链接选项 -lm。例如，假设我们将上面的代码保存在文件 triang.c 中，希望生成名为 triang 的可执行文件，则可以使用下面的编译命令：

cc –o triang triang.c -lm

5.3 函数的结构

C 语言中的函数由函数头和函数体构成，其定义的语法格式如下：

```
<返回值类型> <函数名> (<参数表>)
{
    <说明序列>
    <变量定义序列>
    <执行语句序列>
}
```

上述语法说明中的第一行，即 <返回值类型> <函数名> (<参数表>)，构成了函数定义中的函数头。<返回值类型> 是任意合法的数据类型，包括 C 语言中的基本数据类型，以及在程序中自行定义的其他合法数据类型。当一个函数在执行结束后不返回值时，使用空值类型 void。<函数名> 是一个合法的标识符，标记函数的名称。括号中的 <参数表> 是一系列由逗号分隔的 <类型> <标识符> 对，说明函数内部的计算语句需要从函数调用者那里获得的参数的数量、顺序，以及每个参数的类型。从函数内部看，参数相当于一个函数内的局部变量，所不同的只是在函数开始执行前就已经被赋了值。当函数内部的计算语句不需要从函数外部获得参数时，<参数表> 为空，就像我们在函数 main() 的定义中看到的那样。

函数体位于函数头后，由一对大括号括起来。函数体中可以包含 <说明序列>、<变量定义序列> 和 <语句序列>。<说明序列> 由一个或多个说明语句组成，说明在函数中使用但在函数外部定义的实体，如变量和函数等。下面是几个 <说明序列> 的例子。

```
extern int win_wid;
extern double op_func(double);
```

这些语句说明 `win_wid` 是一个 int 型变量，op_func() 是需要一个 double 类型参数并返回 double 类型值的函数；关键字 extern 表明这些实体是在函数外面定义的。<变量定义序列> 定义函数内部用于保存中间结果的各个变量。我们在第 2 章中讨论过变量定义语句。<执行语句序列> 描述函数所要执行的各个操作，如表达式的计算、变量的赋值、函数的调用等。如果不需要相关的内容，函数体中的 <说明序列>、<变量定义序列> 和 <执行语句序列> 均可以为空。当函数体中的 <说明序列>、<变量定义序列> 和 <执行语句序列> 都为空时，该函数被称为空函数。空函数在程序中常会用于临时性抽象说明需要完成的任务、填充某些数据结构、执行空操作等。一个语法上正确的空函数的返回值类型必须是 void。下面是一个名为 dummy 的空函数的定义：

```
void dummy()
{
}
```

函数执行的结束有两种情况：一种是函数执行完函数体内最后一条语句后的自然结束，

另一种是函数通过执行 return 语句的强制退出。在上面的函数 dummy() 中没有任何可以执行的语句，因此该函数在被调用后立即结束执行并退出函数体。此外，当函数在执行过程中遇到了 return 语句时也会立即结束函数的执行。return 语句有下列两种语法格式：

```
return;
return <表达式>;
```

第一种形式的 return 语句只是结束函数的执行，并不返回任何值，因此这种格式的 return 只使用在返回值类型是 void 的函数中。第二种形式的 return 语句不但结束函数的执行，而且把其后 < 表达式 > 的值返回给函数调用者。这种格式的 return 用在返回值类型不是 void 的函数中，其 < 表达式 > 的类型必须与函数原型中规定的返回值类型相同。从 return 语句的功能可以看出，除了函数末尾的 return 语句外，其他 return 语句的使用必定是与条件语句相关联的。否则 return 后面的语句就成为永远无法执行的废语句了。

如果一个函数的返回值类型是 void，则在函数自然结束时不必使用 return 语句，因为函数在执行完函数体内最后一条语句后就会自然地返回。下面是一个返回值为 void 的函数的例子：

```
void func_1()
{
    …
    if (…)
        return;
    …
    return;
}
```

在这段代码中，函数定义里最后一条 return 语句不是必要的；但是加上这条语句，无论在语法上还是在语义上都没有任何问题。

如果一个函数的返回值类型不是 void，则函数在结束执行时必须要返回一个类型正确的值。【例 1-1】就是一个最简单的例子。一个函数可以从其函数体中的多个位置通过 return 语句返回。因此，在这种函数的任何返回点，包括最后一条语句，都必须是形如 return < 表达式 > 的语句。而且，当一个函数从多个位置返回时，各个返回点的返回值类型必须一致，并与函数定义中的返回值类型相同。下面是一个从两个位置返回计算结果的函数的例子：

```
double max_d(double x, double y)
{
    if (x > y)
        return x;
    return y;
}
```

这个函数有两个返回点：一个是 if 语句的执行部分，一个是函数的最后一条语句。在这两个位置上各有一条返回 double 类型数值的 return 语句。

5.4 函数的定义

定义一个函数需要按顺序完成下列三项工作：

1）确定函数的功能。

2）确定函数原型，包括函数名、参数表和返回值及其类型。

3）确定函数功能的实现方式。

函数功能一般是由对程序执行过程的描述和功能分解确定的。在简单的练习题中，题目的要求往往就确定了主要函数的功能。为增加程序的可读性，需要为函数选择一个便于理解的名字，表明函数的功能。标准库函数中的 printf()、alloc()、sin()、isdigit() 等都是很好的函数名，看到它们很容易就会联想到打印输出、内存分配、正弦函数，以及判断一个字符是否是数字。函数名常使用可以简洁地描述函数功能的英语单词或缩写词，必要时也可以使用由下划线连接或大小写交错的单词或缩写词。一般情况下，在给函数命名时应避免使用汉语拼音，因为这样生成的函数名比较长，而且由于同音字的原因，容易产生混淆。

在确定了函数的功能之后，需要明确在函数进行计算前需要从外部获取哪些数据，在计算完成后需要向函数的调用者传递什么结果，以及这些数据的类型，并把它们分别作为函数的参数和返回值。函数在调用时所需要的参数的个数、含义及类型取决于函数计算时所需要的条件，对函数参数的排列顺序则没有特殊的要求。函数是否具有返回值以及函数返回值的类型取决于函数功能的计算性质以及函数调用者对函数的要求。在简单的练习题中，函数的参数一般来自题目中的输入数据。对于复杂一些的题目，函数参数也可能包含前导计算所产生的中间结果。在确定函数的参数时，凡是在函数内部用不到的数据，以及可以在函数内部通过对其他参数的计算得到的数据，一般不应作为函数参数，以尽量避免冗余以及由此可能引起的程序中的不一致。

函数功能的实现是函数定义的实质性内容。在编写实现函数功能的代码前，需要认真分析对函数功能和性能的需求，选择有效的算法和适当的数据结构。在进行编码时，需要合理地设计程序结构，合理地选择变量的名称，以便在保证代码描述准确性的同时尽量增加代码描述的清晰程度。下面我们看一个具有完整结构的简单函数定义的例子。

【例 5-2】星期几　*已知某月 x 日是星期 y，该月有 n 天，定义一个函数，计算下一个月的 k 日是星期几。*

根据函数的功能，我们可以给函数命名为 week_day。根据题目中给出的已知条件和要求可知，函数应该有 4 个参数，分别是 x、y、n、k，并且这些参数都是 int 型。同样，函数的返回值也是 int 型，表示给定日期的星期。在函数定义时，函数参数的名字和顺序对函数没有实质性的影响。因此，我们可以根据题目中给出的名称和顺序来描述函数参数表。这样，函数 week_day () 的原型可以描述如下：

```
int week_day(int x, int y, int n, int k);
```

为了便于计算，我们以整数 0~6 表示星期日至星期六。这样，可以使用下面的公式，根据给定参数计算出给定的日期是星期几：

```
(n - x + y + k) % 7
```

我们可以将这一计算结果保存在变量中，并将该变量作为函数的返回值。根据上述讨论，整个函数的定义可以描述如下：

```
int week_day(int x, int y, int n, int k)
{
    int m;
    m = (n - x + y + k) % 7;
    return m;
}
```

在上述函数定义中，计算结果没有参与任何其他运算，因此可以直接由 return 语句返回。据此，函数 week_day() 的定义可以修改如下：

```
int week_day(int x, int y, int n, int k)
{
    return (n - x + y + k) % 7;
}
```

这样，函数 week_day() 的函数体中就只有一行语句了。在 C 程序中，只有一行语句的函数是很常见的。定义和使用只有一行语句的函数的主要目的是增加程序的可读性和可维护性。将一行具有相对独立功能的语句封装在函数中，可以通过函数名清楚地说明该语句的功能。当需要对相应的操作过程进行修改时，我们也可以通过函数名迅速查找到需要修改的位置。

对函数的定义经常出现在以下几种情况中：一种是在规范的自顶向下的程序设计过程中，根据计算任务的要求，把一些功能较为复杂、粒度较大的计算步骤定义为函数，以便在函数中细化其具体的计算过程；另一种情况是在编程过程中发现某些代码段具有相对独立的功能，有可能在程序的其他部分被重用；还有就是某些代码段过长，需要被抽象封装成几个互相独立的计算步骤。下面我们看一个将一段具有独立功能的代码封装为函数的例子。

【例 5-3】最大公约数　*已知正整数 a 和 b，设计一个使用辗转相除法计算 a 和 b 的最大公约数的函数。*

在【例 4-2-1】中讨论过使用辗转相除法计算两数的最大公约数的方法，并给出了直接写在函数 main() 中的几种不同实现方法。其中涉及计算的代码如下：

```
if (b == 0) {
    printf("%d\n", a);
    return 0;
}
for (r = a % b; r != 0; r = a % b) {      // 迭代，直至余数r为0
    a = b;                                // 数据移动
    b = r;
}
printf("%d\n", b < 0 ? -b : b);
return 0;
```

当把这段代码封装在函数中时，首先需要给它起一个名字。我们可以用“最大公约数”的英文字头将这个函数命名为 gcd()。其次，gcd() 需要知道整数 a 和 b 的值，因此需要两个整型参数。此外，作为一个计算函数，gcd() 在计算结束后需要将整型结果返回给调用者，而不是在标准输出上直接输出。因此，这个函数的原型可以写为 `int gcd(int a, int b)`。把上面的代码修改后放入 gcd () 的函数体中，可写出函数代码如下：

```
int gcd(int a, int b)
{
    int r;
    if (b == 0)
        return a;
    for (r = a % b; r != 0; r = a % b) {
        a = b;
        b = r;
    }
    return b < 0 ? -b : b;
}
```

在定义了函数 gcd() 之后，我们就可以把【例 4-2-1】中的 main() 函数改写如下：

```
int main()
{
    int a, b;

    scanf("%d%d", &a, &b);
    printf("%d\n", gcd(a, b));
    return 0;
}
```

将具有独立功能或可以在程序中多处使用的代码段定义成为函数，不仅可以使程序结构清晰简洁，而且便于程序的调试和维护。下面我们看两个例子。

【例 5-4】水仙花数 一个三位正整数，如果其各位数字的立方之和等于该数，则该数被称为水仙花数。写一个程序，生成所有的水仙花数并输出到终端屏幕上，每个数占一行。

我们在【例 4-6】中见过这道题目及其实现的代码。因为确定一个三位整数是否是水仙花数是一个独立的功能，所以我们可以把这一部分的代码单独封装成函数。这样，程序的代码可以改写如下：

```
int is_daffo(int n)
{
    int a, b, c;
    a = n / 100;
    b = n % 100 / 10;
    c = n % 10;
    return (a * a * a + b * b * b + c * c * c == n);
}

int main()
{
    int i;

    for (i = 100; i < 1000; i++)
        if (is_daffo(i))
            printf("%d\n", i);
    return 0;
}
```

【例 5-5】π 的近似值 使用公式 $\pi=16 * (1/5 - 1/(3 * 5^3) + 1/(5 * 5^5) - 1/(7 * 5^7) + \cdots) -4 * (1/239 - 1/(3 * 239^3) + 1/(5 * 239^5) - 1/(7 * 239^7) + \cdots)$ 计算 π 的近似值，精确到小数点后 8 位，输出到标准输出上。

我们在【例 4-7】中见过这道题目及其实现的代码。因为上述公式可以表示为 $\pi=16 * A - 4 * B$，且级数 A 和 B 的通项形式相同，都可以表示为 $(-1)^j/(2j + 1)v^{2j+1}$，所以我们可以把相应的计算过程定义为函数，以 v 和计算精度 eps 作为参数。这样，程序的代码可以改写如下：

```
double item(double v, double eps)
{
   double d, n, sum = 0.0;
   int i, j, k, sign;

   for (i = 0, d = 1; d > eps; i++) {
```

```
        sign = i % 2 == 0 ? 1 : -1;
        k = 2 * i + 1;
        for (j = 0, n = 1.0; j < k; j++)
            n *= v;
        d = 1.0 / (n * k);
        sum += d * sign;
    }
    return sum;
}

int main()
{
    double sa, sb, e = 1e-8;

    sa = item(5.0, e / 16.0);
    sb = item(239.0, e / 4.0);
    printf("%.8f\n", 16 * sa - 4 * sb);
    return 0;
}
```

在上面的代码中，当我们需要改进级数 *A* 和 *B* 的计算方法时，只需修改函数 item()；而在【**例 4-7**】中则需要在两处分别进行类似的修改。

5.5　函数的调用关系和返回值

C 程序中的函数之间没有从属关系，也不可以嵌套定义：一个函数不能被定义在另一个函数体之中。即使某个函数只被一个函数调用，也必须被定义成为一个独立的函数。对于函数之间的调用关系，C 语言没有任何限制：一个函数可以调用程序中的其他函数，也可以被程序中的其他函数调用。无论被调用的函数是标准库函数还是编程人员自行定义的函数，只要被调用函数的原型在对该函数调用的语句之前声明过，并且在编译时有定义即可。C 语言对于函数嵌套调用的深度没有理论上的限制，函数嵌套调用的深度只受运行环境所提供的资源的限制。对于一般的程序，这些资源所能保证的嵌套深度远远超过了程序正常运行的需要。

从程序的静态结构看，函数的嵌套调用大体上构成了一棵有向树：我们可以把一个函数看成是一个节点，把函数定义中的函数调用语句看成是连接两个节点的弧。这样，一个程序的 main() 函数就可以看作是树的根节点，而被它直接或间接调用的其他函数就构成了树的中间节点和叶节点。当然，在这样一棵树中某些不同的分支有可能共享某些公共节点，即不同的函数有可能调用一个或多个相同的函数。了解函数调用的静态结构对于我们理解程序的功能具有重要的作用。

从程序执行的过程看，函数的嵌套调用构成了一条链：程序运行的任一时刻只能执行一个函数，而这个函数在任一时刻只通过一个嵌套调用链，直接或间接地被 main() 函数调用。理解函数在程序运行时的嵌套调用关系，对于我们进行程序调试会有很大的帮助。

一般情况下，函数通过其返回值将函数的执行结果传递给函数的调用者。从语法的角度看，函数的返回值可以是任何合法的数据类型。在我们目前所掌握的知识范围内，函数的返回值一般可分为数值计算的结果、逻辑判断的真值、函数的运行状态等三类。

具有数值计算结果性质的返回值由具有计算功能的函数返回，标准库函数 sin()、cos()、

sqrt() 等的返回值就属于这一类。这类函数的返回值一般用于对变量的赋值、参与表达式的计算等。【例 5-1】就是一个使用数值计算函数返回值的例子。

具有逻辑判断真值性质的返回值由具有逻辑判断功能的函数返回，标准库函数 isalpha()、isupper() 等都是具有这类返回值的函数的例子。这类返回值一般都直接用作循环语句及条件语句中的条件。例如，下面代码中的函数 isalpha() 通过其返回值说明变量 c 中的数据是否是一个字母。这种直接使用逻辑判断函数的返回值作为判断条件的代码模式在程序中是很常见的。

```
if (isalpha(c)) {
    …
}
```

因为 C 语言中以 int 型的数据来表示逻辑真值，所以具有逻辑判断功能的函数的返回值必须是 int 类型。很多情况下，这类函数的返回值取决于函数中的某些条件。这时，这些条件的求值结果可以直接作为函数的返回值，而不必再额外使用条件语句。下面是一个例子。

【例 5-6】判断整数的奇偶　设计一个函数 int is_even(int n)，当参数 n 为偶数时返回 1，奇数时返回 0。

根据偶数的定义，我们可以定义该函数如下：

```
int is_even(int x)
{
    return x % 2 == 0;
}
```

而不必将函数写成：

```
int is_even(int x)
{
    if (x % 2 == 0)
        return 1;
    else
        return 0;
}
```

具有函数运行状态的返回值一般由具有对文件或外部设备进行操作的函数返回。标准库函数 printf()、scanf() 等就是这方面的例子。例如，scanf() 的返回值经常被用作条件 / 循环语句中的控制条件，以便在程序中根据输入数据的情况进行相应的处理。下面这段代码以 scanf() 的返回值作为循环语句的控制条件，程序对从标准输入上读入的整数进行处理，直至输入数据的结尾。

```
while(scanf("%d", &x) != EOF)
    ...
```

当程序中不需要对函数的执行状态进行判断时，可以抛弃这类函数的返回值。例如，尽管函数 printf() 也会在执行完毕后返回值，但是一般情况下其数据输出操作很少出错。因此在很多程序，特别是简单的练习题的程序中，对 printf() 的返回值都是弃之不用的。

5.6　局部变量和全局变量

在 C 程序中，变量既可以定义在函数的内部，也可以定义在函数的外部。定义在函数内部的变量称为自动变量，也称为局部变量；定义在函数外部的变量称为外部变量，也称为全局变量。局部变量和全局变量是两类存储性质不同的变量，其有效期间和使用范围都不相同。

5.6.1 局部变量

局部变量隶属于其所在的函数，只在该函数体内部有效，在定义函数的外部是不可见的，因此只能在该函数内部使用。每一个函数都是一个独立的命名空间，不同命名空间中的变量名互相无关，因此不同函数中名字相同的变量名不发生冲突。局部变量在函数被调用时自动生成，在函数调用结束时自动消失，只存在于该函数运行期间，自动变量因此得名。因为局部变量在两次调用之间消失，所以两次调用时同一个局部变量的值之间没有任何联系。在没有被初始化也没有被赋值的情况下，局部变量的值是一个没有意义的不确定的值。

根据 C 语言的规定，一个函数中所有的局部变量必须集中定义在函数体中第一个执行语句的前面，而不能穿插在执行语句之间。下面是一个这类错误的例子：

```
int main()
{
    int x;
    scanf("%d", &x);
    double y;
    …
}
```

遵从 C89 标准的编译系统就会报告语法错误。例如，在 VC++ 6.0 上，编译系统认为第 5 行的 double 不正确，并且报告如下的错误信息：

```
syntax error : missing ';' before 'type'
```

它说明编译系统认为在类型说明符 double 前缺少了分号 ';'。这一错误信息本身并不正确。即使在 double 前多加几个分号，编译系统依然会报告相同的错误。产生这一错误信息的真正原因是变量定义语句 `double  y;` 被放在了第一个执行语句 `scanf("%d",  &x);` 的后面。调整这两个语句的顺序就可以消除这一错误。

有些支持 C99 的编译系统以 C99 的语法规则处理 C 程序中局部变量定义语句与执行语句的次序交错。在这类编译系统中，局部变量定义语句出现在其他执行语句之后并不被认为是语法错误，只要它出现在实际使用其所定义的局部变量的执行语句之前即可。为保持程序的可移植性，我们在 C 程序中应该遵循 C89 的语法规则，在定义函数时将局部变量定义语句放在所有执行语句之前。这样做不仅可以减少程序移植中代码的改动，也有助于对局部变量的集中管理，避免养成随意定义局部变量的不良习惯。

因为局部变量只在函数体内部有效，只在定义的函数运行时存在，因此它在其定义函数的外部不可见。这样，一个局部变量的命名就不会与函数体外的任何变量在命名上发生冲突。只要在同一个函数内部没有重名，任何合法的标识符都可以用作局部变量的变量名。一般情况下，因为函数代码的长度比较短，结构不会过于复杂，局部变量的用途也比较清楚，所以对局部变量名的说明性的要求也较低。因此局部变量往往使用较短的名字，如单个字母。为了增加程序的可读性，对于用单个字母命名的局部变量也有一些约定俗成的惯例。例如 for 语句的循环控制变量名多选用 `i`、`j`、`k`，而描述循环次数的变量名则多选用 `m`、`n` 等。这些都不是 C 语言中的要求，而是取决于编程人员的习惯以及所在团队的相关规定。

在使用局部变量时另一个需要注意的问题是，局部变量在定义完毕后没有确定的初始值。不仅不同的局部变量的初始值可能不同，而且同一个函数的同一个局部变量在函数每一次被调用时的初始值也可能不同。因此，局部变量必须被初始化或赋值后才能作为数据源参与运算。否则，程序在运行时可能会出现不确定且不可重复的错误：程序在某次运行时产生正确的结果，而在另一次运行时产生错误的结果；在一种编译模式下产生正确的结果，而在另一种编译模式下产生错误的结果；在一种运行平台上产生正确的结果，而在另一种运行平台上产生错误的结果；如此等等。对于编译系统来说，局部变量未被初始化或赋值就被用作数据源是一种轻微的错误，编译系统在产生报警信息的同时依然会生成程序的可执行码。为避免此类错误的产生，应该在程序编译时打开产生报警信息的编译选项，并且彻底修改所有引起报警信息的错误。

5.6.2 全局变量

与局部变量相对的是定义在所有函数外面的外部变量。外部变量可以定义在所有函数之外的任何部分，不属于任何函数。它在程序运行时始终存在和有效，可以被程序中的各个函数共享，因此也被称为全局变量。因为全局变量在程序运行时始终存在，所以在同一个程序中的全局变量不能重名。一般情况下，全局变量的定义都集中放置在源程序的开始部分，以便对全局变量的集中管理。

全局变量具有确定的默认初始值。无论是浮点数还是整型数，其默认的初始值均为0。因此如果在程序中需要某个全局变量的初始值为0，就不必再为它赋初值。全局变量的这一特点也使得调试与全局变量初始值相关的错误比调试与局部变量未赋初始值相关的错误更容易一些，因为如果一个程序运行的错误是由某个全局变量未被正确地设置初始值而引起的，那么这个错误是确定的，并且是可重复的。

当全局变量被分散地定义在程序的多个地方时，如果某个函数需要使用在其后面或在其他源文件中定义的全局变量，就需要使用变量声明语句说明该变量的类型。变量声明语句的语法格式如下：

```
extern <类型> <变量名> [<变量名> …];
```

这里的关键字extern表明变量在程序的其他部分定义。随后的<类型>和<变量名>必须与相应的变量定义语句中的内容一致。变量声明语句既可以出现在函数定义之中，也可以出现在函数定义之外。当变量声明语句出现在函数定义之中时，它只对该函数中的执行语句有效。当变量声明语句出现在函数定义之外时，它对位于其后的所有函数中的执行语句都有效。变量声明语句只是说明了一个或多个变量的存在。在程序中，对一个变量可以多次说明，只要它们与变量定义一致即可。

全局变量与局部变量分处于不同的命名空间，因此相同变量名的局部变量和全局变量不发生冲突。全局变量在程序运行时始终存在，并且可以被其后面定义的所有函数中使用，只要该函数中没有与该全局变量重名的局部变量。当在函数中访问一个变量并且该函数中有同名的局部变量时，程序选择该局部变量。当该函数中没有同名的局部变量时，程序选择此前定义或声明过的全局变量。下面我们看一个例子。

【例5-7】局部变量和全局变量的访问

```
int a = 2, b = 3;
int main()
```

```
{
    double a = 5.5, c = 7.9;
    b = 6;
    printf("%.1f, %d, %.2f\n", a, b, c);
    return 0;
}
```

在这段代码中，函数 main() 中有名为 a 和 c 的局部变量，因此 printf() 中的参数 a 和 c 所对应的就是这两个局部变量，其输出结果就是这两个变量的初始值。全局变量 a 与局部变量 a 重名，因此被局部变量所屏蔽。在函数中没有名为 b 的局部变量，因此对变量 b 的赋值和 printf() 中的参数 b 都是对全局变量 b 的操作。因此，这段代码的输出结果如下：

```
5.5, 6, 7.90
```

因为全局变量在程序运行时始终存在，所以它可以被多个函数共享，用于不同函数之间的数据交换。下面我们看一个例子。

【例 5-8】全局变量的共享

```
int sum;
void func_a()
{
    sum++;
}
void func_b()
{
    sum += 5;
}
int main()
{
    func_a();
    func_b();
    printf("%d\n", sum);
    return 0;
}
```

在这段代码中，全局变量 sum 未被显式地初始化，因此被默认地初始化为 0。函数 func_a() 和 func_b() 分别对变量 sum 加 1 和加 5。因此这段代码的执行结果是在标准输出上输出整数 6。

5.6.3 对全局变量的访问

全局变量用于保存全局性数据，如系统的配置数据、表格、计算过程中的全局性参数等，以及需要多个函数共享和交换的数据。函数内部的中间结果应当使用局部变量保存，而不应使用全局变量。唯一例外的是，函数内部使用的规模较大的数组应定义为全局变量，这一点在第 6 章中将会进一步说明。

一般情况下，在函数中应避免对全局变量的直接访问，而应通过函数的参数间接进行。这样做的目的是保证函数的独立性，使函数的行为只受函数代码和参数的控制，而不会通过全局变量受到其他函数隐含或间接的影响。这样既可以使函数功能的描述准确清晰，也便于函数代码的调试和维护。

在函数中直接访问全局变量最常见的情况有两种。一种是函数的功能较为复杂，需要访问和处理大量全局性数据或与其他函数共享的数据。这时如果仍然使用参数传递这些数据，会使得函数的定义和调用显得臃肿，而适当地直接访问全局变量会使函数的定义和调用简洁一些。另一种是函数在执行过程中需要使用一些与程序中某些整体结构或配置相关的外部数据。这些数据具有含义明确的变量名。在函数内部直接使用这些全局变量不但可以减少函数参数的传递，而且可以使函数代码的描述更加清晰。

5.7 函数参数的传递

在C语言中函数的参数是通过值传递的。所谓值传递，就是在进行函数调用时，程序首先对各个参数表达式进行求值操作，并将求值的结果作为实际参数传递给函数。因此函数的实际参数可以是任何形式的表达式，只要其类型与形式参数的类型一致即可。从函数的内部来看，所有的形式参数都是具有规定类型的局部变量，变量的初始值就是对作为实际参数的表达式求值的结果。所以在函数的内部，看不到函数在被调用时所传递的实际参数到底是以常量形式给出的，还是以变量或其他形式的表达式给出的。

采用值传递方式传递函数参数不但使得任何符合类型要求的表达式都可以作为实际参数，而且隔离了函数内对作为实际参数的变量的影响。在一个函数的内部，形式参数的地位和作用等同于一个局部变量，只不过是在函数运行时被赋了初值，因此在函数内部对形式参数的值如何改变都不会影响到函数外面传递给它值的那个变量。下面我们看一个例子。

【例 5-9】错误的变量交换函数 定义一个函数，完成对两个int型参数变量值的交换。

最常用的两个变量值的交换操作是借助于中间变量。下面的函数是初学者容易写出的代码：

```
void swap_not(int a, int b)
{
    int c;
    c = a;
    a = b;
    b = c;
}
```

对这个函数，可以使用下面的代码进行测试：

```
int main()
{
    int x = 5, y = 10;
    swap_not(x, y);
    printf("x = %d, y = %d\n", x, y);
    return 0;
}
```

这段代码的输出结果是`x = 5, y = 10`，说明函数swap_not()没有对变量x和y的值产生任何影响。

在正常情况下，一个函数只有通过其返回值才能影响函数外面的变量。同样，函数外面的变量在把自己的值传给函数之后，也就切断了与函数的联系，在此之后，即使在被调用的函数执行的过程中，由于某种原因，如程序执行的线程调度或者函数的副作用等，使得该变量的值发生了改变，也不会对函数内部相应的参数产生任何影响。因此，这种值传递的方式保证了程序语句影响的局部性，以及程序执行结果的可预测性，避免了函数内外语句执行结果的过度耦合。

有些时候，我们需要使一个函数同时改变多个外部变量的值。当需要同时改变多个非局部变量的值时，一般有两种方法可以选择：第一种方法是使用全局变量，在函数内部直接对全局变量进行操作。全局变量是定义在所有函数外部的变量，任何函数都可以访问不与其局部变量名冲突的全局变量。因此这是一种实际可行的方法。但是，如果过多地使用全局变量，有可能造成程序结构的复杂和混乱，降低程序的可读性和可维护性，特别是当程序规模较大时。例如，如果一组全局变量被多个函数读写，一旦程序在运行时发生与这些全局变量相关的错误，就很难迅速定位错误发生的原因。同时，这种方法在代码中确定了所能操作的全局变量，因此函数的可重用性较差。第二种方法是使用指针类型的参数，在函数内部通过指针对所要访问的数据进行操作。指针是一种通过地址间接访问数据的机制。通过指针操作的方式就可以绕开函数参数的值传递方式所带来的限制，从函数内部直接对函数外部的变量进行操作。这样就可以在保持程序局部性的同时使函数在内部改变多个外部的变量的值。指针和对指针的操作将在第 7 章中讨论。

5.8　标准库函数

C 语言的编译系统以标准函数的方式提供了大量的常用功能。这些标准函数的函数原型在相应的标准头文件中说明，函数的定义以目标码的形式保存在函数库中。当程序中需要使用标准库函数时，需要在程序中以 #include 引用相应的 .h 文件，并在编译时以编译选项的方式指明需要链接的函数库。对于每一个库函数，相关的 .h 文件和需要链接的函数库在“联机帮助”文件中都有说明。

5.8.1　常用的头文件

根据 C89 的标准，各种编译系统所提供的标准库函数包括数据输入 / 输出、字符串处理、字符类型的判断、内存管理、数值计算、随机数的生成、时间的获取和转换等。每一个库函数都有与其对应的 .h 文件和函数库文件。相应地，在 C89 中预定义了 15 个 .h 文件。这些 .h 文件及其所描述的函数功能见表 5-1。附录 F 列出了初级编程常用的头文件和库函数。在 .h 文件中包含了对库函数原型的说明以及相关的常数等宏定义。操作系统或编译系统的手册中说明了每一个库函数所对应的 .h 文件。如果在使用库函数时没有引用相应的 .h 文件，并且也没有使用其他方法说明所使用函数的原型以及所用到的宏的定义，编译系统就会产生警告或错误信息。

表 5-1　C89 的标准库头文件

头文件	宏及函数的功能类别	头文件	宏及函数的功能类别
assert.h	运行时的断言检查	signal.h	事件信号处理
ctype.h	字符类型和映射	stdarg.h	变长参数表处理
errno.h	错误信息及处理	stddef.h	公用的宏和类型
float.h	对浮点数的限制	stdio.h	数据输入 / 输出
limits.h	编译系统实现时的限制	stdlib.h	不属于其他类别的常用函数
locale.h	建立与修改本地环境	string.h	字符串处理
math.h	数学函数库	time.h	日期和时间
setjmp.h	非局部跳转		

上述这些头文件并非在所有的程序设计中都需要使用。如果在程序中没有使用某一类标准库函数，则不必引用其所对应的头文件。例如，如果在程序中没有涉及日期和时间，则不必引用 time.h；如果没有对异常信号的处理，则不必引用 signal.h。在编程中最常用到的标准库函数是数据输入 / 输出类的函数、数值计算函数、字符类型判断函数、字符串处理函数，以及通用数据处理函数。在后面有些例题的代码中，为节省篇幅略去了相应的头文件。下面我们简单介绍这些在编程中常用的库函数以及相应的头文件。

5.8.2　常用的数据输入 / 输出函数

数据的输入 / 输出是程序中最基本的操作，涉及数据输入的来源、数据输出的去向、数据的类型和数量，以及数据的格式转换等一些基本要素。输入 / 输出函数的原型保存在标准头文件 <stdio.h> 中。几乎每个程序都需要使用输入 / 输出函数，因此几乎每个程序都需要包含这个头文件。

数据的输入 / 输出格式可以分为按二进制方式读写和按正文方式读写两大类。在初级程序设计中，最常用的是按正文读写的数据输入 / 输出方式。在这类方式中，输入 / 输出文件中的数据均以可见字符序列的形式出现。在标准函数库中，printf()、scanf()、putchar()、getchar()、puts()、gets() 等函数都是处理标准输入 / 输出文件中正文数据的函数。表 5-2 列出了这些函数的功能及其函数原型。使用用户指定文件的正文输入 / 输出函数以及二进制数据输入 / 输出函数将在第 10 章中讨论。

表 5-2　使用标准输入 / 输出文件的正文输入 / 输出函数

函数原型	功能说明	备　注
`int getchar();`	返回从标准输入文件中读入的一个字符	当读到文件尾部时返回 EOF
`int putchar(int c);`	向标准输出文件中写入一个字符	函数出错时返回 EOF
`char *gets(char *buf);`	从标准输入文件中读入一行字符，并将其保存于 buf 所指向的存储区中	当读到文件尾部或函数出错时返回 NULL，否则返回存储区 buf
`char *fgets(char *buf, int n, FILE *fp);`	从指定文件中读入一行不超过 $n-1$ 个字符的字符串，将其保存于 buf 所指向的存储区中	当读到文件尾部或函数出错时返回 NULL，否则返回存储区 buf
`int puts(const char *string);`	向标准输出文件中写入一行字符，并将字符末尾的结束符 '\0' 替换为换行符 '\n'	函数出错时返回 EOF
`int scanf(const char *format [,argument]…);`	根据 format 中的格式规定从标准输入文件中读入数据，并保存到由 argument 指定的存储单元中	当读到文件尾部或函数出错时返回 EOF，否则返回读入数据的个数
`int printf(const char *format [,argument]…);`	根据 format 中的格式规定将 argument 指定数据写入标准输出文件中	返回输出的字符数，函数出错时返回负值

在表 5-2 中函数 gets() 的参数及其返回值的类型是 char *，函数 puts()、scanf() 和 printf() 中的第一个参数的类型是 const char *。这些类型说明中的 '*' 表示这些参数都是指针类型。指针变量的作用是保存存储单元的地址，我们可以简单地把具有 char * 类型的参数看成是一个字符数组。数组类型将在第 6 章中讨论，指针类型将在第 7 章中讨论。类型限定符 const 可以放在任何变量定义或函数参数声明之前，说明相应的变量或参数是只读的。由 const 限定的变量只能通过变量初始化赋值，在随后的程序代码中，不能再用赋值语句修改其内容。当限定函数参数时，const 一般用于指针类型。由 const 限定的具有指针类型的参数

对外说明该参数所指向的变量或数组中的内容在函数内部不会被修改，在函数内部则禁止通过该参数对所指向内容的任何修改。当调用具有 const char * 类型参数的函数时，相应的形式参数需要一个内容确定的字符串作为实际参数，并且该字符串的内容在函数的执行过程中不会被修改。

函数 printf() 和 scanf() 的功能及其函数原型已在第 2 章中讨论过。这两个函数中的字符串 `format` 说明输入或输出数据的类型和格式。在字符串 `format` 中既可以包含普通的字符序列，也可以包含由 % 引导的说明字段。这些由 % 引导的说明字段与 `format` 后面的函数参数是按顺序一一对应的，说明其所对应的参数的类型以及输入输出数据的格式。表 5-3 是这两个函数中常用的格式说明符。

表 5-3　printf() 和 scanf () 中常用的数据类型说明符

a) printf() 中常用的数据格式说明符

说明符	数据类型	输出格式
%c	int	单个字符
%d	int	有符号十进制整数
%o	int	无符号八进制整数
%u	int	无符号十进制整数
%x	int	无符号十六进制整数
%e	double	有符号浮点数的科学表示法
%f	double	有符号浮点数的常规表示法
%g	double	有符号浮点数，按格式 f 或 e 格式输出
%s	char *	字符串

b) scanf () 中常用的数据格式说明符

说明符	数据类型	输入格式
%d	int *	有符号十进制整数
%o	int *	无符号八进制整数
%u	int *	无符号十进制整数
%x	int *	无符号十六进制整数
%f	float *	有符号浮点数
%lf	double *	有符号浮点数
%s	字符数组	字符串

除了说明输出字段的数据类型外，在函数 printf() 的字段说明序列中还可以规定其他的格式细节，如字段宽度、小数位数等。下面是一个完整的字段说明的字符序列的语法格式：

```
%[flags] [width] [.precision]type
```

其中除了类型（type）是必需的外，其余的 flags、width 和 precision 都是可选的，因此用方括号括起来。width 和 precision 分别说明字段的宽度和精度，必须是非负整数。当给定的 width 小于数据的实际宽度时，输出结果以数据的实际宽度为准。当 precision 小于实际的小数位数时，对小数部分进行截断和四舍五入。flags 是格式标志，说明字段的对齐方式和前导字符等。表 5-4 列出了常用的格式标志。

表 5-4　常用的格式标志

标　志	作　用	缺省时的效果	注　释
-	数据在字段宽度内左对齐	右对齐	
+	在有符号的数据类型前加符号	只对负数加符号	
0	数据在字段宽度内加前导 0	不加前导 0	
#	对类型符 o、x、X，分别加前缀 0、0x 和 0X	不加前缀	对类型符 c、d、i、u、s 无效
	对类型符 e、E、f、g、G，强制输出小数点	只在有小数值时输出小数点	

除了表 5-3 和表 5-4 给出的常用类型说明符和 flags 外，有些编译系统还提供了其他类型说明符和 flags。关于 scanf() 和 printf() 的详细说明可以阅读计算平台所附带的联机手册。下面是几个使用这些函数的例子。

【例 5-10】printf() 的格式　在一行中按顺序打印输出 3 个数：第一个是 double 型的数，以常规浮点格式输出，保留 3 位小数；第二个是 int 型的数，字段宽度 8 位，带前导 0 和符号；第三个是 int 型的数，字段宽度 8 位，左对齐且带符号；各字段间以逗号分隔，第三个字段后加分号。

根据题目的要求，可以写出代码如下：

```
printf("%.3f,%+08d,%+-8d;\n", x, a, a);
```

其中 x 是 double 型的变量，a 是 int 型的变量。当 x 等于 1.23456、a 等于 789 时，上述代码的输出结果如下：

```
1.235,+0000789,+789    ;
```

其中第一个字段 1.235 是对 1.23456 小数点后第四位四舍五入后的结果；第二个字段和第三个字段在 789 的前后添加相应的字符和空格，以保证这两个字段的宽度为 8。

函数 putchar() 的功能是输出单个字符，其返回值为与输出字符对应的整数；当函数出错时返回 EOF。在一般的程序中，这一函数的运行不会出错，因此其返回值往往被弃而不用。putchar() 的参数是一个表示被输出字符的整数，既可以用字符的形式表示，也可以用该字符的 ASCII 编码表示。例如，代码 `putchar('s')`、`putchar(115)` 和 `putchar(0x73)` 都在标准输出上输出字母 s，因为 115 和 0x73 分别是字母 s 的 ASCII 编码的十进制值和十六进制值。当参数 c 的值超过十进制的 255 时，putchar() 输出编码值为（c % 256）的字符。

函数 getchar() 的功能是读入单个字符并返回该字符对应的整数；EOF 表示文件结束。getchar() 常用在请求用户输入单个字符的情况，如【例 4-8】中的代码所示。需要注意的是，除了需要读入单个字符的情况外，一般情况下应尽量避免使用 getchar() 以字符为单位读入数据，而应该使用其他函数，如 fgets() 或 scanf() 等，以行或字段为单位读入数据，以使程序简洁并避免错误。函数 gets()、fgets() 和 puts() 的使用涉及数组，我们将在后面的章节中讨论。

5.8.3　字符类型判断函数

ASCII 编码是目前主流计算平台普遍采用的字符编码。ASCII 编码的码值从 0x00 到 0x7f，共 128 个，其字节的最高位均为 0。ASCII 编码的字符可以分为可打印字符与控制字符，在普通的程序中主要使用可打印字符。可打印字符又可以进一步分为空白字符和非空白字符。空白字符包括空格、换行符、制表符（tab）等；非空白字符包括大小写字母、数字和标点符号。

在 ASCII 编码中，字符的码值是按类分组、连续排列的。例如，数字 0~9 的码值是 0x30~0x39，小写字母 a~z 的码值是 0x61~0x7a，大写字母 A~Z 的码值是 0x41~0x5a。利用 ASCII 编码的这一性质，可以很容易地写出判断一个字符是否是数字或者大小写字母的判断函数。例如，判断一个字符是否是数字的函数 isdigit() 和判断一个字符是否是小写字母的函数 islower() 可以分别定义如下：

```
int isdigit(int c)
{
    return c >= '0' && c <= '9';
}

int islower(int c)
{
    return c >= 'a' && c <= 'z';
}
```

对字符类型的判断是程序中常用的操作。标准函数库中提供了多个字符类型判断函数，参见表 5-5。在使用这些函数时需要引用头文件 <ctype.h>。除了这些标准函数外，有些版本的 C 编译系统还提供了其他功能的类似函数。

表 5-5　字符类型判断函数（#include <ctype.h>）

函数原型	函数功能	函数原型	函数功能
int isalnum(int c)	c 是否是字母或数字	int isprint(int c)	c 是否是可打印字符（0x20~0x7e）
int isalpha(int c)	c 是否是字母（a~z，A~Z）	int ispunct(int c)	c 是否是符号（可打印但非字母数字）
int iscntrl(int c)	c 是否是控制符（0x00~0x1f，0x7f）	int isspace(int c)	c 是否是空白符（0x09~0x0d，0x20）
int isdigit(int c)	c 是否是数字（0~9）	int isupper(int c)	c 是否是大写字母（A~Z）
int isgraph(int c)	c 是否是可打印字符（空格除外）	int isxdigit(int c)	c 是否是十六进制数字（0~9，a~f，A~F）
int islower(int c)	c 是否是小写字母（a~z）		

这些字符类型判断函数测试一个字符是否属于某一类型，如字母、数字、空白符等。当字符符合函数所指定的类型时，函数返回真值 1，否则返回假值 0。表 5-6 说明了这些函数之间的关系及其所对应的字符。

表 5-6　字符类型判断函数的关系和字符分类

<table>
<tr><td rowspan="7">isprint()</td><td rowspan="6">isgraph()</td><td rowspan="2">isxdigit()</td><td>isdigit()</td><td colspan="2">0~9</td></tr>
<tr><td colspan="3">A~F，a~f</td></tr>
<tr><td rowspan="3">isalnum()</td><td rowspan="2">isalpha()</td><td>isupper()</td><td>A~Z</td></tr>
<tr><td>islower()</td><td>a~z</td></tr>
<tr><td>isdigit()</td><td colspan="2">0~9</td></tr>
<tr><td>ispunct()</td><td colspan="3">!@#$%^&*()_-+=|\{}[]:;." ' <>?/~`</td></tr>
<tr><td colspan="4">空格符 (' '，0x20)</td></tr>
<tr><td>isspace()</td><td colspan="5">空格符 (0x20)，换页符 ('\f')，换行符 ('\n')，回车符 ('\r')，水平制表符 ('\t')，垂直制表符 ('\v')</td></tr>
<tr><td>iscntrl()</td><td colspan="5">控制字符 (0x00~0x1f，0x7f)</td></tr>
</table>

除了字符类型判断函数外，在标准函数库中还提供了字符类型转换函数，其作用是进行字母的大小写转换。这类函数有两个，即 toupper() 和 tolower()。这两个函数的函数原型如下：

```
int toupper(int c);
int tolower(int c);
```

当参数 c 是小写字母时，toupper() 返回其对应的大写字母；当参数 c 是大写字母时，tolower() 返回其对应的小写字母。当参数 c 是其他类型的字符时，这两个函数不对其进行任何转换，直接将参数原样返回。在使用这两个函数时，也需要在程序中引用头文件 <ctype.h>。

5.8.4 字符串处理函数

字符串处理函数执行对字符串的复制、追加、比较和检查等操作。常用的字符串处理函数见表 5-7。由于涉及数组，对这些函数将在第 6 章中进一步讨论，读者也可以参阅联机手册的相关章节。

表 5-7　字符串处理函数（#include <string.h>）

函数原型	函数功能	函数原型	函数功能
char *strcat(char *dst, char *src);	将 src 追加到 dst 后	int strcmp(char *s1, char *s2);	比较字符串 s1 和 s2
char *strncat(char *dst, char *src, size_t n);	将 src 中前 n 个字符追加到 dst 后	int strncmp(char *s1, char *s2, size_t n);	比较字符串 s1 和 s2 的前 n 个字符
char *strcpy(char *dst, char *src);	将 src 复制到 dst 中	char *strchr(char *str, int c);	在 str 中查找 c 首次出现的位置
char *strncpy(char *dst, char *src, size_t n);	将 src 中前 n 个字符复制到 dst 中	char *strrchr(char *str, int c);	在 str 中查找 c 最后一次出现的位置
size_t strlen(char *str);	返回字符串 str 的长度	char *strstr(char *str, char *s1);	在 str 中查找 s1 首次出现的位置

5.8.5 其他常用函数

除了上述函数外，标准函数库提供的常用函数还有通用数据处理函数和数值计算函数，分别参见表 5-8 和表 5-9。除了 bsearch() 和 qsort() 的使用比较复杂外，这些函数的功能和使用都比较容易理解。函数 bsearch() 和 qsort() 的使用涉及对数组和指针的理解，因此将在第 7 章中讨论。

表 5-8　通用数据处理函数（#include <stdlib.h>）

函数原型	函数功能	函数原型	函数功能
int abs(int n);	n 的绝对值	int rand();	生成伪随机数
double atof(char *s);	将 s 转换为 double 类型的数	void srand(unsigned int s);	设置随机数种子
int atoi(char *s);	将 s 转换为 int 类型的数	void exit(int status);	终止程序执行
void *bsearch(void *key, void *base, size_t num, size_t width, int (*f) (void *e1, void *e2));	以二分查找方式在排序数组 base 中查找元素 key	void qsort(void *base, size_t num, size_t width, int (*f) (void *e1, void *e2));	以快速排序方式对数组 base 进行排序

表 5-9　数值计算函数（(#include <math.h>）

函数原型	函数功能	函数原型	函数功能
`double sqrt(double x);`	x 的平方根	`double asin(double x);`	反正弦函数，返回值以弧度为单位
`double sin(double x);`	正弦函数，x 以弧度为单位	`double acos(double x);`	反余弦函数，返回值以弧度为单位
`double cos(double x);`	余弦函数，x 以弧度为单位	`double log(double x);`	x 的自然对数
`double tan(double x);`	正切函数，x 以弧度为单位	`double log10(double x);`	x 的常用对数
`double atan(double x);`	反正切函数，返回值以弧度为单位	`double exp(double x);`	指数函数 e^x
`double atan2(double y, double x);`	反正切函数，返回值以弧度为单位，根据 x 和 y 的符号确定象限	`double fabs(double x);`	x 的绝对值

5.9　递归初步

递归既是程序设计中的一种常用的重要机制，也是一种重要的思维方式。所谓递归，就是一个概念或函数在其定义中直接或间接引用自身。C 语言允许函数对自身的递归调用。下面我们看几个递归定义的例子。

1）**最大公约数**：对于两个整数 a 和 b，如果 b 等于 0，则 a 就是 a 和 b 的最大公约数；否则，a 模 b 与 b 的最大公约数即是 a 与 b 的最大公约数。最大公约数的这一定义是使用辗转相除法计算最大公约数的理论基础。在这一定义中，a 与 b 的最大公约数用 a 模 b 与 b 的最大公约数来定义，因此是一种递归定义。

2）**组合数**：从 m 个不同的元素中任意取出 n 个元素组成一组称为组合，这样的组合种数记为 C_m^n。根据组合的定义可以得到下列公式：

$$C_m^1 = m$$
$$C_m^m = 1$$
$$C_m^n = C_{m-1}^n + C_{m-1}^{n-1}$$

在上面的组合公式中，C_m^n 被定义为 C_{m-1}^n 与 C_{m-1}^{n-1} 的和，即一个组合数由另外两个组合数来表示，因此也是一种递归定义。

从上面两个例子可以看出，在递归定义中，当一个问题的规模足够小时直接给出问题的解，否则将问题描述为对形式相同但规模较小的问题的求解。这样，当使用递归方式描述一个计算过程时，其基本模式就是首先说明如果满足某种条件，应按照什么样的方法直接进行计算并得到计算结果；否则，说明如何将问题化为对缩小规模的问题的计算，以及如何对小规模计算的结果进行处理。与此相对应，递归函数在结构上由两部分组成：第一部分是递归的终止条件和基础计算，当递归参数满足特定条件时进行计算并返回计算结果；第二部分是对函数自身的递归调用，以及可能需要的对递归调用结果的相关处理。因此，在递归函数中必须包含条件语句以及相关的基础计算和返回语句，以及对自身调用的递归调用语句。在递归调用语句中，与问题规模相关的函数参数必须向着递归终止条件的方向变化，以保证函数可以在有限次的递归调用后终止。函数中还可能包含其他必要的计算语句，以进行对递归调用返回值的处理。很多问题既有递归的求解方式，也有非递归的求解方式。这时，递归的求解方式往往比非递归的求解方式显得更加简练和清晰。下面我们看几个递归函数的例子。

【例 5-11】最大公约数的递归计算　设计一个递归函数，计算两个整数的最大公约数。

根据最大公约数的递归定义，可以写出计算最大公约数的递归函数如下：

```
int gcd(int a, int b)
{
    if (b == 0)    // 递归终止条件的判断
        return a;
    return gcd(b, a % b);
}
```

这个函数就是最大公约数递归定义的直接翻译。使用条件表达式，这个函数可以写成只有一行：

```
int gcd(int a, int b)
{
    return b == 0 ? a : gcd(b, a % b);
}
```

读者可以把这个函数与【例 5-3】中使用迭代方法计算最大公约数的函数比较一下，就可以看出使用递归方法对计算过程进行描述的简洁。

【例 5-12】组合公式的计算　设计一个递归函数，根据给定的参数 m 和 n，计算组合数 C_m^n。

根据 C_m^n 的递归定义可知，在函数中需要处理两个特殊的情况，即 n 等于 1 和 m 等于 n。此外，为保证函数在参数错误的情况下不至于引起程序的崩溃，我们还需要在函数中加入额外的检查，以确保参数的合法。这样，可以写出计算组合数 C_m^n 的函数 comb_num() 的代码如下：

```
int comb_num(int m, int n)
{
    if (m < n || m < 1 || n < 1) // 参数错误处理
        return 0;
    if (n == 1)
        return m;
    if (m == n)
        return 1;
    return comb_num(m - 1, n) + comb_num(m - 1, n - 1);
}
```

【例 5-13】阿克曼函数的计算　阿克曼函数是一个二元递归函数，其定义如下，其中 m 和 n 均为非负整数：

$$ack(0, n) = n + 1$$
$$ack(m, 0) = ack(m - 1, 1)$$
$$ack(m, n) = ack(m - 1, ack(m, n - 1))$$

根据阿克曼函数的定义，可以写出其相应的 C 函数如下：

```
int ack(int m, int n)
{
    if (m == 0)
        return n + 1;
    if (n == 0)
        return ack(m - 1, 1);
```

```
        return ack(m - 1, ack(m, n - 1));
    }
```

除了数值计算外，递归也常用于求解非数值计算的问题。下面我们看一个在各类算法和数据结构教科书中常见的梵塔问题的例子。

【例 5-14】梵塔（Hanoi Tower） 梵塔问题的基本描述如下：有 A、B、C 三根柱子，N 个大小不等的中空圆盘以大盘在下、小盘在上的方式套在 A 柱上。将这些盘从 A 柱移到 C 柱上，在移动过程中每次只能移动一个盘，盘片可以临时放置在任意柱上作为过渡，但在任何时候均不得将大盘放在小盘上面。

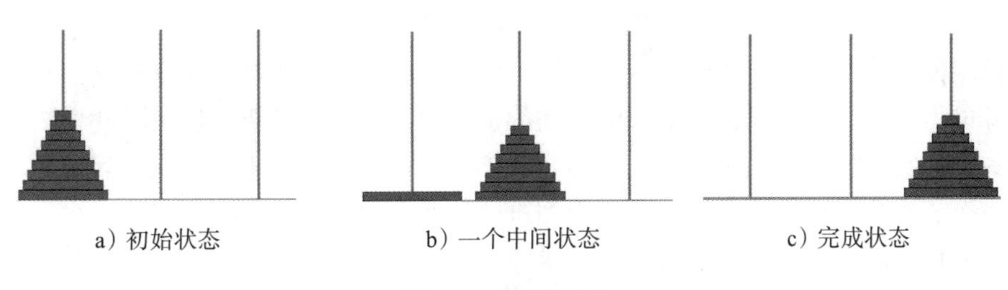

图 5-1　梵塔问题

对于梵塔问题的求解，使用一般方法思考会觉得比较复杂，而使用递归方法，这一问题的求解过程就显得很简单了。我们可以首先考虑盘数 N 等于 1 的情况。这时我们可以将该盘直接从 A 柱移到 C 柱上。当 N 等于 2 时，我们可以将小盘从 A 柱移到 B 柱上，将大盘从 A 柱移到 C 柱上，再将小盘从 B 柱移到 C 柱上。将这一过程推广到一般的情况，可以将问题的求解过程描述如下：当 N 等于 1 时，直接将该盘从其所在的柱移动到目标柱上；否则将上面 N–1 个盘从其所在的柱移到过渡柱上（图 5-1b），将第 N 个盘移到目标柱上，再将过渡柱上的 N–1 个盘移到目标柱上。根据这一描述，可以写出相应的函数如下：

```
void move(int n, int from, int to)
{
    printf("move disc %d from %c to %c\n", n, from, to);
}

void hanoi(int n, int from, int via, int to)
{
    if (n == 1) {
        move(n, from, to);
        return;
    }
    hanoi(n - 1, from, to, via);
    move(n, from, to);
    hanoi(n - 1, via, from, to);
}
```

函数 hanoi() 的参数 `n` 表示需要移动的盘的数量，`from` 是初始状态下所有盘所在的柱，`via` 是过渡柱，`to` 是目标柱。函数 move() 执行盘片的移动动作，其参数 `n` 表示需要移动的盘的编号，`from` 和 `to` 分别是盘片初始所在的柱和目标柱。在这个程序中，函数 move() 只有一行 printf() 语句，输出所要执行的动作。将这个 printf() 语句封装在函数 move() 中，不但增加了程序的可读性，而且当需要修改程序的动作方式时也会更加方便。

当需要将6个盘从A柱移动到C柱时，函数的调用语句如下：

```
hanoi(6, 'A', 'B', 'C');
```

计算机在执行上述函数调用时，会输出63个“move disc 1 from A to B”之类的语句，表示盘片的移动过程。初学者常常惊异于这么简单的程序就可以解决看起来很复杂的问题。其实这正是递归方法的特点和优势：只要知道了如何将一个问题的求解过程描述为规模较小的同类问题的求解过程，以及当问题规模小到一定规模时如何直接求解，就可以用简单清晰的方法描述出对整个问题的求解过程。

初学者常常提出的另一个问题是，这样调用自身的递归函数到底是如何执行的，在递归调用过程中函数的参数和执行路径是如何变化的。其实我们对这一问题不必过于关心，至少在学习程序设计的初期。程序设计语言提供了定义递归函数的机制，就是让我们只专注于对问题求解过程和方法的描述，而把求解过程的执行细节留给计算机去解决。我们需要理解的是，只要对问题求解过程的递归描述正确，计算机就一定可以正确地完成对问题的求解。如果一定要深究递归函数的执行过程，可以把每次的递归调用看作是对于另一个名字相同并且定义也完全相同的函数的调用。这不但可以使我们容易理解递归函数的执行过程，而且也符合计算机在执行递归调用时的实际运行方式。

习题

1. 在程序中使用函数的优点是什么？
2. 什么是函数原型？它有什么作用？
3. 函数参数和返回值的作用是什么？
4. 函数的返回值可以以什么方式被使用？它是否一定要被使用？
5. 什么是函数的形式参数？什么是函数的实际参数？
6. 函数体中可以包含哪些成分？
7. 一个函数中局部变量的名字可以与其他函数中局部变量的名字相同吗？当名字相同时会有什么结果？
8. 一个函数中局部变量的名字可以与全局变量的名字相同吗？当名字相同时会有什么结果？
9. 在程序中合法调用一个函数的前提是什么？
10. 什么是函数参数的值传递？
11. 可以在函数体中对函数的参数赋值吗？这样做对函数调用时的实际参数有什么影响？
12. 当调用一个带有返回值的函数时，是否必须将该函数的返回值赋给一个变量或用在表达式中？
13. 常用的标准头文件有哪些？它们所描述的函数的功能类型是什么？
14. 调用某个标准库函数时可以不在源程序中包含说明该函数的头文件吗？为什么？如果可以，需要采取什么其他措施？
15. 以下函数声明中正确的是 ________。

    A. `double func(int x, int y)`　　B. `double func(int x, y);`

    C. `double func(int x, int y);`　　D. `double func(int x; int y);`
16. 以下关于函数的描述中正确的是 ________。

A. 函数可以嵌套定义，但不可以嵌套调用

B. 函数不可以嵌套定义，但可以嵌套调用

C. 函数可以嵌套定义，也可以嵌套调用

D. 函数不可以嵌套定义，也不可以嵌套调用

17. 修改【**例 4-10**】**连续正整数**的代码，将其中的结果输出部分定义为一个单独的函数。

18. 将【**例 5-1**】中三角形面积的计算过程封装为一个独立的函数。

19. 已知摄氏温度 C 与华氏温度 F 的转换公式为 $C = (F - 32) * 5 / 9$。定义转换函数 f_to_c() 和 c_to_f()，调用这两个函数并列显示下面两个对照表：

```
C         F          F          C
31        87.8       120        48. 9
32        89.6       110        43.3
…                    …
39        102.2      40         5.4
40        105.0      30         -1.1
```

20. 若标量 n_1、n_2、n_3 满足条件 $n_1 < n_2 > n_3$，则称 $<n_1, n_2, n_3>$ 为凸峰三元组。从标准输入上读入 n（$n < 1\,000$）个整数，在标准输入上顺序写出其中的凸峰三元组，每个三元组占一行，各数之间以空格符分隔。

21. 从标准输入上以顺时针的顺序读入一个凸多边形各个顶点的坐标（x_i, y_i），每个坐标占一行，x_i 和 y_i 之间以空格分隔，求该多边形的面积。结果写到标准输出上，保留三位小数。

22. 从标准输入上读入正整数 n，使用递归函数逆序输出 n 的各位数字。例如，当 n 为 123 时，输出 321。当 n 的低位为 0 时，逆序后不输出前导 0。例如，当 n 为 1200 时，输出 21。

23. 从标准输入上读入正整数 m 和 n，在标准输出上输出 m 与 n 的各位数字逆序后的乘积。例如，当 m 为 3、n 为 123 时，输出 963。

24. 一段楼梯有 n（$n \leqslant 36$）级，兔子每次可以跳跃 1 级、2 级或 3 级，从标准输入上读入正整数 n，在标准输出上输出兔子从楼梯底端到达楼梯顶端有多少种跳法。例如，当 n 等于 10 时，输出 274。

CHAPTER 6

第 6 章

数　组

在编程中经常需要处理大量具有相同属性的运算对象，如质数表中的质数、统计表中的数据项、一幅图像中的点、一个单位中的员工、一个班级中的学生等。这些运算对象都具有集体的性质，集体中的每一个成员都具有相同的属性类型。使用一般的变量来描述这种具有集体性质的运算对象，不仅极为烦琐，而且也不便于处理。为此，C 语言中提供了数组，用以描述和保存这类具有集体性质的运算对象。

数组是一种构造类型，它是由具有同一种更基本类型的数据按顺序组织在一起的有序整体。一个数组，无论其中包含有多少个成员，都只有一个名字。数组中的各个成员被称为数组中的元素，所有的数组元素都具有相同的数据类型，在数组中按顺序排列。每个元素根据其在数组中的位置顺序，由数组元素的序号来区分。通过数组，一个集体的所有成员使用一个共同的名字，而成员间则仅以其在数组中的序号来区分和引用。在 C 语言中，数组元素的序号称为数组下标。根据数据的组织方式，数组可以分为一维数组、二维数组、三维数组，以及更高维的数组。在对数组进行定义以及对数组元素进行引用时，每一个维度都对应着一个独立的下标。只有当所有下标的值都确定时，才能唯一地确定数组中的一个具体元素。

6.1　一维数组

一维数组是最基本的数组结构。在一维数组中，对数组中元素的区分和引用只需要一个下标。一维数组是程序中必不可少的数据类型，经常用于实现各种数据表格，以及栈和队等基本数据结构，也是其他高维数组的基础。

6.1.1　一维数组的定义和初始化

定义一个一维数组需要说明数组名以及数组元素的类型和数量，其定义的语法格式如下：

```
<类型> <数组名> [<元素个数>];
```

其中 <类型> 可以是任何基本类型或者已经定义过的、除数组之外的其他构造类型。<数组名> 可以是任何合法的标识符。<元素个数> 必须是大于 0 的整型常量表达式。一维数组中的元素按下标递增的方式连续排列，数组元素的下标范围从 0 开始，到 < 元素个数 > –1 为止。下面是几个数组定义的例子：

```
int a[50];                  // 下标范围：0~49
double _sin[360];           // 下标范围：0~359
```

当使用数组中的元素时，需要给出数组名，并在随后的方括号中指定数组元素的下标。对于包含 *N* 个元素的数组，其下标范围必须在 0 和 *N*–1 之间。对上面定义的两个数组，a[0]、a[49]、_sin[180] 等都是合法的数组元素，而 a[50] 和 _sin[-6] 则是不合法的数组元素。编译系统不对数组元素的下标进行越界检查，因为这不属于语法错误。因此当数组下标越界时编译系统不会报告错误，但是程序可能会在运行时产生难以查找和定位的运行错误。这就需要编程人员在使用数组元素时格外细心。

在定义数组时也可以同时对它进行初始化，即对数组中的元素赋初值。当不对数组进行初始化时，全局数组变量中各个元素的初始值是 0，而局部数组变量中各个元素的初始值不确定。在对数组元素初始化时，需要按照元素下标的顺序将初始值放在由大括号括起来的初始化数据表中。例如，下面是一条数组定义和初始化的语句：

```
double angles[6] = {0.1, 0.3, 0.6, 6.5, 2.8, 3.2};
```

这条语句定义了一个具有 6 个 double 类型元素的一维数组 angles[]，并把 0.1、0.3、0.6、6.5、2.8、3.2 这 6 个数依次赋给从 angles[0] 到 angles[5] 这 6 个元素。如果初始化数据表中的数据数量少于数组中元素的数量，数组后面没有对应数据的元素会被初始化为 0。如果初始化数据表中的数据数量多于数组中的元素数量，编译系统会报告语法错误。如果通过初始化数据表指定数组中所有元素的初始值，则可以省略对数组中元素个数的说明，但是不能省略说明变量时数组的方括号。此时数组中元素的个数等于数组初始化数据表中的数据个数。例如：

```
int primes[] = {2, 3, 5, 7, 11, 13, 17, 19};
```

定义了一个具有 8 个 int 型元素的数组 primes[]，并将这 8 个元素顺序初始化为初始化表中所列的 8 个质数。而如果我们使用下面的语句定义数组 primes[]：

```
int primes[60] = {2, 3, 5, 7, 11, 13, 17, 19};
```

则数组 primes[] 具有 60 个元素，其中前 8 个元素被初始化为初始化表中的 8 个质数，从 primes[8] 到 primes[59] 的各个元素均被初始化为 0。

很多时候，在程序中需要知道一个数组中所包含的元素个数。为增加代码的可维护性，在 C 程序中经常采用如下表达式来计算数组 x[] 中元素的数量：

```
sizeof(x) / sizeof(x[0])
```

在上面这个表达式中，sizeof 是 C 语言中提供的一元运算符，可以作用于类型、变量或数组，返回指定的类型、变量或数组所占用内存的字节数。例如，设有下列变量定义：

```
double d, arr_d[10];
int i, prime[20] = {2};
```

在 IA32 平台上 sizeof(double) 和 sizeof(d) 都等于 8，sizeof(int) 和 sizeof(i) 都等于 4，这说明它们分别占据 8 个和 4 个字节；sizeof(arr_d) 和 sizeof(prime) 都等于 80。sizeof(arr_d) / sizeof(arr_d[0]) 和 sizeof(prime) / sizeof(prime[0])

分别等于 10 和 20，也就是这两个数组中元素的个数，与元素是否被初始化无关。因为计算数组中元素的数量是一种常用的操作，所以这一表达式往往被定义为一个宏：

```
#define NumberOf(x)        (sizeof(x) / sizeof(x[0]))
```

上面的语句定义了一个带参数的宏 `NumberOf(x)`，其中的参数 `x` 可以是任意类型的数组，其执行结果是指定数组中元素的个数。例如，如果我们需要对数组 `arr_d[]` 中的元素进行遍历，就可以写出下列语句：

```
for (i = 0; i < NumberOf(arr_i); i++)
    …
```

与普通变量一样，数组既可以定义在函数内，也可以定义在函数外。C 程序中数组的大小受到运行平台、程序的规模和结构、程序使用内存总量等的限制，而且定义为局部变量的数组与定义为全局变量的数组在数组规模的限制上也有很大的差异。局部数组的规模不宜过大。例如，一般情况下，局部数组的元素数量不宜超过几十 KB，而全局数组的规模上限一般可以达到上百 MB。数组的规模过大在语法上没有问题，也不会引起编译系统报错，但是却可能引起程序执行错误。局部数组的规模超限会引起程序在运行过程中的崩溃，而全局数组的规模超限则可能使程序根本就无法运行。内存空间是程序运行的重要资源，数组是程序中占用内存空间较多的数据结构。因此在程序设计中需要认真分析程序的实际需要，较为准确地确定数组的实际规模及其所处的位置。

6.1.2　一维数组元素的使用

一个数组元素就是一个具有确定类型的变量，在任何可以使用普通变量的位置上都可以使用数组元素：它既可以用作表达式的组成部分，也可以用作表达式的赋值对象，还可以用作函数的参数，只要其数据类型符合要求即可。当引用数组元素时，元素的下标既可以是整型常量，也可以是整型变量，只要其数值正确即可。例如，给定了适当的定义之后，`a[0]= 5;` 和 `x = arr[i];` 等都是合法的语句。当对保存在数组中的数据进行处理时，经常使用 for 语句对数组元素进行遍历。下面我们看几个使用数组元素的例子。

【例 6-1】摄氏—华氏温度对照表　生成一个摄氏—华氏温度对照表，以便其他程序可以根据摄氏温度查询对应的华氏温度。对照表需保存摄氏 0~100 度中每一度所对应的华氏温度的整数部分。

摄氏向华氏的转换公式是 $F = C * 9 / 5 + 32$。因为在对照表中只要求保存华氏温度的整数部分，所以对照表可以用一个 int 型数组来表示。因为摄氏温度是以整数方式给出的，而且最小值从 0 度开始，所以摄氏温度可以直接用作数组元素的下标。对照表的生成代码如下：

```
#define N   101
int i, f_tab[N];
for (i = 0; i < N; i++)
    f_tab[i] = i * 9 / 5 + 32;
```

上述 for 语句是在对具有 `N` 个元素的数组进行遍历时使用循环语句的标准模式。因为摄氏温度的取值范围是 0~100，包含两端的端点，所以数组 `f_tab[]` 中元素的个数 `N` 是 101，而不是 100，并且循环语句的终止条件是 `i < N`。此外，摄氏向华氏的转换只需要以整数方式计算即可，但在计算顺序中应先做乘法后做除法，以避免引入计算误差。在生成了这个对

照表之后，就可以把摄氏温度作为数组元素的下标来查询对应的华氏温度了。例如，数组元素 `f_tab[25]` 保存的就是摄氏 25 度所对应的华氏温度。

【例 6-2】**字符分类统计**　从标准输入上读入字符序列，统计并输出各个出现次数不为 0 的小写字母的数量、大写字母数的总和，以及读入字符的总数。

求解这个问题，需要为每个小写字母、大写字母数的总和，以及所有字符的总数分别建立一个计数器。程序从标准输入文件中顺序读入字符，直到文件的末尾。在读入每个字符后，判断它的类型，并且对相应的计数器的值加 1。对于大写字母数和字符总数，计数器可以使用 int 型的普通变量。对于 26 个小写字母，也可以分别使用 26 个 int 型的变量。但是更方便的方法是使用包含 26 个元素的 int 型数组，并且使该数组中的各个元素分别与 26 个小写字母一一对应。这样，这段程序可以写成如下的形式：

```
#include <stdio.h>
#include <ctype.h>
#define NUM        26
int main()
{
    int c, i, upper = 0, total = 0, lower[NUM] = {0};
    while ((c = getchar()) != EOF) {
        if (islower(c))
            lower[c - 'a']++;
        else if (isupper(c))
            upper++;
        total++;
    }
    for (i = 0; i < NUM; i++) {
        if (lower[i] != 0)
            printf("%c: %d\n", i + 'a', lower[i]);
    }
    printf("Upper: %d\nTotal: %d\n", upper, total);
    return 0;
}
```

在上面的代码中用标准库函数 getchar() 从标准输入上逐个读入字符，用 islower() 和 isupper() 分别判断读入的字符是小写还是大写字母。当输入字符是小写字母时，增加相应计数器的计数值。这里利用了在 ASCII 码中字母编码值连续的性质，将字母 'a' 的计数器的下标设为 0，则 `c - 'a'` 就是 `c` 中小写字母对应计数器的下标值。类似地，当输出计数结果时，计数器下标的值 `i` 加上字母 'a' 得到的就是计数器对应的字母。

【例 6-3】**质数表**　设计一个函数，根据参数 n（$n < 1\,000$）在标准输出上升序输出 n 以内的所有质数。

为生成 n 以内的所有质数，可以从小到大遍历 n 以下除 1 以外的所有正整数，逐一判断其是否是质数。判断一个整数是否是质数可以有多种方法，我们在这里采用一种较为简单直观的方法：根据质数的定义，检查整数 i 能否被所有介于 1 和 sqrt(i) 之间的质数整除。如果 i 不能被这一区间的任何质数整除，则 i 为质数。据此，我们可以确定程序的基本结构是一个两重循环，其外层循环从小到大遍历所有需要检查的整数 i，其内层循环逐一检查 i 能否被所有从 2 到 sqrt(i) 之间的质数整除。一旦 i 可以被某个质数整除，则可知其不是质数，可立即结束内层循环。如果内层循环正常结束，则相应的 i 为质数。为此，需要在内层循环中使用一个标志变量，记录 i 是否曾被整除过。对于质数表的输出，既可以在每个质数被确定后立即进行，也可以在质数表生成完毕后再统一进行。再仔细考虑一下上面的算法，可以发现有些可改进之处。首先，我们不必顺序遍历 *n* 以下的所有自然数 *i*，因为 2 以上的所有偶数都是合数。因此在输出了质数 2 之后，我们只需检查 3 及 3 以上的奇数即可。其次，平方根的计算函数 sqrt() 涉及浮点运算，计算较为复杂且有可能产生一定的误差。为避免这些问题，我们可以用 *x* 的平方与 *y* 进行比较来代替用 *x* 与 *y* 的平方根的比较。

在上述计算质数的过程中需要用到质数。为此，可以将所有已知的质数保存在一个质数表中，初始时在这个表中只需要保存第一个质数 2。随着被测试的自然数的增加，新的质数会不断被发现，这一质数表也会不断加大。当被测试的数增加到 *n* 时，质数表中就保存了我们所需要的所有质数。质数表可以使用 int 类型的一维数组表示，而数组的大小应该大于 1 000 以内质数的个数。我们一时无法给出 1 000 以内质数的准确数量，但是可以通过观察，给出这一数量的一个估计。我们知道，质数的分布随着数值区间向上增长而趋于稀疏。例如，10 以内有 4 个质数，100 以内有 25 个质数。我们可以有把握地估计，1 000 以内质数的个数小于 1 000 / 4，即 250 个。实际上，对于 1 000 这样不大的数值，即使估计得保守一些也问题不大。重要的是要养成对数据规模进行分析的习惯，掌握适当的方法。

根据上面的讨论，可以写出这一函数的代码如下。为了编码简洁，每个质数在被确定后立即输出。

```
int prime[300] = {2};
void print_prime(int n)
{
   int i, j, m = 1, is_prime;
   for (i = 3; i <= n; i += 2) {
        for (is_prime = 1,j = 0; prime[j] * prime[j] <= i; j++) {
             if (i % prime[j] == 0) {
                  is_prime = 0;
                  break;
             }
        }
        if (is_prime) {
             prime[m++] = i;
             printf("%d\n", i);
        }
   }
}
```

在这个函数中使用乘法取代了平方根的计算，这样不但可以提高计算效率，而且在程序中也不必包含 <math.h>。这一函数的代码不长，但是仍有改进的余地。从程序的结构上看，上面的代码使用两重循环，把对正整数的遍历和对待检查正整数的判断混合在一起，影响了代码的可读性。为增加可读性，我们可以把对质数的判断分离出来，构成独立的函数。这样，程序的代码可以修改如下：

```
int prime[300] = {2};
int is_prime(int k)
{
   int i;
   for (i = 0; prime[i] * prime[i] <= k; i++)
        if (k % prime[i] == 0)
             return 0;
   return 1;
```

```
}

void print_prime(int n)
{
   int i, m = 1;
   for (i = 3; i <= n; i += 2) {
        if (is_prime(i)) {
             prime[m++] = i;
             printf("%d\n", i);
        }
   }
}
```

在函数 is_prime() 中，参数 k 是待检查的整数，函数的返回值为 1 时表示 k 为质数，为 0 时表示 k 为合数。改进后的函数 print_prime() 不但更加简洁，而且描述也更加清晰易懂。

6.1.3　数组的复制

数组元素可以看作是普通变量，但数组不是。对数组元素可以直接赋值，但两个数组之间不可以直接赋值，不论它们的类型和大小是否相同。在编程中时常会遇到需要把一个数组的内容完整地复制到另一个数组中的情况。为此，必须将源数组中各个元素的内容逐一赋给目标数组中的对应元素。下面是一个数组复制的例子。

【例 6-4】数组复制　设有两个长度为正整数 N 的 double 类型的数组 x[] 和 y[]，其中 x[] 中的元素已被赋值。写一段代码，将数组 x[] 复制到数组 y[] 中。

为将数组 x[] 复制到数组 y[] 中，必须将 x[] 中所有元素的值复制到 y[] 中对应的元素，其代码如下：

```
double x[N], y[N];
int i;
…
for (i = 0; i < N; i++)    // 将x[]复制到y[]
    y[i] = x[i];
```

如果我们把这一数组复制的操作写成“y = x;”，则编译系统会报告语法错误。

因为数组是一片连续的存储空间，所以我们也可以使用标准库函数 memcpy() 进行数组复制。memcpy() 将源地址中指定数量的字节复制到目的地址，其函数原型如下：

```
void *memcpy( void *dest, const void *src, size_t count );
```

其中第一个参数是被复制数据的目的地址，第二个参数是数据源地址，第三个参数是需要复制的字节数。例如，对于【例 6-4】中所进行的复制，可以写出等价的代码如下：

```
memcpy(y, x, sizeof(x));
```

或者

```
memcpy(y, x, sizeof(double) * N);
```

6.1.4　作为函数参数的一维数组

很多时候，我们需要在函数中处理在其外部定义的数组。如果该数组被定义为全局变量，我们可以在函数中直接对其进行访问，如【例 6-3】**质数表**中所示。为使函数的描述更加清晰、通用，也可以把数组作为参数传递给函数。在函数中使用数组类型的参数时，参数的说明方式与普通参数基本相同，只是在说明了参数的类型和参数名之外，还需要说明该参数是数组。当说明一个参数是数组时，只需要在该参数名的后面加上一对方括号即可，无须说明该数组元素的数量。下面是一个使用数组型参数的函数的例子。

【例6-5】三维向量的点积　设计一个函数，计算两个三维向量的点积（标量积）。

设三维向量 $\boldsymbol{a} = a_x i + a_y j + a_z k$，$\boldsymbol{b} = b_x i + b_y j + b_z k$。每个向量用其3个分量（$a_x, a_y, a_z$）和（$b_x, b_y, b_z$）表示，并分别保存在具有3个double类型元素的一维数组中。这样，我们可以确定函数的原型如下：

```
double dot_vec(double va[], double vb[]);
```

根据定义，点积是两个向量对应分量的乘积之和。因此三维向量的点积可以计算如下：

$$\boldsymbol{a} \cdot \boldsymbol{b} = a_x b_x + a_y b_y + a_z b_z$$

这样，函数dot_vec()可以定义如下：

```
double dot_vec(double va[], double vb[])
{
    return va[0] * vb[0] + va[1] * vb[1] + va[2] * vb[2];
}
```

从语法上讲，在说明数组类型的参数时无须说明数组的大小，但是在说明数组类型的参数时给出数组的大小也不算语法错误，只要其大于0即可。例如，【例6-5】中的函数原型可以定义如下：

```
double dot_vec(double va[3], double vb[3]);
```

只不过对数组大小的说明不会传递到函数内部。在函数内部既无法知道形式参数中声明的参数数组的大小，也无法知道函数被调用时实际参数中所包含的元素的个数。当函数被调用时，只需将用作参数的数组名放在相应参数的位置上即可。程序只检查实际参数中元素类型是否与形式参数中的要求一致，而不检查实际参数中数组的大小是否与形式参数中的说明相同。实际上，在【例6-5】中，即使对两个数组的大小说明不同，只要函数头中参数数组的大小是正整数即可。在有些编译系统中，甚至当形式参数数组的大小为0时，程序也依然可以通过编译。在函数被调用时，只要实际参数符合要求，程序就可以正确运行。在下面的代码中，数组`vec_b[]`包含4个元素，但这并不妨碍程序的正常运行以及产生正确的输出结果。

```
#include <stdio.h>

double vec_a[] = {1.0, 2.0, 3.0}, vec_b[] = {2.0, 2.0, 3.0, 4.0};
int main()
{
    printf("%.1f\n", dot_vec(vec_a, vec_b));
    return 0;
}
```

因为在函数内部无法从参数本身直接判断数组的大小，所以在函数中需要使用其他方法获得作为参数的数组中所包含的元素的数量。常用的获得参数数组元素数量的方法有三种。第一种方法是使用事先约定的固定值。采用这种方法的函数假设其所使用的数组参数具有已知的固定大小，并且在对数组参数进行访问时严格遵守这一约定。【例6-5】使用的就是这一方法：函数 dot_vec() 确信其参数 vec_a 和 vec_b 都是含有 3 个元素的数组，因此可以使用的下标范围是 0~2。第二种方法是使用附加参数说明数组的大小。函数内部对参数数组的访问范围严格遵守该附加参数的规定。在进行函数调用时，在向函数传递参数数组的同时也通过附加参数说明数组的大小。下面我们看一个例子。

【例 6-6】*n* 维向量的点积　设计一个函数，计算两个 *n* 维向量的点积。

两个向量的点积等于两个向量对应分量的乘积之和。在这道题目中，由于向量的维数 *n* 不固定，需要使用一个附加参数描述向量的维数。因此可以确定函数的原型如下：

```
double dot_vec(double va[], double vb[], int n);
```

其中参数 n 表示向量的维数。根据向量点积的定义，函数 dot_vec() 可以定义如下：

```
double dot_vec(double va[], double vb[], int n)
{
    double s;
    int i;
    for (s = 0.0, i = 0; i < n; i++)
        s += va[i] * vb[i];
    return s;
}
```

在函数中获得参数数组中所包含元素的数量的第三种方法是使用特殊值标记数组的结尾。这种方法经常用在需要顺序遍历数组中的所有元素，并且有些特殊的数值不可能出现在正常的数组元素中时。当使用这种方法时，程序在将实际数组传递给函数时，需要在该数组最后一个参与运算的有效元素之后放入一个特殊值。一旦函数在遍历该数组时遇到了这一特殊值，就知道遇到了数组的结尾。下面我们看一个例子。

【例 6-7】平均年龄　设计一个函数，计算保存在 int 型数组中的职工年龄平均值的整数。

因为职工的年龄不可能为负数，所以可以使用一个负数标志数组中有效元素的结束。据此可以定义函数如下：

```
int ave_age(int ages[])
{
    int i, s;
    for (s = i = 0; ages[i] >= 0; i++)
        s += ages[i];
    if (i == 0)
        return 0;
    return s / i;
}
```

当使用这一函数时，在数组中必须包含具有负值的元素，标记数组内容的结束，以确保函数中的循环能够结束。下面是一段使用函数 ave_age() 的代码：

```
int ages[] = {33, 25, 36, 48, 21, 35, 56, 23, -1};
int main()
{
    printf("The average of the ages is: %d\n", ave_age(ages));
    return 0;
}
```

在这段代码中，数组 ages[] 的最后一个元素是 –1，标志数组的结尾。即使数组中在元素 –1 后面还有其他元素，函数 ave_age() 也不会访问它们了。

需要再次强调的是，当函数被调用时对其参数数组的大小不做任何检查。在语法上，无论数组大小如何，只要其元素的类型符合要求，均可用作函数的实际参数。确保传递给函数的参数数组的大小及内容符合要求，以及在函数内部对数组的访问不越过数组的范围，是编程人员的责任。

在使用数组作为函数参数时还有一点需要注意的是，实际参数数组中的元素是被函数及其调用者共享的。这也就是说，在函数内部对形式参数数组元素的赋值会改变实际参数数组中元素的值。这看起来似乎与第 5 章中讨论过的函数参数的值传递方式不同：形式参数在函数内部并没有切断其与实际参数的联系。但实际上，参数数组的这种特点并不是由于参数传递方式的不同，而是由于对数组元素的访问方式引起的。数组作为参数时仍然是先被求值再被传递给函数的。但是，对数组求值的结果是数组的地址，也就是第一个数组元素在计算机内存中的存储位置，而不是数组中各个元素的值。在程序中对数组元素的访问是通过各个元素的存储位置进行的，而这一存储位置在函数内外都是相同的。因此在函数内部对形式参数中数组元素的操作就是对实际参数数组元素的直接操作。

在函数中通过参数修改外部数组元素的值是 C 程序中经常使用的操作。在 C 程序中函数不能返回数组类型的值。因此当一个函数的计算结果具有数组类型时，如果不直接将结果保存到全局变量中的话，就需要通过具有数组类型的参数完成对结果的保存。下面我们看一个例子。

【例 6-8】*n* 维向量加法函数　设计一个函数 add_vec()，将参数中给定的两个 double 类型的 *n* 维向量相加，结果保存到由第三个参数给定的 *n* 维向量中。

一个 *n* 维向量需要使用具有 *n* 个元素的一维数组来表示，因此在函数中需要使用三个数组型参数：两个表示相加的向量，一个表示结果向量，并且需要说明参数数组大小。这样，函数 add_vec() 可以定义如下：

```
void add_vec(double v1[], double v2[], double v3[], int n)
{
    int i;
    for (i = 0; i < n; i++)
        v3[i] = v1[i] + v2[i];
}
```

假设我们使用这一函数将两个二维向量相加，就可以写出类似下面的代码：

```
double v1[] = {1.25, 2.3}, v2[] = {3.4, 4.5}, v3[2];
...
add_vec(v1, v2, v3, 2);
```

当函数 add_vec() 执行完毕后，`v3[]` 中就保存了 `v1` 和 `v2` 相加的结果。

6.1.5　数组元素的排序和查找

对数组中的元素按一定的规则排序是程序设计中经常用到的功能。例如，把职工名单按年龄顺序排列、把学生的考试成绩按升序或降序排列等，都需要用到排序。由于排序在程序设计中的重要性，在数据结构和算法类的教科书中对排序都有较多的讨论，其中提供了各种类型的排序算法。下面我们看一个简单直观的排序算法——选择排序（selection sort）的例子，了解排序的基本过程和实现方法。

【例 6-9】选择排序　设计一个使用选择排序算法对 int 型数组按升序排序的函数。

当按升序对数组中的元素进行排序时，选择排序的基本过程是，首先在所有元素中找到最小元素，将其放在数组首位；然后在剩余元素中找出最小元素，将其放在数组第二位；依此类推，直至数组中只剩下一个元素为止。图 6-1 是对包含有 6 个元素的 int 型数组进行选择排序过程的例子。

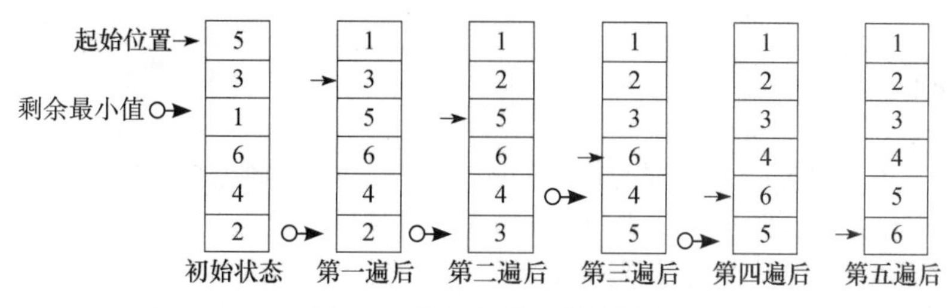

图 6-1　选择排序过程的例子

排序函数需要知道待排序的数组和元素的个数。只要待排序数组中元素的数量与参数中给定的值一致，排序过程总是会正确执行的，因此函数不必返回值。据此可以确定函数原型如下：

```
void sel_sort(int arr[], int n);
```

其中参数 arr[] 是待排序的数组，n 是数组中元素的个数。当需要对其他类型的数组排序时，可以修改 arr[] 的类型。根据对选择排序过程的描述，可以写出选择排序函数的代码如下：

```
void sel_sort(int arr[], int n)
{
    int i, j, min, index;
    for (i = 0; i < n - 1; i++) {
        min = arr[i], index = i;
        for (j = i + 1; j < n; j++)
            if (arr[j] < min)
            min = arr[j], index = j;
        if (index != i)
            arr[index] = arr[i], arr[i] = min;
    }
}
```

选择排序也可以用另一种方式来实现：首先在所有元素中找到最大元素，将其放在数组的末尾位；然后在剩余元素中找出最大元素，将其放在剩余元素的末尾；依此类推，直至数组中只剩下一个元素为止。我们把这种方法的实现留给读者作为练习。

与数组相关的另一种常用的操作是在数组中查找特定的元素。例如，查找名单中是否包含某人、查找成绩单中是否包含某一特定的分数，等等。对数组中特定元素进行查找的算法取决于数组中元素的排列方式。下面我们看两个例子。

【例 6-10】数组元素的顺序查找　设计一个函数，在无序排列的 int 型数组中查找给定的数值。当数组中有该数值时返回该元素的下标，否则返回 –1。

因为数组中的元素是无序排列的，所以查找的基本方法是遍历数组的各个元素，并逐一与给定的值进行比较。当发现与给定值相等的元素时即可返回该元素的下标；当遍历完数组中所有的元素后仍未发现给定的值，则返回 –1。这种在数组中查找指定数据的方法称为线性查找或顺序查找。据此可以写出函数如下：

```
int seq_find(int v, int arr[], int n)
{
    int i;
    for (i = 0; i < n; i++)
        if (v == arr[i])
            return i;
    return -1;
}
```

在这个函数中，参数 v 是给定的待查值，arr[] 和 n 分别是待查的数组与数组中元素的个数。顺序查找的优点是实现简单，对数组元素的排列无要求。无论数据在数组中的排列方式如何，均可以使用顺序查找。当待查元素位于数组首位时，一次数据比较即可完成查找；但在最差的情况下，需要对数组中所有的元素都进行比较后才能找到待查数值，或者判断出在数组中没有待查元素。顺序查找的平均数据比较次数是数组中元素数量的 1/2，正比于数组的长度。当数组的规模比较小，查找的次数比较少时，这一问题并不严重。因此在简单的小程序中经常采用这种方法，以求实现的简便。但当在程序中需要对大量的数据进行频繁的查找时，顺序查找的这一缺点就显得比较突出了。

二分查找是一种效率更高的在数组中查找指定元素的方法。使用二分查找方法的前提是被查找的数组必须是排好序的。对无序数组则必须首先排序后再进行二分查找。二分查找的基本思想是，首先将待查数值与位于数组中间的元素进行比较。如果数组中间元素的值等于待查数值，则可以立即结束查找，返回该元素的位置。否则，会根据待查数值是小于还是大于中间元素的值，分别在数组的前半部分或后半部分进行二分查找，直到找到与待查数值相等的数组元素，或者查找区间为空为止。后一种情况说明数组中不存在待查数值。图 6-2 是在如下按顺序排列的数组中使用二分法查找数值 57 是否存在的过程，其中带有灰色底纹的单元格是待查区间，箭头所指的是该区间的中间元素。

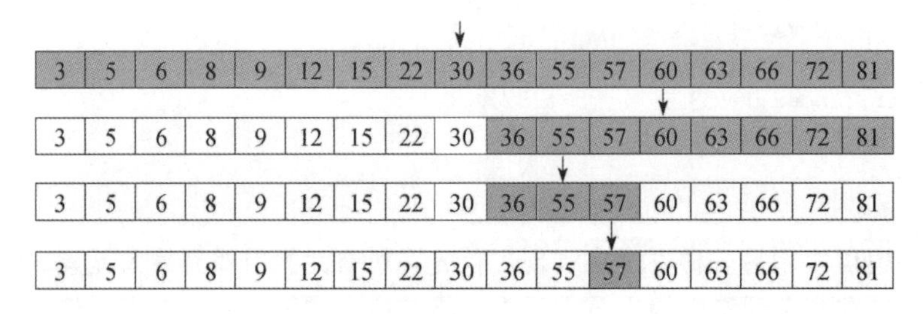

图 6-2　二分查找过程的例子

可以看出，在二分查找中，每一次将待查数值与数组的中间元素进行比较，至少可以排除待查区间中一半的数据。设数组中有 n 个元素，经过 k 次比较，数组中的待查元素就只剩下了 $n/2^k$ 个。因此当使用二分查找方法时，最多只需要进行 $\log_2 n + 1$ 次的比较，就可以在具有 n 个元素的数组中找到待查数值，或者判断出该数组中没有待查的数值。当对所有存在于数组中的元素进行查找时，二分查找的平均数据比较次数是 $(\log_2 n + 1)/2$，其中 n 是数组中元素的数量。这一查找效率大大高于顺序查找，特别是在待查数组中元素数量较大时。例如，对于具有 2^{16} 个元素的数组，一次顺序查找的数值比较次数在最差情况下是 2^{16} = 65 536，而一次二分查找的数值比较次数在最差情况下是 17 次。下面我们看一个二分查找实现方法的例子。

【例 6-11】数组元素的二分查找　设计一个函数，在按升序排列的 int 型数组中查找给定的数值。当数组中有该数值时返回该元素的下标，否则返回 –1。

为实现图 6-2 所描述的二分查找的基本思想，需要进一步细化具体的概念和操作过程，包括如何描述待查区间、如何计算待查区间里中间元素的位置、在查找未中时如何确定新的查找区间，以及如何判断待查区间为空。设待查区间用其下界和上界元素的下标 `low` 和 `hi` 表示。分析可知，待查区间里中间元素的下标 `mid` 就等于 `(low + hi)/2`；待查区间上一半的下界和上界分别是 `mid + 1` 和 `hi`；下一半的下界和上界分别是 `low` 和 `mid - 1`；当 `low` 大于 `hi` 时，就说明待查区间为空。根据这些规定，二分查找过程就可以描述如下：

1）如果 `low` 大于 `hi`，返回 –1。

2）将待查数值 `v` 与下标为 `mid = (low + hi)/2` 的元素进行比较。如果 `v` 与该元素的值相等，则返回 `mid`；否则，如果 `v` 大于该元素，则对区间 [mid + 1, hi] 进行二分查找，否则对区间 [low, mid – 1] 进行二分查找，并返回查找结果。

可以看出，上述对二分查找的描述是一种递归描述，因此可以直接使用递归函数实现如下：

```
int binsearch_r(int v, int a[], int low, int hi)
{
    int mid;
    if (low > hi)
        return -1;
    mid = (low + hi) / 2;
    if (v == a[mid])
        return mid;
    else if (v > a[mid])
        return binsearch_r(v, a, mid + 1, hi);
    else
        return binsearch_r(v, a, low, mid - 1);
}
```

在这个函数中，参数 `v` 是给定的待查值，`a[]` 是待查数组，`hi` 和 `low` 是待查区间上下界的数组元素下标，函数被初始调用时分别为 `n-1` 和 0，其中 `n` 是数组 `a[]` 中元素的个数。对于上述二分查找算法，我们也可以使用迭代方法写出非递归的函数如下：

```
int binsearch(int v, int a[], int n)
{
    int low = 0, hi = n - 1, mid;
    while (low <= hi) {
        mid = (low + hi) / 2;
        if (v < a[mid])
            hi = mid - 1;
        else if (v > a[mid])
            low = mid + 1;
        else
            return mid;
    }
    return -1;
}
```

在这个函数中，参数 `v` 是给定的待查值，`n` 是待查数组 `a[]` 中元素的个数。从这个例子可以看出，对一种计算过程的描述可以使用不同的实现方法。

6.2　使用一维数组的常用数据结构

一维数组经常在程序中用作其他数据结构的存储空间。下面我们看看如何以一维数组为基础实现散列表、栈和队这三种常用的数据结构。

6.2.1　散列表

散列表也叫哈希表（hash table）。使用散列表可以根据数据的某种属性，一般称为键值（key），直接确定数据在存储结构中的位置。当以数组实现散列表时，需要使用映射函数把键值转换为数组下标，以便数据的定位。散列表映射函数的具体定义取决于键值的类型、取值范围、数据数量、散列值冲突时的处理方法等多种因素。我们这里只举两个无冲突的简单散列表的例子，看看散列表在加快数据查找的速度和简化程序结构方面的作用。

【例 6-12】首个重复字母的位置　从标准输入上读入一个字符串，查找字符串中首个重复出现的小写字母，在标准输出上输出该字母及其在字符串中第一次和第二次出现的位置。字符的位置从 1 开始，输出时首个重复的字母及其两次出现的位置间以冒号（:）分隔。如果字符串中没有重复的小写字母，输出 0。

求解这道题需要记录每个输入的小写字母第一次出现的位置。为此，可以使用一维数组构造一个散列表，以字母在字母表中的顺序作为散列表的键值，以字母首次出现的位置作为记录数据。散列表的大小应该可以为所有小写字母提供记录空间。当读入一个小写字母时，如果相应的数组元素未被赋值，则说明该字母此前未出现过，需要把该字母此次的位置记录下来，否则说明该小写字母已经出现过，需要输出该字母、其第一次出现的位置和当前的位置，并结束程序。如果读完所有的输入数据也没有发现重复的小写字母，则输出 0。对于以 ASCII 编码的小写字母，将字母映射为数组下标的映射函数可以定义为 `p = c - 'a'`，其中 `p` 是数组下标，`c` 是待映射的字母。根据这一讨论，可以写出程序如下：

```c
#include <stdio.h>
#include <ctype.h>
#define MAX_N       30
int char_pos[MAX_N];
int main()
{
    int i, c;

    for (i = 1; (c = getchar()) != EOF; i++) {
        if (islower(c))
            if (char_pos[c - 'a'] > 0) {
                printf("%c: %d:%d\n", c, char_pos[c - 'a'], i);
                return 0;
            }
            else
                char_pos[c - 'a'] = i;
    }
    printf("0\n");
    return 0;
}
```

在上面的代码中，数组 char_pos[] 是散列表的存储空间，被定义为全局变量，因此各个元素被自动初始化为 0。因为映射函数十分简单，所以没有单独定义，而是直接写作数组下标。

有些时候，一些 int 型的数据也被直接作为数组下标用于相关数据的定位。也就是说，映射函数的取值就是函数的自变量。这类散列表也被称为索引表或映射表，除了用于数据查找外，还可以用于数据的关联。下面是两个使用索引表的例子。

【例 6-13】区间合并　从标准输入上读入 n（$n \leqslant 100\,000$）个闭区间 $[a_i, b_i]$ ($1 \leqslant a_i < b_i \leqslant 10^6$ 且均为整数)，将这些区间合并为不相交的闭区间。例如，区间 [1, 2]、[2, 5]、[3, 8]、[9, 12] 可以合并为区间 [1, 8] 和 [9, 12]。写一个程序，从标准输入中读入 n 行，每行包含两个由空格分隔的整数 a_i 和 b_i，表示区间 $[a_i, b_i]$。将计算结果写在标准输出上，每行包含两个用空格分开的整数 x_i 和 y_i，表示区间 $[x_i, y_i]$。各区间按升序排列输出。

求解这道题可以选用多种不同的数据结构以及相应的计算方法。不同的数据结构和计算方法在描述的复杂程度、计算效率，以及所需的内存空间上各不相同。由于题目中区间上下界的范围在 0~10^6 之间，不是一个太大的值，我们可以采用一种简洁的方法，即使用由一维数组构成的散列表作为存储结构，以区间下界 a_i 作为键值并直接映射为数组下标，将区域上界 b_i 保存在下标为 a_i 的数组元素中，以此构成区间上下界的映射关系。对区间的合并可以在输出结果时进行：按下标升序遍历数组元素，当遇到一个保存有效数值的元素时，输出该元素的下标作为当前区间的下界，以该元素的值作为当前区间的上界，扫描当前区间中的元素；当区间中有元素的值大于当前区间的上界时，以该元素的值作为当前区间新的上界；在扫描至当前区间的上界后，输出该上界的值，并从当前区间上界后面的元素继续对数组元素进行遍历。根据这一思路，可以写出相应的代码如下：

```
#include <stdio.h>
#define MAX_N   (1024 * 1024)
int range[MAX_N];

void print_zone()
{
    int i, n;

    for (i = 0; i < MAX_N; i++) {
        if (range[i] == 0)
            continue;
        printf("%d ", i);
        for (n = range[i]; i <= n; i++)
            if (range[i] > n)
                n = range[i];
        i--;
        printf("%d\n", i);
    }
}

int main(int c, char **v)
{
    int a, b;

    while (scanf("%d%d", &a, &b) == 2) {
        if (b > range[a])
```

```
            range[a] = b;
    }
    print_zone();
    return 0;
}
```

在上面的程序中，main() 函数的主要任务是读入数据和调用 print_zone()，而 print_zone() 的任务是合并输出区间的上下界。程序的运行时间等于读入输入数据所需的时间加上对数组 range[] 的扫描时间。尽管 print_zone() 中有两个嵌套的 for 语句，但是其对数组 range[] 的扫描过程仍然是线性的。因此这一时间正比于 range[] 的长度，而不随数据变化。与采用其他算法和数据结构，如对输入数据排序或使用链表等方法相比，上面的程序在输入数据量较大时的运行效率要高得多。

【例 6-14】质数表的生成　*给定自然数 n（$n < 60\ 000\ 000$），生成包含 n 以下所有质数的质数表。*

我们在【例 6-3】中已经介绍过质数表生成方法。这种方法称为“试除法”，根据质数的定义，逐一检查质数表范围内的每个数是否能被其他数整除。如果一个自然数不能被其他的数整除，就把它放进质数表中。这样的做法无疑是正确的，但是计算效率不高，当 n 的数值较大时，需要较长的计算时间。为提高计算效率，可以采用“筛法”，筛法的基本做法是首先把 n 以下的自然数放入一个一维数组中，然后首先删除所有 2 的倍数。然后再删除剩余的数中最小数的倍数，如此反复，直到无数可删为止，这时数组剩下的数就都是质数了。根据这一讨论，可以写出代码如下：

```
char primes[MAX_N];

void gen_primes(char *primes, int max)
{
    int i, j, step;

    memset(primes, 1, max);
    primes[0] = primes[1] = 0;

    for (i = 2; i * i < max; i++) {
        if (!primes[i]) continue;
        step = i;
        for (j = i + i; j < max; j += step)
            primes[j] = 0;
    }
}
```

在这段代码中，MAX_N 是一个大于 60 000 000 的值，函数 gen_primes() 的第一个参数 primes 是用作质数表的数组，因为这个数组只是用来标记下标所表示的自然数是否是质数，元素的取值非 1 即 0，因此使用 char 型，以节省内存空间。第二个参数 max 是自然数 n，表示所生成质数表中最大的质数的上限。这段代码运行完毕后，数组 primes[] 中值等于 1 的元素的下标就是质数。如果需要生成一个紧凑的质数表，处理起来也很简单。

6.2.2　栈

在栈这种数据结构中，数据的存取过程既不是顺序的，也不是任意的，而是以后进先出的方式进行的。所谓后进先出，就是说最后被保存的数据会首先被取出。这种后进先出的存储方式在日常生活中也很常见，例如仓库中以堆积方式保存的货物、厨房中的一摞盘子、冲锋枪弹夹中的子弹，等等。在这些例子中，物体的存取是在已有物体堆积的顶端进行的，因此都是后进先出的。栈在计算技术中的应用很广泛。例如，在程序执行过程中函数的调用和返回序列就保存在栈中，以保证在嵌套的函数调用序列中，被调用函数以调用顺序的逆序退出；在对后缀表达式的计算中，参与运算的数据也是被保存在栈中的。

对栈的操作包括以下几种：

- 栈的初始化
- 数据的进栈（压栈）
- 数据的出栈（弹栈）
- 检查栈是否为空

其中对栈的初始化包括为栈分配存储空间和说明栈顶的位置。因为栈是一种一维的存储结构，所以一般使用一维数组来实现。在定义栈的存储空间时需要说明栈所保存的数据类型，以及所能保存的元素数量的最大值。为表示栈顶的位置，需要设置一个栈顶位置标记，记录将要进栈的数据所在位置的数组下标。在一般情况的设计中，当数据进栈时，栈顶是从低地址向高地址增长的，栈顶标记的初始值为 0，指向数组的第一个元素，表示此时栈为空。假设我们需要一个最多能保存 `MAX_N` 个元素的 int 型的栈，则可以定义如下：

```
int stack[MAX_N], s_top = 0;
```

其中数组 `stack[]` 是栈的存储空间，`s_top` 是栈顶指针，被初始化为 0。

当进行压栈操作时，首先根据栈顶标记的指示，将数据放入栈顶单元，然后将栈顶标记变量加 1，使其指向新的栈顶单元。当进行弹栈操作时，首先将栈顶标记变量减 1，然后再将其所指向的栈顶单元中的数据读出。对栈是否为空的判断等价于判断栈顶标记变量是否等于 0。根据这些描述，我们可以使用函数实现这些对栈的操作如下：

```
void push(int v)
{
    stack[s_top++] = v;
}
int pop()
{
    return stack[--s_top];
}
int stack_empty()
{
    return s_top == 0;
}
```

上述函数中的操作均针对数组 `stack[]` 及其栈顶标记 `s_top`。因为在程序中只有这一个 int 型的栈，所以在函数中直接对全局变量进行操作，以减少参数的传递。如果在程序中需要使用多个 int 型的栈，为避免重复定义相同的功能，可以重新定义这些函数，以参数的方式指明所要操作的栈。下面我们看一个使用这些函数对栈进行操作的例子。

【例 6-15】括号匹配　写一个函数 paran_match()，检查一个由方括号和圆括号组成的参数字符串中的括号是否匹配正确。当正确时返回符号常量 OK，否则返回 ERR。例如，[]()[] 和 [([()])][]() 都是括号匹配正确的例子，而 [()[] 和 [([(])()][]() 都是不正确的例子。

括号序列正确匹配的判断条件是，每一个左括号必须有一个与之匹配的右括号。这也就是说，左括号和右括号的数量必须相等，并且左括号与其所匹配的右括号必须在同一层，其间不能包含有未匹配的其他类型的括号。因此，检验括号正确匹配的方法可以分为两步：当顺序扫描括号序列遇到右括号时，检验是否存在与其匹配的左括号，以及这一对括号之间是否有其他类型的未匹配括号；当完成了对输入括号序列的扫描后，检验是否所有左括号都有与之正确匹配的右括号。

可以看出，左括号与其所匹配的右括号在括号序列中的顺序关系是后进先出的关系：最后出现的左括号与最先出现的右括号匹配。因此，检验一对括号是否正确匹配可以使用栈作为保存左括号的存储区。当在输入序列中遇到左括号时将其压入栈内；当在输入序列中遇到右括号时，弹出栈顶元素，检查其是否是与该右括号类型匹配的左括号。如果这一对括号的类型不相符，或者当前的栈为空，则说明输入序列中没有与该右括号匹配的左括号。检查左括号和右括号的数量是否相等的方法是，当扫描到输入序列的结束时，所有的右括号都必须有与之匹配的左括号，并且保存左括号的栈必须为空。

根据上面的讨论，我们可以写出检验括号匹配的算法如下：

1）逐个读入输入的字符，直至输入结束时，转向6。

2）当遇到左括号时将其入栈。

3）当遇到右括号时，检查当前栈顶的元素。

4）如果栈顶元素与其匹配，则转向1。

5）如果栈顶元素与其不匹配，或者栈为空，则输出ERR，结束匹配过程。

6）结束匹配过程，检查栈是否为空，如果栈为空，则输出OK，否则输出ERR。

相应的函数代码如下：

```
int paran_match(char *s)
{
    char *p;
    int d;

    for (p = s; *p != '\0'; p++) {
        if (*p == '(' || *p == '[')
            push(*p);
        else if (*p == ')' || *p == ']') {
            if (stack_empty())
                return ERR;              // 左括号数量少于右括号
            d = pop();
            if (((*p == ')' && d == '(')) || ((*p == ']' && d == '[')))
                continue;
            return ERR;                  // 括号不匹配
        }
    }
    return stack_empty() ? OK : ERR;
}
```

在上面定义的栈操作函数中只实现了对栈的基本操作，但是并没有对操作的可行性条件以及操作中的错误进行判断。当进行压栈操作时，有可能由于栈内数据过多而造成栈空间的上溢；当进行弹栈操作时，有可能由于栈内没有数据而造成栈空间的下溢。因此在函数push()和pop()中需要增加条件判断语句，进行相应的检查。我们把这留给读者作为练习。

6.2.3　队

“队”也称“队列”，是一种顺序存储、先进先出的线性数据结构。在这种数据结构中，数据从一端存入，从另一端取出。数据从队中取出的顺序与其进入队的顺序相同，这与我们日常的排队过程相似：后到的人排在队尾，直到排到队头，退出队列、接受服务。在计算技术中，队经常用来模拟排队的过程，对输入 / 输出数据进行缓冲存储。

对队的操作包括以下几种：

1）队的初始化。

2）数据的入队（从队尾写入数据）。

3）数据的出队（从队头取出数据）。

4）检查队是否为空。

5）检查队是否已满。

对队的初始化工作包括为队分配存储空间和说明队头和队尾的位置两部分。在程序中一般使用一维数组作为队的数据存储空间，其数据类型由其所要保存的数据决定，其大小由队的最大长度决定。为说明队头和队尾的位置，需要定义两个标记变量，分别表示队头元素和队尾元素的下标。这两个标记变量需要被初始化为 0，表示在初始状态下队为空。当有数据需要进入队中时，根据队尾标记变量把该数据放入队尾单元，然后将队尾标记变量加 1，以备下一次的数据入队操作。当需要从队中取出数据时，根据队头标记变量从队头单元读出数据，然后将队头标记变量加 1，以备下一次的数据出队操作。根据这些讨论，我们可以以 int 型数据为例，实现一个长度为 Q_N 的队。

【例 6-16】一个 int 型的队

```
int queue[Q_N], head = 0, tail = 0;
void put(int v)
{
    queue[tail++] = v;
}
int get()
{
    return queue[head++];
}
```

函数 put() 和 get() 分别将数据放入队中和从队中取出。需要注意的是，这两个操作是有条件的：在执行数据入队操作时需要保证在队中仍有可用的存储空间以保存新的数据；在执行数据出队操作时需要保证在队中仍有可用的数据。队中仍有可用空间的条件是队尾标记变量小于相应数组元素的个数；队不为空的条件是队头变量的值小于队尾变量的值。这些判断既可以在函数 put() 和 get() 中进行，也可以写成单独的函数，在执行 put() 和 get() 之前分别调用。为描述清晰起见，我们把这两个判断写成独立的函数：

```
int queue_empty()
{
    return head >= tail;
}
int queue_full()
{
    return tail >= Q_N;
}
```

在使用函数put()和get()之前需要分别调用queue_full()和queue_empty()，检查put()和get()的执行条件是否满足。

上述这种方式构造的队所允许的入队和出队操作的数量受限于存储空间的长度。这是因为每个存储单元只能一次性地存储一个入队的数据，并且在该数据出队后不再使用。在程序运行过程中，数据的入队和出队操作常常是交替进行的。在任一时刻，在队中缓冲的有效数据的数量是有限的，并且常常远小于需要经过队列缓冲数据的总量。为提高存储空间的使用效率，我们可以循环利用执行完出队操作后空出来的存储空间，当队尾到达实际存储空间的末尾后，新入队的数据被保存到队空间开头处空出来的存储单元中。这样，就可以使用有限长度的存储空间构造出对入队/出队操作数量没有限制的队。在这种方式下，队的实际存储空间大小只限制队的最大长度，而不限制经过队列缓冲数据的总量。

为构造这种循环队列，需要对队头和队尾下标变量进行模Q_N的操作，当下标的值增加到存储空间的长度Q_N时使其变为0。这样，我们实际上就把队的存储空间变成了一个首尾相接的环，并且以这种方式循环重复使用有限的存储空间对大量数据进行缓冲。

需要注意的是，在这种工作方式下，使用长度为Q_N的存储空间所构成的队最多只能同时保存Q_N–1个有效数据，而不是Q_N个。也就是说，在任一时刻队的长度不能超过Q_N–1。抽象地说，最多保存Q_N个数据的存储空间具有Q_N+1个可能的状态，即在任一时刻其中保存的数据量可以是0个、1个、2个、…、Q_N个。然而，对于存储空间为Q_N的队来说，队头和队尾下标的取值范围为0~(Q_N–1)，因此队头下标和队尾下标的差值只有最多Q_N个状态，无法表示存储空间所具有的Q_N+1个可能状态。具体地说，当队为空时，队头下标和队尾下标相同，其差值为0；而当队中保存Q_N个数据时，又会出现队头下标和队尾下标相同的情况。为了区分队空和队满这两种不同的状态，我们只能限制在任一时刻队的长度不超过Q_N–1。

我们把这种循环使用存储空间的队的具体实现方法留给读者作为思考和练习。下面我们看一个在程序中使用队的例子。

【例6-17】*N*位超级质数　从标准输入读入一个整数*N*（*N* < 9），生成所有满足下列条件的*N*位超级质数：左侧前任意连续位均是质数。例如，23、233、2339、23399就分别是这样的2位、3位、4位、5位超级质数。

对这个问题求解的最简单的方法是遍历所有*N*位正整数，并逐一检查每一个数的前一位、前两位直至前*N*位是否构成质数。但是这种方法的效率很低，当*N*比较大时计算速度很慢。我们可以换一种效率更高的方法：首先以所有的一位质数作为种子集合，然后在每个种子后面增加一个数字，并检查新生成的两位数是否是质数。如果新生成的两位数仍然是质数，就把它也放进种子集合中。重复这一过程，就可以从种子集合中生成所有长度为*N*的质数。如果我们以进入集合的顺序检查种子，就可以使用队作为种子集合的存储结构。下面是实现这一方法的主要代码：

```
#define NumOf(a)  (sizeof(a) / sizeof(a[0]))

int hd = 0, tail = 4, queue[MAX_Q] = {2, 3, 5, 7};       // queue中初始只包含一位质数
int digits[] = {1, 3, 7, 9};       // 可用于后n-1位的数字表

int main ()
{
```

```
    int i, m, n, len, end = 0;    // end的初始值用于当n == 1 因而循环语句不执行时

    scanf("%d", &n);
    for (len = 1; len < n; len++) {
       for (end = tail; hd < end; hd++) {
          m = queue[hd] * 10;
          for (i = 0; i < NumOf(digits); i++)
             if (isPrime(m + digits[i]))
                queue[tail++] = m + digits[i];  // 生成并存储比种子长一位的质数
       }
    }
    for (i = end; i < tail; i++)  // 输出n位质数
       printf ("%d\n", queue[i]);
    return 0;
}
```

这段代码的主要部分是一个三重嵌套的 for 语句，主要的数据结构是由数组 queue[]、标志 hd 和 tail 构成的队，以及可用数字表 digits[]。嵌套循环的最外层控制生成超级质数所使用的种子的长度 len，使其从 1 增加到 n-1。第二层执行对队中长度为 len 的种子的遍历：在循环开始时变量 hd 和 end 分别指向 queue[] 中第一个和最后一个长度为 len 的种子。最内层逐一将候选数字加到种子数的后面，使用函数 isPrime() 检查其是否为质数，并将新生成的 len+1 位质数保存到队中，作为生成后续。当最外层循环结束时，从 queue[end] 到 queue[tail-1] 的各个元素中所保存的就是长度为 n 的超级质数。

对常用算法有所了解的读者可以看出，上面讨论和实现的算法就是带深度控制的广度优先搜索。在上面的代码中，在最内层循环从种子生成新的超级质数时，并没有对从 0 到 9 进行遍历，而只是对可用数字表 digits[] 中的 4 个数字进行了遍历。这是因为以其余 6 个数字结尾的长度超过一位的数肯定不是质数，因此不必对它们进行测试。代码中也没有给出函数 isPrime() 的具体实现，读者可以参见前面章节的讨论。

在上述搜索过程中，所有的种子以及生成的结果都保存在队中，因此数组 queue[] 必须能够容纳长度从 1 到 8 的所有超级质数。在编程阶段难以精确地判断所有超级质数的数量，我们可以根据一些已知的条件和规律，粗略地确定数组 queue[] 的大小的上限。我们已知初始种子的数量是 4，在每个种子后面可能添加的数字的数量也是 4，即每个种子可以生成 4 个新的候选数。但是，并非每个候选数都是质数。假设每个种子最多平均生成 2 个新的质数，则小于或者等于 8 位的全部超级质数的数量不会超过 $4\sum_{n=1}^{8}2^{n-1} = 1020$。实际上，质数的分布随着数值的增加而越来越稀疏，全部超级质数的数量远远小于这一上限。但是，因为这个数值不大，所以在程序中不必再进一步细化对这一上限的估计，可以直接以此作为数组 queue[] 长度 MAX_Q 的值。在上面的代码中没有使用循环队列。我们把这作为习题留给读者。

6.3　字符串和字符数组

字符串和字符数组是 C 程序中经常用到的数据类型。在程序中，特别是在非数值计算的程序中，字符串和字符数组的使用非常广泛。字符串和字符数组之间的关系密切，又有一定的区别。在有些场合，两者的区别是明显的，因此是不能互换和混用的。但在更多的场

合，字符串和字符数组在概念上和实际应用上又常常可以互相替换。这种使用上的可互换性隐含着对字符数组内容或字符串存储方式的特殊要求。本书中，在满足这种隐含条件的情况下，不对这两者做严格的区分。

6.3.1 字符串

字符串是一个以字符串结束符 '\0' 结束的字符序列，通常用于人机交互时的信息输入/输出。一般说来，在字符串中只包含可见字符、空白符和以 \ 引导的转义字符，如换行符 \n、横向制表符 \t 等。

字符串经常以常量的形式出现。以常量形式出现的字符串必须由一对双引号引起来。这时，字符串结束符 '\0' 隐含在字符串的末尾，而不需直接写出。根据规定，字符串结束符不计算在字符串的长度之内。例如，"a+b-c" 是一个包含有 6 个字符的字符串常量，其中最后一个字符就是 '\0'，但在计算字符串长度时，只统计 '\0' 之前的 5 个字符，因此长度为 5。在一对双引号中不包含任何字符的字符串（""）称为空串，它只包含一个字符串结束符 '\0'，因此长度为 0。

很多时候，字符串也以字符数组内容的形式出现。此时，字符数组中在字符串的结尾处必须是一个字符串结束符 '\0'。否则，我们只能说该数组保存了一个字符序列，而非字符串。由于字符串的末尾需要包含 '\0'，字符串所占用的数组元素数量等于字符串长度加 1。实际上，字符串常量在程序内部也是保存在字符数组中的，并在其后以字符 '\0' 来标志字符串的结束。例如，字符串常量 "Hello, world!\n" 的内部表示形式如下：

H	e	l	l	o	,		w	o	r	l	d	!	\n	\0					

与一般保存在字符数组中的字符串不同的是，字符串常量位于特殊的存储区域，其内容在字符串定义时被初始化、以字符串结束符 '\0' 结尾，并且只供用户程序以只读的方式访问。试图对字符串常量中的内容进行修改是一种非法的操作，有可能引起无法预期的程序运行错误。

6.3.2 字符数组

元素类型为字符的数组称为字符数组，其定义方式与其他类型的一维数组相同。例如，下面的语句：

```
char str[64];
```

定义了一个包含有 64 个元素的字符数组，数组中的每个元素均为单个字符。一般的字符数组可保存任意字符序列，其内容不一定是字符串，并且可以被程序自由地读写。只有当数组中的字符序列以 '\0' 结束时，才可以说该字符数组中保存了一个字符串。

在定义字符数组时也可以同时对其进行初始化，以便指定数组各个元素的初始值。未指定初始值的全局数组元素的初始值均为 0，也就是字符串结束符 '\0'，而未指定初始值的局部数组元素的初始值不确定。字符数组的初始化有两种方式。第一种方式是把所要初始化的内容以字符的方式依次放在初始化表中。例如，如果我们想把字符串 "Hello" 作为初始化的内容保存在全局数组中，就可以写成下面的语句：

```
char str_1[64] = {'H', 'e', 'l', 'l', 'o'};
```

数组 str_1[] 前 5 个元素的值分别是 H、e、l、l、o，而其余未被初始化的数组元素的内容是 '\0'。为了描述方便起见，C 语言中也提供了直接使用字符串作为字符数组初始化内容的方式。使用这种方式，上述的语句可以改写为下面的形式：

```
char str_2[64] = "Hello";
```

在对字符数组进行初始化时，也可以利用初始化数据隐含地说明数组元素的个数。例如，我们可以用下列语句来定义和初始化字符数组：

```
char str_1[] = {'H', 'e', 'l', 'l', 'o'};
char str_2[] = "Hello";
```

但是，由于未显式地给出字符数组的长度，上述两种初始化方式的含义是不同的。在初始化完毕后，数组 str_1 中只有 5 个元素，分别保存着初始化表中的 5 个字符，但是没有字符串结束符，因此并不是一个完整的字符串。而数组 str_2 中有 6 个元素：除了用于初始化的字符串中的 5 个字符外，还包括字符串结束符 '\0'，因此是一个完整的字符串。下面是一个对字符数组中字符串操作的例子。

【例 6-18】字符串倒置　定义一个函数，将给定字符数组中的字符串倒置。

为将给定字符数组中的字符串倒置，我们可以首先找到字符串首尾字符的下标，对这两个字符进行交换，然后将两个下标各向字符串的中心移动一步，再交换两个下标所指的字符，直至两个下标重叠或交错。根据这一讨论，可以写出代码如下：

```
void str_rev(char s[])
{
    int lo = 0, hi = 0, t;

    while (s[hi] != '\0')
        hi++;
    for (hi--; hi > lo; lo++, hi--) {
        t = s[lo];
        s[lo] = s[hi];
        s[hi] = t;
    }
}
```

在上面的代码中，while 语句结束时 s[hi] 是 s[] 中的字符串结束符 '\0'，因此 for 语句的初始化表达式为 hi--，使 hi 的值成为字符串末尾字符的下标。

6.4　常用的标准字符串函数

对字符数组的操作一般通过标准库函数进行。下面我们介绍一些常用的字符串输入 / 输出和处理函数。字符串输入 / 输出函数的原型定义在标准头文件 <stdio.h> 中，其他各类字符串处理函数的函数原型定义在标准头文件 <string.h> 中，程序在使用这些函数前必须通过 #include 引用这些头文件。

6.4.1　字符串输出函数

常用的字符串输出函数有 puts()、fputs() 和 printf()。函数 puts() 的原型如下：

```
int puts(const char s[]);
```

这个函数在标准输出上输出参数字符串 s，并在其结尾输出一个换行符。该函数的参数既可以是一个字符串常量，也可以是一个字符数组，但其中的内容必须是一个以 '\0' 结尾的字符串，否则函数在执行时可能会产生难以预料的运行错误。下面是一个使用函数 puts() 的例子：

```
char a[] = "hello";
puts(a);
puts("world");
```

函数 puts() 自动地输出换行符，因此尽管字符串 a 和 "world" 中都不包含换行符，在这段代码执行完毕后终端屏幕上出现的字符串 hello 和 world 被放置在两行，并且光标也出现在 world 的下一行。

函数 fgets() 与 puts() 功能相近，其主要区别在于 fgets() 没有默认的输出文件，因此必须指定输出文件。此外，fputs() 不会自动在所输出的字符串末尾添加换行符。函数 fgets() 的原型如下：

```
char *fgets(const char *s, FILE *fp);
```

函数 fputs() 的第一个参数与 puts() 的参数相同，是所要输出的字符串；第二个参数的类型 FILE * 是文件指针，说明输出字符串的去向。关于指针和文件类型，我们将在后面的章节中讨论。目前我们需要记住的就是，对应于标准输出，需要使用系统定义的标识符 stdout 作为函数调用时的实际参数。

我们在前面的章节中已经讨论过函数 printf()，其原型是：

```
printf(const char *format, …);
```

函数 printf() 的功能是根据参数 format 将其变长参数表中的参数转换成规定格式的字符串，并输出到标准输出上。当变长参数表中待输出的参数是字符串时，其在参数 format 中的字段描述符是 %s。如果字段描述符 %s 所对应的字符序列没有字符串结束符 '\0'，或者根本就不是字符序列，而是其他类型的数据，则函数在执行时可能会产生难以预料的运行错误。下面是一个使用 printf() 输出字符串的例子：

```
char str_b[] = "The sum is";
int sum;
…
printf("%s: %d\n", str_b, sum);
```

当被输出的字符串是固定不变的常量时，一般将该字符串直接写在函数 printf() 的格式字符串中。例如，在上面的代码中，如果字符数组 str_b[] 的内容在程序执行时保持不变，则代码一般写为如下的形式：

```
printf("The sum is: %d\n", sum);
```

【例 6-19】平行四边形图案　设计一个程序，根据读入的正整数 n（$n < 36$）的值，在屏幕上输出一个以 '*' 构成的高度为 n、宽度为 $2n$、斜边斜率为 45° 的平行四边形图案。

我们在【例 4-9】中见过这道例题。【例 4-9】中的代码以循环输出单个字符的方式生成图案中的每一行。在本题的程序中，我们直接输出表示图案中各行的字符串，以替代单个字符的循环输出。这样，在程序中就只需要使用一重循环逐行输出图案即可。根据题目要求，图案中每行的 '*' 的数量等于变量 n，而 '*' 前面的空格是逐行递减的。为此，可以定义两个字符数组 sps[] 和 stars[]，分别保存由空格符和 '*' 组成的字符串。将这两个数组初始化为分别包含至少 N_MAX 个空格符和 2*N_MAX 个 '*'，其中 N_MAX 是输入正整数 n 的最大值。程序在读入 n 的值之后，通过将数组元素 stars[2 * n] 赋值为 '\0'，把 stars[] 设置为长度为 $2n$ 的字符串。然后，在每次循环时，根据当前的行号，将数组 sps[] 设置为长度符合要求的空格字符串。因为这一字符串的长度随行号递减，所以每次循环时在相应的位置上写入 '\0'，将该字符串截短即可。据此，可以写出程序的代码如下。与【例 4-9】的代码相比，这个程序显得更简单：

```
#include <stdio.h>

char sps[] = "                                                ";
char stars[] = "*****************************************************************";

int main()
{
    int i, n;

    scanf("%d", &n);
    stars[2 * n] = '\0';
    for (i = 0; i < n; i++) {
        sps[n - i] = '\0';
        printf("%s%s\n", sps, stars);
    }
    return 0;
}
```

标准库函数 sprintf() 也是与字符串输出相关的函数。与 printf() 不同的是，这个函数不是将格式化的数据写到标准输出上，而是将其写到一个指定的字符数组中。严格地说，这一函数不是数据输出函数，而是字符串构造函数。但是这一函数使用与 printf() 相同的格式字符串和变长参数表，因此被归于 printf() 一族，其函数原型在标准头文件 <stdio.h> 中描述如下：

```
int sprintf(char *buffer, char *format [, argument] … );
```

在这个函数中，第一个参数 buffer 是一个字符数组，用于保存函数的格式化输出内容；第二个参数 format 是描述输出格式的字符串，其后是与格式串中字段描述符对应的变长参数表。与所有向字符数组中写入数据的函数一样，在使用函数 sprintf() 时必须确保参数 buffer 所对应的数组中必须有足够的空间保存函数所产生的输出数据。sprintf() 常用于需要动态生成字符串的场合。下面我们看一个例子。

【例 6-20】由参数确定输出的小数位数　*从标准输入读入浮点数 x（$-10 < x < 10$）和整数 m（$0 < m < 13$），在标准输出上输出 $\sin(x)$ 的值，保留小数点后 m 位数字。*

我们知道，使用 printf() 输出含 <n> 位小数的浮点数的字段描述符是 %.<n>f。在这道题中，输出数据的小数位不是固定的，字段描述符 %.<n>f 中的 <n> 等于输入参数 m。如果使用字符串常量作为 printf() 的格式字符串，则只能使用 switch 语句或 if 语句，根据 m 的值调用不同的 printf()，使用相应的格式串。为简化程序，我们可以根据输入参数 m，用 sprintf() 生成相应的字符串作为 printf() 的格式串。这样就可以使用一个 printf() 而避免使用 switch 或 if 语句了。根据这一讨论，可以写出程序如下：

```
int main()
{
    int m;
    double x;
    char format[32];

    scanf("%lf%d", &x, &m);
    sprintf(format, "%%.%df\n", m);
    printf(format, sin(x));
    return 0;
}
```

在上面的代码中，sprintf() 的格式串中的 %% 在 format 中生成字符 %，%df 在 format 中生成 <n>f，其中 <n> 是参数 m 的值。这样，在 format 中就生成了后面 printf() 所需要的格式串。

6.4.2　字符串输入函数

常用的字符串输入函数有 scanf()、gets() 和 fgets()。scanf() 是格式化输入函数，可以根据格式字符串参数 format 中数据格式字段的说明，把用户在标准输入上输入的字符序列转换成规定的内部格式。scanf() 对字符串的字段格式描述符是 %s，表示从标准输入上读入以空格、tab 键或换行符分隔的字符序列，并且不包含用于分隔各个输入字段的空白符，也不进行任何数据转换。格式描述符 %s 在变长参数表中所对应的参数必须是一个字符数组，并且数组的大小必须能够容纳所输入的字符串。下面我们看一个利用 scanf() 读入字符串的例子。

```
#define N   128
char str_a[N], str_b[N], str_c[N], str_d[N];
double v;
scanf("%s %s %s %lf", str_a, str_b, str_c, &v);
printf("%s %s %s %f\n", str_a, str_b, str_c, v);
```

当执行这段代码时，如果在键盘上输入“ The sum is 1.23”，在键入回车符后，终端屏幕上会显示出：

```
The sum is 1.230000
```

"The"、"sum" 和 "is" 这三个由空格分隔的字符序列被分别保存在字符数组 str_a[]、str_b[] 和 str_c[] 中，字符序列 "1.23" 被转换为 double 类型的数值，保存在变量 v 中。如果我们把这段代码改为：

```
scanf("%s %s %s %s", str_a, str_b, str_c, str_d);
printf("%s %s %s %s\n", str_a, str_b, str_c, str_d);
```

则当在键盘上输入“ The sum is 1.23”后，终端屏幕上会再显示出一行同样的字符串，显示数字的 1.23 以字符串的形式被读入和保存在数组 str_d[] 中，没有进行任何转换。

需要再次强调的是，当使用 scanf() 读入字符串时，格式描述符 %s 在变长参数表中所对应的参数必须能够容纳所输入的字符串。如果从标准输入上读入的字符串的长度超过对应数组的大小，程序在运行时会产生难以预期的错误，轻则使程序产生错误的计算结果，重则使程序运行崩溃。

函数 gets() 的功能是从标准输入上读入一个连续的字符序列，直至换行符或输入数据的结尾，将其保存在通过参数指定的字符数组中，并在输入数据的末尾加上字符串结束符 '\0'。其函数原型如下：

```
char *gets(char s[]);
```

正常情况下，gets() 返回其参数。当在执行遇到异常时 gets() 返回 NULL。NULL 是一个定义在 <stdio.h> 中的符号常量。下面是一个使用 gets() 的例子：

```
char string[N];
if (gets(string) != NULL)
    printf("%s\n", string);
```

这段代码将标准输入上的字符序列保存到数组 string 中。当函数运行正常时，条件语句中的 printf() 将其输出到标准输出上。因为 gets() 不保存输入字符序列中的换行符，所以需要在 printf() 格式串中加上换行符 '\n'，以便使输出的数据单占一行。与 scanf() 读入字符串时的情形相同，函数 gets() 在从标准输入上读入字符序列时也不检查参数数组 s[] 的大小。使用者必须保证参数数组中有足够的空间存储读入的字符串，否则程序在运行时可能会产生难以预期的错误。实际上，一些早期的系统应用程序大量使用 gets() 作为字符序列输入函数，而一些黑客针对 gets() 的这一缺陷精心构造了各种特殊的字符串作为攻击手段，使得这些系统应用程序在运行时为攻击者获得对系统非法操作的权限。这就是著名的缓冲区溢出攻击。为了堵塞这一漏洞，目前在 C 程序中普遍使用标准库函数 fgets() 替代 gets()。函数 fgets() 的原型如下：

```
char *fgets(char s[], int n, FILE *fp);
```

函数 fgets() 的第一个参数与 gets() 的参数相同，是保存读入数据的字符数组；第二个参数是一个整数，说明保存读入数据的字符数组的长度；第三个参数的类型 FILE * 是文件指针，说明读入数据的来源。对应于标准输入，需要使用系统定义的标识符 stdin 作为函数调用时的实际参数。与函数 gets() 相类似，fgets() 从标准输入上读入一个连续的字符序列，直至换行符或输入数据的结尾，将其保存在参数 s 指定的字符数组中，并在输入数据的末尾加上字符串结束符 '\0'。其与 gets() 的不同之处有三点。第一，fgets() 最多只读入 n-1 个字符，以确保任何输入数据都不会造成缓冲区的溢出。第二，如果缓冲区 s 足够大，并且输入数据中包含换行符，则该换行符会被保存在缓冲区 s 中。第三，在使用 fgets() 时必须指明数据的来源，例如使用标识符 stdin 说明数据来自标准输入。下面是一个使用 fgets() 的例子：

```
char string[N];
if (fgets(string, N, stdin) != NULL)
    printf("%s", string);
```

这段代码是前面相似代码的 fgets() 版。与 gets() 不同的是，只要 N 大于输入数据的最大长度，fgets() 将换行符也作为输入字符串的组成部分保存在缓冲区中，所以在 printf() 的格式串中不需要另加换行符。

6.4.3　字符串复制和追加函数

除了上述字符串的输入 / 输出函数外，C 语言的标准函数库中还提供了字符数组的复制、字符数组的追加、字符数组的比较、字符串长度计算、字符串检查等多种用于字符串处理的函数。这些标准函数的原型都定义在标准头文件 <string.h> 中。因此，当使用这些函数时，需要在程序中包含标准头文件 <string.h>。

字符串复制函数用于构建已有字符数组的副本。标准的字符数组复制函数有两个，其原型如下：

```
char *strcpy(char dest[], char src[]);
char *strncpy(char dest[], char src[], int n);
```

这两个函数的功能相近，都是将数组 src[] 中的字符串复制到 dest[] 中，并且返回 dest[]。两者的区别在于，strcpy() 复制 src[] 中的全部内容，直至遇到 '\0'；而 strncpy() 只复制 src[] 中的前 n 个字符。只有当 src[] 中字符串的长度小于 n 时 strncpy() 才复制 src[] 中包括 '\0' 在内的全部内容。需要注意的是，当使用这两个函数时，dest[] 必须有足够的空间容纳所要复制的字符串，以避免程序运行时出错。此外，当使用 strncpy() 时，如果 n 小于或等于 src[] 中字符串的长度，则 dest[] 的数据中不包含 '\0'。此时，如果需要 dest[] 中的字符串终结于刚刚复制的字符序列，就要在其后面补上一个 '\0'。下面我们看一组使用字符数组复制函数的例子：

```
char s[32];
strcpy(s, "This is a book");
strncpy(s, "That is not his pen", 10);
puts(s);
```

当这些语句执行完毕后，会在屏幕上输出 "That is nobook"。这是因为 strcpy() 将 "This is a book" 复制到 s[] 中之后，strncpy() 向 s[] 中复制了 "That is not his pen" 中的前 10 个字符，不包含 '\0'，所以 s[] 中的字符串仍然在 "book" 后面结束。

字符串复制函数 strcpy() 的实现方法可以有多种。下面我们看一种常见的实现方法：

```
char *strcpy(char dest[], char src[])
{
    int i;
    for (i = 0; (dest[i] = src[i]) != '\0'; i++)
        ;
    return dest;
}
```

在这段代码中，字符串的复制是由 for 语句循环控制条件中的赋值表达式 (dest[i] = src[i]) 完成的。这一赋值表达式的值是当前正在复制的字符。将这一表达式的值与 '\0' 进行比较，即可判断是否复制到了 src[] 的结尾。函数 strncpy() 的实现方法与此类似，只是增加了对复制长度的判断。我们把这留给读者作为练习。

字符串追加函数的功能是将两个字符串连接在一起。标准的字符串追加函数有两个，其原型如下：

```
char *strcat(char dest[], char src[]);
char *strncat(char dest[], char src[], int n);
```

这两个函数的功能相近，都是将数组 src[] 中的字符串复制到 dest[] 中已有字符串的后面，并返回 dest[]。因此，在函数被调用前 dest[] 中必须保存有以 '\0' 结束的字符串。这两个函数的区别在于，strcat() 复制 src[] 中的全部内容，直至遇到 '\0'；而 strncat() 只复制 src[] 中的前 n 个字符。只有当 n 大于 src[] 中字符串的长度时 strncat() 才复制 src[] 中包括 '\0' 在内的全部内容。当使用 strncat() 时，如果 n 小于或等于 src[] 中字符串的长度，则 dest[] 中的数据不以 '\0' 结尾。在这种情况下，为保证 dest[] 中字符串的完整性，需要在 dest[] 的末尾另行添加 '\0'。此外，当使用这两个函数时，dest[] 必须有足够的空间容纳所要追加的字符串，以避免造成缓冲区溢出的错误。下面我们看一组使用字符串追加函数的例子：

```
char a[32] = "Hello";
char b[32] = "Good morning";
char c[] = " world";
strcat(a, c);
strncat(b, c, 6);
```

在执行完上述语句后，数组 a[] 中的内容是 "Hello world"，b[] 中的内容是 "Good morning world"。尽管 strncat(b, c, 6) 没有将 c[] 中的 '\0' 复制到 b[] 中，但因为数组 b[] 是全局数组且长度大于其初始化字符串的长度，其余各元素均被初始化为 0，所以无须在 b[] 的内容后面添加 '\0'。

字符串追加函数 strcat() 的实现方法有多种。下面是一种常见的实现方法：

```
char *strcat(char dest[], char src[])
{
    int i = 0, j = 0;
    while (dest[i] != '\0')
        i++;
    while ((dest[i++] = src[j++]) != '\0')
        ;
}
```

在这段代码中，第一个 while 语句用来查找 dest[] 字符串的结尾，第二个 while 语句循环控制条件中的赋值表达式 (dest[i++] = src[i++]) 完成将 src[] 中的字符串复制到 dest[] 的末尾的操作。函数 strncat() 的实现方法与此类似，只是增加了对复制长度的判断。我们把这留给读者作为练习。

6.4.4 字符串比较函数

字符串比较函数用于判断两个字符串的全部或部分内容是否相同。标准的字符串比较函数有两个，其原型如下：

```
int strcmp(char s1[], char s2[]);
int strncmp(char s1[], char s2[], int n);
```

这两个函数的功能相近，都是对字符串 s1[] 和 s2[] 中的字符按顺序进行比较，直至发现两个字符串中对应位置上的字符不同或者比较到字符串的结尾时为止。当比较结束且未遇到两个字符串中字符不同的情况时，函数返回 0，表示两个字符串相等。否则，函数根据两个不同字符编码值的大小，返回负数或正数，表示 s1[] 小于或大于 s2[]。这两个函数的区别在于，strcmp() 在 s1[] 和 s2[] 的全部内容中比较，而 strncmp() 只在 s1[] 和 s2[] 的前 n 个字符中比较。下面是一组使用字符数组比较函数的例子：

```
char a[] = "hello world";
char b[] = "hello World";
char c[] = "world hello";
printf("a-b: %d\t", strcmp(a, b));
printf("a-b-5: %d\t", strncmp(a, b, 5));
```

```
printf("a-c: %d\n", strcmp(a, c));
```

执行这段代码，产生下面的输出数据：

```
a-b: 1    a-b-5: 0        a-c: -1
```

这是因为，a[] 中的 w 是小写，其 ASCII 编码值大于 b[] 中大写的 W，因此使用 strcmp() 对 a[] 与 b[] 比较的结果是一个正数；但是 a[] 与 b[] 的前 5 个字符完全相同，因此使用 strncmp() 对 a[] 与 b[] 前 5 个字符比较的结果等于 0；a[] 中第一个字符 h 的 ASCII 编码值小于 c[] 中第一个字母 w，因此其比较结果是一个负数。在这段代码的执行结果中，strcmp() 和 strncmp() 产生的正数是 1，负数是 –1。很多 C 编译系统上的 strcmp() 和 strncmp() 函数都产生这样的结果，但这可以看成是一种特例，因为在标准库函数的手册中只规定了相应的结果必须是正数或负数，并没有规定其必须是某个特定的值。下面代码所示的一种 strcmp() 实现方法所返回的正数或负数就等于两个数组中对应字符编码值的差，而不一定是 1 或 –1：

```
int strcmp(char s[], char t[])
{
    int i;
    for (i = 0; s[i] == t[i]; i++)
        if (s[i] == '\0')
            return 0;
    return s[i] - t[i];
}
```

6.4.5 字符串检查函数

字符串检查函数可以分为三类：第一类检查字符串的长度，第二类检查字符串中是否包含有某个特定的字符，第三类检查字符串中是否包含有某个特定的子串。

检查字符串的长度的标准库函数只有一个，即 strlen()，其函数原型如下：

```
int strlen(char s[]);
```

函数 strlen() 的功能是计算并返回字符串 s 中除字符串结束符 '\0' 外的字符的数量。下面是一组使用 strlen() 的例子：

```
char a[] = "Hello world";
char b[] = "Good morning World";
char c[] = {'H', 'i', '\0'};
printf("strlen(a): %d\t", strlen(a));
printf("strlen(b): %d\t", strlen(b));
printf("strlen(c): %d\n", strlen(c));
```

执行这段代码，产生下面的结果：

```
strlen(a): 11  strlen(b): 18  strlen(c): 2
```

在这段代码中，数组 c[] 的初始化表必须以字符串结束符 '\0' 结尾，否则程序会产生难以预料的错误结果。

字符串长度检查函数可以用下面的代码实现：

```
int strlen(char s[])
{
```

```
    int i = 0;
    while (s[i] != '\0')
        i++;
    return i;
}
```

标准库函数中检查一个字符串中是否包含有某个特定的字符的函数有两个，即 strchr() 和 strrchr()。这两个函数的原型如下：

```
char *strchr(char *s, int c);
char *strrchr(char *s, int c);
```

如果在字符串 s 中存在字符 c，strchr() 和 strrchr() 分别返回字符 c 在 s 中第一次和最后一次出现的位置。如果在字符串 s 中没有字符 c，则这两个函数都返回 NULL。

标准库函数中检查一个字符串中是否包含有某个特定子串的函数有两个，即 strstr() 和 strrstr()。这两个函数的原型如下：

```
char *strstr(char *s, char *s1);
char *strrstr(char *s, char *s1);
```

如果在字符串 s 中存在子串 s1，strstr() 和 strrstr() 分别返回子串 s1 在 s 中第一次和最后一次出现的位置。如果在字符串 s 中没有字符串 s1，则这两个函数都返回 NULL。

理解和使用函数 strchr()、strrchr()、strstr() 和 strrstr() 需要对指针有较为深入的了解。我们将在第 7 章中再对这些函数进行讨论。

6.4.6 字符串扫描函数 sscanf()

标准库函数 sscanf() 的功能是以格式化的方式从字符串中读入数据，而不是从输入文件中读入。这一函数使用与 scanf() 相同的格式字符串和变长参数表，因此被归于 scanf () 一族，其函数原型如下：

```
int sscanf(const char *buffer, char *format [, argument] …);
```

在这个函数中，第一个参数 buffer 是一个字符串，保存等待分析读入的数据；第二个参数 format 是描述输入数据的数量和类型的字符串，其后是与格式串中字段描述符对应的变长参数表，必须是相关变量的地址或数组。sscanf() 的返回值与 scanf() 相同，也是成功读入的字段数，一般弃而不用。下面我们看一个例子。

【例 6-21】分析日期和时间信息　计算机系统经常以 dd/MMM/yyyy:hh:mm:ss+zzzz 的方式给出日期和时间，其中 dd 表示日期，MMM 是月份英文名称的缩写，yyyy 是年份，hh、mm、ss 分别表示时、分、秒，zzzz 表示与 GMT 的时间差。例如，06/Aug/2020:19:54:30 + 0800 表示北京时间 2020 年 8 月 6 日 19 时 54 分 30 秒。给出一个以上述方式表示时间的字符串，使用 sscanf() 提取出其中的各个成分。

从上述时间表示方式可以看出，各有效字段的类型，除月份英文名称的缩写外，均为整数，因此可以使用 %d 和相应的 int 型变量来描述和保存；月份英文名称的缩写为三位字符，其格式描述符可以使用 %3c，相应的存储空间应为长度至少为 4 的 char 型数组，以便保存英文字符和字符串结束符；其余的分隔符均可在格式串中直接描述。根据上述讨论，可以写出相应的代码如下：

```
int day, year, h, m, s, zone;
```

```
char mon[32] = "";
sscanf(buf, "%d/%3c/%d:%d:%d:%d%d", &day, mon, &year, &h, &m, &s, &zone);
```

在上面的代码中，buf 必须是一个符合格式要求的表示日期和时间的字符串。例如，假设 buf 定义如下：

```
char buf[] = "06/Aug/2020:19:54:30 +0800";
```

则在 sscanf() 执行完毕后变量 day、year、h、m、s、zone 中分别保存 6、2020、19、54、30、800，数组 mon[] 中保存字符串 "Aug"。

6.5 二维数组

二维数组一般用来描述具有两个维度的对象，如矩阵、图像、关系、表格等，以及其他可以表示为二维结构的运算对象。二维数组中的元素由两个维度定位。数组中元素的个数等于两个维度大小的乘积。

6.5.1 二维数组的定义

二维数组的定义与一维数组相似，需要分别说明数组名、数组元素的类型，以及数组两个维度的大小。二维数组定义的语法格式如下：

```
<类型> <数组名> [<行数>][<列数>];
```

其中 < 类型 > 可以是任何基本类型或者除数组之外的其他构造类型，< 数组名 > 是一个标识符，用以命名所要定义的数组，< 行数 > 和 < 列数 > 是两个大于 0 的整型常量表达式，分别定义数组两个维度的大小。下面是一个二维数组定义的例子：

```
int a[5][6];
```

这个语句定义了一个 5 行 6 列的 int 类型二维数组 a[][]。二维数组中的元素由这个数组的两个下标确定。与一维数组一样，二维数组各个下标的取值范围从 0 开始，到相应维度的大小减 1 为止。因此上面所定义的数组 a 的第一个元素是 a[0][0]，最后一个元素是 a[4][5]。

当定义一个二维数组时，可以同时对其中的各个元素进行初始化。在对二维数组初始化时，每一行的初始值由大括号括起来的初始化表描述，各行的初始化表之间用逗号分隔，外面再用一对大括号括起来。例如，下面的语句定义并初始化了一个 2 行 12 列的二维数组，表示平年和闰年的每个月各有多少天：

```
int day_tab[2][12] = {{31, 28, 31, 30, 31, 30, 31, 31, 30, 31, 30, 31},
                      {31, 29, 31, 30, 31, 30, 31, 31, 30, 31, 30, 31}};
```

其中第一行（day_tab[0]）对应平年，第二行（day_tab[1]）对应闰年；每行的元素按顺序表示各个月的天数。

如果在对一个定义完整的二维数组进行初始化时，初始化表中的数据少于数组元素的数量，则初始化表中的数据以行为单位，按顺序对数组元素进行初始化。没有初始化数据对应的元素被初始化为 0。例如，在执行完下面的数组初始化语句后，数组元素 b[0][0]、b[1][0] 和 b[1][1] 分别被初始化为 5、6 和 7，而数组中其余的元素均被初始化为 0：

```
int b[10][12] = {{5}, {6, 7}};
```

如果一个二维数组定义中对行数没有显式地说明，则该数组的行数由其初始化表中的行数决定。例如，上面的二维数组 day_tab 的定义也可以写成下面的样子：

```
int day_tab[][12] = { {31, 28, 31, 30, 31, 30, 31, 31, 30, 31, 30, 31},
                      {31, 29, 31, 30, 31, 30, 31, 31, 30, 31, 30, 31}};
```

但是在任何情况下，在二维数组的定义中必须显式地说明该数组的列数。

6.5.2 二维数组元素的引用

一个数组元素在二维数组中的位置由其所在的行和列表示，因此确定数组中的元素需要指明该元素在数组中的这两个下标。数组下标必须是非负的整型表达式，且数值要小于相应维度的大小。下面是几个使用二维数组元素的例子：

```
double arr_1[25][125], arr_2[125][120], s;
int i, j;
…
s = arr_1[10][20] * arr_2[3][6];
arr_2[i][j] = arr_1[i / 5][j + 5];
```

在上面的例子中，必须要确保变量 i 的值介于 0 和 124 之间，变量 j 的值介于 0 和 119 之间，否则程序在运行时就会造成数据访问时的地址越界，产生难以预期的错误。下面我们再看一个使用二维数组的例子。

【例 6-22】第几天　*设计一个函数，求 y 年 m 月 d 日是 y 年的第几天。*

根据题目的要求，我们可以确定该函数的原型如下：

```
int day_of_year(int year, int month, int day);
```

其中参数 year、month 和 day 分别是给定日期的年、月、日，函数通过其返回值报告该日期是该年的第几天。求解这一问题的基本算法是将 day 的值加上从 1 月至 m–1 月的每月天数。为了获得每个月的天数，我们可以使用一个数组，按顺序保存每个月的天数。对于闰年的处理，可以有不同的方法：一种是在程序的代码中对闰年进行单独的处理，如果 year 是闰年，当计算二月份的天数时增加一天；另一种方法是使用二维数组分别记录平年和闰年各个月份的天数，并根据 year 是平年还是闰年而分别使用二维数组中不同的记录。从代码的简洁性来看，后一种方法显然更好一些。下面就是采用这种方法的代码：

```
int day_of_year(int year, int month, int day)
{
    int leap, i;

    leap = year % 400 == 0 || (year % 100 != 0 && year % 4 == 0);
    for (i = 1; i < month; i++)
        day += day_tab[leap][i - 1];
    return day;
}
```

二维数组 day_tab 的定义如 6.5.1 节中的例子所示，其中保存了平年和闰年各个月份的天数。函数 day_of_year() 首先计算年份 year 是否是闰年，用 0 和 1 分别表示平年和闰年，并将结果保存在变量 leap 中。在循环语句中则以 leap 作为二维数组 day_tab 的第一个下标，根据 leap 的值来决定对哪个月份日期记录进行访问。需要注意的是，因为

month 的取值范围是 1~12，而数组下标是从 0 开始的，所以在循环语句中 day_tab 的第二个下标是 i - 1。

6.5.3　二维数组元素的遍历

对二维数组中所有元素的遍历通常使用二重循环，依次遍历数组的每一个维度。对二维数组元素遍历时的次序需要根据计算的要求确定。当对遍历次序无特殊要求时，一般按行进行，即对行的遍历在二重循环的外层，对列的遍历在二重循环的内层。这样做既有习惯的因素，也有对程序执行效率方面的考虑。一般来说，在现代的计算机体系结构，如 IA32 中，按行进行数组元素遍历的速度要高于按列进行的遍历。下面是两个二维数组元素遍历的例子。

【例 6-23】矩阵相加　两个 6×6 矩阵保存在 int 型二维数组 t1 和 t2 中，求这两个矩阵之和并保存在数组 s 中。

两个矩阵求和是对两个矩阵中所有对应元素分别求和。根据这一定义，可以写出下面的代码：

```
int t1[6][6], t2[6][6], s[6][6], i, j;
…
for (i = 0; i < 6; i++)
    for (j = 0; j < 6; j++)
        s[i][j] = t1[i][j] + t2[i][j];
```

【例 6-24】矩阵元素的 Z 形扫描　在图像编码中，往往要对一个表示图形的方阵进行 Z 形扫描（Zigzag Scan）。给定一个 n 阶方阵，Z 形扫描的过程如图 6-3 所示。从标准输入上读入正整数 n，按 Z 形扫描的方式输出整数 $1\sim n^2$。

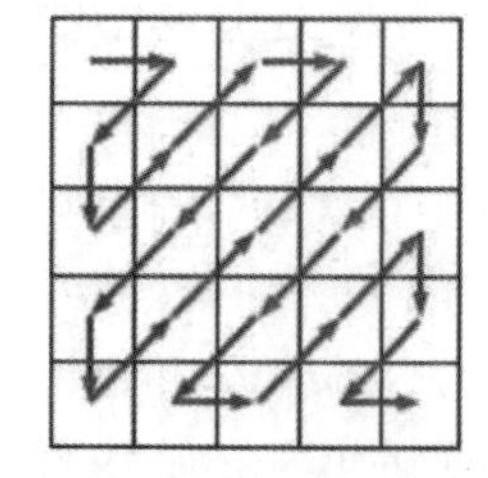

a）n 阶方阵的 Z 形扫描顺序

1	2	6
3	5	7
4	8	9

b）3 阶方阵的填充

1	2	6	7
3	5	8	13
4	9	12	14
10	11	15	16

c）4 阶方阵的填充

1	2	6	7	15
3	5	8	14	16
4	9	13	17	22
10	12	18	21	23
11	19	20	24	25

d）5 阶方阵的填充

图 6-3　n 阶方阵的 Z 形扫描和填充

为按规定的格式输出数据，较为简便的方法是首先按照 Z 形扫描的方式把 $1\sim n^2$ 按顺序填充到一个 $n\times n$ 的二维数组中，然后再逐行输出二维数组中的元素。从图 6-3a 可以看出，n 阶方阵的 Z 形扫描可以分为上行和下行两类扫描顺序，以及当扫描到方阵边界时的方向转换。上行扫描每前进一步是 x 坐标加 1，y 坐标减 1，下行扫描与此相反。上行扫描和下行扫描的转折点各有 3 种，分别是两个方向单独触及边界以及两个方向同时触及边界。在转折点上扫描的前进方向取决于转折点的类型。根据这一观察和分析，可以写出程序代码如下：

```
int arr[M][M];

int main()
{
```

```
    int i, n, x, y, dir = 1;
    scanf("%d", &n);

    for (x = y = i = 0; i < n * n; i++) {
        arr[y][x] = i + 1;
        if (dir == 0) {
            dir = (x == 0 || y == n - 1);
            if (x == 0 && y == n - 1) {
                x = 1;
            }
            else if (x == 0) {
                y++;
            }
            else if (y == n - 1) {
                x++;
            }
            else {
                x--;
                y++;
            }
        }
        else if (dir = 1) {
            dir = !(y == 0 || x == n - 1);
            if (y == 0 && x == n - 1) {
                y = 1;
            }
            else if (y == 0) {
                x++;
            }
            else if (x == n - 1) {
                y++;
            }
            else {
                x++;
                y--;
            }
        }
    }
    for (y = 0; y < n; y++) {
        for (x = 0; x < n; x++)
            printf("%2d ", arr[y][x]);
        putchar('\n');
    }
    return 0;
}
```

在上面的代码中，M 是大于或者等于输入数值 n 的最大值的整数。程序中有两个独立的 for 语句：第一个用于对二维数组 arr[] 的填充，第二个用于按行输出数组中的内容。变量 dir 用于记录当前的前进方向：0 表示下行，1 表示上行。在第一个 for 语句中，外层的 if else 语句根据当前的前进方向分别处理上行和下行的扫描过程。其中嵌套的 if else 语句按顺序分别处理同时触及两个方向的边界点，单独触及一个方向的边界点，以及正常扫描时的情况。对方向的转换没有放到相应的触及边界点的 if else 分支中，也没有使用条件语句，而是直接使用了逻辑表达式对 dir 赋值。printf 格式串中的 %2d 是假定 n 是一位整数，因此 n^2

最大是两位数，输出时每个数占两位，就可以保证输出数据的对齐。

6.5.4　二维数组元素的排列方式

了解二维数组中元素的排列方式有助于深入理解二维数组的概念和结构。这对于进一步学习后面的内容、理解二维数组与指针等复杂概念的关系，以及充分利用 C 语言所提供的能力进行复杂的程序设计等，都是必不可少的。

在二维数组中，数组元素是以行为单位顺序排列的。下面是一个二维数组元素排列的例子。在这个例子中，我们定义了一个 int 型的数组 `int a[5][8]`，其数组元素的排列方式如图 6-4 所示。

a[0][0]	a[0][1]	a[0][2]	a[0][3]	a[0][4]	a[0][5]	a[0][6]	a[0][7]
a[1][0]	a[1][1]	a[1][2]	a[1][3]	a[1][4]	a[1][5]	a[1][6]	a[1][7]
a[2][0]	a[2][1]	a[2][2]	a[2][3]	a[2][4]	a[2][5]	a[2][6]	a[2][7]
a[3][0]	a[3][1]	a[3][2]	a[3][3]	a[3][4]	a[3][5]	a[3][6]	a[3][7]
a[4][0]	a[4][1]	a[4][2]	a[4][3]	a[4][4]	a[4][5]	a[4][6]	a[4][7]

图 6-4　二维数组元素的排列顺序

从图 6-4 可以看出，二维数组是一片连续的存储区。知道了数组的列数以及数组元素的下标，我们就可以计算出每一个元素所在的位置。设二维数组 x 有 M 列，则数组元素 x[i][j] 相对于数组起点的位置为 i * M + j。对于图 6-4 所示的数组 `int a[5][8]`，其数组元素 `a[3][3]` 就是数组中第 27 个元素。而这也暗示我们可以使用不同的下标组合来访问同一个数组元素。例如，对于数组 `int a[5][8]`，`a[0][21]` 和 `a[1][13]` 所访问的是同一个数组元素 `a[2][5]`。C 语言不对数组元素的下标做严格的范围检查。在上面的例子中，尽管数组元素的列下标超出了在数组定义中给出的范围，但是数组元素 `a[i][j]` 的下标组合没有超出数组 a 的范围，因此不影响程序的运行。C 语言的这一特点既是一个优点，也是一个缺点。一方面，它可以增加程序描述的灵活性，使得有经验的编程人员可以写出更为精练的代码；另一方面，它又增加了程序中出错的可能性。对数据访问时的地址越界是程序中常见并且难以调试和发现的问题。因此对于初学者来说，应该养成良好的编程习惯，把数组元素的下标严格限制在规定的范围内。

进一步观察图 6-4 可以发现，二维数组中每行对应于一个一维数组。因此我们可以把一个二维数组看成是一个一维数组，这个一维数组中的每个元素本身又是一个一维数组。对二维数组这样的观察有助于在后面的章节中理解二维数组与指针的关系，同时也有助于理解具有更高维度的数组：在 C 语言中，一个 N 维的数组可以看成是以 N–1 维数组为元素的一维数组。比照二维数组，我们就可以知道任意高维数组中指定元素的位置及其与指针的关系了。对高维数组的其他各类操作，也都可以参照二维数组的方法进行推广。在实际的程序设计中，二维数组中的元素也经常以行为单位，作为一维数组来使用。下面我们看两个例子。

【例 6-25】星期几　*改进【例 5-2】中的函数 week_day()，已知某月 x 日是星期 y，该月有 n 天，设计一个函数，在标准输出上以文字方式输出下一个月的 k 日是星期几。*

在【例 5-2】中给出了根据参数 x、y、n、k 计算出以整数 0~6 表示的星期日至星期六的方法。为根据该整数输出相应的表示星期几的字符串，最容易想到的方法就是使用级联的 if else 语句，或者等价的 switch 语句。这样的程序无疑是正确的，但是却显得冗长。使用二维字符数组，可以写出更简洁的代码如下：

```
#define LEN 16
char day_name[][LEN] = {
    "Sunday",
    "Monday",
    "Tuesday",
    "Wednesday",
    "Thursday",
    "Friday",
    "Saturday"
};

void week_day(int x, int y, int n, int k)
{
    int m;
    m = (n - x + y + k) % 7;
    printf("%s\n", day_name[m]);
}
```

在上面这段代码中，我们使用了一个二维字符数组保存表示星期几的字符串。在函数 week_day() 中，以表示星期几的整数 m 作为二维数组的行下标，访问该数组相应行中的字符串，由 printf() 输出。这样的代码与使用 if else 语句或 switch 语句的代码比起来不仅更加简洁，而且也更加易于维护。当需要修改输出的字符串时，例如当需要把输出文字由英文改为中文或其他文字时，只需修改二维数组的初始化表即可，无须对代码做任何的改动。

【例 6-26】数据中的最长行　从标准输入上读入多行正文数据，在标准输出上输出其中最长行的长度和内容。

求解这一问题的基本方法是逐行读入数据，计算其长度并与已知最长行的长度进行比较。如果新读入数据的长度大于已知最长行的长度，则将新数据保存为最长行，并更新已知最长行的长度记录。为此，我们可以使用两个字符数组分别保存已知最长行和新的输入行；使用两个 int 型变量分别记录已知最长行和新输入行的长度。当新输入行的长度大于已知最长行的长度时，将新输入行的内容复制到保存已知最长行的数组中。据此，可以写出代码如下：

```
int len, max_n = 0;
char in_line[MAX_N], longest[MAX_N] = "";
while (gets(in_line) != NULL ) {
      len = strlen(in_line);
      if( len > max_n ) {
          max_n = len;
          strcpy(longest, in_line);
      }
}
printf("%d: %s\n", max_n, longest);
```

上面这段代码可以正确地工作，但是运行效率较低。最差情况是，当输入数据的长度递增时，所有的输入行都要被再复制一遍。为提高程序的运行效率，我们可以换一种方法，使用二维字符数组作为存储输入数据和最长行的数据结构，用二维数组的行下标变量标记新数据和最长行。当新输入数据的长度大于已知最长行时，交换两个下标变量的值，以此代替字符数组中数据的复制。实现这种方法的代码如下：

```
int main()
{
    char arr[2][MAX_N] = {""};
    int in = 1, longest = 0;  // 数组下标初始化
    int max_len = 0, len, tmp;
    while (gets(arr[in]) != NULL) {
        len = strlen(arr[in]);
            if (len > max_len) {
                max_len = len;
                tmp = in, in = longest;
                longest = tmp;
            }
        }
    printf("%d: %s\n", max_len, arr[longest]);
    return 0;
}
```

在上面的代码中，对二维数组 `arr[2][MAX_N]` 进行了初始化。否则，如果输入文件为空，结果输出语句 sprintf() 会产生不确定的错误，轻则会输出乱码，重则会引起程序的崩溃。

6.5.5　作为参数的二维数组

当一个函数的参数是二维数组时，在函数的参数表中只需要说明该二维数组的列数以及数组元素的类型，不必说明数组的行数。这与一维数组作为函数参数时的情况有些类似：当一维数组作为函数的参数时，只需说明该参数是一个一维数组以及数组元素的类型，不必说明数组元素的数量。作为函数参数的二维数组的这种说明方式表明，一个函数对于实际参数数组的行数没有限制。当函数被调用时，只要实际参数所表示的二维数组的类型及列数与形式参数相同即可。下面是一个函数中二维数组参数的例子。

【例 6-27】矩阵加法函数　定义一个进行 int 型 5×5 矩阵（5 阶方阵）加法的函数。

矩阵是一个二维的数据结构，保存在二维数组中。根据题目的要求、二维数组作为函数参数时的描述方法，以及矩阵加法的定义，一个执行 int 型 5×5 矩阵加法的函数可以描述如下：

```
void arr_add(int t1[][5], int t2[][5], int s[][5])
{
    int i, j;
    for (i = 0; i < 5; i++)
        for (j = 0; j < 5; j++)
            s[i][j] = t1[i][j] + t2[i][j];
}
```

在这个函数中，参数 `t1[][5]` 和 `t2[][5]` 分别是被加数和加数，`s[][5]` 是计算结果。假设有如下三个 int 型的二维数组：

```
int arr1[5][5], arr2[5][5], sum[5][5];
```

在对 `arr1` 和 `arr2` 的各个元素赋值后，可以使用函数 arr_add() 计算 `arr1` 和 `arr2` 的和，并将结果保存到 `sum` 中：

```
arr_add(arr1, arr2, sum);
```

因为 C 语言不检查作为实际参数的二维数组的行数，所以任意 *r* 行 5 列的二维数组都

可以作为函数 arr_add() 的参数。实际参数是否有足够的行数需要由编程人员来保证。同时，这也说明函数 arr_add() 具有对任意 r 行 5 列矩阵进行加法的潜在能力。为使函数 arr_add() 执行对 r 行 5 列矩阵的加法，需要将 r 作为参数传给 arr_add()，使其知道实际参数数组的行数。为此，函数 arr_add() 可以定义如下：

```
void arr_add(int t1[][5], int t2[][5], int s[][5], int r)
{
    int i, j;
    for (i = 0; i < r; i++)
        for (j = 0; j < 5; j++)
            s[i][j] = t1[i][j] + t2[i][j];
}
```

【例 6-28】使用二维数组绘制函数图像　在标准输出上水平宽度为 w、垂直高度为 h（均以字符为单位）的窗口中用字符 '*' 和 '#' 分别画出三角函数 sin 和 cos 在以度为单位的区间 [0, ang) 的图像，在图像中画出 x 轴和 y 轴，其中坐标的 x 轴从左向右平行于屏幕的横轴，y 轴自下而上平行于屏幕的纵轴。

绘制函数 $y = f(x)$ 图像的基本原理是，令自变量 x 在给定的区间递增，逐一计算出相应的函数值 y。对于每一个数对（x_i, y_i），将其转换为绘图设备上的坐标点（u_i, v_i），然后在相应的位置上画点。但是，绘图设备上的坐标点一般是整数值，并且其取值范围与函数自变量及函数值的取值范围没有简单的整数比例关系。为避免由于计算误差引起的对绘图设备坐标点映射时的重复和空缺，在进行函数图像绘制时一般对绘图设备上与自变量 x 对应的坐标 u 的取值范围进行遍历，根据变量 x 与坐标 u 的对应关系将其转换为函数 $f(x)$ 自变量的取值 x_i，计算出函数在该点的值，再转换为绘图设备上的坐标值 v_i，以确定需要绘制的图像点（u_i, v_i）。根据题目要求，自变量 x 的取值范围为 $0 \sim ang$，u 的取值范围为 $0 \sim w$，因此 $u \rightarrow x$ 的映射关系为：

$$x = u * ang / w; \quad (0 \leqslant u < w)$$

三角函数 sin 和 cos 的取值范围为 $-1 \sim 1$。因为在绘图设备（屏幕）上，v 的正方向向下，所以与 y 对应的 v 的取值范围为 $h \sim 0$。因此 $y \rightarrow v$ 的映射关系为：

$$v = -y * h / 2 + h / 2; \quad (-1 \leqslant y \leqslant 1)$$

确定了需要绘制的图像点的坐标（u_i, v_i），剩下的就是在坐标位置（u_i, v_i）上画点了。为了使程序简洁，我们可以定义一个满足窗口尺寸要求的二维字符数组作为绘图板，以列下标表示 x 轴坐标，行下标表示 y 轴坐标，在各个元素中写入空格符，在数组各行第 0 列元素中写入表示纵坐标轴的字符，在第 $h/2$ 行所有数组元素中写入表示横坐标轴的字符，完成对坐标轴的绘制。然后，遍历 x 轴的各点 x_i，计算出函数值 y_i，在第 y_i 行 x_i 列数组元素中写入表示图像点的字符。在完成了在数组中对函数图像的绘制后，即可将二维数组的内容逐行输出到终端屏幕上。下面是这一计算过程的代码：

```
char g_arr[MAX_H][MAX_W];
int main()
{
    int w, h, ang, i;
    scanf("%d %d %d", &w, &h, &ang);      // 读取w、h和ang的值，未做范围检查
    init(g_arr, w, h);
    draw_curve(g_arr, w, h, ang);
```

```
    for (i = 0; i <= h; i++)
        puts(g_arr[i]);
    return 0;
}
```

函数 main() 描述了计算过程的主要步骤：读入数据、数据结构初始化、在二维数组中绘制函数曲线、输出二维数组的各行。下面是初始化和曲线绘制函数的代码：

```
void init(char arr[][MAX_W], int w, int h)
{
    int i;
    char s[MAX_W];
    for (i = 1; i <= w; i++)
         s[i] = ' ';
    s[0] = '|';
    s[w + 1] = '\0';
    for (i = 0; i <= h; i++)
        strcpy(arr[i], s);
    for (i = 0; i <= w; i++)
        arr[h / 2][i] = '-';
}

void draw_curve(char arr[][MAX_W], int w, int h, int ang)
{
    int u, v;
    double x;
    for (u = 0; u <= w; u++) {
        x = u * ang / w * M_PI / 180.0;
        v = (int) (h / 2 - sin(x) * h / 2);
        arr[v][u] = '*';
        v = (int) (h / 2 - cos(x) * h / 2);
        arr[v][u] = '#';
    }
}
```

为使程序能够正确编译和运行，在代码中还需要包含 <stdio.h>、<string.h>、<math.h> 三个头文件，并定义 MAX_H 和 MAX_W 的值。这两个常量必须大于实际窗口可能的最大值。

在【例 6-28】中，保存函数图像的二维数组 arr[][] 是一个全局变量，从变量作用域的角度看，在函数 init() 和 draw_curve() 中完全可以直接访问数组中的元素，而不必通过参数传递的方式。但是从程序设计的风格看，一般情况下，当在函数中需要访问外部变量时，最好是通过参数传递的方式，以便增加函数的局部性和独立性。这不但有助于对代码的理解，也有助于程序的维护，特别是当程序的规模较大时。

【例 6-28】也可以使用一维数组来实现。我们可以用一维数组表示二维图像的一个剖面，计算函数图像在这个剖面上落在哪些点上。连续移动这一剖面就可以画出完整的图像。当令坐标的 x 轴自上而下平行于屏幕的纵轴，y 轴从左向右平行于屏幕的横轴时，每个剖面表示一个时刻，程序较为简单。如果令坐标的 x 轴从左向右平行于屏幕的横轴，y 轴自下而上平行于屏幕的纵轴，每个剖面表示绘图设备上 v 的一个值，则程序较为复杂，我们把这两种方法和相应的程序实现留作习题。

习题

1. 设有一维数组 `double darr[100];`，该数组元素的类型是什么？数组元素的下标范围是什么？
2. 全局数组变量和局部数组变量中各个元素的初始值分别是什么？
3. 如何进行数组复制？
4. 当使用一维数组作为函数的参数时，在语法上需要说明数组元素的个数吗？
5. 当使用二维数组作为函数的参数时，在语法上需要说明数组的行数和列数吗？
6. 当使用数组作为函数调用的实际参数时，传递给函数的实际上是 ________。

   A. 数组第一个元素的值　　B. 数组第一个元素的地址

   C. 数组中元素的个数　　D. 数组中所有元素的值
7. 向一个字符数组中写入长度为 n 的字符串，该数组的最小长度应该是多少？
8. 一个字符数组中包含了一个长度为 n 的字符串，则该字符串首尾字符的数组下标分别是 ______。

   A. $0, n$　　B. $1, n$　　C. $0, n-1$　　D. $0, n+1$
9. 修改【例 6-2】，使其统计所有出现次数不为 0 的字母数量、大写字母的总和，以及读入字符的总数。
10. 修改【例 6-9】，用将最大元素放在数组最后的方法进行选择排序。
11. 补充完善对 6.2.2 节中的栈操作函数，使其能够检查相应的操作条件是否满足。当操作条件不满足时，进行适当的处理，并输出必要的警告信息。
12. 使用其他算法或数据结构（例如对输入数据排序后合并等）实现【例 6-13】**区间合并**，比较它们与【例 6-13】在不同输入数据量下的效率。
13. 修改【例 6-16】中的队操作函数，使其能够循环利用分配给队的存储空间。
14. 使用循环队列改写【例 6-17】***N* 位超级质数**的实现代码。估计一下这时用作队存储空间的一维数组的大小。通过试验检查一下你的估计与实际情况的差异。
15. 修改【例 6-17】***N* 位超级质数**的实现代码，交替使用两个队列代替例题代码中的一个队列。估计一下这两个队列大小的上限。比较这一方法与使用循环队列的优缺点。
16. 参考函数 strcpy() 的定义，写出函数 strncpy() 的实现代码。
17. 参考函数 strcat() 的定义，写出函数 strncat() 的实现代码。
18. 从标准输入读入一行长度不超过 100 个字符的字符串，向标准输出上逆序输出其中的大写字母，以换行符结尾。注意：输入数据中的换行符不是输入字符串的组成部分。
19. 整数序列中两个相邻的数，如果后面的数小于前面的数，则称这两个数值构成了一个逆序对。例如，整数序列 5、1、18、12、9 中包含 3 个逆序对。从标准输入上读入 n（$n < 100$）个由空格分隔的整数，在标准输出上输出其中包含的逆序对的数量。
20. 从标准输入上读入两个正整数 n、k（$n \leqslant 60\ 000\ 000$，$k \leqslant 20$），在标准输出上输出小于 n 的最大质数对（$p, p+2k$）中的两个质数。例如，在标准输入上输入“30 1”时，在标准输出上输出“17 19”，因为（17, 19）是差值为 2 且小于 30 的最大质数对。
21. 给定 n（$n < 2\ 000\ 000$）个整数，其中相同的数可能出现多次。统计这些整数各自出现的次数，按照整数出现次数升序在标准输出上输出统计结果，出现次数相同的按数值升序排列。每个整数的出现次数占一行，格式为 <num>: <n>，其中 <num> 为出现次数不为

0 的整数，<n> 为该整数的出现次数。

22. 从标准输入读入正整数 n（$n \leq 9$）和由 1~n 组成的整数序列 s，设整数按升序进栈，在进栈过程中可能插入弹栈操作，在进栈结束后弹出栈中所余内容，判断 s 是否是合法的出栈序列。例如，当 n 为 4 时，序列 4 3 2 1 是操作序列 push(1)，push(2)，push(3)，push(4)，pop()，pop()，pop()，pop() 的出栈结果，1 4 3 2 是操作序列 push(1)，pop()，push(2)，push(3)，push(4)，pop()，pop()，pop() 的出栈结果，因此均是合法的出栈序列，而 1 4 2 3 则不是，因为没有任何符合上述要求的进出栈操作组合能够产生这样的出栈结果。当 s 为合法的出栈序列时在标准输出上输出“YES”，否则输出“NO”。
23. 写一个程序，检查从标准输入读入的 C 程序中的各种括号是否匹配正确。假设在程序中没有由单双引号引起来的各类括号，也没有包含在注释内的括号。
24. 从标准输入上读入一行由字母或数字开头，由字母、数字和连字符组成的字符串。若连字符两端同为数字、小写字母或大写字母，且其左端字符的 ASCII 编码小于其右端字符的 ASCII 编码，则将连字符及其两端的字符扩展为从其左端字符起至右端字符止的连续字符序列；否则删除连字符及其两端紧邻的字符。不与连字符相邻的字符保持原样。将扩展后的结果写到标准输出上。例如，设输入为 a-f3x569b-5uA-d8x-a，则输出 abcdef3x569u8。
25. 从标准输入读入一个 1 000 以内的正整数 x，计算能够被 x 整除且所有奇数位均为 0、所有偶数位 (数位从 0 起算) 均不为 0 的最小 7 位正整数，并写到标准输出上。例如，当输入 33 时，输出 6090909，当不存在这样的 7 位数时，输出“N/A”。
26. 从标准输入中读取两行以空格符分隔的正整数，每行整数的个数不大于 2 000，整数值小于 1 000，可能有重复的数。将每行看成一个集合，将交集元素 (不可重复) 按升序写到标准输出上，元素之间以一个空格符分隔。若交集为空，则输出“NONE”。例如，对于下面的输入数据：

```
1 3 4 9
9 8 1
```

输出

```
1 9
```

27. 用 1，2，3，…，9 组成三个数 abc、def 和 ghi，每个数字只使用一次，使得 abc:def:ghi = 1:2:3，在标准输出上输出所有的解。
28. 从标准输入上读入 m（$m < 2\,000\,000$）个取值从 1 到 m（含）的整数。在标准输出上输出这些数中未出现的 1 和 m 之间 (含) 的整数，每个数占一行。如果 1 和 m 之间所有的整数都在输入数据中出现，则输出 OK。
29. 从标准输入上读入以空白符分隔的 n（$n > 5$）个单词，在标准输出上输出其中长度最大的单词及其长度。
30. 从标准输入上读入以空白符分隔的 n（$n > 5$）个单词，在标准输出上升序输出其中长度最大的 5 个单词，每个单词占一行。
31. 把矩阵的行换成相应的列所得到的新矩阵称为原矩阵的转置矩阵。从标准输入中读入 n（$0 < n < 20$）行数据，每行有 n 个以空格分隔的浮点数，表示一个 n 阶方阵的各个元素。输出该矩阵的转置矩阵。

32. 从标准输入上读入一个正整数 n（$2 \leqslant n \leqslant 9$），在标准输出上输出 $n \times n$ 的螺旋矩阵，元素取值为 1 至 $n*n$，1 在左上角，各元素沿顺时针方向依次放置。例如，当 n=3 时，相应的矩阵如下所示：

```
1  2  3
8  9  4
7  6  5
```

33. 在标准输出上水平宽度为 w、垂直高度为 h（均以字符为单位）的窗口中用字符 '*' 和 '#' 分别画出三角函数 sin 和 cos 在以度为单位的区间 [0, *ang*) 的图像，在图像中画出 x 轴和 y 轴，其中坐标的 x 轴自上而下平行于屏幕的纵轴，y 轴从左向右平行于屏幕的横轴。使用一维数组实现这一功能。
34. 使用一维数组实现【**例 6-28**】的功能。

CHAPTER 7

第7章

指针初步

在程序设计中，“指针”一词有多种含义：它既可能表示具有指针性质的数据类型，又可能表示具有指针类型的数据，也可能是指针变量的简称。在不影响正确理解的情况下，本书使用“指针”一词分别表示这些在概念上密切相关但又不同的对象。指针在C程序中应用广泛。从基本的数据结构，如链表和树，到大型程序中常用的数据索引和复杂数据结构的组织，都离不开对指针的使用。我们在前面章节对一些常用的标准库函数的介绍中也不可避免地涉及指针类型。指针是使用起来最复杂的机制，是C语言中功能最强的机制，对初学者来说，也是在使用时最容易出错的机制。指针是一种对数据间接访问的手段，并且往往与复杂的类型以及不同类型间的转换联系在一起，因此在使用指针时需要对指针有明确的概念：不仅需要在语言层面上了解指针的语法和语义，而且需要知道指针在计算机内部的确切含义、表达方式和处理机制，才能真正掌握指针的使用方法。指针是一种按地址对存储空间进行访问的工具，可以使程序员在权限许可的范围内对存储空间的数据进行任意的解释和操作。这一方面极大地增加了C语言的描述能力和灵活性，另一方面又增加了程序出错，特别是产生引起严重后果的错误的可能性。相当大部分难以查找和排除的不确定性故障，特别是引起程序崩溃的故障，都是由于对指针的使用不当而造成的。凡此种种，使得指针成为一个在C语言中需要重点学习和掌握的内容，也是学习中的一个难点。在本章中，我们主要讨论指针的基本概念和使用方法，以便为初学者在编程实践中逐步加深对指针的理解提供必要的基础。

7.1 地址与指针

在C程序中常用的数据实体有简单变量和数组。在前面的章节中，我们都是通过变量名或数组名直接对这些数据实体进行读写操作的。除了使用数据实体的名称对数据进行直接访问外，我们也可以通过这些数据实体的地址找到相应数据。这样，就可以绕过数据实体的名称对其进行访问。因为这些数据实体的地址指向相应数据实体所在的内存空间，所以被称为指针。此外，当程序运行时，函数的代码也是存储在内存中的，因此其代码的入口地址也是一种指针。

指针是一类重要的数据类型。在使用指针时，我们最为关注的是指针的两个重要属性，一个是指针指向哪个数据实体，另一个是指针具有什么样的类型。指针所指向的数据实体说明通过指针可以对哪个或哪些数据实体进行间接访问，而指针类型规定了对一个指针进行操作时的规则。根据定义，一个数据实体的地址是一个指向该数据实体的指针，其类型是一个指向该数据实体类型的指针。例如，double 类型变量 a 的地址是一个指向变量 a 的指针，其类型是一个指向 double 类型的指针。这一概念并不复杂，但对于理解和确定数据实体的指针类型，特别是复杂数据实体的指针类型以及相关指针操作的规则是很重要的。

在讨论和使用指针时必须要注意的是，并非任意的地址都可以被称为指针。指针是保存在内存空间的数据实体的地址。一个合法的具有指针类型的数据必须指向一个完整的数据实体，例如变量、数组、数组元素、函数等。计算机的内存空间以字节为单位编址。对于单位长度为多字节的数据实体，如 int 或 double 类型的变量，其地址是其第一个字节的地址。因此一个指针必须指向这些数据实体的第一个字节。下面我们看几个指针的例子。对于下面的变量定义语句，假设其对应的存储方式如图 7-1 所示：

```
double a, b;
int i;
short x, y;
unsigned int arr[6];
char s[8];
```

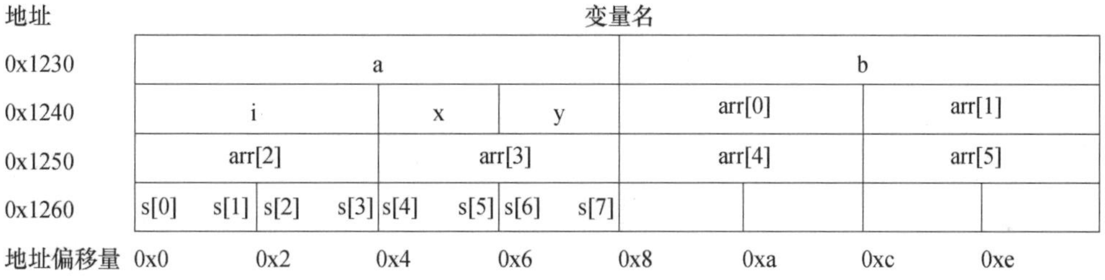

<table>
<tr><th>地址</th><th colspan="16">变量名</th></tr>
<tr><td>0x1230</td><td colspan="8">a</td><td colspan="8">b</td></tr>
<tr><td>0x1240</td><td colspan="4">i</td><td colspan="2">x</td><td colspan="2">y</td><td colspan="4">arr[0]</td><td colspan="4">arr[1]</td></tr>
<tr><td>0x1250</td><td colspan="4">arr[2]</td><td colspan="4">arr[3]</td><td colspan="4">arr[4]</td><td colspan="4">arr[5]</td></tr>
<tr><td>0x1260</td><td>s[0]</td><td>s[1]</td><td>s[2]</td><td>s[3]</td><td>s[4]</td><td>s[5]</td><td>s[6]</td><td>s[7]</td><td colspan="2"></td><td colspan="2"></td><td colspan="2"></td><td colspan="2"></td></tr>
<tr><td>地址偏移量</td><td colspan="2">0x0</td><td colspan="2">0x2</td><td colspan="2">0x4</td><td colspan="2">0x6</td><td colspan="2">0x8</td><td colspan="2">0xa</td><td colspan="2">0xc</td><td colspan="2">0xe</td></tr>
</table>

图 7-1　变量的存储与地址

在图 7-1 中，凡是位于分隔线上的地址都是合法的指针，例如 0x1230、0x1238、0x1240、0x1246、0x125c、0x1261 等，分别是变量 `a`、`b`、`i`、`y` 和数组元素 `arr[5]`、`s[1]` 的地址，而 0x123c 和 0x1256 则不是合法的指针，因为它们不指向任何完整的数据实体。

不同数据实体的地址的获取方法不尽相同。对于普通变量和数组元素，C 语言提供了一元运算符 '&' 来获取它的地址。例如，设 a 是一个已定义的变量，&a 就表示变量 a 的地址；arr[] 是一个已定义的数组，&arr[2] 就表示其中下标为 2 的元素的地址。这里的 '&' 尽管在符号上与表示“按位与”的二元运算符 '&' 相同，但所表示的含义和使用方法完全不同。函数名本身就是该函数入口代码在内存中的地址，是一种具有指针类型的数据，因此无须再使用运算符 '&' 就可以直接获得一个函数的地址。数组名本身是该数组第一个元素的地址，因此一般情况下对数组也不使用运算符 '&'。但在有特殊需要的情况下，对数组使用一元运算符 '&' 获取其地址也是合法的操作。对于这种较为复杂的情况，我们将在后面的章节中讨论。

7.2　指针变量

具有指针类型的数据需要保存在符合类型要求的指针变量中。与普通类型的变量不同的是，在多数情况下，被用作运算对象的是指针变量所指向的数据实体，而不是指针变量中所保存的存储地址。

7.2.1　指针变量的定义和赋值

指针类型是一种构造类型，指向具有明确类型的存储单元。为了定义一个指针变量，必须说明该变量是一个指针，以及其所指向的数据的类型。下面是指针变量的定义语法：

```
<类型> *<变量名>;
```

其中 * 说明名为 <变量名> 的变量是一个指针，<类型> 是指针所指向的数据类型。例如下面的语句：

```
int *pi;
double *pd1, *pd2;
```

分别定义了可以指向 int 类型数据的指针 pi 和可以指向 double 类型数据的指针 pd1 和 pd2。因为指针变量中保存的是其他数据的存储地址，所以对指针变量的赋值常常与取地址的一元运算符 & 同时使用。类型相同的指针变量之间也可以互相赋值，而不同类型的指针之间则不能直接互相赋值。下面是几个指针赋值的例子：

```
int i, *p;
double d, *pd1, *pd2;

p = &i;
pd1 = &d;
pd2 = pd1;
```

在上面的赋值语句执行完毕之后，指针变量 p 的值等于变量 i 的地址；指针变量 pd1 和 pd2 的值等于变量 d 的地址。这样，我们就说指针 p 指向了变量 i，指针 pd1 和 pd2 都指向了变量 d，如图 7-2 所示。

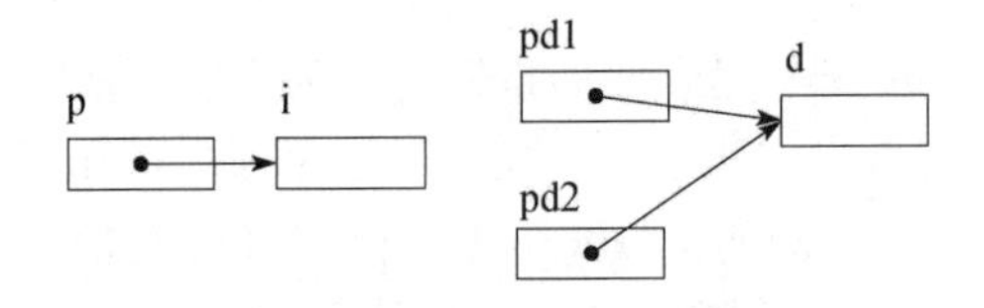

图 7-2　指针变量与其所指对象的例子

数组元素等价于普通变量，其地址可以赋值给类型相同的指针变量。数组名的值是该数组下标为 0 的元素的地址，因此数组也可以直接赋值给类型相同的指针变量。下面是几个将数组赋值给指针变量的例子：

```
int i_arr[MAX_N], *pi;
double d_arr[MAX_N], *pd, *pd_1;

pi = i_arr;
pd = d_arr;
pd_1 = &d_arr[5];
```

在执行完上述语句之后，指针变量 pi 和 pd 的值分别等于 i_arr[0] 和 d_arr[0] 的地址。因为一个数组是以其第一个元素的地址起始的一片连续的存储单元，所以我们既可以说 pi 和 pd 分别指向了数组元素 i_arr[0] 和 d_arr[0]，也可以说 pi 和 pd 分别指向了数组 i_arr[] 和 d_arr[]；指针 pd_1 指向了数组元素 d_arr[5]，我们既可以认为 pd_1 指向了数组元素 d_arr[5]，也可以认为它指向了数组 d_arr[] 中从下标为 5 的元素开始的数组的后部。具体使用哪种解释取决于我们对相应指针的后续操作。

7.2.2 通过指针访问数据

指针所表示的是数据的存储地址，而非数据本身。当通过指针访问其所指向的数据时，必须在其左侧加上一元运算符 *，以表示对指针所指向的数据的访问，而非对指针本身的访问。例如，*&a 表示访问变量 a 的地址所指向的内容，等价于变量 a，因此下面的语句都是合法的：

```
int d, e = 8;
d = *&e;
*&e = 10;
```

上述两个赋值语句分别等价于 d = e 和 e = 10，因此在上述语句执行完毕后，变量 d 和 e 中的值分别是 8 和 10。一元运算符 * 与取数据实体地址的运算符 & 互逆，因此对于指针类型的变量，运算符组合 &* 也是合法的，它表示先取指针变量所指向的数据实体，再取该数据实体的地址。当然，这两种运算符组合没有任何实际的意义，在程序设计中是不会用到的。下面是几个实际的例子：

```
int i, *pi;
double d, e, *pd1, *pd2, *pe;

pi = &i;
pd1 = &d;
pd2 = pd1;
pe = &e;
```

在执行了上面的语句后，*pi 等价于 i，*pd1 和 *pd2 都等价于 d。*pe 等价于 e。在执行了下面的语句后：

```
*pi = 123;
*pd1 = 345.6;
*pe = *pd2;
```

变量 i 的值等于 123，变量 d 和 e 的值都等于 345.6。下面我们再看一个使用指针变量的程序的例子。

【例 7-1】数据中的最长行 从标准输入上读入多行正文数据，在标准输出上输出其中最长行的长度和内容。

我们在【例 6-26】中见过这道题。【例 6-26】中使用了二维数组，以下标交换代替数据的复制，使得程序的运行效率较高。使用指针交换代替数据的复制，也可以得到相同的效果。下面是相应的代码：

```
int main()
{
    char arr_1[MAX_N], arr_2[MAX_N] = "", *in_line = arr_1, *longest = arr_2, *tmp;
```

```
    int max_len = 0, len;
    while (gets(in_line) != NULL) {
        len = strlen(in_line);
        if (len > max_len) {
            max_len = len;
            tmp = in_line, in_line = longest;
            longest = tmp;
        }
    }
    printf("%d: %s\n", max_len, longest);
    return 0;
}
```

在上面的代码中，输入数据被读入到指针 in_line 所指向的存储区，而当前的最长行则保存在 longest 所指向的存储区。在程序运行时，这两个指针的初始值分别指向字符数组 arr_1[] 和 arr_2[]。当新输入数据的长度超过当前最长行的长度时，交换这两个指针的内容，使得刚刚输入数据所在的存储区被标记为当前最长行，而保存原来最长行的存储区被标记为输入数据存储区，用来保存新输入的数据。这种通过指针内容的交换改变存储区标记的方法，是程序设计中常用的避免实际数据复制、提高程序运行速度的技术。我们在后面讨论指针数组时还可以看到类似的例子。NULL 是在 <stdio.h> 中定义的符号常量，用来表示无效指针。函数 gets() 通过返回 NULL 表示无法正常读入数据。

7.2.3 作为函数参数的指针

通过指针对数据进行间接访问的实质是根据变量的地址访问其中的数据，而不是通过名字访问变量中的数据。只要知道了变量的地址，就可以在该变量存在期间内，在程序的任何地方对它进行访问。在函数定义中经常利用指针的这一特点，以便在函数内部改变其外部变量的值。我们知道，C 语言中的函数参数是值传递的，形式参数在函数内部的地位和作用等同于一个被赋了初值的局部变量，在函数内部对形式参数的赋值不会影响到函数外面的变量。因此一般情况下函数是通过返回值或者修改全局变量的方式对函数外部的变量进行修改的。为绕开函数参数的值传递方式所带来的限制，可以通过指针类型的参数，从内部以间接访问的方式对函数外部的变量进行操作。下面是一个普通参数和指针类型参数对外部变量产生影响的例子：

```
int sum(int x, int *py)
{
    x += *py;
    *py = x;
    return x;
}
…
int a = 2, b = 3, c = 4;
c = sum(a, &b);
```

在执行完这段代码后，b 和 c 的值都变成了 5，而 a 的值依然是 2。这是因为在函数 sum() 被调用时，由于值传递的原因，a 的值不受函数内部对参数 x 操作的影响，尽管在函数内部 x 变成了 5，但是 a 的值保持不变。变量 c 中内容的改变来自函数 sum() 的返回值，而变量 b 中内容的改变则是在函数内部通过对参数 py 中 b 的地址的间接访问完成的。函数的这种通过指针改变外部变量的操作与函数参数的值传递没有任何冲突。指针类型的参数依然是以值传递的方式传递给函数的，只不过所传递的不是数值，而是变量的地址。函数不能也没有修改这些外部变量的地址，但是可以通过这些地址间接访问相关的变量，修改变量的值。在这个例子中，当 sum() 被调用时，py 实际的值是变量 b 的地址，在函数内部对 py 的任何直接操作对外部都不会产生影响，但通过 py 的值可以间接地访问其所指向的变量 b，改变它的值。

通过指针类型的参数使函数可以影响其外部的变量是 C 程序中常用的技术。当一个函数需要同时向外部传递多个数值而又不希望使用全局变量时，就需要使用指针类型的函数参数。下面我们看一个例子。

【例 7-2】数据统计函数 设计一个函数 data_stat()，从标准输入上读入数量不定的整数。统计输入数据中正数、负数的数量，以及全部非 0 数据的代数和及平均值。

在一般情况下，函数的结果是通过函数的返回值传递给函数的调用者的。但是，本题所要求的数据统计函数需要产生四个结果，其中三个是整数，一个是实数。这显然是不能通过函数的返回值传递的，因为一个函数在执行结束后只能返回一个类型固定的值。为满足题目的这一要求，我们可以使用指针类型的参数，在函数内部通过间接访问的方式，改变函数外部变量的值：

```
void data_stat(int *p_num, int *n_num, int *sum, double *avg)
{
    int v;

    *p_num = *n_num = *sum = 0;
    while (scanf("%d", &v) == 1) {
        if (v > 0)
            (*p_num)++;
        else if (v < 0)
            (*n_num)++;
        *sum += v;
    }
    *avg = (double) *sum / (*p_num + *n_num);
}
```

在这个函数中，无论是对正负数据项的统计，还是对数据代数和以及平均值的计算，都没有使用函数的局部变量作为存储单元，而是通过指针类型的参数，使用作为实际参数的外部变量保存计算结果。因为各个参数都是指针类型，所以在函数调用时必须以变量的地址作为实际参数，如下面的代码所示：

```
int pn, nn, sum;
double average;
…
data_stat(&pn, &nn, &sum, &average);
```

在函数执行完毕后，变量 pn、nn、sum 和 average 中就分别保存了输入数据的各项统计数据。在函数 data_stat() 的代码中有一点需要特别注意，即对正数、负数计数器 *p_num 和 *n_num 的增量运算。函数中相关的语句分别是 (*p_num)++ 和 (*n_num)++。在这两个语句中，括号是必不可少的。这是因为我们需要的是对 p_num 和 n_num 所指向的变量进行增量运算。根据运算符的优先级和结合方式，如果不把 * 和变量名括在一起，则变量名会首先与运算符 ++ 结合，表示对变量 p_num 或 n_num 中保存的地址进行增量运算，而不是我们所需要的对 p_num 或 n_num 所指向的变量进行增量运算。

数组名、数组元素地址和普通变量地址都是指针类型的数据，只要数据类型匹配，都可以作为实际参数传给函数中指针类型的形式参数。在程序中常常看到在函数中被定义为指针类型的参数，在函数实际被调用时所接受的参数是一个一维数组。例如，在上面的例子中，下面的函数调用语句是合法的，执行结果也是正确的：arr[0] 记录正数数量，arr[3] 记录负数数量，d_arr[0] 记录平均值。

```
data_stat(arr, &arr[3], &sum, d_arr);
```

实际上，在函数的参数列表里声明的数组就是指针类型，而非数组类型；当函数调用时，作为实际参数的数组向函数传递的是数组的值，即数组第一个元素的地址，而非数组的各个元素。这也是为什么在参数列表里声明数组参数时不需要说明其元素个数的原因。因此，无论是形式参数还是实际参数，指针和数组在语法上都是等价的，是可以互换的。例如，函数 strcpy() 的下列两种形式的声明都是常见的，也都是正确的：

```
char *strcpy(char dest[], char src[]);
char *strcpy(char *dest, char *src);
```

当然，无论使用哪种声明方式，这个函数的实际参数必须是字符数组。一个指针类型的参数所要求的到底是一个数组还是一个普通变量的地址，需要由函数的定义来解释。当函数被调用时，实际参数必须符合函数定义的要求，这一点是由程序员而非编译系统来保证的。例如，我们可以把一个普通变量的地址作为实际参数传给一个需要数组的函数。这样做程序在编译时不会出错，但是在运行时就可能产生意料不到的错误。

7.2.4　返回指针的函数

指针不但可以用作函数的参数，也可以作为函数的返回值。例如，函数 strcpy() 的返回值就是指向复制目的字符串的指针。我们在第 6 章中简要介绍过的函数 strchr()、strrchr()、strstr() 和 strrstr() 的返回值也是指向字符串的指针。

函数 strchr() 和 strrchr() 的功能是检查一个字符串中是否有某个特定的字符。这两个函数的原型如下：

```
char *strchr(char *s, int c);
char *strrchr(char *s, int c);
```

如果在字符串 s 中存在字符 c，strchr() 和 strrchr() 分别返回字符 c 在 s 中第一次和最后一次出现的位置。如果在字符串 s 中没有字符 c，则这两个函数都返回 NULL。例如，strchr("This is a book", 's') 的返回值指向 This 中的 s，而 strrchr("This is a book", 's') 的返回值指向 is 中的 s，strchr("This is a book", 'g') 的返回值为 NULL，表示字符串 "This is a book" 中没有字符 'g'。在 C 程序中，凡是返回指针的函数，在非正常结束时，都返回 NULL，表示无法完成规定的功能。下面我们看一个使用函数 strchr() 的例子。

【例 7-3】删除换行符　当使用函数 fgets() 读入一行输入数据时，如果输入数据中包含换行符，并且缓冲区足够大，则该换行符会被保存在缓冲区中。删除缓冲区中可能包含的换行符。

为判断缓冲区中是否包含换行符，可以使用函数 strchr()：

```
char string[N], *p;
```

```
fgets(string, N, stdin);
if ((p = strchr(string, '\n')) != NULL)
    *p = '\0';
```

由 fgets() 读入的数据中最多只在行尾包含一个换行符，因此在上面的代码中使用函数 strrchr() 也是一样的。

函数 strstr() 和 strrstr() 的功能是检查一个字符串中是否包含某个特定的子串。这两个函数的原型如下：

```
char *strstr(char *s, char *s1);
char *strrstr(char *s, char *s1);
```

如果在字符串 s 中存在子串 s1，strstr() 和 strrstr() 分别返回子串 s1 在 s 中第一次和最后一次出现的位置。如果字符串 s 中不包含子串 s1，则这两个函数都返回 NULL。例如，strstr("This is a book", "is") 的返回值指向 This 中的 is，而 strrstr("This is a book", "is") 的返回值指向 a 前面的 is，strstr("This is a book", "at") 的返回值为 NULL，表示字符串 "This is a book" 不包含字符串 "at"。下面我们看一个使用函数 strstr() 的例子。

【例 7-4】字符串替换 从标准输入上读入的数据中，每行中最多包含一个字符串 "_xy_"。将输入行中的 "_xy_" 替换为 "_ab_"，在标准输出上输出替换后的结果。例如，将输入行 "xy_xy_2020-11-22" 替换为 "xy_ab_2020-11-22"。

这道题的一种处理方法是逐行读入输入数据，使用函数 strstr() 查找到其中的 "_xy_" 后，分别输出输入数据中 "_xy_" 前的部分、"_ab_"，以及输入数据中 "_xy_" 后的部分。当输入行中不包含 "_xy_" 时直接输出该行。据此可以写出代码如下：

```
int main()
{
    char buf[BUFSIZ], *p, *str = "_xy_";

    while (fgets(buf, BUFSIZ, stdin) != NULL) {
        p = strstr(buf, str);
        if (p == NULL) {
            printf("%s", buf);
            continue;
        }
        *p = '\0';
        printf("%s_ab_%s", buf, p + strlen(str));
    }
    return 0;
}
```

在上面的代码中，当 strstr() 的返回值不为 NULL 时，p 指向输入数据中的子串 "_xy_" 及其后的内容。*p = '\0' 从子串 "_xy_" 的第一个字符处将输入数据分为两部分。printf() 分三部分输出处理结果：子串 "_xy_" 前的内容、子串 "_ab_"、子串 "_xy_" 后的内容。p + strlen(str) 是 p 的内容加上 "_xy_" 的长度，其结果指向 buf 中子串 "_xy_" 后内容的首地址。关于指针加法将在 7.3 节中进一步讨论。在这个例子中，如果输入数据每行中除字符串 "_xy_" 外没有下划线字符，则上面的代码也可以用函数 strchr()、strrchr() 代替 strstr()。我们把这作为练习留给读者。

7.3 指针运算

对指针的合法运算包括对指针的赋值、指针加减整数、两个指针相减、两个指针间的比较，以及对指针类型进行强制转换。在这些运算中，对指针的加减运算和指针间的比较只有对指向数组的指针才有意义。

7.3.1 指针与整数的加减

对于指向数组中某个元素的指针，加上一个整数 *n* 表示让其指向当前位置后面第 *n* 个元素，而减去一个整数 *n* 则表示使其指向前面第 *n* 个元素。例如，对指针变量 `p` 的赋值 `p = &arr[5]` 使 p 指向了数组 `arr[]` 中的下标为 5 的元素。在执行了 `p = p + 3` 之后，p 就指向了 `arr[]` 中的下标为 8 的元素。下面是一些指针加减运算的例子。

【例 7-5】指针的加减运算

在下面的代码中，首先使指针 `pi` 和 `ps` 分别指向数组 `a[]` 和数组 `s[]`，然后通过对这两个指针的引用，分别对数组中的元素进行赋值和引用：

```
#define MAX_N              16
int *pi, a[MAX_N], i;
short s[MAX_N], *ps;

pi = a;            // pi指向a[0]
ps = s;            // ps指向s[0]
for (i = 0; i < MAX_N; i++, pi++, ps++) {
    *pi = 100 + i;
    *ps = i + 10;
}
printf("S: %d, %d, %d, %d, ", s[0], s[1], s[3], s[5]);
printf("A: %d, %d, %d, %d\n", a[0], a[1], a[3], a[5]);
pi = pi - 10;              // pi 指向a[6]
ps -= 10;                  // ps 指向s[6]
printf("*ps: %d, *(ps+2): %d, ", *ps, *(ps + 2));
printf("*pi: %d, *(pi+2): %d \n", *pi, *(pi + 2));
```

上述代码在执行完毕后，输出如下的结果：

```
S: 10, 11, 13, 15, A: 100, 101, 103, 105
*ps: 16, *(ps+2): 18,  *pi: 106, *(pi+2): 108
```

从上面的例子中可以看到，指针加减一个整数 *n*，使其所指向的位置向后或向前移动 *n* 个元素。有些读者可能会意识到，不同类型的数据的长度可能不同，让指向不同类型数组的指针所指的位置同样移动 *n* 个元素，指针值的改变可能是不同的。例如，int 型数据的长度是 4 个字节，而 short 型数据的长度是 2 个字节，因此 `pi++` 应使 `pi` 的值增加 4，而 `ps++` 应使 `ps` 的值增加 2。实际情况确实如此：与指针相加的整数表示的是元素的个数，而不是指针数值的增量。指针数值的改变是以其所指向的数据类型的长度为单位的。从上面的代码中还可以看出，一个指针与整数进行加减所构成的表达式的类型依然是该指针的类型。在实际的编程中，对于指针 `p`，`*(p + n)` 之类的表达式是很常见的，表示 `p` 当前所指元素后面第 *n* 个元素。如果 `p` 指向了数组 `a[]`，则 `*(p + n)` 就等价于 `a[n]`。因此在代码中经常可以看到用指针运算代替数组下标运算的例子。例如，我们在 6.4.3 节中看到了函数 strcpy() 的以数组方式定义和实现的代码，下面是该函数的一个指针版本：

```
char *strcpy(char *dest, char *src)
{
    char *d = dest;
    while ((*d++ = *src++) != '\0')
        ;
    return dest;
}
```

在对指针变量同时使用表示间接访问的 * 和后置的 ++ 或 -- 时，必须注意运算符的结合关系是否与我们所要表达的含义一致。C 语言规定，这两类运算符都是从右向左结合的。因此 `*p++` 等价于 `*(p++)`，表示 ++ 作用于指针变量 p，而 `(*p)++` 表示 p 首先与 * 结合，++ 作用于变量 p 所指向的变量。例如：

```
int a, b, arr[] = {0, 1, 2, 3, 4, 5}, *p1 = &arr[1], *p2 = &arr[5];
a = *(p1++);
b = (*p2)++;
```

这段代码执行完毕后，a 和 b 的值分别是 1 和 5，即 `arr[1]` 和 `arr[5]` 的初始值；p1 指向了 `arr[2]`，p2 仍然指向 `arr[5]`，但是 `arr[1]` 的值没有变，而 `arr[5]` 的值已经从 5 变成了 6。根据运算符这种默认的结合关系，在上面 strcpy() 的定义中，`*d++` 和 `*src++` 不必写成 `*(d++)` 和 `*(src++)`，因为这两者是一致的。

7.3.2 指针相减

只有指向同一数组中元素的指针之间才可以相减。指针相减所得到的结果是一个 int 型的整数，表示这两个指针所指向元素之间下标之差。下面是两个指向同组元素的指针相减的例子。

【例 7-6】指针相减

```
int *i_low, *i_hi, a[MAX_N];
double *d_low, *d_hi, d[MAX_N];

i_low = a;
i_hi = &a[8];
d_low = d;
d_hi = &d[8];
printf("i_hi-i_low = %d, d_hi-i_low = %d\n", i_hi-i_low, d_hi-d_low);
```

在 IA32 平台上，执行完这段代码之后得到的输出结果如下：

```
i_hi-i_low = 8, d_hi-d_low = 8
```

可以看出，指针相减的结果只取决于两个指针间相隔元素的数量，而与数组元素的长度无关。在进行运算时将指针相减限制在指向同一数组中元素的指针之间的原因是，只有在连续分配的同一类型的数据区里，地址之间的差值才与元素的个数有关。指向两个不同数组或变量的指针，即使它们的类型相同，其相减的结果除了说明这两个数组或变量在内存中所分配的地址的前后位置关系外，不能说明其他任何问题，对常规的程序设计也没有任何实际意义。

7.3.3 指针的比较

常用的指针比较有两种：第一种是两个指针间的比较，第二种是指针与 0 的比较。在程序中经常需要判断两个指针是否相等，即两个指针是否指向同一个元素。此外，有时也会比较两个指向同一数组中元素的指针的大小，以判断其所指向的元素在数组中的前后顺序。

指针与 0 的比较是编程中常用的一种比较，它多与对指针的赋 0 值一起，用于对指针进行标记和判断指针是否有效。在指针未指向任何实际的存储单元时，或指针所指向的存储单元已经不存在时，需要将其标记为无效指针。按照 C 语言程序设计的惯例，一般将无效指针赋值为 0。这样，在通过指针对一个存储区进行访问之前，就可以通过判断指针的值是否等于 0 来判断该指针是否有效。为了表示指针的 0 在类型上不同于整数类型的 0，在 C 的标准头文件中定义了一个等于 0 的符号常量 NULL。在 C 语言的标准库函数中，几乎所有需要返回某种类型指针的函数在遇到异常情况或运行错误而无法实现其正常功能时，都会返回 NULL。例如，标准库函数 fgets() 的原型如下：

```
char *fgets(char *string, int n, FILE *stream);
```

当工作正常时，函数返回其第一个参数 `string` 的值，当出错或者读到输入文件的结尾时，函数返回 NULL。当需要判断函数到底是因为什么原因返回 NULL 时，可以使用函数 feof() 和 ferror()。下面我们看一个使用函数 fgets() 的例子。

【例 7-7】多行数据的平均值 从标准输入上读入 N（$0<N<1\ 000\ 000$）行数据，每行含有 n_i 个由空白符分隔的实数。在标准输出上输出每个输入行的行号、数据的数量以及该行数据平均值，每行输入数据对应一个输出行，行号与数据数量间以冒号分隔，数据数量与数据平均值之间以空格符分隔。

根据题目的要求，可以写出程序的顶层代码如下：

```
int main()
{
    int i, n;
    double d, subsum;
    char buf[BUFSIZ], *p;

    for (i = 1; fgets(buf, BUFSIZ, stdin) != NULL; i++) {
        subsum = 0;
        for (n = 0, p = buf; (p = get_value(p, &d)) != NULL; n++)
            subsum += d;
        if (n > 0)
            printf("%d:%d %f\n", i, n, subsum / n);
    }
    return 0;
}
```

这段程序以行为单位将输入数据读入到缓冲区 `buf[]` 中，然后再对缓冲区中的数据进行分析。代码的外层循环根据函数 fgets() 的返回值检查是否读完了全部输入数据，内层循环则读出 `buf[]` 中数据的各个字段。在这段代码中，get_value() 是我们即将定义的一个从字符串中读取数值的函数，其函数原型如下：

```
char *get_value(char *s, double *d);
```

该函数在从字符串 `s` 中读取了一个实数并将其保存在 `*d` 后，返回字符串 `s` 中刚刚读取的数字串后面首个空白符的地址。当字符串 `s` 中无数据可读时，返回 NULL。这个函数的代码如下：

```
char *get_value(char *s, double *d)
{
    while (*s != '\0' && isspace(*s))
        s++;
    if (sscanf(s, "%lf", d) != 1)
        return NULL;
    while (*s != '\0' && !isspace(*s))
        s++;
    return s;
}
```

在上面的代码中，sscanf() 的功能是从字符数组 s 中读出一个 double 型的数据。我们在第 6 章中讨论过该函数，其基本功能与 scanf() 相同，两者的区别在于 scanf() 从标准输入文件中读出数据，而 sscanf() 从第一个参数 `buffer` 所指向的字符数组中读出数据。标准输入文件中的读写标志会跳过已读入的数据，以便 scanf() 下一次读出新的数据。而 sscanf() 从指定的字符数组中读出数据，无法记录已读入数据的位置，当多次使用 sscanf() 读出数据时，如果不修改 `buffer` 的值，sscanf() 就会反复从同一个字符数组中读出相同的数据。在 get_value() 中的两个 while 语句的功能就是跳过已读入的数据，以便 sscanf() 不断读入新的数据。这两个 while 语句循环条件中的 `*s != '\0'` 是一种保护性测试条件，防止对字符串 s 的越界处理。

上面函数 main() 的代码是一个处理以行为单位的输入数据的基本框架：使用标准库函数按行读入数据，再对数据进行处理。这样可以避免直接按字段甚至按字符读取和分析数据所带来的程序的复杂化，以及由于不同操作系统上生成的输入文件格式的不同可能引起的错误。尽量使用标准库函数是程序设计中的一个原则。在上面的代码中，`BUFSIZ` 是一个常用的说明缓冲区大小的符号常量，与 fgets()、printf() 等函数原型一起定义在标准头文件 <stdio.h> 中。isspace() 的原型定义在 <ctype.h> 中，因此程序中应该包含这两个头文件。`BUFSIZ` 的实际数值取决于编译系统的版本和编译选项，常见的数值为 512 或 4096，可以满足一般正文输入数据行长度的要求。下面我们再看一个指针间进行比较的例子。

【例 7-8】子串逆置 从标准输入上读入以空格分隔的字符串 s 和 t，将 s 中首次与 t 匹配的子串逆置后再输出 s，当 s 中无与 t 匹配的子串时直接输出 s。例如，当 s 和 t 分别为 helloworld 和 wor 时，输出 hellorowld。

这道题目的基本求解过程是，读入两个字符串 s 和 t，使用标准库函数 strstr() 判断 s 中是否包含 t。当 s 中包含 t 时将 s 中相应的部分逆置再输出 s，否则直接输出 s。子串的逆置过程可以用一个循环来完成：使用两个指针分别指向子串两端的两个字符，交换两个指针所指向的字符的位置，然后两端指针各向内缩进一个字符后再重复上述操作，直至首端指针所指向的位置大于或者等于尾端指针所指向的位置。为方便起见，子串逆置的过程可以定义为一个函数。根据上述讨论，可以写出代码如下：

```
#include <stdio.h>
#include <string.h>

void rev(char* first, char* last)
{
    int tmp;
    while (first < last) {
        tmp = *last;
```

```
            *last = *first;
            *first = tmp;
            first++, last--;
        }
}

int main()
{
    char str[BUFSIZ], substr[BUFSIZ], *p;

    scanf("%s%s", str, substr);
    if ((p = strstr(str, substr)) != NULL)
        rev(p, p + strlen(substr) - 1);
    puts(str);
    return 0;
}
```

7.3.4　指针的强制类型转换和 void *

对于编程人员来说，指针类型是一种检验手段。通过规定指针的类型，编程人员说明他打算使用这个指针对什么样的数据进行操作。当对指针变量的操作与相关的数据类型不匹配时，就意味着在程序描述中有可能出现了不符合编程人员意图的错误。对于编译系统来说，指针类型的主要作用是用来获取指针所指数据类型的长度，并以此确定指针单位增量的长度，以便在对指针的内容进行增减时得出正确的结果。

在有些程序中，特别是操作系统、编译系统、网络通信等涉及复杂数据结构处理的程序中，有可能出现需要不同类型指针互相赋值或将一个数据地址按另一种类型进行解释的情况。这时，就需要通过强制类型转换改变对指针类型的解释，以保证所需操作在语法上的正确性。

指针的强制类型转换操作与其他类型数据的强制类型转换操作方式相同，即在指针前加上以圆括号括起来的目标类型。下面是几个指针的强制类型转换的例子：

```
int *ia, *ip, n, arr[3][6];
short s, sa[16], *id;
ip = (int *) sa;
ia = (int *) arr;
id = (short *) &n;
ip = (int *) id;
```

上面的例子通过强制类型转换改变了指针类型。因此，尽管这些指针被赋给了与其原始类型不同的指针变量，但是在语法上是正确的。然而，使用强制类型转换只能保证相应的操作在语法上正确，却无法检验其在语义上是否正确。保证操作的语义正确性是编程人员的责任。在使用任何类型的强制类型转换时，编程人员都必须清楚自己的目的以及相应操作的含义。

有些地址本身没有明确的类型，其所指向的存储空间的类型取决于后续的应用。标准库函数 malloc() 就是一个这样的例子。malloc() 根据参数的要求向系统申请一块内存空间，并返回该内存空间的首地址。malloc() 不知道该内存空间在程序中的用途，也无法确定其返回地址的指针类型。也有些函数不关心其指针参数的类型，只需要确定其实际参数是一种指针即可，标准库函数 free() 就是一个这样的例子。free() 用于释放由 malloc() 申请到的内存空间，而不关心这一空间所存储数据的类型。为了描述这种情况，C 语言中定义了通用指针类型 void *。与一般指针类型不同的是，具有 void * 类型的指针可以赋给任意类型的指针变量，具有 void * 类型的指针变量可以接受和保存任意类型的指针。这样就避免了很多不必要的指针类型转换。函数 malloc() 和 free() 都使用了 void * 类型，它们的函数原型定义如下：

```
void *malloc(size_t size);
void free(void *mem);
```

函数 malloc() 中参数 `size` 的类型 size_t 是在 <stdio.h> 中定义的一种整数类型，等价于 unsigned int。参数 `size` 以字节为单位，因此当申请存储空间时，必须考虑所要存储的数据数量以及每个数据所占用的字节数。例如，下面的语句为 int 型指针 `ip` 申请保存一个整数的存储空间：

```
int *ip = malloc(sizeof(int));
```

而下面的语句为 double 型指针 `id` 申请保存 200 个 double 类型数据的存储空间：

```
double *id = malloc(200 * sizeof(double));
```

在上面的语句成功执行后，指针 `id` 就可以用作一个包含 200 个元素的 double 类型的数组。这类由 malloc() 申请内存空间所创建的数组一般称为动态数组。与其他返回值为指针类型的函数一样，当 malloc() 无法从系统中申请到足够的存储空间时，返回 NULL，表示执行失败。当我们不再需要使用由 malloc() 分配的内存空间时，需要使用 free() 释放它们，以避免程序不必要地占用过多的内存资源以及可能造成的内存泄漏。因为函数 free() 的参数类型是 void *，所以 `free(ip)` 和 `free(id)` 在语法上都是正确的。

malloc() 经常用于申请规模取决于程序运行状态的存储空间，如动态存储结构或规模事先未知的数组等。此外，过大的数组不适于定义为局部变量。除了将这种大型数组定义为全局变量外，程序中也常常使用 malloc() 和 free() 申请和释放只在函数内部使用的存储空间，将其赋给局部指针变量，使其成为该函数内部的数组。

7.3.5　不合法的指针运算

除了 7.3.1~7.3.4 节所列举的指针运算外，其他任何对指针的运算都是不合法的。常见的非法指针运算有指针间的加、乘、除，指针加减浮点数，指针移位操作，指针的位运算，以及不同类型指针间的直接赋值。这些对指针的运算之所以不合法，首先是因为指针是一种特殊的数据类型，而不是普通的数值。C 语言在这种数据类型上只定义了前面介绍过的有限数量的操作。在这种数据类型上进行任何其他类型的操作，在语法上都是错误的。其次，这些不合法的指针运算也没有可以合理解释的意义。例如，指针是特定类型存储单元的地址，一个地址与另一个地址相加或相乘从逻辑上讲不会产生任何可以合理解释的结果。其余各种不合法的指针运算的情况也与此相似。

7.3.6　指针类型与数组类型的差异

指针类型和数组类型尽管在很多情况下可以互换使用，但是它们仍然是两种不同的类型，其间的差别也是显著的。数组和指针之间的主要区别有三点。首先，数组是一片连续的存储空间，在定义时已为所有的数组元素分配了位置，而指针只是一个保存数据地址的存储单元，未经正确赋值之前不指向任何合法的存储空间，因此不能通过它进行任何数据访问。使用指针时常见的错误就是在没有对指针正确赋值前通过指针保存数据。例如，下面的代码：

```
double d, *dp;
*dp = 5.678;
```

就是一个这种类型的错误：指针 dp 未被赋值，没有指向任何有效的存储空间。当通过该指针进行间接赋值时，数据被写入一个未知的地址。这类指针一般称为野指针，是引起无法预知的程序运行错误，特别是引起程序崩溃最常见的原因。其次，通过数组所能访问的数据的数量在数组定义时就已确定，即数组元素的个数。而通过指针所能访问的数据的数量取决于指针所指向的存储空间的性质和规模。例如，如果一个指针只是指向一个变量，那么通过这个指针就只可以访问该变量；而当这个指针指向一个数组或由动态内存分配获得的存储空间时，通过这个指针就可以访问该数组或存储空间中所有的元素。第三，数组名是一个常量而不是一个变量，是与一片固定的存储空间相关联的。我们可以对数组元素赋值而不可以对数组变量本身赋值。而指针变量本身是一个变量，可以根据需要进行赋值，从而指向任何合法的存储空间。

7.4 指针与数组

我们在前面的章节中已经看到，指针与数组的关系非常密切。实际上，除了数组可以赋值给指针变量，以及在函数参数中指针类型与数组类型可以互换外，在表达式中数组与指针也可以互换。对下面的代码：

```
int i, a[N], *p = a;
…
for (i = 0; i < N; i++)
    a[i] = i * i;
```

我们可以把其中的 a[i] = i * i; 改写成以下三种形式中的任意一种：

```
*(a+i) = i * i;
*(p+i) = i * i;
p[i] = i * i;
```

这些表达式在语法上都是正确的，在语义上都是等价的。

指针不但可以指向一个完整的一维数组，也可以指向数组中的任意一个元素。当指针指向数组中的某个元素时，需要在该数组元素前使用取地址运算符 &。在把该元素的地址赋值给一个指针后，这个指针不但指向了这个元素，也可以看成是指向此元素后面所有元素构成的一维数组。例如，在上面代码定义了数组 a 和指针 p 之后，p = &a[5]; 就使得 p 指向了由 a[5]~a[n] 构成的一维数组，而 *p 或 p[0] 就是 a[5]，p[3] 就是 a[8]。

在 C 程序中经常利用指针与数组的可互换性来支持数组的负数下标。从语法上说，数组的负数下标是合法的。但是对于一般的数组，其数组元素的下标从 0 开始，负数下标所引用的元素不在该数组的存储空间之内，因此在语义上是错误的，并且有可能引起难以预测的程序运行错误。为使负数下标指向有效的数组元素，我们可以定义一个指针，使其指向一个数组中间的某个元素。只要可以保证在指针所指位置前有足够数量的数组元素，我们就可以把该指针作为一个可以支持负数下标的数组来使用。下面我们看一个例子。

【例 7-9】**超长整数加法** 从标准输入上读入两行由不超过 100 位数字构成的字符串，计算由这两个字符串表示的正整数之和。

超长整数计算也称为高精度计算，是对超过计算机标准数据类型所能表示范围的数的运算。例如，常规计算机中没有任何数据类型可以直接表示超过 20 位的整数，自然也无法直接读入和处理这么大的数值。超长加法运算首先需要将输入数据作为字符串读入字符数组。因为数据的最高位对应的数组下标为 0，数组下标随数位权重的递减而递增，所以如果两个加数的长度不同，则相同下标的数位的权重不同，无法直接相加。常规的方法是将字符数组中的数字逆序保存在新的数组中，以完成两个加数的按位对齐。再逐位相加，然后处理进位。最后，或者逆序逐位输出计算结果，或者将结果逆序转换为字符串后输出。为简化计算过程，我们可以使用指针和数组的负数下标，以省去数字的逆序存储过程：

```
char a[N], b[N];
int main()
{
    char *p,  *q, *t;
    int i, len_p, len_q, tmp;
    p = &a[PAD];
    q = &b[PAD];
    scanf("%s%s", p, q);
    len_p = strlen(p);
    len_q = strlen(q);
    if (len_p >= len_q) {
        p += len_p - 1;          // 使指针指向字符串的末尾
        q += len_q - 1;
    }
    else {                       // 使p指向最长字符串的末尾
       t = q;
       q = p + len_p - 1;
       p = t + len_q - 1;
       tmp = len_p;
       len_p = len_q;
       len_q = tmp;
    }
    for (i = 0; i > -len_q; i--)
        p[i] += q[i] - '0';
    for (i = 0; i > -len_p; i--) {
        if ((p[i] - '0') >= 10) {
           p[i - 1] += (p[i] - '0') / 10;
           p[i] = (p[i] - '0') % 10 + '0';
        }
    }
    if (p[i] != 0) {
        p[i] += '0';
    }
    else i++;
    printf("%s\n", &p[i]);
    return 0;
}
```

在上面的代码中用到了两个符号常数：N 和 PAD。其中 N 是数组 a 和 b 的长度，必须大于所需处理的最大数的长度；PAD 是一个大于或者等于 1 的整数，说明在读入数字串的前端保留用于加法进位的数组元素数量。

7.5 指向二维数组的指针

一个指向一维数组的指针所指向的数据实体是一维数组中的元素，而一个指向二维数组的指针所指向的数据实体是二维数组中的一行元素。如果我们把一个二维数组看成是一个由各行元素组成的一维数组，就可以发现，无论是一维数组还是二维数组，指针与数组的关系是相同的，不同的只是数组元素的类型。指向二维数组的指针所直接指向的数据实体不是单个的数组元素，而是二维数组的一整行，是一个一维数组，其所包含的元素个数等于该二维数组的列数。因此在定义一个指向二维数组的指针时，不但需要说明该数组元素的类型，而且需要说明该二维数组的列数。根据语法，一个指向类型为 < 类型 > 的 *M* 行 *N* 列二维数组的指针变量可以定义如下：

```
<类型> (*<标识符>)[N];
```

其中 < 类型 > 是数组元素的类型，< 标识符 > 是指针变量名。该定义说明，名为 < 标识符 > 的变量是一个指针，指向具有 *N* 个元素的一维数组，该数组元素的类型为 < 类型 >。在这个定义中，* 和 < 标识符 > 必须用括号括在一起，以表示以 < 标识符 > 命名的变量是一个指针。注意，在这个定义中没有出现二维数组的行数 *M*。

为叙述方便，我们把指向二维数组的指针简称为二维指针。从二维指针的定义可以看出，一个二维指针与其所指向的二维数组的行数没有任何关系。这说明二维指针可以指向元素类型及列数相同的任何二维数组，也可以指向符合列数要求的二维数组中的任意行。与一维数组的情况类似，当把二维数组的某一行赋值给一个二维指针时，必须在相应的行元素前加上取地址运算符 &。下面是几个二维指针的例子。

```
double a_arr[32][64], b_arr[64][128], c_arr[16][128];
double (*ap)[64], (*bp)[128], (*bp_2)[128];
…
ap = a_arr;
bp = b_arr;
bp = &c_arr[5];
bp_2 = &c_arr[8];
```

在上面的例子中，指针 bp 既可以指向数组 b_arr，也可以指向数组 c_arr，或者这两个数组中的任意一行，因为这两个数组的元素类型以及列数与 bp 的定义相同；指针 ap 则只能指向 a_arr 或其中的任意一行，但不能指向 b_arr 和 c_arr，因为这两个数组的列数与 ap 的定义不同。

一个二维指针被赋值后就指向了二维数组中的一行，或者说指向了从那一行开始的二维数组中的各行。在上面的代码中，ap = a_arr 使得 ap 指向了 a_arr 中下标为 0 的行，即从该行开始的整个二维数组。此时 ap 等价于 a_arr。对二维指针既可以按指针方式操作，也可以按数组方式操作。例如，*ap 或 ap[0] 都等价于 a_arr[0]；(*ap)[3]、*(*ap + 3) 或 ap[0][3] 都等价于 a_arr[0][3]。对 bp 的第二次赋值 bp = &c_arr[5] 使得 bp 指向了 c_arr 中下标为 5 的行。此时 bp 等价于从 c_arr[5] 开始的二维数组，*bp 或 bp[0] 都等价于 c_arr[5]，(*bp)[3]、*(*bp + 3) 或 bp[0][3] 都等价于 c_arr[5][3]。

与一维指针类似，二维指针加减一个整数 *n* 就等于指向原来位置后面或前面的第 *n* 行。这也可以用该整数作为数组下标的方式来表示。例如，在上面的赋值语句执行完毕后，

`*(ap + 3)` 或 `ap[3]` 等价于 `a_arr[3]`，`*(bp + 6)` 或 `bp[6]` 等价于 `c_arr[11]`，`*((*(bp + 6))+8)`、`(*(bp + 6))[8]` 或 `bp[6][8]` 等价于 `c_arr[11][8]`，`ap++` 和 `++bp` 分别使 ap 和 bp 指向后一行，`ap--` 和 `--bp` 分别使 ap 和 bp 指向前一行。

当指向同一数组的二维指针相减时，其结果是一个整数，表示两个指针所指内容相差的行数。在上面的代码中，bp 指向了 `c_arr` 中下标为 5 的行，`bp_2` 指向了 `c_arr` 中下标为 8 的行，因此 `bp_2 - bp` 等于 3。二维数组行的地址直接相减也会得到相同的结果。例如，`&a_arr[18] - &a_arr[12]` 等于 6。

在对二维指针进行操作时有两点需要注意。首先，指针所指的内容必须在该二维数组的范围之内。否则，指针所指的内容是无意义和不确定的。此时再通过该指针对数据进行访问会引起无法预测的程序运行错误。其次，当指针操作与下标操作混合使用时需要注意这两种操作与指针的结合关系。例如，`*ap[3]` 与 `(*ap)[3]` 所表示的是两种完全不同的含义。对于 `*ap[3]`，指针 ap 首先与 [3] 结合，再与 * 结合，因此 `*ap[3]` 等价于 `ap[3][0]`；而 (*ap)[3] 中指针 ap 首先与 * 结合，再与 [3] 结合，因此 `(*ap)[3]` 等价于 `ap [0][3]`。

与一维数组的情况类似，一个具有二维数组类型的函数参数也可以等价地声明为可以指向该二维数组的指针类型。例如，我们在【例 6-27】中定义了一个进行 int 型 5×5 矩阵加法的函数 arr_add()，其函数原型为：

```
void arr_add(int t1[][5], int t2[][5], int s[][5]);
```

根据二维数组类型与指针类型的关系，该函数的原型也可以定义如下：

```
void arr_add(int (*t1)[5], int (*t2)[5], int (*s)[5]);
```

无论函数的形式参数使用什么方式来表达，函数的实际参数只能是列数为 5 的 int 型二维数组。在修改了函数原型之后，该函数体内与函数参数相关的操作可以保持原样不变，也可以修改为对指针的操作。我们把这留给读者作为练习。

指向更高维数组的指针与指向二维数组的指针相类似。高维数组元素在内存中的排列也是按低维度优先变化的方式，因此我们可以把一个 *N* 维数组看成是各个元素均为 *N*–1 维数组的一维数组。当定义指向一个 *N* 维数组的指针时，必须说明其低 *N*–1 维的各维度大小，以及数组中元素的类型。例如对于下列三维数组：

```
double a3d[L][M][N];
```

下面的语句可以定义一个指向这个数组的指针，并且对该指针赋值：

```
double (*p3d)[M][N] = a3d;
```

高维数组在一般的程序设计中使用较少，因此我们就不再进一步详细讨论了。当读者在实际编程中遇到需要使用高维数组的情况时，可以参照二维数组的情况，举一反三。

7.6 多重指针

简单地说，多重指针就是指向指针的指针。例如，一个指针变量的地址就是一个二重指针。多重指针是通过在变量名左侧使用多个一元运算符 * 定义的，变量名与类型名之间 * 的个数就是指针的重数。一般情况下，多重指针变量保存的是比其低一重的指针变量的地址。例如，二重指针变量保存的是普通指针变量的地址，三重指针变量保存的是二重指针变量的地址，依此类推。下面是几个多重指针的例子：

```
int **ipp, *ip, *ip2, i, j;
double ***dppp, **dpp, *dp, d, d_arr[8];
ip = &i;
ipp = &ip;
dp = d_arr;
dpp = &dp;
dppp = &dpp;
```

在执行完上述赋值语句后，各变量直接的关系如图 7-3 所示。

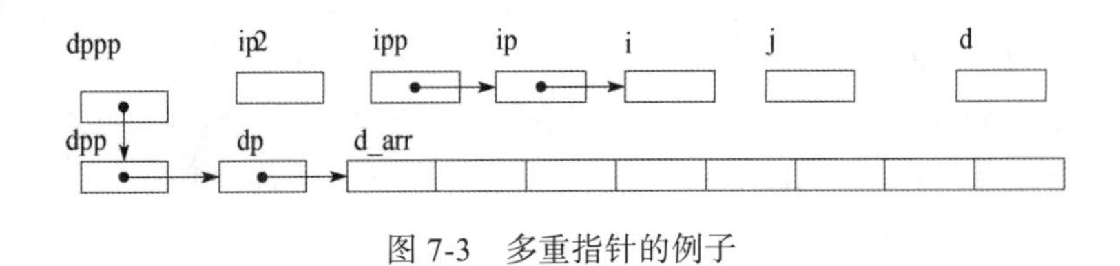

图 7-3　多重指针的例子

多重指针用于对数据的多重间接访问。当通过多重指针访问数据时，需要在前面加上适当数量的 *，表示间接访问的重数。例如，对于一个完成正确赋值的二重指针变量，在前面加上一个 *，得到的是一个数据实体的指针，在前面加上两个 *，得到的是该指针链最终指向的数据实体。在前面的变量定义和赋值语句执行完毕后，下面的语句：

```
ip2 = *ipp;
j = **ipp;
d = ***dppp;
```

使得 ip2 的值等于 ip 的值，即变量 i 的地址，j 的值等于变量 i 的值，d 等于 d_arr[0] 的值。尽管在 C 语言中允许任意多重的间接访问，但是从数据结构的清晰程度和程序的可读性方面来看，应当尽量避免直接使用重数过多的指针。实际上，在大多数程序中，三重以上的指针就很少使用了。

7.7　指针数组

元素类型为指针的数组称为指针数组。在较为复杂的程序中，指针数组常常用作数组等各类数据的索引，以便有效地组织数据、简化程序、提高程序的运行速度。

7.7.1　一维指针数组

在程序中使用最多的指针数组是一维指针数组。在后面的讨论中，如无特别的说明，“指针数组”一词就表示这类指针数组。指针数组的定义类似于普通数组，只是为说明数组元素是指针，需要在类型与数组名之间加上表示指针的 *。下面的语句定义了一个 int 指针类型的一维指针数组：

```
int *p_arr[N];
```

这个定义语句说明标识符 p_arr 是一个包含 N 个元素的数组，其中的元素是指向 int 型数据的指针。指针数组也可以在定义时初始化，但指针数组的初始化表中只能包含变量的地址、数组名，以及表示无效指针的常量 NULL。下面是一个指针数组初始化的例子：

```
double d1[N], d2[2 * N], d3[3 * N], avg, sum;
double *dp_arr[] = {d1, d2, d3, &avg, &sum, NULL};
```

在这段代码中定义了包含6个元素的double类型指针数组 dp_arr[]。该数组的前5个元素分别指向double类型的数组 d1、d2、d3，以及变量 avg 和 sum，第6个元素是常量NULL。与指针的情况相同，只有通过适当的赋值或初始化才能使各个元素指向确定的存储空间，否则数组的各个元素只是没有任何含义的无效指针。

很多时候，指针数组在使用时与二维数组有一些相似之处。下面我们看一个例子。

【例 7-10】星期几 *使用字符指针数组改进【例 5-2】中的函数 week_day()，已知某月 x 日是星期 y，该月有 n 天，设计一个函数，在标准输出上以文字方式输出下一个月的 k 日是星期几。*

我们在【例 6-25】中给出了使用二维字符数组实现上述功能的代码。使用指针数组也可以完成相同的工作，其代码如下：

```
char *week_days[] = {
    "Sunday",
    "Monday",
    "Tuesday",
    "Wednesday",
    "Thursday",
    "Friday",
    "Saturday"
};

void week_day(int x, int y, int n, int k)
{
    int m;
    m = (n - x + y + k) % 7;
    printf("%s\n", week_days[m]);
}
```

这个例子的代码与【例 6-25】完全一样，只是在数据结构上使用字符指针数组代替了二维字符数组。虽然在这个例子中字符指针数组的初始化表与【例 6-25】中二维字符数组的初始化表相同，但这两个用作表格的数组的内部结构却是完全不同的，如图 7-4 所示。

S	u	n	d	a	y	\0	\0	\0	\0	\0	\0	\0	\0	\0	\0
M	o	n	d	a	y	\0	\0	\0	\0	\0	\0	\0	\0	\0	\0
T	u	e	s	d	a	y	\0	\0	\0	\0	\0	\0	\0	\0	\0
W	e	d	n	e	s	d	a	y	\0	\0	\0	\0	\0	\0	\0
T	h	u	r	s	d	a	y	\0	\0	\0	\0	\0	\0	\0	\0
F	r	i	d	a	y	\0	\0	\0	\0	\0	\0	\0	\0	\0	\0
S	a	t	u	r	d	a	y	\0	\0	\0	\0	\0	\0	\0	\0

a)【例 6-25】中的二维字符数组

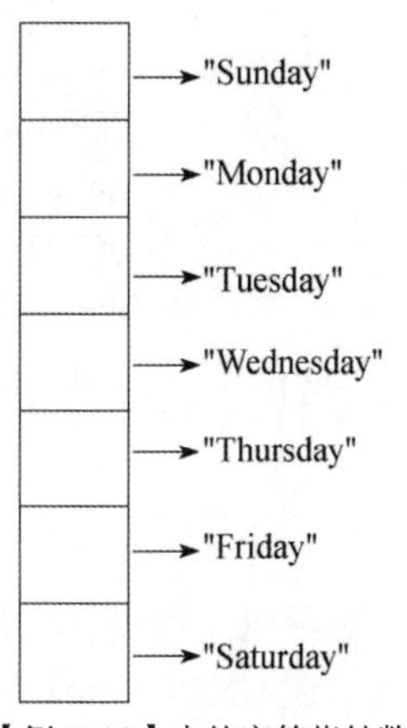

b)【例 7-10】中的字符指针数组

图 7-4　二维字符数组与字符指针数组的不同结构

一般来说，指针数组与二维数组的区别有以下三点：

1）指针数组中只为指针分配了存储空间，其所指向的数据元素所需要的存储空间是通过其他方式另行分配的。

2）二维数组每一行中元素的个数是在数组定义时明确规定的，并且是完全相同的；而指针数组中各个指针所指向的存储空间的长度不一定相同。

3）二维数组中全部元素的存储空间是连续排列的；而在指针数组中，只有各个指针的存储空间是连续排列的，其所指的数据元素的存储排列顺序取决于存储空间的分配方法，并且常常是不连续的。

对于图7-4中显示的二维字符数组与字符指针数组，则还有一点不同，即【例6-25】中的二维数组是可以读写的，在程序中可以对数组元素进行改写而改变输出字符串的内容，而【例7-10】中的指针数组所指向的字符串是只读的，我们可以使指针数组中的元素指向新的字符串或存储区，但是不能改变指针数组元素当前所指向的字符串中的任何字符。

在程序中，指针数组常常被用作数据的索引，以加快数据的定位、查找、交换和排序等操作的速度。例如，在一些文字处理程序中，数据一般以行为单位保存在二维数组中。在数据处理的过程中，对各行位置的交换，以及整行内容的删除和新行的添加是频繁进行的操作。为提高程序的运行速度，往往使用指针数组作为实际数据的索引。假设我们需要对这些数据排序，当对二维字符数组直接排序时，如果字符串A和字符串B需要交换次序，则需要进行三次字符串的复制操作：首先将字符串A复制到一个临时缓冲区，然后把字符串B复制到字符串A原来的位置上，最后再从临时缓冲区中将字符串A复制到字符串B原来的位置。当字符串的长度比较长、需要交换的数据行比较多时，这样的操作效率是比较低的。当利用指针数组作为索引对字符串数组进行排序时，如果需要交换两个字符串的次序，则只需要交换这两行所对应的指针即可。指针的长度是固定的，在32位的计算平台上只有4个字节。这样就避免了对正文内容的移动，提高了操作的效率。图7-5就是一个利用指针数组作为索引对字符串数组进行排序的例子。

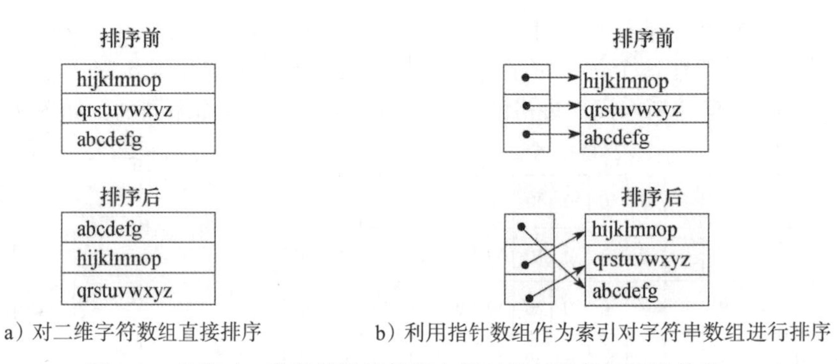

a）对二维字符数组直接排序　　b）利用指针数组作为索引对字符串数组进行排序

图7-5　直接对二维字符数组排序与通过指针数组排序的比较

7.7.2　命令行参数

实际应用程序一般都需要处理命令行参数，以便用户指定操作的对象或说明命令选项。例如，在UNIX/Linux系统中的文件复制命令cp就至少需要两个命令行参数，分别指明文件复制的源和目的。执行下面的命令：

cp src_file dest_file

就将文件 src_file 的内容复制到文件 dest_file 中。一个具有比较复杂功能的应用程序通常在程序的命令行中使用字符 '-' 引导的单个字母或字符串来表示功能选项，进一步说明对操作的要求。例如，在 UNIX/Linux 系统中，命令 ls 的功能选项 -l 表示要列出当前目录下所有文件的详细信息，而在不使用该选项时，命令 ls 只列出当前目录下所有的文件名。所有这些命令行参数和选项，都是以指针数组的方式传递到程序中的。当需要处理命令行参数时，程序中的 main() 函数需要使用如下的函数原型：

```
int main(int argc, char *argv[]);
```

其中第一个参数是一个正整数，表示包括程序所对应的可执行文件路径名在内的命令行参数的数量。第二个参数是一个指针数组，其中的元素分别指向命令行参数的各个字段。由于参数类型的等价关系，这个数组也常被写成二重指针的形式：`char **argv`。`argv[0]` 所指向的是程序的可执行文件路径名，以下其余各个元素分别指向命令行中其他由空格分隔的字符串。例如，假设运行程序 prog 时在终端键盘上输入下列命令：

prog f1 6

在程序 prog 中，`argc` 的值等于 3，`argv[0]`、`argv[1]` 和 `argv[2]` 的内容分别是 "prog"、"f1" 和 "6"。读取这些参数的值，就可以得知程序被调用时所用的命令行参数。假设程序 prog 在运行时需要两个参数，在程序中就可以使用如下的语句首先检测命令行参数的个数，并在个数错误时输出错误信息：

```
if (argc != 3) {
    fprintf(stderr, "Usage: %s <arg1> <arg2>\n", argv[0]);
    exit(1);
}
```

在这段代码中，由 fprintf() 输出的错误提示信息中并没有直接使用程序的名称，而是使用了命令行参数 `argv[0]`。这样，程序在输出错误信息时所显示的是程序被调用时的实际命令名。当程序改用其他名称时，也不需要修改程序的这段代码。下面我们看一段较为完整的处理命令行参数的代码。

【例 7-11】计算命令行参数的代数和 对命令行中数量未知的整数求和，在标准输出上输出结果。

根据题目的要求，可以写出代码如下：

```
int main(int c, char **v)
{
    int i, sum = 0;
    for (i = 1; i < c; i++)
        sum += atoi(v[i]);
    printf("%d\n", sum);
    return 0;
}
```

在这段代码中有三点需要注意：

1）对表示命令行参数的指针数组 v 的遍历是从下标 1 开始的，因为 `v[0]` 是程序的可执行文件名。

2）命令行参数中的数字字符串向 int 型数据的转换是通过标准库函数 atoi() 完成的；该库函数的原型声明在 <stdlib.h> 中。

3）在代码中没有对参数错误的检查和处理。对于非数值的命令行参数，库函数 atoi() 的返回值为 0。atoi() 的这一特性可以使程序直接跳过错误数据而不必再做额外的数据检查。

7.8 函数指针

函数名表示的是一个函数的可执行代码的入口地址，也就是指向该函数可执行代码的指针。函数指针类型为提高程序描述的能力提供了有力的手段，是实际编程中一种不可或缺的工具。

7.8.1 函数指针变量的定义

函数指针类型是一种泛称，其具体的类型由函数原型确定。例如，可以指向具有两个 double 型参数、返回值类型为 int 的函数的指针在类型上就不同于可以指向具有一个 double 型参数、返回值类型为 double 的函数的指针。每一种具体的函数指针都可以赋值给与其类型匹配的函数指针变量。定义一个函数指针类型的变量需要按顺序说明下面这几件事：

1）说明指针变量的变量名。

2）说明这个变量是指针。

3）说明这个指针指向一个函数。

4）说明这个变量所指向函数的原型，包括参数表和函数的返回值类型。

按照顺序说明这几件事，需要借助于必要的括号，按下列方式进行：

```
<类型> (*<标识符>) (<参数表>);
```

这里，< 标识符 > 表示变量名；(*< 标识符 >) 两端的括号表示变量名首先与 * 结合，说明该变量是一个指针；(*< 标识符 >) 后面的括号说明该指针指向一个函数，括号中是该函数的参数表，括号中的 < 参数表 > 既可以是一系列由逗号分隔的 < 类型名 参数名 > 对，也可以只是一系列由逗号分隔的类型名；(*< 标识符 >) 前面的 < 类型 > 表示所指函数的返回值类型。例如，下面的语句定义了一个名为 func 的函数指针变量，其所指向的函数有两个 double 型的参数，返回值为 double 类型：

```
double (*func)(double x, double y);
```

这个变量也可以在定义时省去两个参数名，等价地定义为下面的形式：

```
double (*func)(double, double);
```

可以看出，除了需要在变量名前加上指针类型符 * 并把它们用括号括起来外，函数指针的定义与函数原型的声明方式是一样的。在定义了变量 func 之后，就可以把类型相同的函数赋值给这个变量。假设我们定义了一个函数 sum()：

```
double sum(double x, double y)
{
    return x + y;
}
```

就可以合法地执行下面的语句：

```
func = sum;
```

在被赋值之后，变量 func 就保存了函数 sum 的入口地址，可以直接作为函数使用了。使用变量 func 进行函数调用的语句形式如下：

```
(*func)(u, v);
```

这个语句与 sum(u, v) 所调用的是同一个函数。为了方便起见，在 C 语言中也允许将函数指针变量直接按函数调用的方式使用：func (u, v) 与 (*func) (u, v) 是完全等价的。

7.8.2 具有函数指针参数的库函数

在前面的章节中，我们见到的函数的参数都是普通的数值或者指向变量或数组的指针，函数根据代码所描述的固定的计算方法对这些参数进行计算，产生结果。为提高代码的可重用性和可扩展性，一些程序采用了更为灵活的模式，由一些函数提供基本的、与具体数据或类型无关的计算过程控制框架，当这些函数被调用时，由其他的函数提供与具体数据或类型相关的计算功能。在这种模式中，与具体计算相关的函数往往以参数的形式传递给提供计算框架的函数，由其在函数的执行过程中调用。这样，一个计算过程控制框架函数就具有了较强的通用性，可以用在多种不同的场合。标准库函数 qsort() 和 bsearch() 就是这种函数的例子。

函数 qsort() 和 bsearch() 用于数组的排序和在排序数组中查找指定数据项的位置。这两个函数分别提供了快速排序和二分查找的通用框架，但不针对任何数据类型，也不预先设定排序规则。用户需要将数组元素的数量、大小以及根据排序规则设计的比较函数以参数的形式传递给这两个函数，以便它们针对给定的数组完成对数据的排序或查找。下面我们就通过几个例子，讨论这两个库函数的使用方法以及比较函数在其中的使用。

qsort() 的函数原型如下：

```
void qsort(void *base, size_t num, size_t wid, int (*comp)(const void *e1, const
void *e2));
```

其中 base 是指向所要排序的数组的指针；num 是数组中元素的个数；wid 是每个元素所占用的字节数；comp 是一个指向数组元素比较函数的指针，该比较函数的两个参数是类型未知的指针，const 表示指针指向的内容是只读的，在 comp 所指向的函数中不可被修改。当 qsort() 调用 comp 所指向的函数时向该函数传递指向待排序数组中两个需要比较先后顺序的元素的指针。根据 qsort() 的要求，该函数应根据这两个元素的排序分别返回负数、正数和 0，分别表示第一个参数所指向的元素在顺序上先于、后于或等于第二个参数所指向的元素。qsort() 根据这一返回值决定如何移动数组元素，以满足排序的要求。下面我们看一个简单的例子。

【例 7-12】使用 qsort() 对一维 double 数组排序 给定一个所有元素均已被赋值的 double 型数组，使用 qsort() 分别对数组元素按升序和降序排序。

为了对数组元素分别按升序和降序排列，需要分别定义两个比较函数。在按升序排列的比较函数中，按照第一个元素是否小于、等于或大于第二个元素，分别返回一个负整数、0，或者正整数。而在按降序排列的比较函数中，则按照相反的关系生成返回值。这样的两个函数可以定义如下：

```
int rising_double(const void *p1, const void *p2)
{
    if (*(double *) p1 > *(double *) p2)
```

```
        return 1;
    if (*(double *) p1 < *(double *) p2)
        return -1;
    return 0;
}

int falling_double(const double *p1, const double *p2)
{
    if (*p1 < *p2)
        return 1;
    if (*p1 > *p2)
        return -1;
    return 0;
}
```

设下面的数组 a[] 已被赋值，在对其排序时，需要根据排序方式的要求，分别向 qsort() 传入不同的比较函数：

```
double a[N_ITEMS];
…
qsort(a, N_ITEMS, sizeof(double), rising_double);       // 按升序排序
…
qsort(a, N_ITEMS, sizeof(double), falling_double);      // 按降序排序
```

在执行完第一个 qsort() 之后，数组 a[] 中的元素按升序排列。在执行完第二个 qsort() 之后，数组 a[] 中的元素按降序排列。上面两个比较函数中，rising_double() 的参数类型按照 qsort() 的要求定义为通用类型指针 const void *，而实际传递给函数的是 double 类型数组元素的地址，因此在函数内部需要进行强制类型转换。falling_double() 的参数类型则根据实际参数的类型直接定义为 const double *，以避免在函数内部的参数类型转换。在 C 语言中，这两种方法都是可以的。const void * 可以和任意类型的指针匹配，只要该指针是由 const 限定的即可。falling_double() 的定义充分利用了 void * 与其他指针类型间自由转换的灵活性，在描述上更加简洁。

qsort() 的功能是对一维数组进行排序，但是并不限制数组元素的大小。当我们把二维数组看成是按行组成的一维数组时，也可以对二维数组按行排序。下面我们看一个使用 qsort() 对二维数组排序的例子。

【例 7-13】输入数据的编号 从标准输入上读入 n（$1 < n < 200\,000$）个整数，将其按数值从小到大连续编号，相同的数值具有相同的编号。在标准输出上按输入顺序以 <编号>:<数值> 的格式输出这些数据，各数据之间以空格符分隔，以换行符结束。例如，设输入数据为 5 3 4 7 3 5 6，则输出为 3:5 1:3 2:4 5:7 1:3 3:5 4:6。

这道题目可以有多种解法，其中较为简明的方法是：

1）读入数据并记录其读入顺序；

2）对数据按大小排序后编号；

3）再对数据按输入顺序排序；

4）按顺序输出数据及其编号。

这样做对一个数据就需要记录其数值、数据的输入顺序、数据的编号。为此可以定义一个 N 行 3 列的数组，每一行保存一个输入数据，各列分别记录这三项相关内容。根据上述讨论，可以写出数据结构和顶层代码如下：

```
int data[MAX_N][3];

int main()
{
   int i, n;

   for (n = 0; scanf("%d", &data[n][0]) == 1; n++)
      data[n][1] = n;
   qsort(data, n, sizeof(data[0]), s_rank);
   gen_rank(data, n);
   qsort(data, n, sizeof(data[0]), s_order);
   for (i = 0; i < n; i++) {
      if (i != 0)
          putchar(' ');
      printf("%d:%d", data[i][2], data[i][0]);
   }
   putchar('\n');
   return 0;
}
```

在上面的代码中，第一个 qsort() 对 data 中的数据按值的大小排序，第二个 qsort() 对 data 中的数据按输入顺序排序，其相应的比较函数 s_rank() 和 s_order() 的定义如下：

```
int s_rank(const int *p1, const int *p2)
{
    return p1[0] - p2[0];
}

int s_order(const int *p1, const int *p2)
{
    return p1[1] - p2[1];
}
```

函数 gen_rank() 的功能是给 data 中的数据按大小编号，其定义如下：

```
void gen_rank(int data[][3], int n)
{
   int i;

   data[0][2] = 1;
   for (i = 1; i < n; i++)
      if (data[i][0] == data[i - 1][0])
          data[i][2] = data[i - 1][2];
      else
          data[i][2] = data[i - 1][2] + 1;
}
```

在 gen_rank() 中首先将 data 第一行中数值的编号置为 1，然后按顺序扫描其余各行的数值。因为 data 中的数据已经按大小排好了序，所以如果某一行的数值与其前一行的数值相同，则其编号与其前一行的编号相同；否则，其编号为前一行的编号加 1。

函数 bsearch() 使用二分查找方法在排好序的数组中检索具有指定属性的元素，其函数原型如下：

```
void *bsearch(const void *key, const void *base, size_t num, size_t wid,
              int (*comp) (const void *e1, const void *e2));
```

其中 key 是指向待查数据的指针；base 是指向所要查找的数组的指针；num 是数组中元素的个数；wid 是每一个元素所占用的字节数；comp 是一个指向比较函数的指针，当该函数被调用时，其第一个参数指向 key，第二个参数指向当前正在检查的数组元素，函数根据两个参数之间的排序关系分别返回负数、0 或正数。除了多了一个指向待查数据的指针的参数 key 以外，bsearch() 的其余参数与 qsort() 完全相同。当 base 所指向的数组中有与 key 所指向的数据的属性一致的元素时，bsearch() 返回该元素的地址，否则返回 NULL。下面我们看一个例子。

【例 7-14】查质数表 给定一个按升序排列的包含 N 个质数的质数表，通过查表判断一个正整数是否是质数。

因为给定的质数表是按升序排列的，所以我们可以使用 bsearch() 进行查找。相关的代码如下：

```
int primes[N];                    // 质数表
int comp_int(const int *p1, const int *p2)
{
    return *p1 - *p2;
}

int main()
{
    int n;
    init_primes(primes, N);              // 质数表初始化
    scanf("%d", &n);
    if (bsearch(&n, primes, N, sizeof(int), comp_int) != NULL)
        printf("%d is a prime\n", n);
    else
        printf("%d is not a prime\n", n);
    return 0;
}
```

在上面这段代码中，函数 init_primes() 在参数数组 primes 中生成 N 个质数。读者可以根据前面章节的讨论自行定义这一函数。

习题

1. 什么是指针？指针在程序中的作用是什么？
2. 指针的类型说明指针哪些方面的属性？为什么不同类型的指针之间不能直接互相赋值？
3. 如何在避免语法错误的条件下使不同类型的指针之间互相赋值？这时应当注意什么问题？
4. 已知 int buf[32];，为使 p = buf; 语法正确，p 应定义为下列中的哪项？

   A. int *p;　　B. int **p;　　C. int *p[32];　　D. int (*p)[32];
5. 已知 int buf[32];，为使 p = &buf; 语法正确，p 应定义为下列中的哪项？

   A. int *p;　　B. int **p;　　C. int *p[32];　　D. int (*p)[32];
6. 设有变量定义和初始化语句如下：

```
char r, *s = &r, **t = &s, *u = "computer";
```

   下列哪些语句在语法上是正确的？上面对 s 和 t 的初始化分别对其中哪些语句是必要的？

A. `t = u;` B. `*t = u;` C. `**t = u;` D. `t = &u;`

E. `t = *u;` F. `*t = *u;` G. `**t = *u;`

7. 设有二维数组 `double d[20][35];`，解释 `d[6][7]` 与 `&d[6][7]` 在含义与类型上的差异。
8. 设有二维数组 `double d[20][35];`，`d[10] - d[8]` 的结果是一个什么类型的值？等于多少？为什么？
9. 设有二维数组 `double d[20][35];`，`&d[10] - &d[8]` 的结果是一个什么类型的值？等于多少？为什么？
10. 设有定义为全局变量的二维数组 `int arr[5][6];`，`arr[0][0]`、`arr[0]`、`arr` 的值和类型分别是什么？
11. 设有二维数组 `double d_arr[32][64];`，为使语句 `dp = d_arr[5];` 语法正确，`dp` 应定义为下列中的哪项？

    A. `double *dp;` B. `double **dp;`

    C. `double *dp[64];` D. `double (*dp)[32];`
12. 设有二维数组 `float f_arr[32][64];`，为使语句 `fp = &f_arr[5];` 语法正确，`fp` 应定义为下列中的哪项？

    A. `float *fp;` B. `float **fp;`

    C. `float *fp[64];` D. `float (*fp)[32];`
13. 设有二维数组 `int arr[5][6];`，`&arr[0][0]`、`&arr[0]`、`&arr` 的值和类型分别是什么？它们的值相同吗？
14. 设有二维数组 `int arr[][4] = {{1, 2, 3, 4},{5, 6, 7, 8}};`，下列表达式的类型和值是什么？

    A. `*(arr + 1)` B. `*arr[1]` C. `(*arr)[1]` D. `(*arr) + 1`
15. 从标准输入上读入的数据中，每行中最多包含一个字符串 "_xy_"，且除了字符串 "_xy_" 外输入数据中不包含下划线字符。将输入行中的 "_xy_" 替换为 "_ab_"，在标准输出上输出替换后的结果。修改【**例 7-4**】**字符串替换**中的代码，使用函数 strchr() 和 / 或 strrchr() 而不使用 strstr()。
16. 解释为什么在【**例 7-7**】**多行数据的平均值**的函数 get_value() 中，第一个 while 语句的循环条件中保护性测试条件 `*s != '\0'` 不是必要的。
17. 函数 sscanf() 在读入数据时可以识别和处理数据字段前的空白符。【**例 7-7**】的函数 get_value() 中，第一个 while 语句是否可以去掉？为什么？其位置是否能够改变？如果能够，可以放到代码中的哪个位置上？
18. 修改【**例 7-11**】**计算命令行参数的代数和**的代码，使之对整数和浮点数求和，在标准输出上输出结果。
19. 根据 7.5 节的讨论，将【**例 6-27**】**矩阵加法函数**中函数 arr_add() 的原型改为指针类型，并以指针操作的方式改写该函数的定义。
20. 使用指针设计一个函数，完成两个 double 型参数变量值的交换。
21. 从标准输入读取 n（$n \leqslant 100\ 000$）个整数，每个整数之间以空白分隔。在标准输出上按升序输出前 $n/2$ 个值较大的数，每 10 个整数占一行，行内的整数以空格符分隔。例如，对下面的输入数据：

```
1 -3 600 200 4000 5 2000
```

输出如下：

```
600 2000 4000
```

22. 一个内容对称的字符串被称为回文字符串。例如，a、aa、abba、123abcba321 都是回文字符串。写一个程序，判断从标准输入上读入的字符串在去掉包括末尾的换行符在内的空白符后是否是一个回文字符串。如果是，在标准输出上输出 Yes，否则输出 No。
23. 从标准输入读入一行包含字母和数字的字符串，按由大到小的顺序重新排列字符串中的数字字符，其他字符位置不变。将结果写到标准输出上。例如，输入 "there are 123 books, 725pens"，输出 "there are 753 books, 221pens"。
24. 从标准输入读入 n（$3 \leqslant n \leqslant 500\ 000$）个闭区间 $[a_i, b_i]$ ($-500\ 000 \leqslant a_i \leqslant b_i \leqslant 500\ 000$，且均为整数)，将这些区间合并为不相交的闭区间。例如，区间 [1, 2]、[2, 5]、[3, 8]、[9, 12] 可以合并为区间 [1, 8] 和 [9, 12]。输入数据有 n 行，每行包含两个由空格分隔的整数 a_i 和 b_i，表示区间 $[a_i, b_i]$。将计算结果写在标准输出上，每行包含两个用空格分开的整数 x_i 和 y_i，表示区间 $[x_i, y_i]$。各区间按升序排列输出。(提示：可使用指针和负数数组下标。)
25. 若标量 n_1、n_2、n_3、n_4、n_5 满足条件 $n_1 < n_2 < n_3 > n_4 > n_5$，则称 $< n_1$、n_2、n_3、n_4、$n_5 >$ 为单峰 5 元组。从标准输入上读入 m（$m < 2\ 000$）个整数，在标准输出上输出其中单峰 5 元组的数量，顺序输出每个单峰 5 元组的序号，以及该 5 元组中 n_1 在输入整数序列中的序号（从 0 开始），两数之间以空格符分隔，每个单峰 5 元组占一行。

CHAPTER 8

第 8 章

结构和联合

在程序设计中经常需要处理一些相互关联的复杂数据。例如，为表示三维空间中的一个点，需要记录该点在 *x*、*y*、*z* 轴上的分量；为表示二叉树中的一个节点，需要记录该节点的父节点、左右子树，以及该节点需要保存的其他属性；在学生管理系统中，一个学生的信息包括姓名、班级、学号、家庭住址、电话号码、电子邮箱等。这些计算对象具有多种属性和成分，其不同属性的数据类型可能相同，也可能不同。为把这些不同类型的数据组织在一起，构成由多个类型不一定相同的变量组成的集合，C 语言提供了两种可以由程序员自行定义的构造类型：结构（struct）和联合（union），以便于对复杂数据的保存和处理。

8.1 结构

结构类型可以把一组在运算中关系密切的变量组织在一个名字之下，用以描述复杂运算对象的各种属性和成分。从更加抽象的角度，也可以把一个结构看成是由数量确定的一组元素组成的多元组，因此，凡是在抽象描述中需要使用元组来表示的计算对象都可以使用结构来描述。

8.1.1 结构类型的定义

定义一个结构类型的语法如下：

```
struct [<结构类型名>] {
    <类型> <成员名称>;
    …
};
```

其中 struct 是定义结构类型的关键字，< 结构类型名 > 是编程人员给所要定义的结构类型的命名，是可选项。没有 < 结构类型名 > 的结构类型被称为无名结构类型。< 类型 > < 成员名称 > 对说明结构中所包含的成员的类型和名称，其中 < 类型 > 可以是任何基本类型或已经定义过的构造类型，包括结构或指向结构的指针；< 成员名称 > 可以是任何合法的标识符。结构中的成员可以是简单变量，也可以是数组。同一个结构中的成员不得重名，当有多个成员具有相同的类型时，< 成员名称 > 可以由一组用逗号分隔的合法标识符组成。在下面的例子中定义了两个结构类型：

【例 8-1】结构类型的定义

```
struct student_t {
    char *name;
    char *class;
    int  id;
    int  scores[8];
    char *telephone, *email;
};
struct pt_2d {
    int x, y;
};
```

上面的语句定义了一个名为 student_t 的结构和一个名为 pt_2d 的结构。在结构 student_t 中共有 6 个成员，其中成员 name、class、telephone 和 email 是 char * 类型的，id 是 int 类型的简单变量，scores[] 是具有 8 个元素的 int 型数组。结构 pt_2d 中的两个成员 x、y 都是 int 型的简单变量。

定义一个结构类型的变量的语法有两种。第一种方法是在结构类型定义的后面直接跟上变量名表，例如：

```
struct pt_3d {
    double x, y, z;
} pt3_1, pt3_2, pt3_3;
```

这条语句在定义结构 pt_3d 的同时定义了 3 个类型为 pt_3d 的变量 pt3_1，pt3_2 和 pt3_3。如果结构 pt_3d 只用于定义这三个变量，那么结构类型的名称 pt_3d 也可以省略，写成下面的样子：

```
struct {
    double x, y, z;
} pt3_1, pt3_2, pt3_3;
```

定义结构类型变量的第二种方法是使用由关键字 struct 引导的结构类型名，并在其后跟上变量名表。在使用这种方法时，由 struct 引导的结构类型名必须是已经定义过的结构类型。例如，在定义了【例 8-1】中的结构 student_t 之后，下面的语句：

```
struct student_t student_list[N], group_leader;
```

就定义了一个类型为 student_t、包含 N 个元素的数组 student_list[]，以及一个 student_t 类型的变量 group_leader。

在定义结构变量时可以同时对其进行初始化。对结构变量的初始化有些类似于对数组的初始化，即在由大括号括起来的初始化表中按顺序逐一给出各个成员的初始值。与对数组初始化不同的是，由于各个结构成员的类型可能不同，初始化表中的数据类型也不一定相同。下面是一个结构变量初始化的例子：

```
struct student_t zhang_san = {"Zhang San", "math_1103", 1, {80}, "010-87654321",
"zs@a.b.cn"};
```

初始化表中的初始值与结构中各个成员按顺序一一对应。当初始化表中的数据少于结构中成员数量时，没有初始值对应的结构成员的值被初始化为 0。例如，对于下面的语句：

```
struct student_t li_si = {"Li Si", "math_1102", 3, {0}, "011-88654321"};
struct student_t zheng_ming = {"Zheng Ming", "eng_1101"};
```

变量 li_si 中的成员 email 为 NULL，而变量 zheng_ming 中的成员 id 等于 0、scores[] 中的全部元素为 0、telephone 和 email 均为 NULL。

结构数组的初始化与普通数组类似，所不同的是数组中每个元素的初始值是一个结构变量初始化表。没有给出初始化表的数组元素的所有成员均被初始化为 0。对于每一个数组元素，在初始化表中没有给出初始值的成员变量被初始化为 0。下面是两个结构数组初始化的例子：

```
struct student_t group_1[100] = {
    {"Zheng Ming", "eng_1101", 16, {80}, "050-12345678", "zm@x.y.cn"}
};

struct student_t group_2[] = {
    {"Zhang San", "math_1103", 1, {0}, "010-87654321", "zs@a.b.cn"},
    {"Li Si", "math_1102", 3, {0}, "011-88654321"},
    {"Wang Wu", "math_1103", 2, {0}, "022-89654321", "ww@usi.edu.cn"},
    {"Zhao Liu", "math_1103", 5},
    {"Zhu Qi", "math_1103", 8, {0}, "030-87654323", "zq@pop.com.cn"}
};
```

在上面的语句中，group_1[] 是一个包含 100 个元素的数组，其中除第一个元素外的其他 99 个元素的所有成员均被初始化为 0。对于 group_2[]，因为在定义中没有给出数组元素的个数，所以编译系统根据初始化表中的项数来确定数组元素的数量。这样，数组 group_2[] 共有 5 个元素，其中第二个元素的 email 成员以及第四个元素的 telephone 和 email 成员均被初始化为 0，所有元素的成员 scores[] 中的元素也都被初始化为 0。

8.1.2 结构成员的访问

对于一个具有结构类型的变量，在访问其中的成员时，需要使用下面的语法，指明成员的名字：

```
<结构变量名>.<结构成员名>
```

例如，为了列出结构数组 group_2[] 中所有学生的姓名，可以使用下面的语句：

```
for (i = 0; i < NumberOf(group_2); i++)
    printf("%s\n", group_2[i].name);
```

上面代码中的 NumberOf 是在 6.1.1 节中定义的计算数组元素个数的宏。它不仅适用于基本数据类型数组，也适用于结构数组。

对结构变量可以整体赋值，也可以对每个成员分别赋值。例如，

```
struct student_t tmp = group_2[0];
```

与

```
struct student_t tmp;
tmp.name = group_2[0].name;
tmp.class = group_2[0].class;
tmp.email = group_2[0].email;
tmp.id = group_2[0].id;
tmp.telephone = group_2[0].telephone;
```

的执行效果是完全相同的。

在程序中经常使用指针对结构进行访问，以实现数据的共享。例如，函数中结构类型的参数和返回值经常以指针的形式出现，以减少数据的复制，提高程序运行的效率。结构指针的定义与基本类型指针的定义方式相同，只要在变量前加上表示指针的 * 即可。下面的语句定义了一个 pt_3d 类型的指针 ppt1，并将其初始化为变量 pt1 的地址：

```
struct pt_3d pt1, *ppt1 = &pt1;
```

这样，ppt1 就指向了 pt1，*ppt1 就等价于 pt1。通过指针访问结构成员的方式与通过结构变量进行访问的语法类似，只是需要首先使用括号把 * 和指针变量括在一起。例如：

```
(*ppt1).x = 20.5, (*ppt1).y = 55, (*ppt1).z = 85.6;
```

这是因为结构成员运算符 . 的优先级高于指针运算符 *，所以把 * 和变量名括在一起的括号是必需的。当不使用括号时，表达式 *< 变量名 >.< 结构成员名 > 等价于 *(< 变量名 >.< 结构成员名 >)。

因为通过指针访问结构成员是一种经常用到的操作，所以在 C 语言中提供了一种等价的简单描述方式，即使用操作符 -> 代替 * 与 . 的组合。例如，上面例子中通过指针 ppt1 对结构成员的访问可以改写为下面的形式：

```
ppt1->x = 20.5, ppt1->y = 55, ppt1->z = 85.6;
```

在程序中使用结构的一个优点是可以通过对结构成员的命名说明其在程序中的含义和作用，增加程序的可读性。下面是一个使用结构的例子。

【例 8-2】输入数据的编号　从标准输入上读入 n（$1 < n < 200\ 000$）个实数，将其按数值从小到大连续编号，相同的数值具有相同的编号。在标准输出上按输入顺序以 < 编号 >:< 数值 > 的格式输出这些数据，其中 < 数值 > 保持输入时的格式和小数部分的长度。各数据之间以空格符分隔，以换行符结束。例如，设输入数据为 5.3 4.7 3.65 12.345 6e2，则输出为 3:5.3 2:4.7 1:3.65 4:12.345 5:6e2。

这道题目与【例 7-13】类似，所不同的是输入数据为实数，而且要求输出的数据格式与输入时保持一致。这两点变化看似微不足道，实际上却会对程序中的数据结构产生较大的影响。认真分析可知，如果仅仅是把输入数据从整数改变为实数，我们依然可以采用【例 7-13】的方法，使用 n 行 3 列的 double 或 float 数组作为存储结构，通过两次排序按输入顺序生成带编号的数据。尽管当采用 double 类型的数组时可能会造成一些存储空间的浪费，但这一方法仍然是可行的。但是，这样做无法保证输出数据的格式与输入格式一致，因为在读入输入数据时程序丢失了关于输入数据格式和小数部分的长度的信息。为保证输入 / 输出数据格式的一致，最简单的办法是将输入数据以字符串的形式与输入数据的值一起保存起来，在数据排序完成后直接输出该字符串。数据的值、编号、顺序的类型与字符串完全不同，因此不能仿照【例 7-13】的方法使用二维数组，而使用结构则是一种最为自然简便的解决方案。为保存程序中所需要的信息，我们可以定义一个包含一个 double 类型成员、两个 int 型成员、一个 char 型数组成员的结构数组，分别保存输入数据的值、数据的输入顺序、数据的编号，以及输入的字符串：

```
struct data_t {
    double value;
    int order, rank;
    char str[MAX_LEN];
} list[MAX_N];
```

相应地，程序的顶层代码，特别是数据输入 / 输出部分，以及两个排序比较函数 s_rank()、s_order() 和编号函数 gen_rank() 也需要修改如下：

```
int main()
{
   int i, n;
   for (n = 0; scanf("%s", list[n].str) == 1; n++) {
      list[n].value = atof(list[n].str);
      list[n].order = n;
   }
   qsort(list, n, sizeof(struct data_t), s_rank);
   gen_rank(list, n);
   qsort(list, n, sizeof(struct data_t), s_order);
   for (i = 0; i < n; i++) {
      if (i != 0)
         putchar(' ');
      printf("%d:%s", list[i].rank, list[i].str);
   }
   putchar('\n');
   return 0;
}

int s_rank(const struct data_t *p1, const struct data_t *p2)
{
    if (p1->value > p2->value)
        return 1;
    if (p1->value < p2->value)
        return -1;
    return 0;
}

int s_order(const struct data_t *p1, const struct data_t *p2)
{
    return p1->order - p2->order;
}

void gen_rank(struct data_t data[], int n)
{
    int i;

    data[0].rank = 1;
    for (i = 1; i < n; i++)
        if (data[i].value == data[i - 1].value)
            data[i].rank = data[i - 1].rank;
        else
            data[i].rank = data[i - 1].rank + 1;
}
```

从上面的代码可以看出，当一个记录中包含不同类型的数据时，使用结构可以方便地把相关但类型不同的数据组织成为一个整体，更加清晰地描述数据之间的关系，增加程序的可读性和可维护性。

为了简单起见，**【例 8-2】**中将 `struct data_t` 里的成员 `str` 定义为了一个 char 型数组，程序中假定输入数据的最大长度小于 `MAX_LEN`。当输入数据的长度差异较大，且长数据所占比例较小时，这种做法会浪费较多的内存空间。为提高内存的使用效率，我们可以将 struct data_t 中的成员 str 定义为一个 char 型指针，其所指向的存储空间在程序运行时根据读入数据的长度动态分配。这一改动不复杂，我们把这留作练习。

8.1.3 包含结构的结构

在一个结构中也可以包含其他已定义的结构或者结构指针。当一个结构成员本身也是一个结构时，对它的成员的访问方式与一般结构相同。对结构成员进行访问的操作符 '.' 是左结合的，因此在对嵌套的结构成员进行访问时不需要使用括号。下面我们看一个例子。

【例 8-3】矩形 使用二维平面上点的结构类型定义矩形。

在计算机技术中，一般使用一个矩形左上角和右下角的坐标来定义一个矩形。假设我们已经定义了【例 8-1】中的结构 pt_2d，则可以定义结构类型 rect_t 以及相应的变量如下：

```
struct rect_t {
    struct pt_2d top_left, bottom_right;
} rect1 = {{5, 6}, {28, 39}}, rect2 = {{33, 55}};
```

其中变量 rect1 的两个成员都有指定的初始值，而变量 rect2 只有 top_left 有指定的初始值，bottom_right 的两个成员则被初始化为 0。下面的语句使 rect2 所表示的矩形的位置不变，其宽度和高度与 rect1 相同：

```
rect2.bottom_right.x = rect2.top_left.x + (rect1.bottom_right.x - rect1.top_left.x);
rect2.bottom_right.y = rect2.top_left.y + (rect1.bottom_right.y - rect1.top_left.y);
```

具有结构指针类型成员的结构经常用于共享数据和构造复杂的数据结构。下面我们看一个简单的例子。

【例 8-4】同心圆 定义一组半径分别为 100、200、300 的同心圆。

一个圆可以由圆心的位置和圆的半径定义。一组同心圆的圆心是相同的。为便于各个圆共享同一个圆心位置，我们可以把圆心定义为指向一个二维平面上的点的指针。这样，就可以定义圆的结构如下：

```
struct circle_t {
    struct pt_2d *center;
    int radius;
};
```

在定义了圆心点之后，就可以定义相应的同心圆如下：

```
struct pt_2d pt1 = {100, 200};
struct circle_t c1 = {&pt1, 100}, c2 = {&pt1, 200}, c3 = {&pt1, 300};
```

c1、c2、c3 共享 pt1 作为圆心。当我们需要改变同心圆的圆心时，只需要对其中一个圆的圆心进行修改即可：

```
c1->center.x = 200, c1->center.y = 500;
```

在这个例子中，直接修改 pt1 的值也可以得到相同的效果。但是上面的语句可以更清楚地表明操作的目的。

在一个结构中不可以包含其自身类型的结构，但可以包含指向自身类型结构的指针。这种包含指向自身类型指针的结构在程序中很常见，用于描述递归定义的结构，如树、链表等。下面我们看一个例子。

【例 8-5】单向链表

单向链表是一种通过指针将一系列类型相同的节点链接在一起的数据结构，图 8-1 是单向链表的示意图。链表中的每个节点不但需要保存该节点的数据，而且需要保存后继节点的地址，因此在 C 语言中需要使用结构来实现。下面的 `struct node_t` 是一个只有一个 int 型数据域的单向链表中节点的结构：

```
struct node_t {
    int value;
    struct node_t *next;
};
```

这个结构中的成员 `value` 用来保存 int 型的数据，`next` 是一个指向同类节点的指针，用来保存后继节点的地址。在程序中通常以指向链表节点的指针表示一个链表，当链表为空时以 NULL 表示。上述 `struct node_t` 结构的定义说明，我们也可以把一个单向链表看成由一个节点及其后继构成，而其后继也是一个单向链表。这样，单向链表就是一个递归定义的结构。下面的代码把三个独立的节点链接成一个如图 8-1b 所示的链表，其中 `p` 是指向链表的指针；`n1` 是链表的首节点；`n3` 是链表的尾节点，其 `next` 的值是 NULL：

```
struct node_t n1 = {33}, n2 = {55}, n3 = {77}, *p;
p = &n1, n1.next = &n2, n2.next = &n3;
```

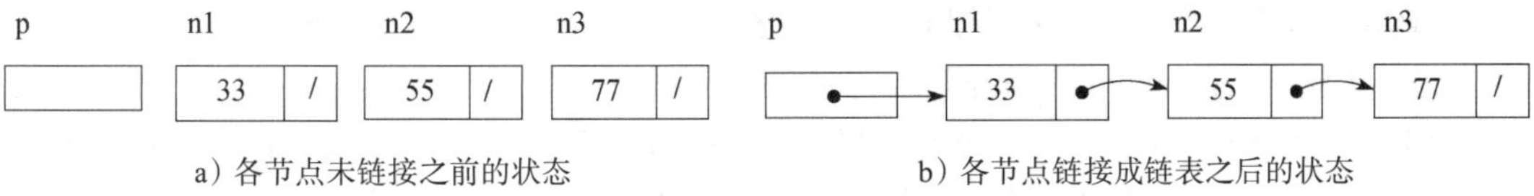

p n1 n2 n3

33 / 55 / 77 /

a）各节点未链接之前的状态

p n1 n2 n3

33 55 77 /

b）各节点链接成链表之后的状态

图 8-1　单向链表的示意图

与数组相比，链表的长度不需事先确定；数据节点的插入和删除都很灵活、方便。对于链表这样长度可变的动态数据结构，节点所需要的存储空间一般是通过动态内存分配的方式获得的。下面的函数 insert() 为新节点动态分配存储空间，并将其插入到链表头部。main() 中的代码展示了如何使用该函数创建如图 8-1 所示的链表，并按顺序将各个节点的值打印出来。

```
struct node_t * insert(struct node_t *list_p, int value)
{
   struct node_t *tmp;

   tmp = malloc(sizeof(struct node_t));  // 为新节点申请存储空间
   if (tmp == NULL) {
      fprintf(stderr, "Out of memory, can't gen new node\n");
      return list_p;
   }
   tmp->value = value;
   tmp->next = list_p;
   return tmp;
}

int main()
{
   struct node_t *p = NULL;
```

```
   p = insert(p, 77);
   p = insert(p, 55);
   p = insert(p, 33);

   for ( ; p != NULL; p = p->next)
      printf("%d ", p->value);
   putchar('\n');

   return 0;
}
```

函数 insert() 的参数 list_p 指向待插入链表的头，value 是新节点的值。insert() 使用 malloc() 为新节点申请存储空间，将 value 保存到新节点中，将新节点的 next 指向原来链表的头，并返回新节点的地址。函数 main() 中的变量 p 必须被初始化为 NULL，以保证所创建的链表以 NULL 结尾。与图 8-1 前面的代码略有不同的是，上述代码所创建的链表中的每个节点都没有自己的变量名，因此只能通过链表遍历的方式按地址访问，而不能按变量名以独立变量的方式直接访问。

除了链表之外，在程序设计中常用的递归结构还有树。在图论中树一般定义为一个无圈的无向连通图。在程序设计中，则经常使用递归的方法定义一棵树：

1）一个节点是一棵树；

2）一棵树的每个节点最多可以有 n 个分支，其中每一个分支都是一棵树；

3）一棵树中的任意两个分支间没有公共节点。

在这个定义中，第二点就是一个递归定义：在对树的分支定义的时候用到了树的概念。在程序设计中，经常用到的是排序二叉树，也称为搜索二叉树。也就是说，树的每个节点最多可以有 2 个分支，分别称为左右子树，并且同时满足下列条件：

1）如果树中任一节点的左子树不为空，则其左子树上所有节点的键值均小于该节点的键值；

2）如果树中任一节点的右子树不为空，则其右子树上所有节点的键值均大于该节点的键值；

3）在整棵树中没有键值相等的节点。

仿照链表的例子，二叉树的节点可以定义如下：

```
typedef struct tree_node_t {
        int value;
        struct tree_node_t *l_tree;
        struct tree_node_t *r_tree;
} tree_node_t;
```

在这个结构中，成员 l_tree 和 r_tree 分别通过指针的方式引用了 struct tree_node 自身。通过这种对自身引用的方式，结构 tree_node 表达了其左子树和右子树分别是一棵二叉树的概念。这个结构中的成员 value 既是节点的键值，也是节点所需要保存的数据。

对排序二叉树常用的操作有新节点的插入、各个节点的遍历、节点的删除、树的平衡等。对于链表和树这类递归定义的结构，使用递归函数进行处理，代码非常简洁。下面我们看一个简单的例子。

【例 8-6】排序二叉树的节点插入、查找和中序遍历 设计函数 insert()、find() 和 traverse()，分别完成在排序二叉树中插入和查找给定键值的节点，以及对给定的二叉树按中序遍历输出其键值。

根据功能要求，节点插入函数以 `tree_node_t *` 型参数的形式接受一棵树的根节点，以及一个键值 n。函数返回插入节点之后的树的根节点，是因为树的初始根节点可能为空。

```
tree_node_t *insert(tree_node_t *root, int val)
{
    if (root == NULL) {
        root = (tree_node_t *) malloc(sizeof(tree_node_t));
        root->value = val;
        root->l_tree = root->r_tree = NULL;
    }
    else if (val < root->value)
        root->l_tree = insert(root->l_tree, val);
    else if (val > root->value)
        root->r_tree = insert(root->r_tree, val);
    return root;
}
```

由于在递归数据结构上使用了递归操作，这个函数很简单。当树的根节点为空时，申请一个节点存储空间，存入键值，将左右子树的指针置为空，返回该节点的地址作为新建立的树的根。否则就根据待插入键值与根节点键值的比较结果，将键值插入左子树或右子树；当待插入键值与根节点键值相等时，不进行任何操作，以免重复插入相同键值的节点。

使用递归函数，对二叉树的节点查找和遍历也同样简单。在二叉树中查找一个具有特定键值的节点，首先检查树的根节点，如果根节点为空或者根节点的键值等于所要查找的键值，就返回根节点，否则就根据待查键值与根节点键值的比较结果，分别返回对根节点左右分支查找的结果。对二叉树的中序遍历与此类似，如果树的根节点为空，则不进行任何操作，直接返回。否则首先遍历左子树，再处理并输出根节点的内容，最后遍历右子树。前序遍历和后序遍历与此类似，只是将对根节点的处理分别放在对左子树的遍历之前或者对右子树的遍历之后。根据这些讨论，可以写出相应的节点查找和遍历函数如下：

```
tree_node_t *find(tree_node_t * root, int val)
{
    if (root == NULL || val == root->value)
        return root;
    if (val < root->value)
        return find(root->l_tree, val);
    else
        return find(root->r_tree, val);
}

void traverse(tree_node_t *root)
{
    if (root == NULL)
        return;
    traverse(root->l_tree);
    printf("%d ", root->value);
    traverse(root->r_tree);
}
```

对排序二叉树的中序遍历可以按键值的升序输出树中全部节点。例如，运行下面的代码：

```
int main()
{
    int i, int_list[] = {100, 20, 660, 30, 2, 360, 300, 321, 289, 1, 5, 30, 8, 6, 500};
    tree_node_t *root = NULL;
    for (i = 0; i < 15; i++)
        root = insert(root, int_list[i]);
    traverse(root);
    return 0;
}
```

就会产生如下的输出结果：

```
1, 2, 5, 6, 8, 20, 30, 100, 289, 300, 321, 360, 500, 660
```

对树中节点的删除和树的平衡操作较为复杂，读者可以参考相关的数据结构和算法教材。

8.2 联合

在有些资料中，union 被翻译为共用体或联合体。联合类型在一般的初级编程中使用较少，但在一些复杂的程序，如编译系统中，联合是一种不可缺少的数据类型。联合的作用是使一组类型不同的变量共享同一块存储空间。换一个角度看，也可以认为联合使得一个变量可以根据需要存储不同类型的数据，或者可以对同一个数据按不同的类型进行解释。定义和使用联合类型的语法以及相关的术语与结构类型很相似，只是将关键字 struct 换为 union。联合与结构的根本区别在于，结构中各个成员变量的存储空间是独立的，而联合中各个成员变量的存储空间是共享的，因此在任一时刻，一个联合中只能保存一个数据。

8.2.1 联合类型的定义

定义一个联合类型的语法如下：

```
union [<联合类型名>] {
    <类型> <成员名称>;
    …
};
```

其中 union 是定义联合类型的关键字，<联合类型名>是编程人员给所要定义的联合类型的命名，是可选项。没有<联合类型名>的结构类型被称为无名联合类型。<类型><成员名称>对说明联合中所包含的成员的类型和名称，其中<类型>可以是任何已经定义过的合法类型，包括结构、联合及指向这些类型的指针；<成员名称>可以是任何合法的标识符。联合中的成员可以是简单变量，也可以是数组。同一个联合中的成员不得重名。下面是两个联合类型定义的例子。

【例 8-7】联合类型的定义

```
union data_t {
    short  sum;
    char   *name;
```

```
    double salary;
};
```

在上面的例子中，联合类型 data_t 有 3 个数据长度各不相同的成员变量 sum、name 和 salary。当成员变量的数据长度不同时，联合类型的数据长度等于其中最长的成员变量的长度。例如，下面的代码：

```
printf("sizeof data_t: %d\n", sizeof(union data_t));
```

输出联合 data_t 所占存储空间的字节数如下：

```
sizeof data_t: 8
```

与结构类似，使用联合类型定义变量时需要使用关键字 union。下面是几个联合类型变量定义的例子：

```
union data_t result, data;
union uv_t {
   int    int_val;
   short  short_val;
   double double_val;
} value;
```

上面的语句定义了两个 union data_t 类型的变量 result 和 data，以及一个 union uv_t 类型的变量 value。

8.2.2 联合成员的访问

与结构类似，对于具有联合类型的变量，在访问其中的成员时需要使用下面的语法，指明成员的名字：

```
<联合变量名>.<联合成员名>
```

例如，对于上面定义的联合类型的变量 data 和 value，我们可以写出下面的语句：

```
data.name = "Li Ming";
value.double_val = 5.6;
printf("%d\n", value.int_val);
```

无论从语法上讲还是从语义上讲，对一个联合类型变量中数据读出时都不必一定通过其写入时使用的成员变量。对于一个联合类型的变量来说，使用哪个成员变量进行数据读写，实际上表示的是按哪种数据类型对变量内容进行解释，而保存在变量中的数据是不变的。下面我们看一个例子。

【例 8-8】联合成员的访问 通过成员变量改变对联合中内容的解释方式。

```
union val_t {
    int   i_val;
    float f_val;
    short s_val[2];
    char  c_val[4];
} val;

val.i_val = 0x41424344;
printf("i: %d (%x), %f\n", val.i_val, val.i_val, val.f_val);
printf("s[0]: %d (%x), s[1]: %d (%x)\n",
```

```
                    val.s_val[0], val.s_val[0], val.s_val[1], val.s_val[1]);
printf("c[0]: %c (%x), c[1]: %c (%x), c[2]: %c (%x), c[3]: %c (%x)\n",
                    val.c_val[0], val.c_val[0], val.c_val[1], val.c_val[1],
                    val.c_val[2], val.c_val[2], val.c_val[3], val.c_val[3]);
```

在上面的代码中首先定义了包含4个长度相同的成员变量的联合类型 `union val_t`，以及相应的变量 `val`。随后的语句对 `val` 的成员变量 `i_val` 赋值，再读出所有成员变量的内容。在IA32平台上，该段代码的输出结果如下，其中括号中的是十六进制数值：

```
i: 1094861636 (41424344), 12.141422
s[0]: 17220 (4344), s[1]: 16706 (4142)
c[0]: D (44), c[1]: C (43), c[2]: B (42), c[3]: A (41)
```

通过这些输出结果可以看出，所有成员变量的内容，即其十六进制值是相同的，也就是说，所有的成员变量共享相同的内容；所不同的是对这些内容的解释。细心的读者可能会发现，`i_val`、`s_val[]`、`c_val[]` 所输出的十六进制值的顺序有些不同。这是因为IA32平台对多字节数据使用小尾端的表示方法所致。尾端是一个较为复杂的概念，初学者对此不必深究。下面我们再看一个在实际计算中使用联合的例子。

【例 8-9】后缀表达式求值 从标准输入上读入一行由数字和四则运算符组成的后缀表达式，数字和运算符之间由空格分隔，其中的数字可以是整数，也可以是带有小数部分的浮点数。对每个运算符，如果参与运算的两个数均为整数，按整数规则运算，结果为整数，否则按浮点数规则运算，结果为浮点数。向标准输出打印结果，占一行。当计算结果为整数时以整数方式输出，当计算结果为浮点数时小数部分占3位。例如，当输入为 5 2 / 3 + 时输出5，当输入为 5 2.0 / 3 + 时输出5.500。

后缀表达式又称逆波兰表达式，是一种在计算技术，特别是编译技术中常用的计算表达方式。与普通的中缀表达式不同的是，在后缀表达式中，运算符不是放在两个运算对象之间，而是放在运算对象后面。例如，与中缀表达式 5 * 3 等价的后缀表达式是 5 3 *，与中缀表达式 5 * (3 + 6) 等价的后缀表达式是 5 3 6 + *。在后缀表达式中没有括号和优先级的概念，运算的顺序与运算符出现的顺序一致。对后缀表达式求值需要使用栈。当从左至右扫描后缀表达式时，如果遇到运算对象就将其压入栈中；如果遇到运算符，就从栈中弹出所需要的运算对象进行计算，再将结果压入栈中。当扫描结束时，表达式的计算结果保存在栈顶。

为满足对计算过程和结果类型的要求，需要定义一种数据结构，以便以合适的方式保存数据的值。这一数据结构需要有两个字段，一个说明该数据是整数还是浮点数，另一个保存数据的值。整数和浮点数类型不同，需要分别保存在不同类型的字段中。由于一个数据在任一时刻只有一种类型，这两个字段可以通过union共享存储空间。这样，就可以定义相应的数据结构如下：

```
struct data_t {
    int type;
    union {
        int i_val;
        double d_val;
    } dat;
};
```

这样，根据后缀表达式的计算过程，就可以定义栈的结构以及main()函数如下：

```
struct data_t stack[MAX_N];
```

```
int sp;
int main()
{
   char word[64];
   struct data_t d1, d2, d3;

   while (scanf("%s", word) == 1) {
      if (isdigit(word[0])) {
         if (strchr(word, '.') == NULL) {
            d1.type = INT;
            d1.dat.i_val = atoi(word);
         }
         else {
            d1.type = FLT;
            d1.dat.d_val = atof(word);
         }
         push(&d1);
         continue;
      }
      d2 = pop();
      d1 = pop();
      d3 = op_dat(&d1, &d2, word[0]);
      push(&d3);
   }
   d1 = pop();
   if (d1.type == INT)
      printf("%d\n", d1.dat.i_val);
   else
      printf("%.3f\n", d1.dat.d_val);
   return 0;
}
```

在上面的代码中，`MAX_N`、`INT`、`FLT` 等均为整型的符号常量。为简化起见，上面的代码假定输入为正确的后缀表达式，不对输入序列进行错误检查和处理。当读入一个数据时，程序根据其数字序列中是否包含小数点判断其是整数还是小数，分别调用标准库函数 atoi() 或 atof() 将其转换为 int 型或 double 型数值，保存到 `dat` 相应的成员中，构成符合要求的数据项，并压入栈中。非数值的输入字段必为四则运算符，此时程序调用函数 op_dat() 对从栈顶弹出的两个数据进行计算，再将结果压入栈中。op_dat() 及其他辅助函数的代码如下：

```
void push(struct data_t *dat)
{
   stack[sp++] = *dat;
}

struct data_t pop()
{
   return stack[--sp];
}

struct data_t op_int(int d1, int d2, int op)
{
   struct data_t res;

   switch (op) {
```

```
    case '+':   res.dat.i_val = d1 + d2; break;
    case '-':   res.dat.i_val = d1 - d2; break;
    case '*':   res.dat.i_val = d1 * d2; break;
    case '/':   res.dat.i_val = d1 / d2; break;
    }
    res.type = INT;
    return res;
}

struct data_t op_flt(double d1, double d2, int op)
{
    struct data_t res;

    switch (op) {
    case '+':   res.dat.d_val = d1 + d2; break;
    case '-':   res.dat.d_val = d1 - d2; break;
    case '*':   res.dat.d_val = d1 * d2; break;
    case '/':   res.dat.d_val = d1 / d2; break;
    }
    res.type = FLT;
    return res;
}

struct data_t op_dat(struct data_t *d1, struct data_t *d2, int op)
{
    double dv1, dv2;
    struct data_t res;

    if (d1->type == d2->type) {
        if (d1->type == INT)
            res = op_int(d1->dat.i_val, d2->dat.i_val, op);
        else
            res = op_flt(d1->dat.d_val, d2->dat.d_val, op);
    }
    else {
        dv1 = (d1->type == INT) ? d1->dat.i_val : d1->dat.d_val;
        dv2 = (d2->type == INT) ? d2->dat.i_val : d2->dat.d_val;
        res = op_flt(dv1, dv2, op);
    }
    return res;
}
```

在上面的代码中，push() 和 pop() 分别是压栈和弹栈函数；op_dat() 根据两个数据的类型决定通过数据中 `dat` 的哪个字段获取数据的值，并分别使用 op_int() 和 op_flt() 完成对整数和浮点数的运算。

8.3 类型定义语句

在阅读标准库函数的联机手册以及一些大型程序的源代码时，我们经常可以看到一些陌生的数据类型，如 size_t、time_t、INT16、UINT32 等。这些数据类型很多都是我们前面介绍过的基本数据类型，但是由标准函数库或大型程序的设计人员使用类型定义（typedef）语句定义成了新的类型名称，以便增加程序的可读性和可移植性。

C 语言中的 typedef 不直接创建新的数据类型，而只是为已有的数据类型提供别名。例如，在 IA32 平台上，size_t 等价于 unsigned int，INT16 等价于 signed short，UINT32 等价于 unsigned long。使用这些类型名称，使我们可以对数据类型的含义一目了然：size_t 是表示数据规模大小的类型，time_t 是表示时间的类型，INT16 是 16 位整数，UINT32 是 32 位无符号整数，等等。这些类型在不同的运行平台上可能有不同的定义，以适应具体运行平台的结构和特性，增加程序的可移植性。typedef 语句的语法格式如下所示：

```
typedef <标识符说明>;
```

使用 typedef 定义一个新的类型名称与定义变量或函数原型的方式类似，只是在前面加上了关键字 typedef。这样，<标识符说明>中的标识符所表示的就不再是变量名或函数名，而是类型名称。下面是几个简单的例子：

```
typedef int Length;
typedef char * String;

typedef struct pt_2d {
    int x, y;
} pt_2d;

typedef union u_t {
    char *word;
    int count;
    double value;
} u_t;
typedef u_t * u_ptr;
```

在上面的语句中分别定义了五个新的数据类型名称。其中类型 `Length` 与 int 等价，`String` 与 char * 等价，`pt_2d` 与 `struct pt_2d` 等价，`u_t` 与 `union u_t` 等价，`u_ptr` 是指向 `u_t` 的指针类型。由 typedef 语句定义的类型名的使用方式与任何类型完全相同。typedef 语句所说明的新类型名称既可以是基本数据类型，也可以是任何构造类型或函数类型。当然，新的类型名称不能与任何已经存在的标识符冲突。有了 `pt_2d` 和 `u_t` 之类的类型定义，在使用这些类型时就不需要再写 struct 和 union 这样的关键字了。例如，在**【例 8-9】后缀表达式求值**中，如果我们在定义其中数据结构 `struct data_t` 的同时使用 typedef 定义一个新类型名称 data_t 如下：

```
typedef struct data_t {
    int type;
    union {
        int i_val;
        double d_val;
    } dat;
} data_t;
```

则在后面代码中的 struct 都可以省去。这使得程序代码更加简洁易懂。因此在定义 struct 和 union 的同时使用 typedef 定义同名的新类型名称几乎是一种惯例了。

我们在具有可移植性要求的程序中经常可以见到使用 typedef 定义的各种类型名。这是由于有些计算对数据的长度和符号类型等有严格的要求，而 C 语言中对有些基本数据类型只规定了一些限制，但是没有硬性的确切规定。这些基本数据类型的长度和符号类型等是与计算平台相关的。例如，很多计算平台和编译系统对整型数据类型的规定是不相同的：int

在有些平台上是 16 位，在有些平台上是 32 位，在有些平台上甚至是 64 位；有些平台上的 char 是有符号的，有些是无符号的。此外，不同版本的编译系统提供了一些非标准的数据类型。例如，同是 64 位的整型，在 gcc 上被称为 long long，在 MS VC++ 上被称为 _int64。为了使得代码方便地从一个平台移植到另一个平台上，保证程序在不同平台上运行结果的一致性，有些程序自行定义了一些与平台无关的基本数据类型，说明对数据长度和符号类型的要求。例如 INT32、UINT16 分别表示 32 位的有符号整数和 16 位的无符号整数。这样，在不同的计算平台上，只需要使用满足这一类型要求的基本数据类型作为这一类型的定义，就可以完成程序的移植工作。例如，在大多数 32 位计算平台的编译环境下，这些类型的定义如下：

```
typedef signed long      INT32;
typedef unsigned long    UINT32;
typedef signed short     INT16;
typedef unsigned short   UINT16;
typedef signed char      INT8;
typedef unsigned char    UINT8;
```

这样，当程序被移植到其他计算平台上时，只需要根据目标平台上数据类型的长度和符号类型改变这几个类型定义，而不需要对程序的其他部分进行任何修改，就可以保证程序运行的正确性。

初学者在遇到陌生的类型名称时往往感到茫然，特别是在标准函数库中使用的一些类型。实际上，在标准函数库中定义这些新类型名称，不但是为了增加代码的可读性和可移植性，而且也是一种数据隐藏和提高库函数可扩展性的手段。标准函数库中的这些新类型一般都是与库函数相关、由特定的库函数使用的。在一般情况下，我们无须知道这些类型名称的实际定义，只需要知道某些函数需要这些类型的变量，并在程序中定义这样的变量提供给相关的函数即可。下面我们看一个例子。

【例 8-10】显示当前时间　设计一个程序，显示出当前的时间。

在计算机中有一个时钟，记录了从某个时间起点（一般是 1970 年 1 月 1 日 0 时）开始的秒数。为显示时间，我们需要获得该时钟所记录的秒数，再将该秒数转换为表示时间的字符串。为此，需要使用标准库函数 time() 和 ctime()。这两个函数的原型在标准头文件 <time.h> 中说明如下：

```
time_t time(time_t *timer);
char *ctime(const time_t *timer);
```

函数 time() 读取并返回时钟的时间，如果参数 `timer` 不等于 NULL，则将其同时保存在参数 `timer` 所指向的变量中。函数 ctime() 将参数 `timer` 所指向的变量中的时间转换为相应的字符串。使用这两个函数，我们可以写出如下的代码：

```
time_t t;

t = time(NULL);
printf("The current time is %s\n", ctime(&t));
```

执行上述代码，会输出如下格式的结果：

```
The current time is Sun Aug 23 12:25:12 2020
```

上述代码中用到了非基本类型 time_t，该类型也定义在标准头文件 <time.h> 中。因为我们无须直接处理 time_t 类型的数据，所以也不必了解类型 time_t 的实际定义。

8.4 复杂类型的解读

对于初学者来说，即使不主动设计和使用类型复杂的变量，也往往在阅读软件代码时遇到一些由他人定义的复杂数据类型。C 语言允许编程人员使用各种基本类型，通过数组、指针、结构等类型构造手段，构造出各种复杂数据类型，以便以任何合理的方式组织和使用内存空间。这为编程提供了极大的灵活性，也使得各种复杂类型的定义在复杂编程中很常见，因此理解复杂数据类型的基本构造方法是必要的。

C 语言中的数据类型可以分为基本类型和构造类型两大类。基本类型包括 char、short、int、long、float、double。构造类型是在基本类型的基础之上，通过添加其他语法成分构造出来的。各种数组、指针、结构、联合等都是构造类型。这些构造类型的各种组合，再加上必要的括号，就构成了各种复杂类型。

解读复杂类型的关键是确认类型说明中的变量标识符。变量定义的核心是标识符，解读变量类型需要从变量标识符开始。当变量标识符被括号括起时，应按照从内向外的顺序，一步一步地解读。当无括号或在同一层括号内时，类型说明中操作符的优先级按下列顺序递减：

1）后缀操作符。

2）前缀操作符。

3）在类型说明符最左端的基本类型或已定义的构造类型。

类型说明中的后缀操作符有两个：() 表示被说明的标识符是函数，在 () 中也可以加入函数参数表中各个参数的类型说明；[] 表示被说明的标识符是数组，[] 中可以包含数组的大小。前缀操作符只有一个，就是 *，表示被说明的标识符是指向某种类型的指针。下面我们看几个例子，并根据上面的规则进行解释。

1）`double *tab[18]`：根据类型定义规则，标识符 `tab` 首先与 [18] 结合，说明 `tab` 是包含 18 个元素的数组。然后，这一组合与 * 结合在一起，说明 `tab` 中的每一个元素是一个指针。最后，这个指针与 double 结合，说明指针指向 double 类型的数据。因此 `tab` 是一个包含 18 个指向 double 型指针的数组。

2）`long (*tabp)[32]`：因为标识符 `tabp` 与 * 被括在一起，所以 `tabp` 首先与 * 结合在一起，说明其是一个指针。然后，这一组合与其后缀的 [32] 结合在一起，说明 `tabp` 指向的是一个包含 32 个元素的数组。这一数组的类型是 long。也就是说，`tabp` 是一个指向包含 32 个元素的 long 数组的指针。下面的几个赋值语句都是对变量 `tabp` 合法使用的例子。

```
long array[32], barray[16][32];
…
tabp = &array;
tabp = barray;
tabp = &barray[3];
```

3）`double (*func) (struct node_t *)`：因为标识符 `func` 与 * 被括在一起，所以 `func` 是一个指针；这一组合与其后缀的 `(struct node_t *)` 结合，说明 `func` 指向具有一个 `struct node_t *` 类型参数的函数，其中 `struct node_t` 必须是此前已定

义的结构类型；最左侧的double说明其所指向的函数的返回类型为double。设函数f1()的原型如下。

```
double f1(struct node_t * np);
```

则下面的语句是对变量 func 的合法赋值。

```
func = f1;
```

C语言中复杂类型变量定义的构成和解读规则并不复杂。只要掌握类型说明构成的顺序，就可以顺利地解读一个复杂的类型定义。读者可以根据上面的例子举一反三。在理解了复杂类型变量的定义规则之后，根据需要定义一个具有复杂类型的变量也不难做到。

习题

1. C语言中的结构类型（struct）在程序中有哪些作用？
2. 一个struct类型的成员是否可以是另一种struct类型或struct类型指针？
3. 一个struct类型的成员是否可以是与自身相同的struct类型或struct类型指针？
4. 下面的程序段执行完毕后，变量 s_item_1 的各个成员的值是多少？

```
struct s_type {
     unsigned wid, hi;
     int x, y;
} s_item_1;
s_item_1.wid = 5;
s_item_1.hi = 20;
s_item_1.x = -50;
s_item_1.y = 35;
```

5. 下面的程序段执行完毕后，变量 u_item_1 的各个成员的值是多少？

```
union u_type {
    unsigned wid, hi;
    int x, y;
} u_item_1;
u_item_1.wid = 5;
u_item_1.hi = 20;
u_item_1.x = -50;
u_item_1.y = 35;
```

6. 设变量 p 定义如下：

```
struct s_type {
    unsigned wid, hi;
    int x, y;
} s_item_1, *p;
p = &s_item_1;
```

p->x 与下面哪个表达式等价？

A. *p.x;　　B. (*p).x;　　C. &p.x;　　D. (&p).x;

7. 如何解读一个复杂类型变量的类型？
8. 试解读 long (*func) (double, int)[32] 中 func 的类型。
9. 将【例 8-2】**输入数据的编号**中结构 struct data_t 中的成员 str 定义为char型指针，

修改程序中相关的部分，使用动态内存分配为输入字符串分配存储空间。

10. 设计一个函数 delete()，其参数和返回值与【**例 8-5**】**单向链表**中的函数 insert() 相同，其功能是删除由函数 insert() 创建的单向链表中具有指定数值的节点。
11. 设计一个非递归的函数 rev_list()，将由【**例 8-5**】**单向链表**中节点类型构造的单向链表逆置。
12. 修改【**例 8-8**】**联合成员的访问**的代码，使之能够以十六进制的方式显示 `val.f_val` 中的二进制位。(提示：可以借助于指针和强制类型转换。)
13. 从标准输入上读入一篇英文文章，其中不同英文单词的数量不超过 5 000 个，且单词中不包含连字符、缩写符。在标准输出上按字典序输出各个单词在文件中出现的数量，格式为 < 单词 >:< 数量 >，每个单词一行，不区分大小写。
14. 从标准输入中读入 n（$1 < n < 2\ 000$）行记录，每个记录由 5 个字段组成，分别是学生姓名、学号、语文成绩、数学成绩和英语成绩；学生姓名只包含英文字母和下划线，学号和成绩均为整数，各字段之间由空格符分隔。按总成绩降序输出学生的学号、姓名和总成绩。总成绩相同时按语文成绩降序排序，语文成绩再相同时按数学成绩降序排序，各科成绩均相同时按学号升序排序。输出结果写在标准输出上，姓名和总成绩之间以 '\t' 分隔。
15. 从标准输入读入一个正整数 x（$x < 1\ 000$）和一个 n（$n \leqslant 9$）位字符串 s，s 由十进制数字和不超过 5 个不同的字母组成。将 s 中的字母替换为适当的数字，使得 s 可以构成能够被 x 整除的最小 n 位正整数。将替换方式和替换后的字符串写到标准输出上，输出内容第一行的格式为 c_1:d_1 c_2:d_2 …，其中 c_i 是 s 中的字母，d_i 是其替代数字；第二行是替换后的字符串。例如，当输入为 7 25a 时，输出 a:2。当不存在这样的 n 位数时，输出 "N/A"。
16. 给定由 n（$1 \leqslant n \leqslant 2\ 000$）个正整数 x_i（$1 \leqslant x_i \leqslant 2*109$）组成的序列，输出每个整数在序列中是第几次出现。例如，当输入为 1 2 1 1 3 时，输出 1 1 2 3 1。
17. 给定由 n（$1 \leqslant n \leqslant 100\ 000$）个正整数 x_i（$1 \leqslant x_i \leqslant 500\ 000$）组成的序列，统计每个整数出现的次数，按出现次数降序输出，次数相同时按数值大小升序排列。每行包含两个整数，分别是一个给定的整数和它出现的次数。例如，当输入为 5 2 3 3 1 3 4 2 5 2 3 5 时，输出如下：

```
3 4
2 3
5 3
1 1
4 1
```

18. 写一个程序，从标准输入上读入 n（$1 \leqslant n \leqslant 100\ 000$）行，每行的长度不超过 2 000 个字符。将各行按长度升序写到标准输出上（空行不输出），长度相同的行按字符顺序升序排序。
19. 从标准输入上读入 n（$1 \leqslant n \leqslant 2\ 000$）行数据，每行数据的格式为 <salary> <name>，其中 <salary> 是一个浮点数，<name> 是一个不包含空白符的字符串，两个字段由一个空格符分隔。使用 qsort() 对输入数据按 <salary> 字段的降序排列，将结果输出到标准输出上，并且保证被排序后的结果中任意两个排序不分先后的行在排序后保持排序前的前后关系。注意，快速排序是一种不稳定排序，当两个元素排序不分先后时，其排序后的前后关系不一定与排序前相同。

CHAPTER 9

第 9 章

输入 / 输出和文件

数据的输入 / 输出是几乎每一个程序所必备的基本功能，而这一功能是与文件密切相关的。文件是输入 / 输出操作中数据的来源或去向。在 C 程序中，对文件的操作有一套基本的流程和相关的函数。这些将是本章讨论的重点。

9.1 输入 / 输出的基本过程和文件类型

文件是操作系统中对各类数据和输入 / 输出设备的一种抽象，是一种按名字访问数据的机制。无论是保存在磁盘上的数据存储文件，还是各种提供和显示数据的设备，都是通过文件机制被程序访问的。每次数据输入 / 输出操作都必须指明数据的来源或去向，也就是该输入 / 输出操作所针对的文件。在对一个文件进行读写操作之前，需要打开该文件，以便操作系统为文件的操作分配所需要的资源。在一个文件被成功地打开后，就可以对它进行数据的输入 / 输出以及其他相关操作了。在文件使用完毕后，需要关闭，以便通知操作系统实际完成对一个文件的完整操作，并收回分配给这一文件的系统资源，以用于打开其他文件。为执行这些操作，C 语言提供了大量的库函数。表 9-1 列出了一些常用的对指定文件进行各种操作的函数原型。

表 9-1 常用的对指定文件进行操作的函数

函数原型	函数功能
FILE *fopen(const char *path, const char *mode)	打开由 path 指定的文件，成功时返回字符流指针，否则返回 NULL。mode 指定打开方式。此后对该指定文件的读写均通过本函数返回的字符流指针进行
int fclose(FILE *fp)	关闭由字符流指针 fp 指向的文件。成功时返回 0，否则返回 EOF
int fread(void *buf, size_t size, size_t num, FILE * fp)	从字符流指针 fp 中将 num 个大小为 size 字节的数据项读入缓冲区 buf
int fwrite(const void *buf, size_t size, size_t num, FILE * fp)	将 num 个大小为 size 字节的数据项从缓冲区 buf 写到 fp 指向的字符流中
int fseek(FILE * fp, long offset, int whence)	将字符流 fp 的读写位置修改为由 whence 起算的 offset 处。成功时返回 0，否则返回 –1
long ftell(FILE * fp)	返回字符流 fp 的当前读写位置
int fflush(FILE * fp)	强制将暂存在缓冲区的数据写入字符流 fp 中

（续）

函数原型	函数功能
int fileno(FILE * fp)	获取字符流 fp 所对应的文件描述字
int feof(FILE * fp)	检查字符流 fp 的结尾标记是否被设置
int ferror(FILE * fp)	检查字符流 fp 的操作错误标记是否被设置
void clearerr(FILE * fp)	清除字符流 fp 的文件结尾标记和操作错误标记
int fgetc(FILE * fp)	从字符流 fp 中读取一个字符
int fputc(int c, FILE * fp)	向字符流 fp 中写入一个字符
char *fgets(char *s, int size, FILE * fp)	从字符流 fp 中读入一行不超过 size 个字符并保存在 s 指定的缓冲区中
int fputs(const char *s, FILE * fp)	将字符串 s 写入字符流 fp 中
int fprintf(FILE * fp,const char *format, …)	按 format 指定的格式将数据写入字符流 fp 中
int fscanf(FILE * fp, const char *format, …)	从字符流 stream 中按 fp 指定的格式读出数据

我们在前面章节中见到的很多输入/输出函数都没有指明相关的文件。这是因为在C程序开始运行时有三个自动打开的标准文件：标准输入stdin、标准输出stdout、错误信息输出stderr。这些函数隐含地指定对标准文件进行操作，省去了用户对这些文件的说明和操作。表9-1列出的输入/输出函数需要指明被操作文件。这些函数与默认对标准文件进行操作的函数之间的对应关系可参见表9-3。

文件可以根据其属性分为不同的类型。在常规的使用中最常见的是将文件分为正文文件和二进制文件。这种分类的根据是文件的内容及其显示方式：正文文件中一般只包含可以打印的ASCII编码，以及空白符和少量控制字符，可供用户直接阅读；而二进制文件则包含任意编码的字节，一般只有在经过相关程序处理后才能正确地显示。常见的正文文件有.c文件、.h文件、.html文件、.txt文件等。常见的二进制文件有.obj文件、.exe文件、.lib文件、.doc文件以及各类图片、音频、视频文件等。包含中文信息的文件有些特殊。这类文件一般是供用户阅读的，但其中包含大量非ASCII码，在非中文平台上必须使用特殊的工具才能正确显示。对这两类文件在读写操作上的区别取决于操作系统。UNIX/Linux不区分正文文件和二进制文件，但是Windows对这两类文件的操作有所不同。在Windows上对文件进行读写时必须说明需要采用哪种方式，默认是以正文方式对文件进行操作。

在程序设计特别是初级程序设计中，大量的数据读写是以正文形式进行的。因此在C的标准库中提供了大量的进行正文读写的函数。我们在前面各章节的例题中多次使用过的printf()、scanf()、puts()、getchar()等函数都是用于正文读写的。在9.3节中我们将进一步讨论对指定文件的正文读写函数。同时，C的标准库中也提供了用于二进制数据读写的函数，我们将在9.5节中讨论。

9.2　文件的打开、创建和关闭

打开文件的函数是fopen()，它的函数原型如下：

```
FILE *fopen(const char *path, const char *mode);
```

其中第一个参数 path 是一个字符串，指定需要打开的文件的路径名。路径名的描述必须符合运行平台对文件路径名的规范。例如，在 UNIX/Linux 系统上，"/home/yin/cprog/file.c"、"./test"、"doc" 等都是合法的路径名。在 Windows 系统上，"C:\Windows\system32\abcv.dll"、".\debug\data.txt" 等也都是合法的路径名。需要注意的是，Windows 系统使用反斜线 '\' 作为目录的界限符，而反斜线 '\' 在 C 语言中是作为转义引导字符使用的。因此在 C 程序中，带目录名的路径名必须双写反斜线符。例如，上述路径名需要写成 "C:\\Windows\\system32\\abcv.dll" 和 ".\\debug\\data.txt"。此外，在 Windows 系统上不区分文件名中字母的大小写，而在 UNIX/Linux 系统上，文件名中字母的大小写是严格区分的。

函数 fopen() 的第二个参数 mode 也是一个字符串，指定打开文件的方式。该字符串由一个或多个字符组成。在 UNIX/Linux 平台上，这些字符串及其含义如表 9-2 所示。

表 9-2　字符流的打开方式说明符

字符串	含　义	字符串	含　义
"r"	读方式。当文件不存在时打开失败	"r+"	读写方式，读写位置在文件开始处
"w"	写方式。当文件存在时其内容被清空	"w+"	读写方式。当文件存在时清空该文件
"a"	追加方式，将数据写到文件末尾。当文件不存在时创建该文件	"a+"	读和追加方式，将数据写到文件末尾。当文件不存在时创建该文件

文件打开的结果是生成一个 FILE 类型的内部数据结构，保存与被打开文件相关的属性和资源，一般称为字符流。函数 fopen() 的返回值就是一个 FILE* 类型的指针，指向被打开的文件。在随后的读写操作中，相应的函数需要使用这一指针说明所要操作的文件。当 fopen() 无法打开指定的文件时，返回 NULL。当需要向用户报告 fopen() 失败的原因时，可以使用函数 perror()。该函数的原型如下：

```
void perror(const char *string);
```

perror() 首先在标准错误输出 stderr 上输出参数 string，然后再输出前一个执行失败的库函数所产生的错误信息，说明错误产生的原因。下面是一个打开文件时的错误检测的例子。

【例 9-1】打开文件　检测打开文件时的错误。

```
#include <stdio.h>

int main()
{
     FILE *fp;

     fp = fopen("file_a", "r");
     if (fp == NULL) {
         perror("Can't open file_a");
         return 1;
     }
     …
}
```

如果文件 file_a 不存在，则这段代码的输出结果如下：

```
Can't open file_a: No such file or directory
```

在 Windows 平台上，在上述打开方式字符串中还可以加入字符 b 或 t，分别表示文件按照二进制方式和正文方式打开。例如，fopen("file_1", "rb") 表示按二进制的读方式打开文件 file_1，fopen("file_2", "wt") 表示按正文的写方式打开文件 file_2。读写函数在读写以二进制方式打开的文件时不对其进行任何解释，也不在数据流中添加任何其他字符，数据在程序的内存中和在文件中是完全一致的。以正文方式打开的文件在数据的读写过程中会附加其他的操作和解释，其对文件的读写有两方面的影响。第一，在对以正文方式打开的文件进行读操作时，系统将文件中的字符 Ctrl-Z（0x1a）解释成为文件的结尾，而不管该字符是否真的是该文件的最后一个字符。第二，输入 / 输出操作对回车换行符进行转换，因此程序中看到的换行符与文件中的换行符不同。Windows 平台上的文件以回车符（'\r', 0x0d）和换行符（'\n', 0x0a）的组合表示一个正文行的结束，而在 C 程序中只用换行符 '\n' 来表示一个正文行的结束。当以正文方式读入文件时，文件中的回车符 / 换行符组合会被自动地转换成一个换行符，而当以正文方式写入文件时，换行符会被自动地转换成一个回车符 / 换行符的组合。正文方式是 Windows 平台上打开文件的默认方式，当在 Windows 平台上读入二进制文件时，如果在文件打开时没有使用描述符 b，就可能产生错误。例如，如果文件中包含字符 0x1a，程序就无法读取文件的全部内容。

UNIX/Linux 平台不区分文件打开的正文方式和二进制方式，因此打开方式描述符 b 或 t 对文件的打开和读写操作没有任何影响，文件的读写方式等价于 Windows 平台上的二进制方式。因此在 UNIX/Linux 平台上读取在 Windows 平台上生成的正文文件时，需要注意其与 UNIX/Linux 平台上生成的文件在每行末尾的换行符和文件的结尾时的差别。对初学者来说，处理这种差异可能会有些麻烦。为此我们应该尽量使用 fgets() 等函数一次读入一行，由库函数去处理这种差异，而避免使用 getchar() 等函数以字符为单位地读入一行数据。

9.3 文件数据的正文格式读写

按正文格式读写是程序中常用的读写方式，主要是为了生成和访问便于用户阅读的正文文件。我们在前面的章节中用过一些对标准输入 / 输出文件进行读写的标准函数，如 printf()、scanf()、getc()、putc() 等。这些函数隐含地指定对标准文件进行正文读写，因此不需要指定被操作的文件。与这些函数相对应，在 C 的标准函数库中也提供了对指定文件进行正文读写的函数。表 9-3 是对标准文件进行正文读写的函数与对应的对指定文件进行正文读写的函数的对照表。

表 9-3　面向正文的常用输入 / 输出操作函数

操作标准文件的正文 I/O 函数	操作指定文件的正文 I/O 函数
int getchar(void)	int fgetc(FILE * fp) int getc(FILE * fp)
int putchar(int c)	int fputc(int c, FILE * fp) int putc(int c, FILE * fp)
char *gets(char *s)	char *fgets(char *s, int n, FILE * fp)
int puts(const char *s)	int fputs(const char *s, FILE * fp)
int printf(const char *format, …)	int fprintf(FILE * fp, const char *format, …)
int scanf(const char *format, …)	int fscanf(FILE * fp, const char *format, …)

除了 gets() 和 puts() 外，表 9-3 中列出的这些函数都等价于在需要指定操作文件的函数中将相应的参数设为 stdin 或 stdout。例如，printf("Hello\n") 等价于 fprintf (stdout, "Hello\n")，getchar() 等价于 getc(stdin)。gets() 和 puts() 与 fgets() 和 fputs() 在功能上不完全对应。gets() 与 fgets() 的区别有两点。第一，为了防止输入数据过长而引起缓冲区溢出，fgets() 以第二个参数 n 说明缓冲区的长度，并最多读入 n-1 个字符。第二，当缓冲区足够长时，fgets() 将换行符作为读入数据的一部分。puts() 与 fputs() 在功能上的区别在于，puts() 在输出了参数字符串 s 之后自动输出一个换行符 '\n'，而 fputs() 只输出参数字符串 s。下面我们看一个对指定文件进行读写的例子。

【例 9-2】日程列表　建立两个程序，分别用于创建日程列表和显示日程列表。当调用日程创建程序时，在标准输入上输入一个或多个日程项，以空行结束。每个日程项占一行，由日期和事项两部分组成，由空格分隔。日期的格式为 M.D，M 和 D 分别表示月和日；事项由日期后第一个非空白符至换行符之间的所有字符构成。日程创建程序可以多次调用，追加新的日程项。日程显示程序以用户输入的顺序在标准输出上列出当日及此后的日程，每个日程项占一行，格式为 M.D <message>，各行日期中的 '.' 以及 <message> 的开头对齐。

根据题目的要求，日程列表要长期保存，因此需要存储在文件中，由日程的创建和显示这两个程序分别读写。我们将该文件命名为 reminder。当首次调用日程创建程序时，该文件不存在，因此需要创建。当追加新的日程项时，该文件已存在，并且对文件的操作不应改变文件中已有的内容。因此日程创建程序对该文件的打开方式应为 "a"。日程显示程序不改变文件 reminder 的内容，因此对该文件的打开方式应为 "r"。根据题目要求和以上讨论，我们可以首先写出日程创建程序的代码。

```
#include <stdio.h>
#include <ctype.h>
#define F_NAME "reminder"

int is_empty_line(char *s)
{
   for ( ; *s != '\0'; s++)
      if (!isspace(*s))
         return 0;
   return 1;
}

int main()
{
   FILE *fp;
   int m, d;
   char buf[BUFSIZ], s[BUFSIZ];

   fp = fopen(F_NAME, "a");
   if (fp == NULL) {
      sprintf(buf, "Can't open file %s", F_NAME);
      perror(buf);
      return 1;
   }
   while (1) {
      fgets(buf, BUFSIZ, stdin);
      if (is_empty_line(buf)) {
         fclose(fp);
         return 0;
      }
```

```
        if (sscanf(buf, "%d.%d %s", &m, &d, s) != 3) {
            fputs("Input format: <month>.<day> <message>\n", stderr);
            continue;
        }
        fputs(buf, fp);
    }
    return 0;
}
```

在上面的日程创建程序中，日程文件名被定义为宏 F_NAME，以便于程序的维护。程序首先检查该文件是否可以打开。如果该文件可以打开，则程序反复地按行从标准输入上读入用户输入的字符序列，检查输入行是否符合日程项的格式，即数据行的开头是否符合 <month>.<day> 的格式。如果输入行的格式符合要求，就将整个输入行写入日程文件中；否则，就向用户提示正确的输入格式，要求重新输入。函数 is_empty_line() 检查用户的输入行是否为空行，包括只有空白符的行。如果遇到空行，则关闭文件，结束执行。

因为由日程创建程序创建的日程文件可以确保数据格式的正确，所以日程显示程序不必检查各日程项的格式，而只需检查各个日程项的日期是否等于或迟于当日。下面是日程显示程序的代码：

```
#include <stdio.h>
#include <time.h>
#include <ctype.h>

#define F_NAME "reminder"

int main()
{
    FILE *fp;
    int m, d, mon;
    char buf[BUFSIZ];
    time_t cur_time;
    struct tm *newtime;

    fp = fopen(F_NAME, "r");
    if (fp == NULL) {
        sprintf(buf, "Can't open file %s", F_NAME);
        perror(buf);
        return 1;
    }
    time(&cur_time);
    newtime = localtime(&cur_time);
    while (fscanf(fp, "%d.%d", &m, &d) == 2) {
        fgets(buf, BUFSIZ, fp);
        mon = newtime->tm_mon + 1;
        if (m > mon || (m == mon && d >= newtime->tm_mday))
            printf("%2d.%-2d %s", m, d, buf);
    }
    fclose(fp);
    return 0;
}
```

在这段代码中使用了两个与时间相关的库函数 time() 和 localtime()。函数 time() 的原型如下：

```
time_t time( time_t *timer );
```

其功能是获取并返回以秒为单位的系统时间。当 `timer` 不为 NULL 时，同时将这一时间保存在 `timer` 指向的存储单元中。函数 localtime() 的原型如下：

```
struct tm *localtime( const time_t *timer );
```

其功能是将 `timer` 指向的存储单元中保存的时间以 `struct tm` 格式转换为本地时间。`struct tm` 定义如下：

```
struct tm {
        int tm_sec;     /* 1分钟之内的秒数 - [0,59] */
        int tm_min;     /* 1小时之内的分数 - [0,59] */
        int tm_hour;    /* 每天之内的小时数 - [0,23] */
        int tm_mday;    /* 每月之内的日期 - [1,31] */
        int tm_mon;     /* 从一月为0起算的月份 - [0,11] */
        int tm_year;    /* 1900年之后的年数 */
        int tm_wday;    /* 星期几，星期日为0 - [0,6] */
        int tm_yday;    /* 1月1日之后的天数 - [0,365] */
        int tm_isdst;   /* 夏令时标记 */
};
```

在获取了当前系统时间并将其转换为本地时间后，就可以根据月份和天数来过滤各个日程项了。为满足输出格式的要求，我们以宽度为 2 的右对齐方式输出月份，以宽度为 2 的左对齐方式输出日期。

9.4　读写操作中的定位

在正常情况下，读写操作都是顺序进行的：新读入的数据是文件中紧跟在前一次读入数据后面的内容，而新输出的数据也紧接在文件中前一次写入数据的后面。在多数情况下，这种顺序读写的方式可以满足程序任务的要求。但是有时程序也需要在文件中指定的位置读写数据，而不是从默认的位置按照顺序读写。例如，一些图片文件的头部保存有关于图片内容的说明性信息。当读取图片的内容时，常常需要跳过一些不必要处理的文件头信息。又例如，视频文件中的内容是按帧保存的。当需要显示某一指定的帧时，可以根据帧号或其他信息，从文件中相应的位置上直接读取该帧的数据，而不必一帧一帧顺序地读到所需要的那一帧。再例如，假设数据在文件中是以具有相同且固定长度的记录形式保存的。当需要对其中的一些记录进行更新时，直接把新的数据写到文件中这些记录的位置上，其执行效率远比把所有的记录从文件中读到内存中，对相应的记录进行修改后再全部重新写回到文件中高。为满足这类对数据非顺序读写的要求，C 语言的函数库中提供了相应的文件读写定位机制，以指定对文件读写操作的起始位置。

无论是按读方式还是按写方式打开一个文件，系统都会自动维护一个当前操作位置的标记，指明下一次读写操作的起始位置。对于以非追加方式打开的文件，这一位置标记的初始值等于 0，表示读写从文件内容的起点开始。每当完成一次读写操作后，这一标记就自动增加刚刚读写过的内容的字节数，以便指向下一次读写操作的开始位置。

当需要改变文件内容的读写顺序时，需要使用文件读写定位函数。对于字符流，文件定位函数是 fseek()，其函数原型如下：

```
int fseek(FILE *stream, long offset, int whence);
```

其中第一个参数是一个打开文件的指针，指定所要定位的文件；第二个参数是从起算点开始的偏移量，以字节为单位，指定下一次读写的起始位置；第三个参数说明位移的起算点，可以取值为 SEEK_SET、SEEK_CUR 或者 SEEK_END，分别表示偏移量从文件的开头、当前的读写位置或文件的末尾起算。例如，`fseek(fp, 0, SEEK_SET)` 将读写位置定位在文件的起始点，常用于对文件进行了一些读写操作后需要把读写标记回卷到文件头的情况。当函数 fseek() 执行成功时返回 0，不成功时返回非 0 值。当需要获得文件当前的读写位置时，需要使用函数 ftell()。该函数的原型如下：

```
long ftell(FILE *stream);
```

下面我们看一个使用 ftell() 的例子。

【例 9-3】正文数据的字符数 从文件中读出以正文形式表示的整数，统计其中包含的字符数。

假设文件 data_file 中有足够多的以正文形式保存的整数可供读入，运行下面的代码：

```
int i, len, buf[BUFSIZ];
FILE *fp;

fp = fopen("data_file", "r");
for (i = 0; i < BUFSIZ; i++)
    fscanf(fp, "%d", &buf[i]);
len = ftell(fp);
printf("%d int read, current position is: %d\n", i, len);
```

则产生的结果是：

```
512 int read, current position is: 3568
```

上述结果说明，程序从文件 data_file 中读了 512 个整数，而这些数据中包含的符号、数字及分隔符共 3568 个字符。

函数 ftell() 也常与 `fseek(fp, 0, SEEK_END)` 一起用来计算与字符流相关的文件长度。在执行了下面这两条语句后：

```
fseek(fp, 0, SEEK_END);
len = ftell(fp);
```

变量 `len` 中保存了 `fp` 所指向的文件的长度。下面我们看两个对文件读写操作定位的例子。

【例 9-4】文件按行倒置输出 将正文文件 invert.in 中的内容按行号逆序输出到标准输出中，即文件的最后一行首先输出，第一行最后输出，各行中的内容保持不变。

对于这道题，最容易想到的做法就是将文件的内容逐行读入一个二维字符数组，然后逆序输出数组中的内容。当文件的规模较小时，这样做是可行的。但是当文件的规模很大，例如文件包含上百万行、每行包含上千个字符时，用作缓冲存储的二维数组的规模会超出计算平台允许的范围，导致程序无法运行。为避免在内存中缓存大量的数据，我们可以建立一个一维数组，顺序保存各行第一个字符在文件中的偏移量，然后再逆序按照各行第一个字符的偏移量读入并输出各行的内容。这样，这个保存各行偏移量的一维数组的大小只取决于文件的最大行数，而与文件各行的行长无关。根据这一思路，可以写出如下相关的代码，其中符号常数 `MAX_N` 和 `BUF_LEN` 分别是行数和行长的上限。

```
#include <stdio.h>
```

```
long offset[MAX_N];

int main()
{
     int i, n;
     char buf[BUF_LEN], *f_name = "invert.in";
     FILE *fp;

     fp = fopen(f_name, "r");
     if (fp == NULL) {
         fprintf(stderr, "Can't open %s\n", f_name);
         return 1;
     }
     for (n = 1; fgets(buf, BUF_LEN, fp) != NULL; n++)
         offset[n] = ftell(fp);
     for (i = n - 2; i >= 0; i--) {
         fseek(fp, offset[i], SEEK_SET);
         fgets(buf, BUF_LEN, fp);
         fputs(buf, stdout);
     }
     return 0;
}
```

在上面的代码中，第一个 for 语句每次从文件中读入一行，然后用 ftell() 获得下一行开始的位置，并将其保存到数组 `offset[]` 中。第二个 for 语句逆序遍历数组 `offset[]`，根据其中保存的位置读出数据并输出。因为 `offset[]` 中最后一个元素保存的是文件结尾的位置，所以遍历从 `n - 2` 开始。

【例 9-2-1】日程列表的排序显示　*修改日程显示程序，按日程的日期顺序在标准输出上列出当日及此后的日程，格式要求与【例 9-2】相同。*

为完成题目的要求，可以将所有的日程项读入程序中的数组，对其按日期排序后再输出。这种方法需要使用较多的内存，排序过程中需要移动的数据量也比较多。我们可以换一种方法，将符合要求的日程项的日期及其事项信息在文件中的位置保存在一个数组中。在对这个数组按日期排序后，逐一按位置从日程文件中读入相应的字符串，并将其与日期一起输出在标准输出上。根据这一讨论，可以写出如下代码：

```
#define F_NAME "reminder"
typedef struct item_t {
    short mon, day;
    long msg_offset;
} item_t;
item_t item_tab[MAX_N];

int comp(const item_t *p1, const item_t *p2)
{
    if (p1->mon == p2->mon)
       return (p1->day - p2->day);
    return p1->mon - p2->mon;
}

int main()
{
    FILE *fp;
```

```
    int m, d, mon, i, n = 0;
    char buf[BUFSIZ];
    time_t cur_time;
    struct tm *newtime;

    fp = fopen(F_NAME, "r");
    if (fp == NULL) {
       sprintf(buf, "Can't open file %s", F_NAME);
       perror(buf);
       return 1;
    }
    time(&cur_time);
    newtime = localtime(&cur_time);
    while (fscanf(fp, "%d.%d", &m, &d) == 2) {
       mon = newtime->tm_mon + 1;
       if (m > mon || (m == mon && d >= newtime->tm_mday)) {
          item_tab[n].mon = m;
          item_tab[n].day = d;
          item_tab[n].msg_offset = ftell(fp);
          n++;
       }
       fgets(buf, BUFSIZ, fp);
    }
    qsort(item_tab, n, sizeof(item_t), comp);
    for (i = 0; i < n; i++) {
       fseek(fp, item_tab[i].msg_offset, SEEK_SET);
       fgets(buf, BUFSIZ, fp);
       printf("%2d.%-2d %s", item_tab[i].mon, item_tab[i].day, buf);
    }
    fclose(fp);
    return 0;
}
```

在上面的代码中，while 语句遍历文件中所有的日程项，并把符合要求的日程项的月、日、事项信息的起始位置保存到 item_tab[] 中。注意 while 语句中 fgets() 的位置。该语句的作用是跳过当前日程项中的事项信息字符串，为 fscanf() 获取下一个日程项中的日期做准备。因为我们需要获得事项信息的起始位置，所以这条 fgets() 语句必须位于 if 语句之后。

9.5 文件数据的二进制格式读写

对数据按二进制格式直接读写的标准库函数分别是 fread() 和 fwrite()。这两个函数的原型如下：

```
size_t fread(void *buf, size_t size, size_t nmemb, FILE *stream);
size_t fwrite(const void *buf, size_t size, size_t nmemb, FILE *stream);
```

两个函数中的第一个参数 buf 分别是即将读入和准备写出数据的存储区。size 是每个数据项的长度，以字节为单位。nmemb 是被读写数据项的个数，stream 是与文件相关联的字符流。函数的返回值是成功地读入或写出的以 size 长度为单位的数据的项数，而不是字节数。例如，下面的语句：

```
n = fread(buf, sizeof(double), 10, fp);
```

在成功地执行完毕后，n 中保存的数值是 10，表示有 10 个 double 类型的数据被读入缓冲区 buf 中。这条语句实际读入的字节数是 $10 \times \text{sizeof(double)} = 80$。

二进制方式读写函数把数据从文件中按照其保存形式直接读入内存中，或者按照其在计算机内部的表示形式直接写到文件里。这种方式的读写经常用于保存和读取不需要人直接阅读而由计算机操作的数据。在这种情况下使用二进制读写方式有两个优点。第一个优点是数据格式规范，占用磁盘空间小。在计算机中，大量的数据并非字符串，而是 int、double 等基本类型的数值，或者由这些基本类型组成的结构类型。这些基本类型的数据在内存中的长度与其转换成为字符串之后的长度之间没有固定的关系。例如在 32 位计算平台上，int 类型的数据占 4 个字节，而无论该 int 类型数据的值是多少，在打印或显示时有多少位。当使用二进制读写方式时，该数据在文件中与其在内存中一样，固定占据 4 个字节的磁盘空间。下面我们看一个例子。

【例 9-5】二进制数据的字符数　*从文件中读出以二进制形式表示的整数，统计其中包含的字符数。*

假设文件 bin_file 中有足够多的以二进制格式保存的整数可供读入，运行下面这段代码：

```
int len, n, buf[BUFSIZ];
FILE *fp;
…
fp = fopen("bin_file", "r");
n = fread(buf, sizeof(int), BUFSIZ, fp);
len = ftell(fp);
printf("%d int read, current position is: %d\n", n, len);
```

则产生的结果是：

```
512 int read, current position is: 2048
```

可以看出，从二进制文件 bin_file 中读取整数的数量与字节数的比值为 1:4。与此不同的是，当用正文方式表示一个整数时，相应字符串的长度随数值的大小而变化，从 1 个字符到 11 个字符不等，而且当有多个整数连续存储在文件中时，相邻的整数之间还需要加入分隔符。从**【例 9-3】正文数据的字符数**中可以看出，从正文文件中读取整数的数量与字节数之间没有确定的比值。

使用二进制读写方式的第二个优点是函数运行效率高。二进制读写方式不需要对数据格式进行转换，因此可以把内存中的数据整块地写入文件，或者从文件中读入内存。对于浮点类型的数据，不对数据格式进行转换也避免了可能产生的转换误差和精度损失。例如，上面的代码一次性地从文件 bin_file 中读入了 512 个整数。再例如，下面的语句把一个 double 型的数组一次性地写入文件中：

```
double d_array[MAX_N];
…
fwrite(d_array, sizeof(double), MAX_N, fp);
```

而当使用字符串的方式把这个数组的内容写入文件中时，就需要使用循环语句以及数据格式转换函数。比起二进制格式的读写代码，不仅相应的代码显得复杂一些，当数据量较大时运行时间也会长得多，而且由于输出数据字符串的长度有限，有可能会产生与原始数据的差异。

当对复杂结构进行保存时，使用数据的二进制读写函数的优越性就更加明显。在实际的应用程序运行时经常需要保存一些复杂的数据结构，例如用户的配置信息、结构化的数据等，以便与其他程序共享，或以备程序再次运行时的重新读入。当使用二进制读写函数时，不需要逐一地访问数据结构中的各个成员变量，只需要知道所读写的数据块的大小就可以完成数据的读写操作。例如，假设需要保存的数据是一个类型为 `struct d_type` 的数组 `d_table[MAX_N]`：

```
struct d_type {
    int size, year, value, group;
    double width, height, ratio;
    char name[8];
} d_table[MAX_N];
int n;
```

当需要保存该数组时，首先要把该数组的元素数量写入文件，然后再把数组的内容写入：

```
n = MAX_N;
fwrite(&n, sizeof(int), 1, fp_out);
fwrite(d_table, sizeof(struct d_type), n, fp_out);
```

使用这种写入方式，数组中的每一个记录在文件中所占用的空间都是相同的，而与每一个记录的具体数据无关。而当使用正文读写方式时，每一个记录在文件中所占用的空间取决于每个成员具体的数值，因此很可能是各不相同的。当需要从文件中读出该数组时，需要首先读出该数组的元素数量，然后再读出该数组的内容：

```
fread(&n, sizeof(int), 1, fp_in);
fread(d_table, sizeof(struct d_type), n, fp_in);
```

其中 `fp_in` 和 `fp_out` 分别对应已经打开的用于读写的文件。在使用二进制读写函数时需要注意的是，数据在文件中写入时的字节序受控于计算平台的尾端格式。如果需要在不同尾端类型的计算平台之间传输或共享由二进制读写函数生成的文件，则必须进行必要的尾端类型转换。当在 Windows 平台上使用这些函数时需要注意的另外一点是，文件必须以二进制方式打开，也就是说在文件打开时必须使用描述符 'b'，否则就可能发生读写错误。

习题

1. 在一般的 C 程序中，输入数据来源和输出数据去向的类型是什么？
2. 从文件中读入数据的基本过程是什么，其中各个操作步骤的作用是什么？
3. 函数 fopen() 的返回值是什么类型和含义？如何判断一个文件是否按指定的方式打开了？
4. 使用下面哪种方式打开文件后不能从文件中读取数据？

   A. "r"　　B. "r+"　　C. "a"　　D. "a+"
5. 哪些文件打开方式在指定的文件不存在时可以自动创建文件？
6. 当使用 fopen() 打开文件时，打开方式描述字符 b 和 t 的含义是什么？在 UNIX/Linux 系统和 Windows 系统上各有什么作用？
7. 文件数据按二进制格式读入是什么意思？需要使用哪个标准库函数？
8. 设有已被赋值的 double 类型变量 x 和指向可写文件的 FILE 指针 `fp`，下面两条输出语句在 fp 所指的文件中写入的内容有什么不同？

```
fprintf(fp, "%f", x);
fwrite(&x, sizeof(double), 1, fp);
```

9. 设 char * 类型变量 str 指向字符串 "GoodMorning"，FILE 指针 fp 指向一个可写文件，下面两条输出语句在 fp 所指的文件中写入的内容是否相同？为什么？

```
fprintf(fp, "%s", str);
fwrite(str, 1, sizeof(str), fp);
```

10. 设在 char 型数组 buf[16] 中保存了字符串 "GoodMorning"，FILE 指针 fp 指向一个可写文件，下面两条输出语句在 fp 所指的文件中写入的内容是否相同？为什么？

```
fprintf(fp, "%s", buf);
fwrite(buf, 1, sizeof(buf), fp);
```

11. 在程序中如何判断一个文件的长度？
12. 修改**【例 9-2】日程列表**中的日程显示程序，使其按照日期升序输出符合要求的日程项。
13. 修改**【例 9-2】日程列表**，使列表项中的日期部分包含年份。当显示日程时，如果列表项的日期是当年，则不显示年份，否则显示年份。
14. 修改**【例 9-2】日程列表**，使输入的列表项中的日期部分的年份可选，即日期部分既可以包含年份，也可以不包含年份。当输入的日期不包含年份时，如果该日期迟于当天的日期，则表示本年的日期，否则表示下一年的日期。
15. 将**【例 9-2】日程列表**的两个修改后的程序合并为一个，使用命令行选项确定程序的功能。无命令行选项时显示日程列表。
16. 设计一个程序，对命令行中指定的文件按长度升序排序，将结果显示在标准输出上，每个文件占一行，在文件名和长度之间以 tab 键分隔。
17. 设计两组函数，第一组函数以二进制读写方式将 $n \times n$ 的二维 double 数组保存到指定的文件中和从指定的文件中读回到内存中；第二组函数以正文读写方式将同样的二维数组保存到指定的文件中和从指定的文件中读回到内存中。比较当 n 为不同数值时这两组函数的运行速度。
18. 设计一个程序 info_t2b，从指定的以 .txt 为后缀的文件中读入以正文形式保存的员工信息，将其以二进制方式保存在与输入文件同名、以 .bin 为后缀的文件中。.txt 文件中的数据以行为单位，每行为一个员工的信息记录，分别是姓名、年龄、性别、工资，其中姓名的长度不超过 12 个字节，年龄为正整数，性别以 0 表示女、1 表示男，工资为不超过 8 位的浮点数，各字段间以空格符分隔。.bin 文件中前四个字节为记录的个数 n，后面的内容为 n 个等长的记录。
19. 设计一个程序 info_b2t，从指定的以 .bin 为后缀的文件中读入以二进制形式保存的员工信息，将其以正文方式保存在与输入文件同名、以 .txt 为后缀的文件中。.bin 文件和 .txt 文件的格式及内容与上题相同。（提示：在程序中应使用与 info_t2b 相同的表示员工信息记录的数据结构。）
20. 文件 data.in 中保存有 m（$m < 2\ 000$）个数据行，每行最多包含 25 个由空格分隔的正整数。从标准输入上读入正整数 k，计算文件中第 k 列（从 1 起算）所有数据的最大值、最小值和平均值。最大值和最小值以整数格式输出，平均值保留 3 位小数。若某行的列数

小于 k，则认为该行第 k 列的值为 0。

21. 从标准输入上读入一个正文文件名和两个整数 s n。向标准输出上输出从该正文文件中的第 s 个字符开始的连续 n 个字符，以换行符结束。
22. 从标准输入上读入一个文件名和一个整数 k。该文件中保存有 n（$200 \leqslant n \leqslant 5e8$）个以二进制形式写入的整数。从该文件中的第 $n/2$（n 为奇数时取整）个整数开始读出 k 个整数，以 10 个整数一行的格式将这些数写到标准输出上，两个整数之间以一个空格符分隔。
23. 将命令行第一个参数指定的正文文件的各行按长度升序写到命令行第二个参数指定的文件中，长度相同的行按字符顺序升序排序。文件的行数不超过 1 000 万，且不含空行；每行的长度不超过 2 000 个字符（含换行符），文件的长度不超过 3GB。
24. 从标准输入上读入 n（$1 \leqslant n \leqslant 30$）行输入数据，其中第一行是输入文件名，其余各行是显示命令。在标准输出上按显示命令规定的内容和格式输出输入文件中的数据。显示命令的格式如下：

```
<addr>, <num> <format>
```

其中 <addr> 是输出数据的首地址，即所要输出内容在输入文件中以字节为单位的位置，从 0 开始计数。<num>（1 ≤ <num> ≤ 99）是表示输出数据数量的正整数，以 <format> 所要求的数据格式为单位。全部输出数据均在输入文件的数据范围内。各字段间可以有 0 个或多个空格符。<format> 包含一个字符，说明数据的类型和输出格式，可以是以下字母：

x　　4 字节的十六进制整数
d　　4 字节的十进制整数
o　　4 字节的八进制整数
f　　8 字节的浮点数，科学表示法，保留 5 位小数

每个显示命令的输出结果以换行符结束，当 <num> 大于 1 时，各个数据字段之间由 1 个空格分隔。例如，设文件 f1.txt 中的内容是下列字符串：

```
abcdefghijklmnopqrstuvwxyz
```

则输入数据：

```
f1.txt
2, 2 d
2, 2 o
```

产生如下输出：

```
1717920867 1785292903
14631262143 15232264147
```

CHAPTER 10

第 10 章

程序设计的基本方法

通过前面章节的学习，读者已经了解和掌握了 C 语言的语法、语义以及 C 程序的基本结构。但是要写出一个符合要求的程序，仅仅这些还不够。很多初学者面对题目时常常感到无从下手，即使有一些模糊的思路，也不知如何清晰有效地描述和转换为准确的代码。一旦程序可以运行，又会出现各种莫名其妙的错误。对这些出乎意料的问题，初学者往往束手无策，不知如何发现错误的原因，更不知如何改正。其实，程序设计如同作文一样，涉及内容和表达两个方面。内容是求解问题的思路和方案，表达是使用程序设计语言对问题的解决方案进行准确的描述。了解和掌握 C 语言，只是初步掌握了对问题求解方法进行描述的工具，就好像在语文学习中掌握了基本的遣词造句。但对于写好程序来说，更重要的是要有明确的求解问题的思路和方案。从理解题目要求、明确解题思路和方案，到写出符合要求的程序、保证程序运行正确，有一系列环环相扣的工作步骤，有一套完整严密的工作方法。掌握了这些方法，并在实践中不断地锻炼，逐步积累经验，才能规范高效地写出满足题目要求的程序。

10.1 程序设计的基本过程

程序设计的基本过程可以分为问题分析、设计、编码、调试和测试等几个阶段。这几个阶段分别对应着了解需要做什么，说明怎么做，使用编程语言描述自己的意图、生成计算机可以执行的程序，验证自己的程序是否满足题目的要求，以及处理程序运行出现的错误。无论程序规模的大小，所有的程序设计工作基本上都要经过上述这几个阶段。其中，弄清要做什么和怎么做是实际写代码之前最重要的工作。

对于初学者来说，最需要注意的是，不要一开始就使用编程语言来思考问题，不要一开始就使自己进入编码阶段。初学者经常容易忽视程序设计的前期工作，直接考虑如何编写代码。经常有初学者会问："这个程序的第一句应该写什么？""这个程序是不是要使用两重嵌套的循环？"等等。实际上，编码只是一系列工作过程中的一步。在编码之前有许多问题需要仔细考虑，在编码之后有一系列的调试、测试工作要做。只有把前期工作做好，才能为编码工作提供必要的条件。对于几十行或上百行的程序来说，分析、设计等前期工作比较简单，编码时间所占的比例会高一些，但一般也不到 1/2。不经过前期工作就直接编码，不仅无法全面把握问题的要求，而且需要使用自己不很熟悉的编程语言来进行思考和做出决策。这种做法对于简单的小问题还勉强可以应付，对于稍微复杂一点的问题就会出错，不但需要花费大量时间进行程序调试，还未必能解决问题。为避免此类情况，应该在开始学习程序设计时就了解和重视编程工作的系统性和阶段性，养成踏踏实实、循序渐进的工作习惯。在编码之前的各个阶段，应当使用中文这种我们最熟悉的语言分析思考问题，以保证对问题理解准确、描述清楚，为后续阶段的工作打下坚实的基础。即使是看起来不复杂的问题，也应该首先在纸上写出题目的具体要求，画出数据之间的关系，分析所需采取的操作步骤，看看每一步的操作对相关数据的影响，以及当操作步骤结束时是否能够得到预期的结果。如果对问题的分析准确细致，则根据各个操作步骤进行编码就是一件很容易的事情，因为大量的基本操作步骤与常用的代码结构和标准库函数都有相对固定的对应关系。

在程序设计前期的分析和设计阶段，特别需要注意的是阶段性的工作结果一定要完整、细致、具体。所谓完整、细致和具体，主要的判断标准有三项：第一是工作的结果能够满足其前导阶段的要求，能够与前导阶段的各项要求一一对应，给出明确的描述或解决方案。第二是工作结果能够为后续阶段工作提供具体的指导，使我们可以脱离原始题目，仅根据当前工作的结果，继续开展后续阶段的工作，而无须再反复查阅原题。第三是工作结果能够为后续阶段工作提供具体的检验标准，使我们可以根据当前工作的结果，逐项检查后续阶段的工作是否满足要求、是否合格。只有这样，才能保证我们的工作过程环环相扣，严谨周密，所产生的程序在各种指标上都符合要求。

10.2 问题分析

进行程序设计时，需要首先确认的是程序需要完成的任务是什么，包括确定程序的功能和性能，程序的输入输出数据的来源、去向、内容、范围和格式，以及其他对程序的特殊要求和限制。在进行问题分析时需要注意的是，不但要理解题目字面的意思，更要深入分析题目字面中隐含的内容，要准确、完整、全面地理解题目的要求。

10.2.1 程序功能和输入 / 输出数据

对于练习题一类的小程序来说，程序的核心功能性要求会在程序的任务说明中很明确地给出，但辅助功能以及具体要求的细节往往需要通过对实际问题的具体分析才能获得。有时程序的功能比较复杂，只凭文字的描述还不足以准确地界定，需要通过一些示例来进一步阐述。这时，编程人员就需要通过对问题的描述以及相关的示例分析来明确任务对程序主要功能的要求。初学者看到一个问题，往往只关注于问题的计算需求和算法的性质。例如，说一道题目是一个排序问题，是一个矩阵运算问题，是一个动态规划问题，是一个搜索问题，等等。明确一个问题的计算功能以及相关算法的性质固然重要，但不是问题分析的全部。对于较为复杂的题目，问题的核心计算功能和关键算法只是程序求解过程中众多步骤中的一步。在很多实际应用程序中，大量的代码往往用于处理看似辅助性的功能。

输入 / 输出数据的来源、去向、格式、类型，以及对数据的处理方式等是问题分析的重要内容。初学者遇到的很多题目的基本运算相对比较简单，更加需要注意的往往是输入 / 输出数据的格式、规模、边界点等细节。例如，输入数据的取值范围是开区间还是闭区间；程序需要处理一组数据还是多组数据、每组数据的最大数量、各组数据间的分隔方式，以及各组数据的输出顺序是否必须与输入顺序相同；所要求的解是否唯一；对于多解的问题，只需要生成一个任意的或特定的解，还是生成全部的解；等等。这些信息对于选择数据结构、算法和程序结构都有重大影响。很多时候，这些问题可能是分析工作的主要部分。下面我们看一个例子。

【例 10-1】矩阵乘法 设计一个程序，从指定的文件中读入一个 m 行 p 列的矩阵 $\boldsymbol{A}$ 和一个 p 行 n 列的矩阵 $\boldsymbol{B}$，计算矩阵乘积 $\boldsymbol{A}\times\boldsymbol{B}$，将结果写入标准输出。

这个题目的要求很简单，熟悉矩阵运算的读者都很容易地想到其核心处理结构是一个执行矩阵乘法的三重循环。但是这并不是一道完整的程序设计题，因为题面中没有给出输入数据的格式、数据类型和取值范围，以及对输出数据格式的要求。对于一个功能完整的程序，输入 / 输出数据的处理是整个程序的重要组成部分，输入 / 输出数据的格式和内容有可能会极大地影响程序的处理步骤和内部的数据结构。在这道题中，如果在输入数据中首先给出了 m、p、n 的值，然后再顺序给出矩阵 $\boldsymbol{A}$ 和 $\boldsymbol{B}$ 的各个元素，则输入数据的处理就相当简单。如果在输入数据中没有给出 m、p、n 的值，而只是顺序给出了矩阵 $\boldsymbol{A}$ 和 $\boldsymbol{B}$ 的各个元素，则程序就需要对输入数据进行分析，并通过分析获得 m、p、n 的值。矩阵 $\boldsymbol{A}$ 和 $\boldsymbol{B}$ 的数据之间是否有间隔符进行分隔，对分析方法会有较大的影响。如果此时还需要考虑输入数据中可能出现的格式错误，则对输入数据的处理就会更加复杂。此外，m、p、n 的大小可能会影响到数据存储方式的选择。数据输出格式对程序中数据输出部分代码的复杂程度也有相当的影响。数据的输出格式也是程序功能的重要组成部分，输出格式不符合规定的程序不能被认为是满足题目要求的程序。因此，在对题目的分析中，必须把这些相关的要求和限制都弄清楚。

除了数据格式外，输入数据的边界点和特殊情况也是需要格外注意的。能否正确处理这些特殊情况，关系到程序的功能是否完整，甚至是否正确。有些时候，这些输入数据中的特殊情况是在题目中明确给出的；在更多的情况下，这些特殊情况需要由编程人员认真分析问题的性质和题目的要求才能获知。下面我们看两个例子。

【例 10-2】两条线段的交点 从标准输入上读入两条线段的端点，设计一个程序，求两条线段的交点。

有代数和解析几何知识的读者都知道，给出直线上的两个点（x_1, y_1）、（x_2, y_2），可以求出直线方程 $Ax + By + C = 0$ 中的系数 A、B、C。两条直线的交点就是方程组：

$$A_1x + B_1y + C_1 = 0$$
$$A_2x + B_2y + C_2 = 0$$

的解 $x = x_0$，$y = y_0$。对于线性方程组，消元法是常用的算法。有些读者可能会根据这些讨论写出相应的程序。然而，由于（x_0, y_0）是两条直线的交点，对于两条线段的交点，还需要判断（x_0, y_0）是否位于两条线段之内；当给定的线段互相平行或共线时方程组无解；当线段平行于任一坐标轴，或者两条线段有一个公共端点时，都需要进行特殊的处理；等等。上述这些情况一般不会在题目的描述中详细罗列，而如果编程人员不认真分析输入数据中的这些看似特殊而又确实可能遇到的情况，写出的程序在使用中就可能会出错。

【例 10-3】流程控制关键字的统计 从标准输入中读入一段语法正确的 C 程序代码，查找该程序中控制流关键字 while、for、if，按出现顺序输出其所在的位置，包括行号和该关键字首字母是该行上第几个字符。统计结果以 < 关键字 >: (< 行号 >, < 首字母位置 >)[,(< 行号 >, < 首字母位置 >), …] 的形式写到标准输出上，每个关键字占一行。

这道题目的基本做法是逐行读入数据，从中找到相应的关键字，并确定其首字母的位置。这一过程的关键是发现关键字。为找到指定的关键字，有些读者可能会想到直接使用标准库函数 strstr()，也有些读者可能会顺序判断各个字符是否是 w、f 或 i，然后再检查它们是否与后面的字符构成了 while、for 或 if。然而，有些初学者可能没有意识到，一个合法的程序中并非所有的字符序列 while、for 或 if 都是关键字。例如，当上述字符序列出现在注释或字符串中时，它们只是注释或字符串的一部分；如果上述字符序列紧跟在其他字母或下划线后面，或者在上述字符序列后面紧跟着其他字母、数字或下划线，则它们可能只是一个标识符的组成部分。这些都不应统计在结果中。

10.2.2 对程序性能的要求

对于程序性能的要求，可以用对系统资源的占用来衡量。程序运行所需要的最基本的系统资源是 CPU 时间和存储空间。有一些任务对于程序性能有着明确的要求，例如，要求程序运行的时间和占用的内存空间不超过一定的限度。而多数小型编程任务，特别是练习题一类的程序，因为程序任务简单，运行时所占用的资源往往微不足道，一般不给出对程序性能的明确要求。其所隐含的要求是在合理的时间及一般计算平台所能提供的资源条件下完成计算任务。但是也有一些看似很简单的题目，如果算法和数据结构选择不当，也会消耗大量的资源，甚至使程序无法在给定的平台上运行。

程序对系统资源的占用受两方面因素的影响。一个因素是问题的规模，另一个是程序设计和实现时所选择的算法、数据结构以及代码的结构。一般而言，一个程序对系统资源的占用随问题规模的增大而增加，而对系统资源的占用随问题规模增加的速度，则取决于所选择的算法和数据结构。用算法分析的术语来讲，就是说不同的算法具有不同的计算时间复杂度和存储空间复杂度。这方面的内容读者可以参阅相关课程的教材。面对程序的性能问题时，编程人员需要对问题的规模以及可能采用的算法和数据结构有一个较为清楚的估计，以便做出正确的选择。此外，对运算时中间结果和最终结果的数值范围的分析也可以归在此类，因为这会影响到对数据类型的选择。

10.2.3 程序中的错误处理

程序运行时常见的错误可分为两类：一是用户的使用方式引起的外部错误，如缺少命令行参数或参数错误、输入数据错误等。二是程序运行时产生的内部错误，如运算结果的溢出、以 0 作为除数、地址越界、动态内存分配失败等。我们不能指望用户在使用程序时不出错，也不能假设程序中不存在错误，而是应该在程序设计过程中对可能发生的错误有所预期和防范，当程序遇到错误时能够做出正确的反应。错误处理的复杂和完善程度取决于程序的性质、规模、重要性以及用户类型。尽管对于简单的练习题，错误处理不必作为重点进行考虑，但具有对程序在运行时有可能出现错误的预期和防范意识是非常必要的。初学者应该了解哪些错误是程序中容易出现的，以及对于不同性质错误的处理方法。

在分析阶段需要考虑和处理的错误是程序遇到的外部错误。对于比较简单的程序，最容易遇到的错误发生在程序的命令行参数和输入数据的格式、数量、数值范围等方面。除简单的练习题外，任何程序都应对这类错误进行检测和处理。在遇到错误时，除进行适当的处理外，程序还应向使用者报告出错信息，避免程序在没有任何提示的情况下就停止运行甚至崩溃，而且没有留下任何有用的提示信息。此外，对有可能出错的标准函数，如数据输入函数、动态内存分配函数等，均应检查相关库函数的返回值；对于有可能出现0值的除数也应进行判断。

10.2.4　程序的测试

关于程序测试的考虑应该在问题分析阶段就开始。这主要是为了使测试能够从题目的要求出发，尽量完整、客观，避免受程序实现方法的影响而具有不应有的倾向性。对于小的程序，我们可以只考虑如何对程序的整体进行测试。对于规模较大、结构较为复杂的程序，在整体测试之前还需要考虑如何根据功能和结构，对程序的各个部分进行单独的测试。在考虑对程序进行测试时必须明确的是，测试的目的是尽量发现程序中可能存在的问题，而不是设法证明程序的正确。这一点对于初学者是需要特别注意的。

测试数据是测试方案的重要内容。测试数据包括输入数据以及每组输入数据对应的正确结果。简单的测试数据一般可以手工生成。复杂一些的测试数据的生成有时需要借助于辅助工具，如计算器、数值或符号计算工具等。有时也可以为生成输入数据和正确结果而专门编写相应的程序。

初学者在设计测试数据时容易不自觉地缩小测试范围，简化测试过程。例如，当题目中说明输入数据是一个整数时，有人会在潜意识中把这理解为正整数；在实际测试中，又会把正整数进一步局限于数值较小的正整数，简单地拿几个一位数或两位数测试一下就算完事。这样简单的测试往往与题目的实际要求相距很远，很难发现程序中不符合要求的各种错误。为检验程序是否满足题目的要求，在设计测试数据时需要考虑程序计算中各种可能出现的条件及其组合，特别是各种可能的特殊情况和边界条件。一套比较完整的测试数据至少要覆盖题面允许的极限值，并且包含一些典型的测试点与极限值的组合。所有在分析中有明确要求的数值和数据格式均应有至少一个以上的测试点；对于处理多个参数的程序，需要考虑参数之间各种可能的组合。例如，对于与日期计算相关的程序，不但必须测试最大给定年份范围内的月份，而且需要考虑不同类型的闰年，以及各种日期与闰月的关系；如果某个输入数据是字符串类型的，那测试数据中就不但需要包含所允许的最大长度的字符串，而且需要包含空串；等等。对于一个程序，进行全面测试所需的数据量之大，远远超过我们直观的想象。对于普通的练习题，一般没有必要使用如此大量的数据进行全面的测试。但是，具有全面测试的概念可以帮助我们合理设计比较全面、完整的测试数据，避免只使用几个信手拈来的简单数据试一下就认为程序正确的错误观念和方法。

10.2.5　问题分析的结果

在问题分析工作完成之后，需要对分析结果进行整理，把分析的要点记录下来，以便在程序完成之后一一对照，检查程序是否完全满足了题目的要求。分析结果应当尽量使用定量的要求，避免使用“主要”“基本上”“等等”这样一些不精确的词句。为此，建议按以下顺序列出需求分析的结果。

1）基本计算功能：说明计算内容、方法、特殊点。

2）输入数据：说明外部数据来源、类型、格式、含义、范围、特殊要求。

3）输出结果：说明内部数据来源、类型、范围、格式、特殊要求。

4）性能要求：说明对计算时间和占用内存等的限制条件或指标，计算结果的数值范围等。

5）测试数据：说明数据类型、测试范围、生成原则、生成方式、检查方式。

6）错误处理：说明程序运行时有可能遇到并需要处理的错误。

7）题目求解的难点：说明在上述要求中哪些是自己所不熟悉或感觉比较困难需要深入研究的。

当然，这些内容在对具体问题进行分析时，应该根据题目的复杂程度进行适当的取舍和调整。在程序设计课程中遇到的问题多数比较简单，但对问题的分析仍需要认真细致，对需求的关键都需要一一列清。下面我们看一个例子。

【例 10-1-1】矩阵乘法 设计一个程序，从标准输入中读入一个 m 行 p 列的矩阵 $\boldsymbol{A}$ 和一个 p 行 n 列的整数矩阵 $\boldsymbol{B}$，$0 < m, p, n < 100$，$|a_{ij}| < 1\,000$，$|b_{ij}| < 1\,000$，计算矩阵乘积 $\boldsymbol{A} \times \boldsymbol{B}$，将结果写入标准输出。输入数据为 $m + p$ 行的整数，前 m 行每行 p 个整数，为矩阵 $\boldsymbol{A}$ 的数据，后 p 行每行 n 个整数，为矩阵 $\boldsymbol{B}$ 的数据。将 $\boldsymbol{A} \times \boldsymbol{B}$ 的结果按各列左对齐方式写到标准输出，且任意相邻两列间空格的最少数量应等于 1。

这道题目是【例 10-1】的细化，其基本运算功能比较简单，主要的复杂度在于对输入输出数据的处理。根据题目的描述，我们可以将程序的功能分解为数据输入、矩阵相乘以及数据输出三部分。数据输入部分需要从标准输入设备上将矩阵 $\boldsymbol{A}$ 和 $\boldsymbol{B}$ 的各个元素读入到为这两个矩阵设置的数据结构中，并获得这两个矩阵的行数和列数。矩阵相乘部分完成矩阵 $\boldsymbol{C} = \boldsymbol{A} * \boldsymbol{B}$ 的计算。数据输出部分需要按格式要求输出矩阵 $\boldsymbol{C}$。根据题目的要求，可以列出分析结果的要点如下。

1. 基本计算功能

m 行 p 列的矩阵 $\boldsymbol{A}$ 和 p 行 n 列的矩阵 $\boldsymbol{B}$ 相乘，乘法矩阵 $\boldsymbol{C}$ 中各元素的计算公式为 $c_{ij} = \sum_{k=1}^{p} a_{ik} * b_{kj}$。

2. 输入数据

数据来源：标准输入，$m + p$ 行整数。前 m 行每行 p 列，是矩阵 $\boldsymbol{A}$ 的元素，后 p 行每行 n 列，是矩阵 $\boldsymbol{B}$ 的元素。$0 < m, p, n < 100$。特殊情况，$p == n$。

3. 输出结果

矩阵 $\boldsymbol{C}$，整数，m 行 n 列，$0 < m, n < 100$。各列左对齐，且各列的宽度为该列最长元素的长度加 1。输出目标：标准输出。

4. 性能要求

对计算时间和内存占用无特殊要求，最大结果的极大值小于 10^8。

5. 测试数据

生成 1~3 阶方阵各 3 个，以及按不同的排列方式进行同阶矩阵相乘的结果。生成 2×99 和 99×2 矩阵各一，相应的两行及两列元素分别为绝对值等于允许最大值的正数和负数，以及矩阵按不同排列方式相乘的结果。生成 30、50、99 阶方阵各一，以及各矩阵分别乘以同阶的单位矩阵的结果。矩阵元素中应包含 0 以及绝对值等于允许最大值的正数和负数。上述各因子矩阵以及乘积矩阵可以采用各种辅助工具，如 Matlab 等生成，简单的矩阵也可以手工生成。

6. 错误处理

无。

7. 题目求解的难点

输入数据的读入和存储，m、p、n 的获得，存储结构，根据 m、p、n 将数据分别保存到矩阵 $\boldsymbol{A}$、$\boldsymbol{B}$ 中。计算输出数据各列的最大宽度，需考虑负数的符号位。

由于题目简单，在上面的分析结果中有不少内容是直接从题面中摘抄的，但是也有对题面描述的进一步具体化的内容，如关于输出格式中各列的宽度要求。题目求解难点部分的内容弹性较大，取决于编程人员的经验和能力。上面给出的测试数据比较简单，便于手工检查计算结果。对于一个实际应用的程序，这些测试数据的规模和覆盖范围是远远不够的。但是作为初学者的练习，这些已经可以初步说明测试数据的设计原则了。

10.3 方案设计

方案设计是根据对问题的分析和理解，确定解决问题的方法和策略，为后续的编码提供依据。方案设计阶段的工作包括计算过程和步骤的规划、计算模型的选择，以及算法和数据结构的选择。

10.3.1 解题思路

解题思路是用自然语言对计算过程的框架性描述，主要说明解题过程所需要的步骤以及各步骤之间的相互关系。对于每一个计算步骤，解题思路则主要说明其功能、已知条件和所要产生的结果，以及所采用的算法名称和性质，也可以包括对计算过程中数据和控制结构的概要说明。而算法则是按照一定的规则对解题过程中各个步骤的进一步细化，是对每个具体实现步骤的操作性描述，说明如何根据已知条件产生所要得到的结果。但是，这两个层面并不是截然分开的。对于复杂一些的问题，解题思路可能涉及多个性质不同的计算步骤和过程，而每一个计算步骤所涉及的算法和数据结构也各不相同。这样，解题思路就与算法和数据结构的设计有一个比较明显的划分。而一些简单的问题，计算步骤很少、数据结构也不复杂，相应的算法就是解题思路的直接延伸，或者说，解题思路可能直接就导出了相应的算法。即使是对于一些较为复杂的问题，考虑解题思路的可行性时也可能涉及所拟采用的算法的时空效率以及程序实现时的制约因素。在这些情况下，解题思路与算法之间的界限就不很明显。

建立解题思路是一个逐步探索、逐步细化的过程，其基本策略是把大的问题逐步分解成小的、更容易把握和解决的问题。对于较为复杂的问题，需要首先明确解题的基本方向和大的步骤，然后再对每个具体步骤逐步细化，直到每一个步骤都是可以解决的基本问题为止。在考虑解题思路时，重要的是解题过程在逻辑上的连贯性和每一个步骤的可行性。所谓解题过程的逻辑连贯性是指每一个解题步骤所需的数据都包含在其前导步骤的计算结果或题目的已知条件中，其计算结果为后面的解题步骤提供新的条件或数据；而解题步骤的可行性是指对于每一个解题步骤，都有已知的方法可以在题目给定的限制条件下从该步骤的已知条件算出所需要的结果。下面我们以一个简单的题目为例，看看解题思路的具体建立过程。

【例 10-4】平方数 将数字 1~9 分为 3 组，使每组都构成一个 3 位的完全平方数。

这道题的求解方法有多种，其中最直观的一种就是生成 9 个数字的全排列，并在每生成一个排列后，按顺序将数字分为 3 组，检查各组是否都构成了完全平方数。生成 9 个数字的全排列的基本方法是依次从 9 个数字中取出一个，放在第一位，然后再对剩余的 8 个数字进行全排列，直至只剩下一个需要排列的数字为止。可以看出，这是一种递归过程，既可以用递归函数来实现，也可以用非递归的方法来实现。按顺序将排列后的数字分为 3 个一组，以及检查每组的 3 位数是不是一个完全平方数都是很简单的操作。因此这一解题思路是可行的。

一般来说，一个问题可能有多种不同的解题思路。不同的解题思路可能在描述的繁简、实现的难易、运行的效率，以及对计算资源的要求等方面不同。因此在建立解题思路的过程中，需要保持灵活和开放的态度，对已有的解题思路进行认真的分析，看看它是否满足题目的各种要求和限制，是否还有更好的方法。仍以**【例 10-4】平方数**为例。在例题中给出的解题思路很直观，但是运行效率较低。9 个数字的全排列共有 9! = 362 880 个，尽管对于现代的计算机，9! 并不是一个很大的数字，但是从计算性质上看这显然是一种低效的方法。我们可以换一个角度来思考这道题目的求解方法：生成所有各位数字不同的 3 位平方数，再从这些候选者中选出数字互不重复的 3 个。为生成所有 3 位平方数，可以枚举所有 3 位平方数的平方根、再对这些数自乘。与直观方法相比，这一方法对效率的改进巨大：一个 3 位平方数的平方根必然介于 10 和 31 之间，因此 3 位平方数只有 22 个，其中不包含 0 且各位数字不同的只有 13 个；在这些 3 位平方数中每次取 3 个的组合数量只有 $C_{13}^{3} = 286$。这个方法包含的其余步骤也是可行的：按顺序对候选平方数进行枚举，就可以生成所有可能的平方数组合；将平方数组合中的各位数字分离出来，就可以检查其中各位数字是否重复。只需对这些步骤进一步细化，就可以写出相应的程序代码。

在解题思路建立之后，应该把它清楚准确地记录下来，以便进一步地推敲和指导后续的算法设计和编码工作。为简洁、规范起见，可以采用以下的表格形式记录解题思路的要点：

序号	步骤功能	已知条件和数据来源	生成结果	计算过程和性质	是否需要细化

例如，对于**【例 10-4】**的第二种解题思路，我们就可以建立如下的表格：

序号	步骤功能	已知条件和数据来源	生成结果	计算过程和性质	是否需要细化
1	生成各位数字不同的 3 位平方数	平方根区间：[11, 31] 根据题目要求	各位数字不同的 3 位平方数表	一重循环、自乘、判断平方数各位数字是否不同	判断一个平方数中各位数字是否重复需细化
2	生成 3 个一组的平方数组合	第 1 步产生的平方数表	所有可能的平方数组合，每组 3 个数	三重循环，生成所有组合	否
3	过滤平方数组合，保留符合要求的结果	第 2 步产生的平方数组合	符合要求的平方数组合	判断组合中的三个数是否包含相同的数字	判断一组平方数中是否有相同的数字需细化
4	输出结果	第 3 步产生的平方数组合	在标准输出上输出	调用输出函数	否

在描述解题思路时需要注意的是，首先，各个步骤的功能必须能够构成一个完整的链条，引导我们从题目给出的条件一步步地得到预期的结果。其次，所有步骤的输入数据必须有明确的来源：或者来自题目，或者来自输入数据，或者由前面的计算步骤产生。所有步骤的计算结果必须有明确的去向和用途：或者用于后面的计算步骤，或者用于输出。第三，各个步骤都是必需的。常可以看到有初学者对一些简单的题目写出很长的程序，其中一个重要的原因就是解题思路中存在冗余，有些计算步骤和中间结果是不必要的。因此在完成解题思路后应该再仔细推敲一下，看看是否有些步骤可以精简，是否还有更简洁的思路。第四，每

个步骤都应该是实际可行的，这包含两个意思，首先是我们知道如何具体实现这些步骤，否则，就说明相应的步骤的描述不够详细，还需要进一步细化；其次是这些步骤必须是在题目限定的资源内可以完成的。在这里重要的是说明每一步骤具体要怎么做，以便减小后续工作的模糊空间。

10.3.2　算法的描述

算法根据其复杂程度和应用领域，可以分为简单算法、专用算法和策略算法。本书中的例题和练习题所涉及的主要是简单算法。简单算法是对解决问题的直观思路和常规方法的精确描述，不涉及复杂的计算过程和数据结构。计数、枚举、递推、在小规模数据集合中查找特定对象、数据表达形式的转换等都是简单算法的例子。设计简单算法时更多需要的是对问题的准确理解和把握、严谨细致的逻辑思维习惯，以及对相关领域的基本常识。当一时无法发现适当的算法时，可以根据对计算功能的要求，设计一些样例数据，观察计算结果与输入数据之间的变化规律，将数据的变化过程分解为若干步骤，然后再对这些步骤逐步细化，直至完成对整个算法的描述。在此过程中应该使用自然语言思考，避免使用编程语言。自然语言可以使思考更容易，思路更清晰，更容易说清楚较为复杂的计算过程，一旦出现问题也更容易发现和更正。而跳过这一步骤直接编码，会过早地陷入编程语言的细节，容易受到语言特性的影响，限制对问题的宏观思考。下面我们看两个例子。

【例 10-5】字符串循环移位　从标准输入上读入整数 N 和一个字符串，将该字符串循环左移 N 位，写到标准输出上。例如，当输入为 5 和 abcdefg 时，输出 fgabcde。

有些读者在看到对字符串循环移位的要求时，很自然地会联想到循环语句。当循环左移一位时可以首先将字符串左端的字符取出，然后将其余的字符顺序左移一位，再将原来左端的字符放到移位后字符串的右端。当需要循环左移 N 位时，使用循环语句将上述过程重复 N 遍即可。这样，循环左移 N 位的操作就可以表示为一个二重循环结构。这一算法正确，而且不需要过多的额外存储空间，但却不够直接和简练，其对字符的复制次数正比于字符串的长度 len 与移位次数 N 的乘积。多分析一些样例数据就可以发现，当移位次数等于字符串长度的整数倍时，移位后的字符串与输入字符串相同；否则，设 $N \% len$ 等于 n，则输入字符串 s 可以分解为 AB 两部分，A 包含 s 的前 n 个字符，B 包含 s 的后 $len - n$ 个字符。移位后的结果为 BA。根据这一观察，首先输出 s 中的后 $len - n$ 个字符，然后再输出前 n 个字符就可以完成所需的功能。

【例 10-6】数字删除　从标准输入上读入正整数 r 和一个 s 位（$s < 800$）的正整数，去掉其中 r（$r < s$）个数字后将剩余的数字按原来的顺序组成一个新的正整数，使该数的值最小。将计算结果写到标准输出上。

为发现这道题的计算方法，我们可以从简单的例子入手，先看一看对于不同排列的 s 位整数序列，如何去掉其中的 1 位，使剩余 $s - 1$ 位的值最小。我们可以先写出诸如 123、321 这样单调上升或单调下降的数列。可以看出，应该删除的是其中最大的那个数字。然后，我们逐渐加长数列的长度，改变数字的排列，生成 123123、123321、1233621、3213214321、123214321 等较为复杂的数列。通过观察可以发现，为保证结果最小，并不总是需要删除数列中最大的那个数字，而是需要删除最左端非降序列中的最后一个数字。在单调序列中删除最大的数字是这一规律的特例。运用初等数学的知识可以证明这一观察是正确的。因此我们可以从左至右对数列进行扫描，当第一次遇到某个数字大于其后面的数字时，删除该数字；

如果扫描到最右边的数字时仍未遇到这样的情况，则删除最右边的数字。在此基础上可以进一步证明，当需要从 s 位整数序列中删除 r 位数字时，将上述过程重复 r 次，即可保证结果最小。根据这些分析就可以确定此题的算法：进行 r 次循环，每次从左端删除非降数字序列中最后一个数字。

在确定了算法的基本过程后，需要进一步完善对算法的描述。与解题思路不同，算法描述更侧重于具体的细节，因此必须是操作性的而不是功能性的。也就是说，对算法的描述必须要说明怎么做，而不是做什么。我们在**【例 6-11】数组元素的二分查找**中已经看到，从一个看起来还算细致的对二分查找过程的描述可以产生两种截然不同的程序结构。这是因为在**【例 6-11】**的描述中只功能性地说明需要对子区间进行进一步的查找，而没有从操作的角度说明如何对子区间进行查找。这就给编码阶段留下了很大的选择空间：对子区间的查找既可以使用递归，也可以使用迭代。

为从操作层面上描述算法，必须首先说明算法的输入数据和计算结果的类型、含义和规模。这是因为一个算法的适用范围往往与计算对象的规模、数据范围以及所采用的数据结构密切相关，我们需要确保所采用的算法和数据结构在给定的数据规模和取值范围内正确有效。在此基础上，需要说明对操作对象的具体操作方式，以及相应的控制结构。算法描述中的每一步都应对应一个或一组含意确定、可以实际执行的操作，其详细程度必须可以直接指导和约束对程序的编码。下面我们看两个算法描述及其相应代码的例子。

【例 10-7】整数中的数字分离 给定一个十进制正整数，将其中各个数字分离出来，保存在数组中。

在**【例 10-4】平方数**的求解中，为检查一个 3 位数中的各个数字是否重复，需要将一个数的各个位分离出来。将一个十进制数中各个位的数字分离出来的基本方法是，首先将该数模 10，得到该数的最低位的数字，然后将该数整除以 10，删除该数的最低位。如此重复操作，直至该数被整除的结果等于 0 为止。为方便编码，我们可以把这一算法详细描述如下：

【算法 10-1】将十进制正整数 x 的各个数字分离出来，保存到整数数组 digits[] 中。

输入数据：正整数 x，小于 2^{31}。

计算结果：x 的各位数值，不超过 10 位，保存在 `digits[]` 中；x 的位数，保存在变量 `i` 中。

1）将正整数 x 保存到变量 `n` 中，将下标变量 `i` 初始化为 0。

2）当 `n` 不等于 0 时，重复执行下列操作：

① 将 `n` 模 10 的结果保存到由下标变量 `i` 所指示的数组 `digits[]` 的单元中。

② 下标变量 `i` 加 1，`n` 的值除以 10。

3）当 `n` 等于 0 时计算结束，数组 `digits[]` 的各个单元中保存了 `n` 的各位数字，变量 `i` 的值表示 x 的位数。

根据**【算法 10-1】**的描述，我们可以定义一个函数 get_digits()，该函数将正整数参数 `n` 的各个十进制位保存在参数数组 `digits[]` 中，并返回参数 `n` 的十进制位数：

```
int get_digits(int n, int digits[])
{
    int i;

    for (i = 0; n != 0; i++) {
```

```
        digits[i] = n % 10;
        n /= 10;
    }
    return i;
}
```

在上面算法描述的开始，首先说明了输入数据及计算结果的类型、数据规模、数值范围，以及所需要的计算结果。同时，算法描述的每一步都对应着基本的运算操作。比较上述代码与【算法 10-1】的描述可知，这两者基本上是一一对应的，代码只是在个别细节上根据 C 语言的特点进行了微小的调整。

【例 10-8】组合的生成　*设计一个程序，从标准输入上读入正整数 m（$0 < m < 10$）和 n（$0 < n \leqslant m$），在标准输出上输出所有包含 n 个 $1\sim m$ 的整数的组合。*

为了不重复地生成全部可能的组合，我们可以将 m 个不同的元素有序排列为 $a_1a_2\cdots a_m$，从中按顺序取出元素 a_i，然后再用其后的 $m-i$ 个元素生成由 $n-1$ 个元素构成的组合。可以看出，这一描述是递归的。设 k 是已取出的元素数量，当取出元素的数量 k 等于 n 时递归终止，输出已经取出的元素。根据这些讨论，可以写出算法如下：

【算法 10-2】生成全部 m 个元素中取 n 个元素的组合的算法。

输入数据：正整数 m（$0 < m < 10$）、n（$0 < n \leqslant m$）。

计算结果：输出全部 m 个元素中取 n 个元素的组合。

1）将所有元素放入序列 A 中，令 k 的初始值等于 0。

2）当 k 等于 n 时，输出排列的结果。

3）否则，从序列 A 中逐一取出当前尚未使用的元素放在第 k 位，再使用此后的元素在第 k 位之后生成所有可能的组合。

根据上述算法可知，相应的递归函数需要知道 m、n、当前元素的下标 i、已取出元素数量 k，以及这些元素的使用记录。因为组合中的元素是 $1\sim m$ 的整数，为描述简洁起见，我们使用一个 int 型数组 `used[]` 表示序列 A，以数组元素的下标表示参与组合的各个元素，以数组元素的值记录哪些元素已经被用在当前的组合中。在递归调用的过程中，m 和 n 都是不变的。为减少参数的传递，我们可以将它们以及表示序列 A 的数组都定义为全局变量。这样，就可以写出程序的代码如下：

```
int used[MAX_N], m, n;

void output()
{
    int i;

    for (i = 1; i <= m; i++)
        if (used[i])
            putchar('0' + i);
    putchar('\n');
}

void comb(int k, int i)
{
    int j;

    if (k == n) {
```

```
            output();
            return;
        }
        for (j = i; j <= m; j++) {
            used[j] = 1;
            comb(k + 1, j + 1);
            used[j] = 0;
        }
    }

    int main()
    {
        scanf("%d%d", &m, &n);
        comb(0, 1);
        return 0;
    }
```

尽管【算法 10-2】和据此写出的函数 comb() 较简单，但仍有可改进之处：当把第 i 号元素放在第 k 位后，如果 $(m - i) < (n - k)$，则说明此后没有足够的元素可以构成 $(n - k)$ 个元素的任何一个组合，因此递归可以终止。我们把这一改进留作习题。

对一个程序而言，可选的算法往往不是唯一的。以**【例 10-7】整数中的数字分离**为例，我们也可以使用字符串转换的方法来实现这一功能。这一方法的基本思路是，使用 sprintf() 将数字 n 以字符串的形式保存在字符数组中，然后再将各个字符转换为相应的数值。根据这一思路可以写出如下的代码：

```
int get_digits_2(int n, int digits[])
{
    int i;
    char buf[BUFSIZ];

    sprintf(buf, "%d", n);
    for (i = 0; buf[i] != '\0'; i++)
        digits[i] = buf[i] - '0';
    return i;
}
```

细心的读者会发现，函数 get_digits_2() 在 `digits[]` 中保存的数字顺序与 get_digits() 是相反的。调整 get_digits_2() 在 `digits[]` 中保存数字的顺序是很简单的操作。我们把这留作习题。

有些时候，题目中的重要信息不是通过文字直接描述的，而是通过图表的形式给出的。这就需要我们对相应的信息进行分析和归纳，从中找出规律。还有些题目给出的描述不很直观，我们在分析的过程中，需要通过类比，建立相应的模型，甚至画出图表，以便加深理解，把握规律，找到最合适的方法。下面我们看两个例子。

【例 10-9】Cantor 表的第 n 项　为了证明有理数是可枚举的，德国数学家康托 (Cantor) 设计了图 10-1a 这样一张表：表中各项按斜线 Z 形编号，如图 3-1b 所示。表的第一项是 1/1，第二项是 1/2，第三项是 2/1，第四项是 3/1，第五项是 2/2……输入 n，输出第 n 项。例如，当输入 3 时输出 2/1，输入 5 时输出 2/2，输入 7 时输出 1/4，输入 123 时输出 3/14。

这道题目没有用文字给出表项的编号与表项的关系，而只是给出了两张图，说明 Cantor 表的样子以及表项的编号顺序。这就需要我们对这两张图进行分析，找出表项的编号与表项的关系。认真观察图 10-1a，可以发现，Cantor 表的第一行中所有表项的分子都是 1，分母从 1 开始按序递增。而表的第一列所有表项的分母都是 1，而分子则从 1 开始按序递增。再认真观察图 3-1b，可以发现，Cantor 表按斜线顺序编号，每一条斜线上的表项的分子与分母之和都相同，第 k 条斜线上表项的分子与分母之和等于 $k + 1$。从图 3-1b 中可以看出，在第 k 条斜线中第 i 个表项的形式取决于 k 的奇偶性。如果 k 是偶数，第 k 条斜线上第 i 个元素是 $i/(k + 1 - i)$；如果 k 是奇数，斜线的第 i 个元素是 $(k + 1 - i) / i$。这样，只要能确定 n 所在的斜线 k 以及它在这条斜线上的位置 i，就可以根据上面的公式生成这个表项。

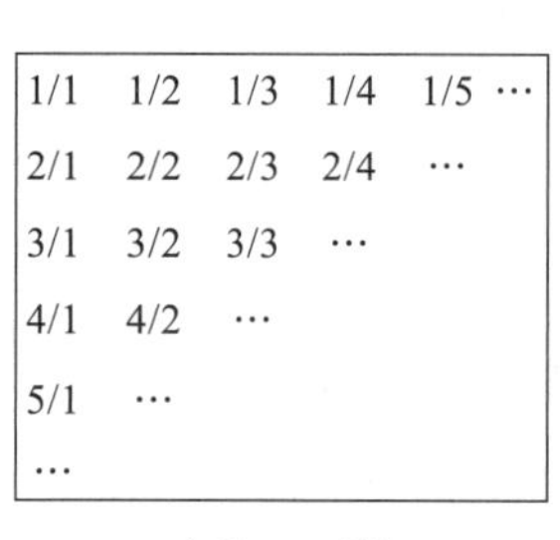

a）Cantor 表

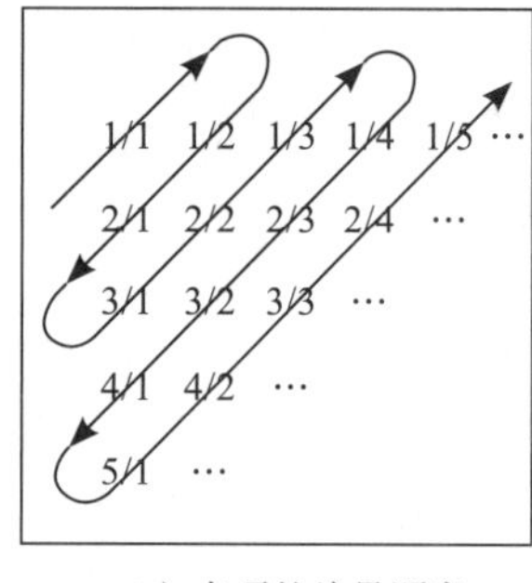

b）表项的编号顺序

图 10-1　Cantor 表及表项编号顺序

为计算表项 n 的值，需要知道如何从 n 得到 k 和 i。从图 10-1 中可知，第 1 条斜线上有 1 项，第 2 条上有 2 项，第 3 条上有 3 项……第 k 条斜线上有 k 项。这样，前 k 条斜线上共有 $S_k = 1 + 2 + 3 +\cdots+ k$ 项。因此，只要找到一个最小的 k，使得 $S_k \geqslant n$，那么第 n 项就是第 k 条斜线上第 $k - (S_k - n)$ 项。这样，根据这些讨论，就可以写出程序如下：

```
int min_k(int n)
{
    int k, s = 0;
    for (k = 1; s < n; k++)
        s += k;
    return k - 1;
}

int main()
{
    int i, k, n, s;
    scanf("%d", &n);
    k = min_k(n);
    s = k * (k + 1) / 2;
    i = k - (s - n);
    if (k % 2 == 0)
        printf("%d/%d\n", i , (k+1-i));
    else
        printf("%d/%d\n", (k+1-i), i);
    return 0;
}
```

在这段代码中，函数 min_k(n) 计算满足 $S_k \geqslant n$ 的最小的 k。在 main 函数中计算 s 时使用了公式 $1 + 2 + 3 + \cdots + k = k(k + 1)/2$。在算出 s、k 和 i 之后，根据 k 的奇偶性分别输出相

应的表项。

【例 10-10】单向链表的逆置 设计一个函数，将由【例 8-5】单向链表中节点类型构造的单向链表逆置，函数在运行过程中占用的额外存储空间不应正比于链表的长度。

求解这道问题的最直观的方法是首先遍历链表，算出链表的长度，然后建立一个足够大的一维数组，再把链表中的各个节点内容顺序保存到这个数组中，最后，逆序遍历数组，建立新的链表。然而，这样做所需要使用的额外存储空间就会随着链表长度的增加而增加，不符合题目的要求。如果不缓存链表的内容，那么，较为可行的方法就是考虑使用指针操作完成对一个链表的逆置。

在日常生活中，与单向链表的结构较为相似的是使用挂钩顺序连接起来的一串物体，例如一串灯笼。当逆置一串灯笼时显然既无法也不需要复制灯笼。因此，模仿灯笼串的逆置过程就可以找到链表逆置的操作规程。为此，我们可以画一些图来分析和理解灯笼串的逆置过程。

为逆置灯笼串，需要 3 个挂钩，一个用于挂原来的灯笼串，一个用于挂逆置后的灯笼串，还有一个用于灯笼串分解时候的缓冲，这 3 个挂钩分别标记为 L、R 和 T，如图 10-2 所示。

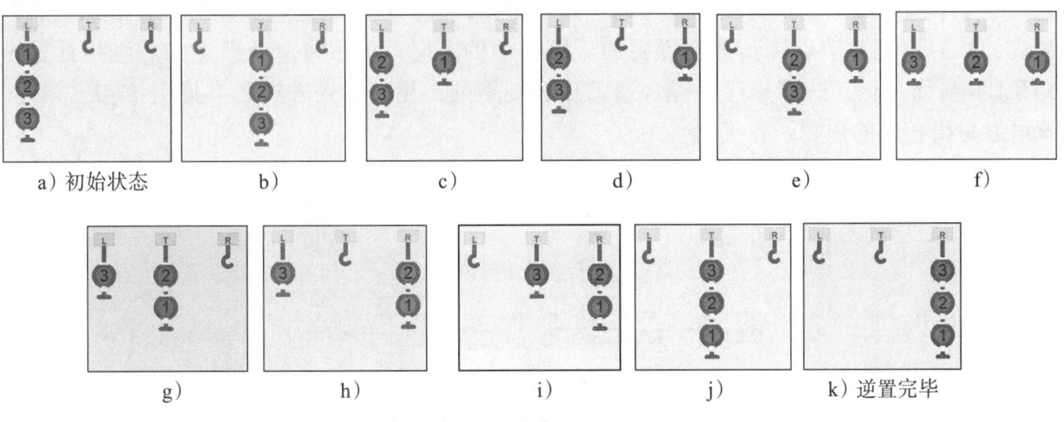

图 10-2 灯笼串的逆置过程

设灯笼串有 3 个灯笼，前一个灯笼的尾钩挂住后面的灯笼，初始时灯笼串挂在挂钩 L 上，如图 10-2a 所示。首先，把位于挂钩 L 上的灯笼串移到 T 上，再把 T 上的第一个灯笼尾钩以下的灯笼移到 L 上，再把 T 上的灯笼移到 R 上，如图 10-2b~d 所示。重复将位于 L 上的灯笼串移到 T 上，把 T 上的第一个灯笼以下的灯笼移到 L 上，得到状态图 10-2f。此时把 R 上的灯笼移到 T 上灯笼的末尾，得到状态 g，再将 T 上的灯笼移到 R 上。重复步骤 e~h，得到状态 k，逆置操作完成。实际上，在状态 c 和 d 之间可以有一个把 R 上的内容移到 T 上灯笼串的末尾的操作，在状态 i 和 j 之间可以有一个将 T 上第一个灯笼以下的灯笼串移到 L 上的操作，但此时这两个被操作的内容都是空，因此在图 10-2 中没有表示出来。

我们可以把灯笼串想象成为一个单向链表，把每个灯笼想象成为一个链表中的节点，挂钩 L、T、R 以及每个灯笼的尾钩想象成为指针，仿照图 10-2 所描述的操作过程，就可以写出单向链表逆置的程序代码如下：

```
typedef struct node_t {
    int value;
```

```
    struct node_t *next;
} node_t;

node_t *list_rev(node_t *hd)
{
    node_t *tmp, *rev = NULL;

    while (hd != NULL) {
        tmp = hd;
        hd = tmp->next;
        tmp->next = rev;
        rev = tmp;
    }
    return rev;
}
```

函数 list_rev() 接受一个指向链表的指针作为参数，返回一个指向被逆置的链表指针。函数的参数 hd 就相当于图 10-2 中的挂钩 L，tmp 和 rev 分别对应于挂钩 T 和 R。

因为单向链表是一种递归的程序结构，所以对链表的逆置可以使用递归函数实现。为了写出相应的代码，需要清楚地描述递归的处理过程。我们知道，如果一个链表为空，或者只有一个节点，那么它本身就是自身的逆置。否则，我们就可以逆置原始链表首节点的后继链表，然后再把首节点接到被逆置后的后继链表的末尾，最后将原首节点的后继指针置为 NULL。显而易见，这样描述是符合递归描述规则的，相应的处理过程参见图 10-3。据此，就可以写出相应的递归函数代码。

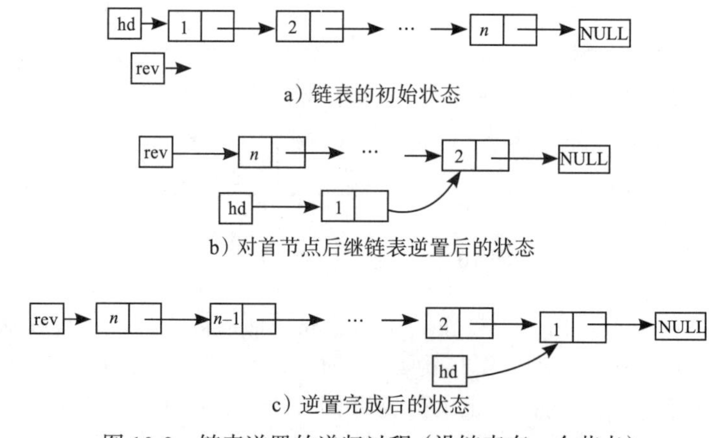

图 10-3　链表逆置的递归过程（设链表有 n 个节点）

```
node_t *rev_list_rec(node_t *hd)
{
    node_t *rev;

    if (hd == NULL || hd->next == NULL)
        return hd;
    rev = rev_list_rec(hd->next);
    hd->next->next = hd;
    hd->next = NULL;
    return rev;
}
```

从上面这些例子可以看出，只要我们能够清楚地描述对一个问题的求解思路和具体的计算方法，把这些描述转换成为程序代码就是一件简单容易的事情。而在算法构思阶段使用自然语言思考，并辅以必要的草图，有助于开阔思路，提高工作效率。在养成缜密的对计算过程的操作性思考习惯，并对 C 语言掌握到一定程度之后，一些简单的算法也可以直接用 C 语言写出。但无论如何，在用 C 语言写出算法的代码之前，应该能够用自然语言准确地描述出计算的基本过程和要点。切忌写出了程序代码，却无法清晰地说明代码的基本思想。需要记住的是，使用自然语言无法说清楚的计算过程，写成代码也绝不会清晰、正确。

10.3.3 数据结构和算法的选择

在程序设计中，数据结构与算法是密不可分、互相影响的，因此这两者应该放在一起来考虑。在确定程序所采用的数据结构时，既需要考虑数据的类型和组织方式，也需要考虑数据的规模和所占用的存储空间。多数情况下，一道题目所能采取的算法和数据结构不是唯一的。在进行选择时需要兼顾多种因素，如程序的运行效率、所需要的存储空间、算法的思路是否直观和易于理解、算法描述和表达的复杂程度、使用特定语言和在特定环境下实现的难易程度等。选择适当的数据结构可以简化程序的算法，提高程序运行的效率。一般而言，运行效率较高的算法可能占用的数据空间较大，而占用存储空间较小的算法可能运行效率较低。当问题规模较小时，我们不妨采用空间效率略低但是算法实现较为简洁的数据结构。当问题规模较大，以至于对内存的需求有可能超过计算平台的限制时，对空间效率的考虑就是第一位的了。较为简单的计算可能只需要使用基本类型的普通变量。但即使如此，也需要分析在给定的条件下，输入数据、中间结果和输出数据的数值范围和精度要求，以便选择合适的数据类型。下面我们看几个对数据结构进行分析和选择的简单例子。

【例 10-11】公式求解 *已知 $a = (bc - 1) / (b + c)$，给定 a（1 ～ 60 000），求 b 和 c（$0 < b \leqslant c$），当有多个解时求 $(b + c)$ 最小的整数解。*

这一题目要求计算 b 和 c 的值，而 b 和 c 不能直接写成 a 的函数，因此有些人的第一反应就是在可能的范围内对 b 和 c 进行枚举，检查 b 和 c 的哪些组合能够满足要求。利用初等代数对题目中的公式进行分析可知，b 和 c 必须大于 a。当 b 等于 $a + 1$ 时，c 有最大值 $a^2 + a + 1$。由此可以确定程序的结构是一个二重循环，枚举的下界是 $b = a + 1$ 和 $c = b + 1$，枚举的上界是 $c \leqslant a^2 + a + 1$ 和 $b \leqslant c$。这个方法最大的问题是效率低。由于循环的次数正比于 a 的 4 次方，对于稍微大一点的数就很难在合理的时间内得出计算结果。由代数知识可知，对于题目中的公式，当 a 确定后，c 就可以表示为 b 的函数，即 $c = (ab + 1) / (b - a)$，因此可以只对 b 进行枚举，并根据 b 的值计算出 c，当 $(bc - 1)$ 能够被 $(b + c)$ 整除且等于 a 时，相应的 b、c 就是一个满足公式要求的结果。这时对 b 进行枚举的上下界分别是 $b = a + 1$ 和 $b \leqslant (ab + 1) / (b - a)$。这一方法改变了程序的结构，缩小了枚举的范围，大大降低了程序的计算复杂度。

在确定了基本的计算方法之后，需要进一步考虑相应的数据结构。本题只涉及正整数的数值计算，因此只需根据计算过程中产生的最大值来选定基本数据类型。我们知道，当 b 等于 $a + 1$ 时，c 有最大值 $a^2 + a + 1$。当 a 等于 60 000 时，c 的最大值约等于 3.6E9。在 32 位的硬件平台上，在基本数据类型中只有 unsigned int 和 double 两种类型可选，因为 unsigned int 可表示的最大数值约为 4.3E9，而 double 可以准确表示的正整数约为 9E15。尽管 float 的表示范围远大于 3.6E9，但是由于有效数字较少，只能准确地表示到 1.6E7，因此不适用。

除了考虑结果的数值范围外，在选择数据类型时还需要考虑计算时中间结果的大小。中间结果的最大值取决于具体的计算方式。如果我们采用前面讨论的计算方法，直接对 b 在区间 $[a + 1, (ab + 1)/(b - a)]$ 遍历，并判断 $(bc - 1)$ 是否能够被 $(b + c)$ 整除且等于 a。则相应的代码可以写成如下的形式：

```
for (b=a+1; b<=(a*b+1)/(b-a); b++) {
    c = (a * b + 1) / (b - a);
    if (c * (b - a) != a * b + 1)          // (b - a)不能整除(a * b + 1)
        continue;
    if ((b * c - 1) / (b + c) == a)
    …
}
```

分析上面的代码可知，$b * c$ 在 b 等于 $2a$ 时有极大值，约等于 1.5E10。这已经超过了 unsigned int 的表示范围。如果采用上述计算方法，在基本数据类型中只有 double 一种可用。double 类型的除法不是整除，因此上面代码中的几个除法运算和比较运算都需要进行特殊的处理，以保证计算结果正确。为避免使用 double 类型数据并由此使代码复杂化，需要将中间结果控制在适当的范围内。进一步分析上面的计算公式可知，如果令 $b = a + k$，则 $c = (a^2 + 1) / k + a$。这样，对 b 的遍历就变为了对 k 从 1 开始的遍历，循环的终止条件 $b <= c$ 则等价于 $k < (a^2 + 1) / k$。这一条件也可改写成 $k^2 < a^2 + 1$，以避免除法运算。对于给定的 k，c 是否是一个合法的结果可以通过 $(a^2 + 1)$ 能否被 k 整除来判断。这一计算过程中最大的数值就是当 k 等于 1 时 c 的值 $a^2 + a + 1$，因此可以使用 unsigned int 表示。据此，我们可以写出相应的函数 look_for_bc() 如下：

```
void look_for_bc(unsigned int a)
{
    unsigned int k, n, b, c;

    n = a * a + 1;
    for (k = 1; k * k < n; k++) {          // k^2 < a^2 + 1
        if (n % k == 0) {                  // 当k等于1时肯定有解
            b = a + k;
            c = n / k + a;
        }
    }
    printf("b = %u, c = %u\n", b, c);
}
```

上述代码中有两点需要简单说明。首先，k 的初始值为 1，可以整除任何整数，说明对于任意正整数 a，至少有一个解。其次，b 和 c 在公式中处于对等的位置，当 b 随着 k 增加时，c 的值在递减，且 $(b + c)$ 的最小值出现在 b 与 c 的值最接近的情况下。因此如果给定的 a 有多对解，则最后得出的一对 b、c 必然是所有解中 $(b + c)$ 最小的解。据此，我们也可以改变循环的方式，使 k 从其最大值开始递减，这样得出的第一个解就是所有解中 $(b + c)$ 最小的解。

很多时候，数据结构及算法不仅与问题的性质有关，也与问题的规模有关。同一道题目，当数据规模较小时，可以采用效率不高但相对简单的算法和数据结构；但是当数据规模较大、对计算效率的要求较高时，就需要选择更有效但可能较为复杂的算法了。下面我们看一个选择算法和数据结构的例子。

【例 10-12】花朵数　一个 n 位的十进制正整数，如果它每位上的数字的 n 次方的和等于这个数本身，则被称为花朵数。例如 153 就是一个长度为 3 的花朵数，因为 $1^3 + 5^3 + 3^3 = 153$。从标准输入上读入一个正整数 n（$n \leqslant 9$），求所有的 n 位花朵数。

对于这道题，最直观的方法就是枚举所有长度为 n 的正整数，检查被枚举的数的各位的 n 次方之和是否等于该数。**【例 4-6】水仙花数**是花朵数的一个特例。但当长度 n 是一个变量时，**【例 4-6】**中那样的简单方法就不适用了。为此需要将一个正整数的各个位分离出来，计算各位数的 n 次方并求和。根据这一思路并参考**【例 10-7】**中的函数 get_digits()，可以写出代码如下：

```
#define N   10
int is_flower(int num, int len)
{
    int i, j, m, s, t, dig[N];

    for (m = num, i = 0; i < len; i++) {          // 分离num的各个十进制位
       dig[i] = m % 10;
       m /= 10;
    }
    for (s = i = 0; i < len; i++) {               // 计算各位len次方之和
       for (t = 1, j = 0; j < len; j++)
          t *= dig[i];
       s += t;
    }
    return s == num;
}

int main(int c, char **v)
{
    int i, min_v = 1, n;

    scanf("%d", &n);
    for (i = 0; i < n - 1; i++)                   // 生成最小n位数
       min_v *= 10;
    for (i = min_v; i < min_v * 10; i++)          // 遍历所有n位数
       if (is_flower(i, n))
          printf("%d\n", i);
    return 0;
}
```

长度为 n 的正整数的数量正比于 10^n，因此函数 is_flower() 的调用次数正比于 10^n。而函数 is_flower() 每次都要计算参数 num 各位的 n 次方，其计算量正比于 n^2。当 n 很小，如 n 小于 7 时，上述程序在一般的计算机上可以在 1 秒钟之内得出结果。但是当 n 继续增加时，这一方法所需要的计算时间就会迅速增加到无法忍受的程度。改进代码效率最容易想到的方法是消除不必要的重复计算。例如，函数 is_flower() 对参数 num 各位的 n 次方的计算就属于重复计算。我们可以在读入 n 后首先计算出 10 个数字的 n 次方，保存在数组中。这样，函数 is_flower() 中的计算量只正比于正整数的长度 n，程序的计算速度会有较明显的改进。下面是实现这一方法的代码：

```
int digit_n[N] = {0, 1};

int is_flower(int num, int len)
```

```
{
    int i, s, dig[N], m = num;
    for (i = 0; i < len; i++) {  // 分离num的各个十进制位
        dig[i] = m % 10;
        m /= 10;
    }
    for (s = i = 0; i < len; i++)
        s += digit_n[dig[i]];
    if (s == num)
        return 1;
    return 0;
}

int main()
{
    int i, j, min_v = 1, n;

    scanf("%d", &n);
    for (i = 0; i < n - 1; i++)              // 生成最小n位数
        min_v *= 10;
    for (i = 2; i < 10; i++) {               // 计算2~9的n次方，保存在digit_n[]中
        digit_n[i] = 1;
        for (j = 0;j < n; j++)
            digit_n[i] *= i;
    }
    for (i = min_v; i < min_v * 10; i++) // 遍历所有n位数
        if (is_flower(i, n))
            printf("%d\n", i);
    return 0;
}
```

尽管上面的代码避免了重复计算各个数字的 n 次方，提高了程序的速度，但本质上仍然是枚举所有长度为 n 的正整数，因此计算量正比于 $n * 10^n$，会随着 n 的增加而迅速增长。为进一步降低计算复杂度，我们可以换一种思路：依次生成各种不超过 n 位的数字组合，并检查每个数字组合中所包含的数字的 n 次方之和是否是一个花朵数。这一算法所生成的是所有长度为 n 的数字组合，其数量为 C_{n+9}^{n}，比所有长度为 n 的正整数少得多。而且，很多组合所包含数字的 n 次方之和不是一个 n 位数，这就又减少了需要进一步检查的数据的数量。判断由上述方法生成的 n 位数是否是花朵数也很简单：检查这些 n 位数中所包含的各种数字及其个数与当前组合中的数字是否相符即可。根据上述讨论，可以写出程序如下：

```
#define N       10

int powers[N] = {0, 1};
int digits[N], max_value, min_value;

int int_pow(int i, int n)
{
    int k, m = 1;

    for (k = 0; k < n; k++)
        m *= i;
    return m;
}
```

```
void gen_flower(int n, int k, int d, int sum)
                // n: 目标长度, k: 当前长度, d: 当前使用的数字, sum: 当前累加结果
{
    int i, t, num[N] = {0};

    if (sum >= max_value)                           // 长度大于n位
        return;
    if (k == n || d > 9) {
        if (sum < min_value)                        // 长度小于n位
            return;
        for (t = sum; t != 0; t /= 10)              // 提取sum中的数字
            num[t % 10]++;
        for (i = 1; i < 10; i++) {                  // 判断是否是花朵数
            if (num[i] != digits[i])
                return;
        }
        printf("%d\n", sum);
        return;
    }
    for (i = 0; i + k <= n; i++) {                  // 生成数字组合
        digits[d] = i;
        gen_flower(n, k + i, d + 1, sum);
        sum += powers[d];
    }
    digits[d] = 0;
}

int main()
{
    int i, n;

    scanf("%d", &n);
    for (i = 2; i < 10; i++)                        // 生成1~9的n次方
        powers[i] = int_pow(i, n);
    min_value = 1;
    for (i = 0; i < n - 1; i++)
        min_value *= 10;
    max_value = min_value * 10;                     // 生成n位数的上下界
    gen_flower(n, 0, 1, 0);                         // 生成花朵数
    return 0;
}
```

上面的程序调用函数 int_pow() 生成 1 ~ 9 的 *n* 次方，保存在数组 powers[] 中；生成 *n* 位数的上下界，保存在全局变量 max_value 和 min_value 中。在完成了这些准备工作后，程序调用函数 gen_flower()，生成花朵数。gen_flower() 是一个递归定义的函数，它的 4 个参数分别是数字组合的目标长度 n、数字组合的当前长度 k、数字组合中当前使用的数字 d、当前数字组合中所有数字 n 次方的累加结果 sum。当 sum 小于 n 位数的上界、当前数字组合的长度 k 小于 n 并且当前使用的数字 d 不大于 9 时，函数通过其中第三个 for 语句依次把 d+1 放到数字组合后面的 0~n-k 位上，并进行递归调用。当 sum 大于或者等于 n 位数的上界时，函数立即返回。当 k 等于 n 或者 d 大于 9 时，如果 sum 小于 n 位数的下界，函数立即返回。否则，检查 sum 中的各种数字的个数，输出与当前数字组合相同的 sum 的值。

与枚举所有长度为 n 的正整数的算法相比，上面的程序在效率上有了极大的改进。当 n 为 8 和 9 时，程序的运行时间仅仅几十毫秒。当然，gen_flower() 的代码仍有一定的改进空间。例如，当 sum 的长度超过 n 位并直接返回时，递归调用 gen_flower() 的循环语句可以终止，以避免生成不必要的数字组合和进行相应的测试。我们把这些改进留给读者。

从上面的例子可以看出，对于算法的选择是一个多种因素互相权衡的过程。即使题目类型相同，当数据的数量、取值范围不同时，适用的算法也不同。对于数据结构的选择也是如此。下面我们看一个简单的例子。

【例 10-13】整数的出现次数　给定由 n ($1 \leqslant n \leqslant 2\ 000$) 个正整数 x_i($1 \leqslant x_i \leqslant 2\ 000$) 组成的序列，输出每个整数在序列中是第几次出现。例如，当输入为 1 2 1 1 3 时，输出 1 1 2 3 1。

这道题的难易程度和所采取的算法取决于数列中整数的最大值。当整数的最大值较小，如题目中给出的上限 2 000 时，可以使用一维数组作为索引表。以输入整数作为下标，以数组元素记录相应数字出现的次数。据此，可以写出程序如下：

```
#define N    2020
int arr[N];
int main()
{
        int i;
        while (scanf("%d", &i) == 1) {
           arr[i]++;
           printf("%d ", arr[i]);
        }
        return 0;
}
```

但是，如果数列的长度较小但数列中整数的最大值很大，例如 $x_i \leqslant 10^9$ 时，就不能使用上述方案，因为在常用的计算平台上很难支持如此大的数组作为索引表。这就需要改变相应的算法和数据结构。例如，可以使用二叉搜索树，或其他数据结构，使得存储空间正比于数列长度。我们把这留给读者作为习题。

灵活运用各种知识对我们的编程能力，特别是数据结构和算法的选择有着重要的影响。编程过程是一个灵活运用知识的过程，对于大多数问题，往往有多种求解方法。我们可能选择的方法的繁简和优劣程度往往取决于经验和知识的积累。经验和知识越丰富，可选的方法就越多。例如，当求解问题时需要用到排序，如果我们掌握了多种排序方法，就可以根据题目的特点和限制条件等因素选择最合适的排序方法。有时受知识结构所限，我们未必能够一下子就找到求解问题的最优方法。这时就需要调动已有的知识储备，找到求解问题的方法。下面我们看一个例子。

【例 10-14】最简分数排序　从标准输入上读入正整数 N（$1 < N < 5\ 000$），按分数值升序的方式对所有分母不大于 N 的最简真分数排序输出。例如，当输入数据为 5 时，输出 1/5 1/4 1/3 2/5 1/2 3/5 2/3 3/4 4/5。

对各种数学问题特别是数列问题涉猎较多的读者可能知道，这样一个生成分母不大于 N 的最简真分数递增数列，实际上是一个 N 阶法雷（Farey）数列问题。根据数学知识可知，若分数 a/b、c/d 是最简真分数且 $a/b < c/d$，则 $(a + c) / (b + d)$ 是一个最简分数，并且 $a/b < (a + c) / (b + d) < c/d$。1 阶法雷数列 F_1 是 0/1 1/1。n 阶法雷数列 F_n 是在 F_{n-1} 中每对紧邻的 $m_1/n_1, m_2/n_2$ 中 ($(n_1 + n_2) \leqslant n$) 插入 $(m_1 + m_2)/(n_1 + n_2)$ 构成的。例如：

F_1: 0/1 1/1

F_2: 0/1 1/2 1/1

F_3: 0/1 1/3 1/2 2/3 1/1

F_4: 0/1 1/4 1/3 1/2 2/3 3/4 1/1

F_5: 0/1 1/5 1/4 1/3 1/2 3/5 2/3 3/4 4/5 1/1

根据法雷数列的这一生成规律，就可以写出生成法雷数列的递归函数如下：

```
void farey(int x1, int y1, int x2, int y2, int n) {
    if(y1 + y2 <= n) {
        farey(x1, y1, x1+x2, y1+y2, n);  //生成中间节点前的部分
        printf("%d/%d ", x1+x2, y1+y2);  //输出中间节点
        farey(x1+x2, y1+y2, x2, y2, n);  //生成中间节点后的部分
    }
}
```

当需要生成 *n* 阶法雷数列时，可以调用函数 `farey(0,1,1,1,n)`。

对于不熟悉法雷数列的读者，即使可能写不出如此简洁的代码，但根据我们已经学习和掌握的基本程序设计知识，依然可以较为顺利地解决这一问题。例如，我们可以首先生成所有分母小于或者等于 *n* 的真分数，保留其中的最简分数，并且对这些分数排序输出。生成所有分母小于或者等于 *n* 的真分数，可以使用二重循环，分别对分母和分子进行遍历。检查一个分数是否是最简分数，只要看分子与分母的最大公约数是否等于 1。而二重循环、求最大公约数以及对数据的排序，都是前面学过的内容。至于具体的数据存储结构和排序方法，则有多种选择。我们既可以使用数组作为存储结构，使用各种数组排序算法，也可以使用二叉排序树。这两种方法的实现都不复杂，我们把这留作习题。

在确定了数据结构和算法后，不应立即着手编码。而应在付诸编码前对其进行检验，以尽量保证算法在与实现无关的描述层面上的正确性。为此，可以使用一些测试数据，通过实例对算法的执行过程进行模拟，以便了解算法在处理不同的数据时所执行的步骤以及内部数据结构的变化，并且检查算法描述中是否有疏漏或错误。当算法的模拟执行结果与预期不一致时，需要进一步分析问题出在哪里：是算法描述有误还是我们对算法的理解不准确？抑或是模拟执行的过程有疏漏？通过这样的检验，不仅可以加深对算法的理解，有助于编码和对代码的调试，也有可能发现算法中潜藏的错误。

10.4 编码：从算法到代码

在完成了方案设计并经过认真的检查之后，就可以进入编码阶段。编码工作以方案设计为依据，但并不仅仅是对解题步骤和算法的简单翻译。编码过程有其特别的要点和方法，以保证编码的结果既能完整正确地体现设计方案的思想，又能充分利用编程语言的描述能力，简洁有效地实现程序。C 语言对语句的书写格式没有硬性的规定，因此各种书写风格百花齐放，对不同书写风格优缺点的看法也是见仁见智。初学者可以选择自己喜欢的风格，并且坚持下去。在代码的书写中，首要的原则是代码的清晰易懂。在此基础上应使代码尽量简洁，但切忌为追求代码的简洁而牺牲代码的可读性。C 语言非常灵活，稍不注意就可能写出结构混乱、令人难懂的代码。冷战时期曾流传过一则笑话，说美国人发明 C 语言是试图以其混乱的书写风格迷惑苏联人，使其误入歧途。现在国外有每年一届的国际 C 语言混乱代码

大赛（the International Obfuscated C Code Contest，IOCCC），其竞赛目标是写出最让人难以理解又最有创意的 C 语言代码。一些参赛程序的功能不弱，但简短异常、晦涩难懂。例如，区区几行代码，就可以算出 π 的 800 位有效数字，或者算出 10 000 的阶乘。这些代码更多地具有智力竞赛和娱乐的性质，不是程序设计的正途，初学者不宜效法。

10.4.1 代码的结构

在编码过程中首先需要关注的是程序的结构。良好的程序结构可以提高代码的可读性和编码的效率，使之便于维护，减少错误。为保持良好的程序结构，在编码过程中经常采用的策略有两个，一个是自顶向下的分层描述，另一个是对互相独立的任务的水平分解。在自顶向下的策略中，首先描述大的计算过程，包括顶层的计算步骤和控制机制，然后再对各个计算步骤逐步细化，说明具体的执行细节。在每一个细化层次上也遵循这一原则，只描述本层的计算过程，而把细节留在下一层次进一步细化。这样逐级细化，直至所有的操作都可以转化为基本的计算 / 控制语句为止。水平分解的策略要求在编码时把大的任务分割为若干相互独立的任务，然后分别描述各个子任务求解过程，以及对各个子任务求解结果的综合方法。这两种策略在编码中经常交替使用，其共同点就是把复杂的问题不断分解为相对简单的子问题，直至问题可以被直接求解。这两种策略的实现技术也是相同的，都是通过函数的定义和调用来实现的。

在对计算过程进行描述时，对于复杂的计算步骤的执行可以用一个函数调用来表示。这时，只需要给这个函数起一个名字来说明其所要完成的任务，把这一计算步骤所需要的原始数据作为参数传递给该函数，同时说明如何使用该函数的计算结果即可；计算步骤的执行细节，则留待对这个函数具体定义时再详细描述。通过自顶向下的层次描述，可以使我们首先在大的计算步骤上理解和把握程序的执行过程，保证程序在大的计算步骤上执行正确。在这个基础上，通过逐层细化的方法可以减少在编码的每一阶段所需要关注的代码量，有利于准确理解和把握程序执行各个步骤的细节，保证每个执行步骤的正确。

在 C 语言中，程序的顶层函数是 main()。在 main() 函数内的语句层面上，应该只描述计算的基本过程，包括对程序调用参数的检查和错误处理，以及对大的计算步骤的控制。至于各个计算步骤和子任务求解的细节，则留待在相应的函数中逐步展开。从实践经验来看，一般函数的长度最好不要超过显示器一屏所能显示的长度，也就是 20 行至 30 行。这样既可以较为完整地描述一个相对独立的计算的过程，也可以避免过多的编码细节；在编码和调试时也可以避免频繁翻页。下面我们看几个例子。

【例 10-15】6174 问题　对一个 4 位正整数 x 的 K 变换定义如下：将 x 中各位数字从小到大排序后得到 a，对 a 逆序排列得到 b，则 $K(x) = b - a$。例如，$K(1212) = 2211 - 1122 = 1089$。可以证明，对任何一个各位数字不完全相同的 4 位正整数，经过最多 7 次 K 变换，即可得到 6174。写一个程序，从标准输入上读入数据，若该数据符合要求，在标准输出上输出从该数得到 6174 所需的 K 变换的次数；否则输出 –1。

这道题目要求对输入数据的正确性进行检查。根据题目的要求，输入数据的错误有三种情况：一种是无法从输入数据中读取整数，一种是输入数据的值不在区间 [1 000, 9 999] 中，再一种就是 4 位数字完全相同。前两种情况的判断比较简单，判断一个 4 位正整数的各位是否完全相同的操作较为复杂，因此可以定义为一个函数 all_same()。这样，就可以写出输入数据错误的条件如下：

```
scanf("%d", &num) != 1 || num > 9999 || num < 1000 || all_same(num)
```

其中 num 是保存输入数据及变换结果的变量。为判断 4 位正整数的各位是否完全相同，我们使用函数 sprintf() 将 num 转换为字符串，完成对各位数字的分离。这样，函数 all_same() 可以定义如下：

```
int all_same(int num)
{
    char s[8];
    sprintf(s, "%d", num);
    return s[0] == s[1] && s[1] == s[2] && s[2] == s[3];
}
```

根据题目的描述，生成 6174 的过程可以写成如下代码：

```
for (i = 0; num != 6174; i++)
    num = k_trans(num);
```

其中 k_trans() 是进行 *K* 变换的函数。当循环结束时，变量 i 的值就是从输入数据得到 6174 所需的 *K* 变换的次数。这样，就可以写出 main() 函数的完整代码如下：

```
int main()
{
   int i, num;

   if (scanf("%d", &num) != 1 || num > 9999 || num < 1000 || all_same(num)) {
      puts("-1");
      return 1;
   }
   for (i = 0; num != 6174; i++)
      num = k_trans(num);
   printf("%d\n", i);
   return 0;
}
```

对一个 4 位数的 *K* 变换包括对各位数字的分离、排序、逆序排列以及减法运算，具体的运算则取决于所选择的数据结构。为简化程序描述，我们使用字符数组作为基本的数据结构保存各种中间结果，使用 sprintf() 将 num 转换为字符串，以便分离各位数字；在完成了对各位数字的排序和逆序之后再将它们转换为整数，以便进行数值计算。这样，函数 k_trans() 可以定义如下：

```
int k_trans(int num)
{
    int i;
    char rising[8], falling[8] = {0};

    sprintf(rising, "%04d", num);
    sort_str(rising);
    for (i = 0; i < 4; i++)
        falling[i] = rising[3 - i];
    return atoi(falling) - atoi(rising);
}
```

在上面的代码中，sprintf() 中的格式串 "%04d" 表示输出的整数占 4 位，整数本身不足 4 位时左端补 0。atoi() 是标准库函数，其功能是把数字串转换为 int 型的整数。函数 sort_ str() 对参数字符串进行升序排序。因为被排序的元素只有 4 个，所以可以使用任何简单排序算法，如选择排序、插入排序、冒泡排序等。我们也可以使用标准函数 `qsort(rising, 4, 1, comp)` 代替 `sort_str(rising)`，这时比较函数 comp() 的代码如下：

```
int comp(const char *v1, const char *v2)
{
    return *v1 - *v2;
}
```

【例 10-16】序列的第 N 项　在序列 a_1，a_2，…，a_n 中，对于 $i > 1$，a_i 是满足下面两个性质的最小正整数：

1）$a_i > a_{i-1}$；

2）a_i 的各位数字之和与 $k \times a_{i-1}$ 的各位数字之和相等。

例如，当 $a_1 = 1$，$k = 2$ 时，该序列的前 6 个元素是 1、2、4、8、16、23。从标准输入上读入正整数 a_1、k、n（$0 < a_1 \leqslant 1\,000$，$0 < k < 300\,000$，$0 < n < 6\,000$），计算该序列第 n 项 a_n 的值并写到标准输出上。

对于任意给定的 k，很难发现 a_i 和 a_{i+1} 之间的简单关系。我们可以换一种思路，从 a_1 开始直至 a_{n-1}，计算出 $k * a_i$，统计其各位数字之和 $ds(k * a_i)$，然后再对 a_i 进行调整，得到 a_{i+1}，使其在满足上述两个条件下最小。在对这一思路进一步细化时，首先是需要确定 a_1、k、n 在给定的范围内时结果的最大值，以便选择数据类型和结构。通过对一些简单的数据进行试验和分析可知，当 k 为 1 而 a_1 等于 1、10、100、1 000 时，结果的长度随 n 的增加而线性增长。例如，对于 a_1 的上述取值，当 k 为 1 而 n 为 8 时，结果的长度分别是 8、9、10、11；而 a_1 和 k 取其他值时结果长度随 n 的增加而增长的速度要慢得多。这是因为当 k 为 1 且 a_i 中只有一个非 0 的数位 1 时，a_{i+1} 只有在 a_i 后面加 0 才能在数位之和等于 $ds(a_i)$ 的条件下比 a_i 大。这样，在给定的参数范围内，计算结果最长可达 6 003 位。因此，必须使用足够大的数组才能保存这一计算结果。为方便起见，我们可以在数组的每个元素中保存结果的一个十进制位。尽管每一位的值都不超过 char 的表示范围，但为避免使用 char 型数据进行计算，应该选择 int 等其他整型数据类型。

在确定了数据结构后，我们可以将 a_1 的各位分解保存到结果数组中，然后根据给定的 k 和 n 对数组中的各位进行调整，生成最终结果并打印输出。据此可以写出程序的顶层代码如下：

```
int digits[MAX_N], len;

int main()
{
    int k, n;
    char a[BUFSIZ];

    scanf("%s %d %d", a, &k, &n);
    len = set_buf(a, digits);
    gen_res(k, n, digits);
    print_res(digits);
    return 0;
}
```

数组 `digits[]` 用于保存计算结果，`len` 说明 `digits[]` 中结果的长度。set_buf() 将

a_1 的各位分解保存到结果 digits[] 中，数据的最低位保存在下标为 0 的单元，计算并返回 a_1 的长度；print_res() 输出 digits[] 中的结果。这两个函数较为简单，其代码如下：

```
int set_buf(char *a, int *buf)
{
     int i, n;

     n = strlen(a);
     for (i = 0; i < n; i++)
          buf[i] = a[n - i - 1] - '0';
     return n;
}

void print_res(int *buf)
{
     int i;

     for (i = len - 1; i >= 0; i--)
          putchar(buf[i] + '0');
     putchar('\n');
}
```

函数 gen_res() 根据给定的 k 和 n 在 digits[] 中生成最终结果，是程序的核心计算函数，其基本计算过程是，首先计算出 a_i 和 $k * a_i$ 的各位之和；然后根据 a_i 各位之和是否小于 $k * a_i$ 各位之和而对 a_i 的值分别进行调整，生成满足题目规定的 a_{i+1}。据此可以写出代码如下：

```
void gen_res(int k, int n, int *buf)
{
    int i, s0, s1;

    s0 = get_digit_sum(1, buf);
    for (i = 1; i < n; i++) {
       s1 = get_digit_sum(k, buf);
       if (s0 < s1)
           len = inc_sum(s1 - s0, buf);
       else
           len = dec_sum(s0 - s1 + 1, buf);
       s0 = s1;
    }
}
```

其中函数 get_digit_sum() 计算 $k * a_i$ 的各位之和 $ds(k * a_i)$，其定义如下：

```
int get_digit_sum(int k, int *buf)
{       // 返回(k * buf[])各位之和，buf[]内容不变
    int i, m, c = 0, s = 0;

    for (i = 0; i < len; i++) {
      m = buf[i] * k + c;
      s += m % 10;
      c = m / 10;
    }
    while (c > 0) {
      s += c % 10;
```

```
        c /= 10;
    }
    return s;
}
```

当 $ds(a_i)$ 小于 $ds(k * a_i)$ 时，函数 gen_res() 调用 inc_sum() 对 a_i 的值进行调整，并获得调整后数据的长度。设 $ds(k * a_i) - ds(a_i) = n$，为保证调整后的结果最小，必须将 n 优先从最低位开始分配给 a_i 中的各位，使被调整的位的值不大于 9。根据这一思路，可以写出代码如下：

```
int inc_sum(int n, int *buf) // 调整buf内容使之各位之和加n
{
    int i, k, s = 0;

    for (i = 0; n > 0; i++) {
        k = MIN(9 - buf[i], n);
        buf[i] += k;
        n -= k;
    }
    return (i > len) ? i : len;
}
```

当 $ds(a_i)$ 不小于 $ds(k * a_i)$ 时，函数 gen_res() 调用 dec_sum() 对 a_i 的值进行调整。与 inc_sum() 相比，这一过程要复杂一些，因为此时需要在 a_i 各位之和不变或者减少的情况下使其值增加。这一调整过程的基本方法是，设 $ds(a_i) - ds(k * a_i) = n$，将 a_i 的低 s 位清零，使得 s 在数位之和不小于 $n + 1$ 时最小。设低 s 位数位之和为 m，将 m 以低位优先的方式分配到 a_i 中，然后再将第 $s + 1$ 位的值加 1。当第 $s + 1$ 位及其以上各位为一个或多个连续的 9 时，对其加 1 会产生进位，减少调整后数据的位数之和。为此，我们可以将 $s + 1$ 位及其以上连续的 9 清零，将这些数值加到 m 中一并分配，并对第 $s + 1$ 位以上第一个不等于 9 的数位加 1。根据上述讨论，可以写出代码如下：

```
int dec_sum(int n, int *buf) // 调整buf内容使之各位之和减n
{
    int i, j, k = 0, s;

    for (i = 0; n > k; i++) {
        k += buf[i];
        buf[i] = 0;
    }
    s = k - n;
    for (j = i; buf[j] == 9; j++) {
        buf[j] = 0;
        s += 9;
    }
    for (i = 0; s > 0; i++) {
        buf[i] = MIN(s, 9);
        s -= buf[i];
    }
    buf[j++]++;
    return (j > len) ? j : len;
}
```

上面的代码中，MIN() 的功能是求两个参数中的最小值，既可以定义为函数，也可以替换为条件表达式。从上面的例子可以看出，使用层次化的描述方法可以将程序的编码过程自顶向下地分解成多个步骤，在每个步骤中只需要处理规模较小、相对独立的问题。这就使得代码较短，描述清晰，减少了出错的机会和调试的难度。水平分解策略与此类似。实际上，在【例 10-6】对 a_i 的调整中将对各位之和的增加和减少分别处理，就是一个水平分解的例子。下面我们再看一个水平分解的例子。

【例 10-17】小数化为分数　将从标准输入上读入的无符号有限小数或无限循环小数转换为最简分数，其整数部分与分数部分以下划线'_'相连。例如，1.5 化为 1_1/2，$2.\dot{1}$ 化为 2_1/9。输入数据中有限小数由数字和一个小数点组成，如 2.34，无限循环小数由数字和一个小数点以及一个下划线 (_) 组成，循环节从下划线后的第一个数字开始，到最后一个数字为止，其中整数部分不超过 3 位，小数部分不超过 8 位。例如，0._7 表示 $0.\dot{7}$，3.5_142857 表示 $3.5\dot{1}4285\dot{7}$。输出结果以 x/y 的形式写到标准输出上，其中 x、y 均为整数。

这道题目的算法不复杂。根据中学代数知识可知，有限小数 $d.x_1x_2x_3\cdots x_n$ 的小数部分可以表示为 $x_1x_2x_3\cdots x_n/10^n$。我们可以将 $x_1x_2x_3\cdots x_n/10^n$ 化为最简分数 u/v，然后分别输出 d 和 u/v。循环节是 $y_1\cdots y_n$ 的无限循环小数 $d.x_1\cdots x_m\_y_1\cdots y_n$，其小数部分可以表示为 $(x_1\cdots x_my_1\cdots y_n - x_1\cdots x_m) / (10^{n-1}) * 10^m$。将这一分数化为最简分数 u/v，就是转换后的结果。因为对有限小数和无限循环小数的处理方法不同，我们可以把它们分为两个互相独立的子任务，分别处理。这样，程序的基本结构就是使用条件语句判断输入数据是否为循环小数，然后分别调用不同的函数。而输入数据是否为循环小数则看其中是否包含字符'_'。这样，就可以写出顶层的程序代码如下：

```
int main()
{
    char s[N], *p;
    fgets(s, N, stdin);
    p = strchr(s, '.');                 // 分割整数和小数
    *p = '\0';
    if (strchr(p + 1, '_') == NULL)     // 判断小数部分是否有'_'
        gen_noncirc(s, p + 1);          // 处理非循环小数
    else
        gen_circ(s, p + 1);             // 处理循环小数
    return 0;
}
```

我们假定输入数据符合题目的规定，因此没有对其进行检查，包括没有检查 `strchr(s, '.')` 的返回值。代码中函数 gen_noncirc() 和 gen_circ() 分别是处理非循环小数和循环小数的函数，其第一个参数是输入数据中的整数，第二个参数是输入数据中的小数部分。函数的定义如下：

```
void gen_noncirc(char *a, char *s)
{
    int i, k, m, n = 1;
    for (i = m = 0; isdigit(s[i]); i++) {
        m = m * 10 + s[i] - '0';
        n *= 10;
    }
    k = gcd(m, n);
    printf("%s_%d/%d\n", a, m / k, n / k);
}
```

```
void gen_circ(char *a, char *s)
{
    int a_val, i, k, m, n = 1, u;
    char *bp;

    bp = strchr(s, '_');
    *bp = '\0';
    bp++;  // 分割循环小数
    for (i = m = 0; isdigit(s[i]); i++) {        // 计算x1…xm
        m = m * 10 + s[i] - '0';
        n *= 10;
    }
    a_val = m;
    for (i = 0, u = 0; isdigit(bp[i]); i++) {
        m = m * 10 + bp[i] - '0';                // 计算x1…xmy1…yn
        u = u * 10 + 9;                          // 计算10^n - 1
    }
    m -= a_val;                                  // 计算x1…xmy1…yn - x1…xm
    u *= n;
    k = gcd(m, u);
    printf("%s_%d/%d\n", a, m / k, u / k);
}
```

代码中的函数 gcd() 是求最大公约数的函数，其定义见【**例 5-3**】。代码中所用到的技术在前面的章节中都有讨论，这里就不再解释了。在这个例子中，程序把一个问题分解为互相并列的两个子问题，对不同类型的输入数据定义了各自的处理函数，减小了需要独立处理的问题的规模，避免了代码之间的关联。

10.4.2　代码的检查

在每个阶段性的编码工作完成后，需要做的第一件事情就是检查代码中是否有由于疏忽和键入错误引起的语法或语义错误。语法检查可以借助于编译系统。对于初学者，在完成一个复杂的函数或者一段较长的、具有相对完整功能的代码之后，就应该对代码进行一次编译，看看是否有什么语法错误。在积累了一定的经验之后，检查性编译的段落规模可以适当地扩大，但至少在一个独立的源文件阶段性地完成之后，需要对整个文件编译一次，然后再进行后续的工作。较小的编译段落有助于对错误的定位。养成及时检查代码的习惯，对于提高工作效率是很有帮助的。大多数编译系统在发现了语法错误之后，都会给出比较详细的错误信息，如错误所在的行号、错误的类型、错误的上下文以及错误的严重程度等。根据这些信息，往往可以很快地找到和改正产生语法错误的地方。对某些错误，编译系统可能产生不准确的错误信息。例如，当括号或字符串界定符不匹配时，往往会影响编译系统对随后代码的正确分析。这时编译系统往往会产生一连串不正确的错误信息，报告一些实际上可能不存在的错误。遇到这种情况时，需要注意的是不要被大量的错误信息所迷惑。这时应该首先改正编译系统报出的前几个可以确定的语法错误，然后再调用编译系统重新对代码进行编译，看看会产生什么结果。很可能在改正了一两处括号不匹配的错误之后，大量的错误信息就一起消失了。

语义检查在代码通过了语法检查之后进行，其基本方法是将代码与设计阶段的要求一一对照。语义检查的重点包括设计阶段的各项要求是否都有对应的代码，控制结构是否与解题思路和算法描述一致，代码中的计算表达式是否与相应的计算公式等价，等等。此外还需要注意检查代码是否简洁和必要，删除和修改那些冗余和重复的语句。如果按照程序设计的流程认真进行了需求分析和方案设计，并认真按照设计方案编码，则在代码中一般不会出现大的结构性问题。此时常见的错误一般都是局部性的，大致可分为以下几类。第一类是键入代码时的手误，比较典型的是将比较运算符 "==" 写为 "="、在条件语句或循环语句的条件后面随手多敲了一个分号，等等。写错了表达式、用错了变量等也可归于这一类。第二类是逻辑错误，如条件语句或循环语句的条件错误、if else 语句嵌套时缺少必要的大括号造成的错误、操作符优先级使用错误等。这方面比较典型的是由于错误理解操作符的优先级而省略了不该省略的括号。将 `(*a)++` 写成 `*a++`、将 `(x << a) + b` 写成 `x << a + b` 就是常见的例子。第三类是数据地址错误，如数组下标越界、错误的或无效的指针，等等。此外，局部变量未初始化即被引用也是初学者程序中常见的错误。它与数组下标越界及无效指针一样，都有可能使程序产生不确定的故障。上述这些地方，都应该是代码检查时的重点。

10.4.3　代码中的注释

程序是用编程语言描述的计算过程，其所表达的内容对于人来说往往不很直观。有些源代码，在经过一段时间后，连它的编写者都很难准确地说出每个段落和语句的确切作用，以及一些关键的数据结构和算法的选择理由，更不必说其他初次接触这些代码的人了。准确充分的注释对于理解代码、增加程序的可维护性具有非常重要、无可替代的作用，因此在学习程序设计的开始就应该养成正确使用注释的习惯。即使对于简单的程序，也需要在源文件的开头部分说明这个程序的目的和作用，程序编写所依据的文件（例如是哪本书上的哪道题，或者是哪个项目的需求和设计文档），以及程序的使用方法、程序对运行环境和输入数据的要求和限制等。此外，如果程序中涉及较为复杂的结构和算法，也需要加以注释说明，解释所采用的算法和数据结构以及采用的理由。

程序段落中注释用于说明代码的功能和目的、其主要设计思想、复杂段落的含义等，而不应是对代码语句的简单解释。应当避免对一些简单的、显而易见的程序逻辑的注释。例如，说明某语句的作用是“修改计数器的值”的注释是不必要的，因为这没有提供任何新的有用信息；而说明为什么需要在此处修改计数器的值则可能是有用的。此外，说明函数参数的含义及其取值范围和调用关系的注释往往有助于对程序的理解，因为它提供了从代码中难以直接获得的信息。对于代码的重要修改，也应该通过注释在源文件中记录，说明修改的原因、方法、时间等。此时应注意更新与被修改代码相关的其他注释，以保证注释内容与代码一致，避免给后续的代码维护增加不必要的误解。

注释的格式取决于各人的习惯。在编译程序支持行注释的情况下，一般对于局部的、针对个别语句的解释、局部错误修改的记录等往往采用以 // 引导的行注释，放在被注释的代码行的末尾或其前后。对于程序整体的功能和结构以及维护过程的说明、程序段落或函数功能及参数等的解释、程序结构以及算法的改变、程序版本更新的说明等则多采用由注释界限符 /* */ 界定的注释段落。

10.5　程序的调试

初学者往往预期自己的程序在运行时一切正确，在程序出错时往往感觉出乎意料。其实，程序中出现错误是非常正常的，因此调试工作是程序设计中一个必不可少的步骤。需要注意的是，程序调试所针对的是编码中出现的局部性错误，而不是程序功能、结构等整体性错误。有些初学者忽视编码的前期工作，希望通过调试来发现和解决程序的功能和结构方面的问题。这样做往往事倍功半，很难见效。

10.5.1　调试的基本方法

调试是编程过程中比较具有挑战性的工作，也是初学者感到比较棘手的工作。进行程序调试既需要一定的经验，也需要遵循系统的工作方法，按部就班地进行。初学者在面对出错的程序时常问的问题是“为什么我程序的结果不对”，其隐含的意思是“我的程序没有问题，一定是计算机系统在什么地方出错了”。这种思维方式往往使初学者束手无策。其实，面对程序出现的错误，应该提出更加具体和有指导意义的问题，如程序的错误现象有哪些、程序在什么环境和状态下出错、程序运行中最初的错误可能出现在代码的哪个位置上、原因可能是什么，等等。对这些问题的解答过程就是程序调试的大致过程。一般来说，一个程序在编码完成后一次性通过所有测试数据的可能性不大，特别是对于初学者来说。这时，需要首先确定故障现象，分析确定程序在产生故障或表现出故障前的执行路线，以及一些关键变量的值，然后再着手对故障进行检查和定位。在故障调试中，重要的是发现和确认引起故障的代码段，也就是故障点，及其错误的原因。在弄清了这些问题之后，一般情况下对代码错误的修改是比较容易的。

故障现象是观察程序出错过程的第一个窗口。对故障现象的描述应当尽量完整、详细、准确，这就需要对程序在不同条件下进行多次运行，以便获得充分的信息，包括程序是在什么环境和条件下、在处理什么样的输入数据时产生的错误，是所有的测试数据都出错还是只有部分测试数据出错，以及错误结果的表现形式、产生错误结果前程序运行的时间、程序输出的提示信息、操作系统输出的错误信息，等等。这些故障现象为故障的判断和定位提供了初步的线索。为确认故障现象，应该使用相同的数据和环境重复测试，看看故障是否可以稳定地重现。准确全面地认定和描述程序运行时出现的故障现象，是迅速有效地排除故障的最重要的先决条件，也是检查故障排除效果的依据。因此在对故障现象确认完毕后应当适当地记录，以备在排除故障的过程中参考和在排除故障之后复查。初学者往往对故障现象观察不够细致、准确、全面，看到一两个错误现象就急于修改代码。这不仅会妨碍对故障的排除，甚至可能使错误越改越多，而且也会影响编程经验的积累和能力的提高。

调试的第二步是故障定位：根据程序的结构和故障现象，判断故障产生的原因和位置，并对分析的结果进行检验和确认。程序中常见的故障大致可分为结果错误、无法结束、运行崩溃等类型，不同类型故障的原因各异。对故障的分析至少应该包括下列几项：故障的性质是什么、产生故障时程序的执行路线是什么、故障可能发生的位置在哪里、与故障相关的变量有哪些、与这些变量相关的操作有哪些、这些相关变量在各个关键点的值应该是什么。在得到对故障现象的初步分析结论之后，需要对这些结论进行检验和确认。在进行调试时，应该首先使用较为简单的数据，以便控制程序执行的路径，判断执行结果是否正确。在使用简单数据执行正确后，再逐步使用较为复杂的数据。为确定程序的故障区间，可以首先在顶层代码的各个函数上设置观察点，检查程序的执行过程及各个函数的参数和执行结果是否正确。在确定了故障区间后，再逐层深入到相关函数的代码中进一步观察。检查程序的执行过程及相关数据时可以使用调试工具。当不方便使用调试工具时也可以在程序中插入必要的打印语句，根据程序执行时输出的信息判断程序的执行路线和各个节点上的中间结果。如果发现结果与预期不符，说明对错误原因的分析有误，需要根据在验证过程中得到的线索再做进一步的分析和验证，直至获得准确的故障原因和位置。对于初学者来说，程序的规模较小。如果按照规范编码，各个函数的代码也不会太长。这样逐层深入地跟踪故障的线索，可以很快发现产生故障的原因。以**【例 10-16】序列的第 *N* 项**为例，当程序出现错误时，我们应该首先使用 *k* 为 1 和 2、*a* 为个位数这样的简单数据，检查 main() 函数各个函数的输入数据和输出结果，包括 scanf() 读入的数据是否正确、set_buf() 是否将输入字符串正确地转换为整数序列保存到相应的数组中并且返回正确的数据长度、gen_res() 是否生成了正确的结果、print_res() 是否获得了正确的参数。根据这些检查结果，就可以迅速判断问题出在哪个函数中。假设我们发现 gen_res() 的运行结果错误，就可以进一步观察该函数中 get_digit_sum() 的结果是否正确、程序的执行路线是否正确，以及 inc_sum() 和 dec_sum() 的参数和执行结果是否正确。这样就可以很快地把故障原因定位在很小的范围内。

调试工作的第三步是形成故障修改方案，并据此修改代码。对于规模不大的简单程序，如果对故障的定位准确，故障原因一般是较为直观的，修改方案也较为简单。对于较为复杂的程序，故障原因可能很难一眼看出。这时就需要对照设计方案中关于算法和数据结构的描述对故障相关代码进行检查，看看代码是否全面满足了设计方案的要求，是否有哪些细节被遗漏。如果代码与设计方案一致，则需要再对设计方案进行仔细推敲，从抽象执行的层面看看原设计方案在给定的数据下是否能产生正确结果。在修改代码时应在被怀疑的代码两端加上注释界限符，使其不再有效，俗称将代码“注释掉”然后再键入修改后的代码。这样，一旦发现修改有误就可以很容易地使代码恢复到初始状态。同时，在修改过程中应及时记录，说明修改的位置、方法、针对的错误和理由、修改的效果。这不但有助于指导修改过程的顺利进行，在修改出错时分析错误原因，避免盲目推翻已有的修改工作，而且也有助于总结经验，提高编程和调试水平。

在修改完成之后，需要依照确认故障现象时记录的条件来测试检查故障是否依然出现。有时，一个故障现象可能是由多个原因引起的，对错误的彻底改正往往不是一轮调试工作所能完成的。这时需要按部就班地重复上述调试过程，并进行充分的测试，以便发现所有的错误原因。这时切忌随意修改代码，以免引入新的错误。除了少数简单情况外，对一处代码的修改往往会影响到程序中其他相关的计算过程。因此当已发现的故障被排除后，需要再对程序进行较为完整的测试，以避免可能在修改了旧错误的同时引入新的错误。

10.5.2 调试工具的基本功能和使用

当使用调试工具时，程序不是在操作系统下直接启动，而是通过调试工具启动、在调试工具的控制下运行的。为使调试工具能够充分获得待调试程序的相关信息，待调试程序需要在特殊的模式下进行编译。例如，当使用 GDB 作为调试工具时，使用 gcc 编译待调试程序时需要使用 -g 选项；当使用具有图形界面的集成开发环境，如 VC++ IDE 等进行调试时，需要选择生成调试（debug）模式的可执行文件。

尽管各种调试工具提供的命令和使用方法不尽相同，但是其主要功能都是一样的。这些功能包括设置和清除程序运行中的断点、显示函数的调用关系及参数、显示变量和表达式的值、程序执行过程的控制和跟踪，以及其他辅助功能。除设置初始断点以及少量的辅助性操作要在程序运行前进行外，大部分调试命令需要当程序暂停在断点时才能使用。断点是程序根据调试工具的控制暂停下来等待执行的语句。在一个程序中可以设置多处断点。当程序暂停时，我们可以观察程序运行到该点时的状态，如函数的嵌套调用关系、函数调用时的参数、函数中局部变量的值和全局变量的值等，并可发布其他调试命令。

当使用GDB等具有字符终端界面的调试工具时，调试命令是通过键盘输入的。附录H列出了GDB的常用命令。对这些命令的详细解释可参见GDB手册。对于初学者来说，比较方便的是使用集成在IDE中的带图形界面的调试工具。这类工具一般都提供多个窗口，以便显示程序的源代码、断点设置、函数的嵌套调用关系、变量的值等内容。调试命令以图形符号的方式列在图形界面的工具条中，各种调试工具所使用的图形符号大同小异。例如，手形符号表示设置或撤销断点；指向括号内的箭头表示进入到当前位置上的函数中；从括号中向外指的箭头表示从当前函数中返回到上一层、绕过括号的箭头表示步进式地运行程序，即执行当前的语句但不进入到被调用的函数中；眼镜符号表示观察变量的值；等等。图10-1是CodeBlocks和MS VC++ 6.0中的调试功能按钮。多试几次就可以熟练地掌握这类调试工具。

a）CodeBlocks的部分调试功能按钮。左起各按钮的功能分别是：开始调试、运行到光标处、单语句（函数）执行、单步（步入函数）执行、跳出函数、下一条指令、跳转到指令、中断调试、结束调试

b）MS VC++ 6.0的部分调试功能按钮。左起各按钮的功能分别是：运行程序、设置断点、程序重新启动、结束调试、显示下一语句、单步（步入函数）执行、单语句（函数）执行、跳出函数、运行到光标处、检查变量

图10-1 两个常用调试工具的调试工具条

在使用调试工具时应该根据对程序故障现象的分析，在关键位置设置断点，然后启动程序。当程序停在了预设的断点时，应该首先检查函数的嵌套调用关系以及函数调用时的参数，看看程序是通过哪些函数的嵌套调用到达了当前的断点，以及在这一系列的嵌套调用过程中各个函数所获得的参数是什么，并与预先的分析结果进行比较，确认程序的执行路线以及函数参数是否正确，以便确定下一步的调试方向。在GDB中检查函数嵌套调用关系的命令是bt，在具有图形界面的调试工具中可以直接检查函数调用栈窗口中的内容。如果程序没有在设定的断点处停止就结束或者崩溃，说明程序的执行过程没有经过或者尚未到达所设的断点。这时需要将断点的设置在程序可能的执行路径上前移，直至程序在运行时可以停下来为止。在断点上检查了程序的运行状态以及相关变量的值之后，就可以使用相关的命令使程序继续运行。继续运行的方式有三种：一种是使程序继续运行到下一个断点，或者直至程序正常或非正常结束为止；再一种是单条执行，使程序在当前层面上每次执行后面的一条语句，包括函数调用语句，并随即停下来；第三种是单步执行，使程序在当前层面上每次执行后面的一条语句，并随即停下来，当遇到函数调用语句时就进入到函数的内部，停在该函数中第一条可执行语句上。这三种操作在GDB中的命令分别是c、next、step。在具有图形界面的调试工具中也都有相应的图形按钮。使用这些功能，可以很方便地跟踪程序运行的轨迹。与显示变量值的命令配合，就可以清楚地了解程序的执行过程以及内部状态的变化。

在上述三种使程序继续运行的方式中，后两种一般统称为步进式运行方式。正确地使用步进式运行方式便于细致地检查程序的执行过程、执行结果和内部状态的变化，但滥用这一运行方式则会产生相反的效果。初学者在没有熟练掌握分析故障现象的方法时，往往过早、

过多地使用步进式运行方式跟踪代码的执行过程，检查程序执行的中间结果，却不知道这些执行过程和中间结果是否正确。这种漫无目的的跟踪和检查，不仅工作效率很低，而且会养成忽视分析和思考、盲目跟踪代码的运行、过分依赖调试工具的不良习惯，不利于程序调试能力的提高。

10.5.3 标准输入 / 输出的重新定向

在默认情况下，标准输入 / 输出分别对应着计算机的终端键盘和显示器。当调试对标准输入 / 输出进行大量读写的程序时，不仅需要反复地从键盘上输入大量数据，而且需要在显示器的屏幕上仔细捕捉可能一闪而过的错误信息。为了避免这种调试中的困难，提高对这类程序调试的工作效率，我们可以对标准输入 / 输出文件重新定向，在不对程序中输入 / 输出语句进行任何改动的情况下使程序从指定的文件中读入调试数据，并向指定的文件中写入计算结果。

标准输入 / 输出文件的重新定向是操作系统提供的一种基本功能。使用标准文件的重新定向功能，可以把这两个标准文件分别映射到其他设备或磁盘文件上，在不修改程序的情况下就可以将原来对终端键盘和屏幕的读写操作改为对指定文件的读写操作。这种标准文件的重新定向对 C 程序内部没有任何影响，一个普通的程序也无法得知和判断标准文件是否被重新定向，以及被定向到了什么文件中。这样，我们就可以将调试数据预先写入文件中，在程序运行时通过标准输入的重新定向将其提供给程序，以避免重复地在键盘上键入输入数据的麻烦。如果程序的输出数据过多，不便于在终端屏幕上直接阅读，我们也可以先将其定向到指定的文件中，然后再使用适当的工具仔细阅读。

在 UNIX/Linux 系统上，标准输入和标准输出的重新定向操作符分别是 '<' 和 '>'。在调用程序可执行文件的命令行中使用重新定向操作符，并在其后跟随文件名，就可以把程序的标准输入和标准输出重新定向到指定的文件中。例如，假设程序 prog_1 需要对标准输入 / 输出进行读写，下面的命令：

prog_1 < data.in > file.out

在运行 prog_1 时将 data.in 指定为该程序的标准输入文件，将 file.out 指定为该程序的标准输出文件。

标准输入 / 输出文件的重新定向是一种很有用的功能，因此 MS Windows 也采用了 UNIX/Linux 系统的规范，以操作符 '<' 和 '>' 描述对标准输入和标准输出的重新定向。MS VC++ 的集成开发环境 (IDE) 也支持这种对标准输入和标准输出的重新定向。在 MS VC++ IDE 的 Project 选单的 Settings 项中选择 Debug 页面，在标签字符串 Program arguments 下的输入框中可以直接使用操作符 '<' 和 '>' 描述对标准输入 / 输出的重新定向。例如，在该输入框中键入：

< file.in > file.out

就可以使正在被调试运行的程序把 file.in 作为标准输入文件，把 file.out 作为标准输出文件。

除了在程序启动时通过命令行操作进行标准输入 / 输出文件的重新定向外，在程序中也可以通过标准库函数 freopen() 进行标准输入 / 输出文件的重新定向。freopen() 的函数原型如下：

```
FILE *freopen(const char *path, const char *mode, FILE *fp);
```

其功能是关闭由参数 fp 指向的已打开输入 / 输出文件，按参数 mode 打开由参数 path 指定的文件，并将其与参数 fp 相关联。当函数执行失败时返回 NULL，当函数执行成功时返回指向新打开文件的指针，即 fp。此后，当程序中再通过 fp 进行输入 / 输出操作时，数据的来源或目的就不再是其原来指向的输入 / 输出文件，而是新打开的由 path 指定的文件。当我们对标准输入 / 输出文件进行重定向时，fp 取值 stdin 或 stdout，分别表示标准输入和标准输出，其对应的 mode 的取值分别是 "r" 和 "w"，表示重定向的文件分别用于“读”和“写”。例如，当函数 freopen("file.out", "w", stdout) 执行成功后，printf()、puts()、putchar() 等函数的输出将不再写到终端屏幕上，而是写入文件 file.out 中；当 freopen("t1.in", "r", stdin) 执行成功后，scanf()、getchar() 等函数将从文件 t1.in 中读取数据，而不再从终端键盘上读取。当在调试中临时使用 freopen() 进行标准输入 / 输出文件的重新定向时，一般不必判断该函数的返回值。当调试完毕时，只要将 freopen() 语句注释掉并重新编译，程序就可以恢复对标准输入 / 输出文件的默认设备进行读写。

10.6　初学者程序中容易出现的错误

程序设计是一门实践性很强的课程，其中的程序调试方法更是需要通过反复的实践、不断的经验积累，才能熟练地掌握和灵活运用。对初学者来说，程序的调试是一个很需要花费时间和精力的过程。本节列举一些初学者在编程过程中最容易出现错误的地方，希望能够帮助初学者在编程过程中少出错误，在调试过程中提高故障定位的效率。本节所列举的这些问题，在前面的相关章节中已有讨论，因此不再详细展开。

10.6.1　容易混淆的运算符

C 语言的语法十分简洁。很多时候，在语句中多一个或者少一个字符，或者误敲了一个字符，语句在语法上仍然是正确的，但是语句的语义就完全不一样了。这其中最常见的是运算符的混淆，特别是位运算符 & 和 | 与逻辑运算符 && 和 ||，以及赋值运算符 = 和关系运算符 == 的混淆。在使用这些运算符时，由于手误多敲或少敲了一个字符就会引起这类错误。这类容易混淆的运算符在用错时一般不会引起语法错误，因此编译系统可以顺利地完成编译。但运算符的错误使用会造成程序中语句的语义错误，程序在运行时会产生错误的结果。因此当程序的运行结果出现固定性的错误时，可以首先检查这些运算符是否敲错了。其中特别需要注意的是关系运算符 == 是否少敲了一个 = 变成了赋值运算符。即使是有一定经验的编程人员偶尔也会由于疏忽而产生此类错误。目前很多编译系统都针对这类错误进行了检查，当编译系统根据程序上下文的分析认为有可能是运算符的误用时，会给出警告信息。因此初学者一定要养成良好的编程习惯，重视编译系统给出的警告信息，改掉所有编译系统认为可疑的语句。在极其特殊的情况下，也一定要真正明白这些编译系统认为可疑的语句到底是什么意思，并且确保这些语句确实是自己真实意思的表示。

10.6.2　运算符优先级和结合关系

C 语言的一大特点是运算符的优先级数量较多，不容易记忆，使用时稍不注意就有可能出错。例如，表达式 a << b + c，可能编程人员想表达的意思是将 a 的值左移 b 位再加上 c，但由于 + 的优先级高于 <<，因此这一表达式的实际语义是 a << (b + c)；也就是

将 a 的值左移 b+c 位。又例如，间接访问运算符 * 和加一运算符 ++ 的优先级相同，编程人员想对指针 p 所指向的变量的值进行加一操作，写出了表达式 x=*p++，由于 * 和 ++ 都是右结合的运算符，因此这一表达式实际等价于 x=*(p++)，而不是 x=(*p)++。这两者的差异是很微妙的：因为 ++ 在变量 p 的后面，所以两个表达式的求值是相同的，都是 p 所指向的变量当前的值。但是在赋值完毕后，*p++ 对 p 进行加一操作，使其指向下一个存储单元，如果 p 此前不是指向一个数组元素，那么这一操作是没有意义的，有可能在程序中再次使用 p 进行间接访问时引发错误。而 (*p)++ 则是对 p 所指向的变量当前的值加一。因此，在程序中有多个运算符组合使用时，最安全的做法是使用括号，明确表达对运算顺序的要求。

10.6.3 变量的初始化

变量未初始化就作为运算数据参与运算，是初学者程序中一种常见的错误。全局变量在未被赋值前其初始值固定为 0，因此如果是由于全局变量的未初始化引起的错误，那么，错误是固定的，多次运行程序得到的是相同的错误结果。局部变量在未被赋值前其初始值是不确定的，在函数的每次调用时，其初始值都可能是不一样的。因此如果是由于局部变量的未初始化引起的错误，那么，错误是不固定的，多次运行程序得到的可能是不同的结果。如果未经初始化的变量用在条件判断中，则有可能使得程序在多次调用中执行不同的程序段，使得程序的行为更加不可捉摸。当指针变量未经初始化时，往往会由于没有指向合法的存储空间造成地址越界错误直接引起程序的崩溃。

10.6.4 数组的使用

与数组相关的常见错误有两类。一类是访问数组元素时超过数组的范围，造成地址越界错误引起程序的崩溃。一方面，初学者有时会忘记包含 N 个元素的数组的下标上限是 $N-1$ 而不是 N。另一方面，我们在写程序时有可能对数组所需空间的大小估算不准，特别是当进行字符串操作时，往往会忽略字符串中包含的字符串结束符。当需要把长度为 n 的字符串复制到一个数组中，这时这个数组的长度至少应该是 $n+1$，因为在字符串中除了包含 n 个字符外，还包含一个字符串结束符。例如，在语句 strcpy(s,"abc"); 中，字符数组 s 的长度应该大于或者等于 4 而不是 3。为避免此类错误，常见的做法是在估算数组大小时增加一定的余量，这样，即使在数组大小的估算以及编码过程中有些小的误差，也不至于引起地址越界。早期的计算机内存空间有限，那时，在程序中需要尽可能地节省每一个字节。而现在常用的计算平台，内存空间都是以 MB 甚至以 GB 为单位，这时，对存储单元的刻意节省就没有什么意义了。以少量存储空间的代价减少程序中出错的可能性，提高编程效率，应该是一个正确的选择。

另一类与数组相关的错误是把较大的数组定义为局部变量。读者可以参阅 6.1 节中的讨论。局部变量数组大小的上限取决于运行平台，以及函数嵌套调用的深度。在编程中一般的原则是，大于几十 KB 的数组一般最好定义为全局变量，在递归函数中，特别是在嵌套调用较深的递归函数中，局部变量数组的上限要更小一些。

10.6.5 条件和边界

稍微复杂一些的程序中都有大量的条件语句和循环语句，需要使用各种类型的条件。这些条件的正确性直接决定了程序执行的正确性。对这些条件的描述，特别是涉及边界条件的地方，也往往是初学者容易出错的地方。例如，两个运算数的比较，是大于还是大于或者等于；参与比较的应该是 n 还是 $n+1$ 或者 $n-1$；在逻辑表达式中几个关系表达式应该是“与”的关系还是“或”的关系；这些都是需要认真推敲的。此外，在循环中需要遍历的区间中是否需要包含端点，代码是否正确地表达了这一要求；在给定的下标区间，数组元素的个数是多少；程序运行时中间结果的极大值和极小值是多少，是否超出了所选数据类型的表示范围；这些都是需要仔细计算的。稍不留意，就极有可能在这些看似细小的问题上出错。

10.6.6　字符函数的参数和返回值类型

在 C 程序中，以 int 型的变量保存单个字符是常规的做法。仔细观察 5.8.3 节和 5.8.4 节中与字符处理相关的函数，以字符作为返回值的函数如 getchar()，其返回值的类型不是 char 而是 int，因此需要保存在 int 型的变量中。同样，以字符作为参数的函数，如字符类型判断函数 isalpha() 等以及字符输出函数 putchar()，其参数类型也不是 char 而是 int。这是因为，这些字符函数都需要考虑除了常用字符以外的特殊情况。字符的 ASCII 编码都是小于 128 的正整数，使用 char 类型就完全够了。但是，在字符处理过程中，有一些特殊情况超出了 ASCII 编码的范围。例如，当 getchar() 遇到文件结尾时，需要返回表示文件结尾的 EOF，而 EOF 就不属于 ASCII 编码。从理论上讲，使用 char 型数据表示这些非 ASCII 的特殊符号，会产生数据溢出的错误。因此需要使用 int 类型。例如，我们在程序中常用的语句：

```
while ((c = getchar()) != EOF)
    ...
```

中的变量 c 就应该是 int 型的。

在 C 程序中一般情况下可以使用 int 型变量保存字符，但是当通过间接访问的方式读写字符时，则必须使用具有 char * 类型的指针，而不能使用具有 int * 类型的指针，此时相应的变量也必须是 char 型的。例如，当使用函数 scanf() 从标准输入上读取字符时，与 %c 字段对应的参数必须是 char 型变量的地址，如【例 3-7】四则运算所示，否则程序就有可能出错。至于实际的程序在运行中是否出错，取决于多种因素，对这些因素的分析讨论已经超出了本书的内容范围，因此不再赘述。

10.6.7　编程习惯和工作方法

本节前面列举的一些常见的错误，都是一些局部的技术性的错误。在编程过程中只要多加注意，就可以避免。一旦出现问题，只要遵循规范的调试方法，发现和改正错误也不困难。对于初学者来说，在编程过程中更容易出现和较难改正的是编程习惯和工作方法上的问题。

对于初学者来说，在工作方法上最容易出现的问题就是忽视程序设计的前期工作，过早进入编码阶段。这样做的结果就是降低考虑问题的视角和层次，直接在程序代码的层面思考问题，缺少对问题全局的把握。同时，这样做还使得自己使用不很熟悉的编程语言来进行思考和做出决策，在考虑问题时过多地被编程语言的细节所左右，因此难以准确地把握问题的核心和关键，容易出现“一叶障目不见泰山”的现象，轻则会影响解题思路的逻辑性，造成程序结构的混乱，重则会使得程序偏离基本的任务和目标。这类问题的出现，反映了编程人员的思维定式和工作习惯，因此改正起来会更难一些。

本章的前 5 节详细讨论了程序设计的基本工作过程，以及编程各个阶段的工作重点。在这些讨论中，一个基本的指导思想就是，从总体上把握问题，分阶段地解决问题，自顶向下地分解问题，以及随时把控工作的质量，检验工作的成果，以便及时发现问题，改正错误。程序设计不是抽象的理论，因此在对解题方案进行描述时必须要考虑其在实际中的可行性和可操作性，而不仅仅是理论上的正确性。所有这些都涉及思维方法和工作习惯，不是一朝一夕就可以养成的。在学习程序设计的初始阶段对这些问题有一个明确的认识，自觉地提醒自己注意在编程习惯和工作方法上的改进和提高，对于自身的程序设计能力和水平的提高是大有帮助的。

本章讨论了程序设计的基本过程以及其中各阶段的工作重点和要领。程序设计不是抽象的理论，而是一种实践性很强的知识和能力的综合。学习程序设计的重点是养成正确的分析问题解决问题的思维方法和工作习惯，掌握把实际问题变成计算机程序并产生正确结果的能力，而不仅仅是了解编程语言的语法和语义，记住一些概念而已。为了掌握和提高程序设计能力，必须进行大量的编程实践，以循序渐进的方式从简单题目入手，逐步尝试求解一些复杂的题目，尝试在求解过程中灵活地运用学过的方法和原则，以便加深对这些方法和原则的理解和掌握。在程序设计中，最重要的是对各种知识的融会贯通，对各种原则的灵活运用，对问题宏观而全面的把握，以及自顶向下的分析方法。对问题的观察可能有多种角度，对问题的分析可能有多种思路，对方案的设计可能有多种选择，对程序的编码可能有多种结构和风格。在这多种可能性中迅速把握住问题的关键，做出正确的抉择和取舍，不仅需要掌握一般的原则和方法，而且取决于编程人员的知识和经验、专业素养以及思维方法和灵感。这也是程序设计常被称为是一种艺术的重要原因。只有通过丰富的实际编程的感性经验，才能真正理解与掌握程序设计的精髓，具备迎接信息时代各种技术挑战的能力。

习题

1. 程序设计的基本过程是什么？有哪些主要步骤？完成各个阶段工作的标准是什么？
2. 关于程序测试的方案和测试数据应该在程序设计的哪个阶段考虑和完成？
3. 在编码之前有哪些工作需要完成？有哪些问题需要考虑？
4. 在编码时应该遵循哪些原则？
5. 代码中的注释有什么作用？对简单程序来说，最基本的注释内容应该是什么？
6. 在进行程序调试时首先要做的工作是什么？
7. 在进行程序调试时如何选择和设置断点？
8. 在进行程序调试时，在断点应该观察哪些内容？
9. 输入 / 输出重定向是什么意思？它对用户程序的内部和外部各有什么影响？
10. 在常用的输入 / 输出函数中，哪些函数使用默认设备？有哪些方法可以改变这些函数默认的输入数据来源和输出数据去向？
11. 阅读和分析【**例 1-4**】~【**例 1-6**】的代码，解释各题的解题思路和所采用的算法。
12. 根据【**例 10-4**】的讨论，写出**平方数**的程序。
13. 除了【**例 10-4**】中讨论过的算法外，你还有求解该题的其他思路吗？详细描述你的思路，并据此写出相应的程序。比较根据你的算法写出的程序和根据【**例 10-4**】中的算法写出的程序在复杂程度和运行效率方面的差异。

14. 根据【**例 10-6**】的讨论，写出**数字删除**的程序。
15. 你能想到几种方法修改【**算法 10-2**】中函数 get_digits_2() 的代码，使被分离的数字在 `digits[]` 中保存的顺序与【**算法 10-1**】get_digits() 一致？选择最简洁的方法修改，并检查修改后的结果。
16. 参考【**例 10-12**】中的讨论，修改**花朵数**的程序。测试一下你的修改对程序效率的改进。
17. 修改【**例 10-12**】**花朵数**的程序，使用 64 位整数类型（在 IA32 平台的 gcc 上使用 long long）计算 19 位以下的花朵数。看看程序运行的时间和花朵数位数的关系，比较在 IA32 平台上使用 32 位整数类型和 64 位整数类型时的计算速度。
18. 在你的机器上运行【**例 10-12**】中的几个程序。当 n 分别为多大时程序所需的运行时间超过 1 秒？估计一下各个程序的计算时间与 n 的关系。
19. 从标准输入上读入整数 m 和 n（$0<m \leqslant n \leqslant 9$），在标准输出上按升序输出从前 n 个自然数（1~n）中选取 m 个数的所有排列，每个排列占一行。
20. 设计一个程序，从标准输入上读入正整数 m（$0 < m < 27$）和 n（$0 < n \leqslant m$），在标准输出上输出所有由前 m 个小写字母组成且长度为 n 的组合。
21. 从标准输入中读入一段语法正确的 C 代码，查找该程序中控制流关键字 while、for、if，按出现顺序输出其所在的位置，包括行号和该关键字首字母是该行上第几个字符。统计结果以 < 关键字 > ：(< 行号 >, < 首字母位置 >)[, (< 行号 >, < 首字母位置 >), …] 的形式写到标准输出上，每个关键字占一行，行的结尾没有逗号。
22. 写一个程序，从标准输入中顺序读入 n（$n < 1\,000$）组整数，每组 3 个，在标准输出上顺序输出这些整数的平方，每组一行，所有各列均左对齐，且宽度等于该列最大输出值的位数加 2。
23. 从标准输入中读取两个以花括号界定的单词集合，每个集合中单词的个数不大于 100，可能有重复的单词；每个单词的长度不超过 36 个字符，单词间以逗号分隔，单词前后可能有空白符。将交集元素不重复地按升序写到标准输出上，元素之间以一个空格符分隔。若交集为空，则输出 "NONE"。
24. 从标准输入上读入 m 行实数，每行 n 个，表示一个 m 行 n 列的矩阵。将所有元素都乘以其所在列上绝对值最大的元素，在标准输出上输出结果矩阵。
25. 魔方阵是指元素为自然数 1~n^2 的 n 阶方阵，且其中每一行、每一列和对角线之和均相等。例如，三阶魔方阵为：

    8 1 6

    3 5 7

    4 9 2

    魔方阵的生成方法是，首先将 1 放在第一行中间一列，从 2 至 n^2 的各数每一个数的行号为前一个数的行号减 1，结果为 0 时置为 n；列号为前一个数的列号加 1，结果为 $n + 1$ 时置为 1。如果按上面规则确定的位置上已有数，或上一个数位于第一行第 n 列时，则把下一个数放在上一个数的下面。从标准输入上读入奇数 n（$0 < n \leqslant 15$），在标准输出上输出 n 阶魔方阵。
26. 从标准输入上读入一个由 1 至 n（$n \leqslant 9$）组成的 n 位数 a，在标准输出上输出对这 n 个数按顺序全排列时排在 a 后面的数。当 a 是全排列中最后一个数时，输出字符 E。例如当输入为 123 时，输出 132。

27. 从标准输入上读入正整数 k（$k < 8$）和 n（$n < 15$）个整数 $x_1, x_2, \cdots, x_n$，求从其中任选 k 个整数相加的和为质数的组合共有多少种，将结果写到标准输出上。
28. 斐波那契数列的递推公式是：$Fib(0) = 1, Fib(1) = 1$, 当 n 大于 1 时，$Fib(n) = Fib(n-1) + Fib(n-2)$。从标准输入上读入正整数 n（$n < 46$），在标准输出上输出 $Fib(n)$ 的值。你能想到几种方法计算斐波那契数列的第 n 项的值？比较不同方法的优缺点。在计算中可以使用哪些基本数据类型？

APPENDIX A

附录 A

部分习题参考答案

本附录提供了各章中部分有代表性和有一定难度的编程题目的答案程序，供读者参考。编程题目的答案一般都不是唯一的。本附录中的程序只是为了启发读者的思考，起到抛砖引玉的作用。

问答题和选择题的答案或者可以从本书相关章节中找到，或者可以把题目中的代码写入程序中，通过编译或运行程序得到。为节省篇幅，本附录中没有提供这类题目的答案。

第 4 章

22. 有些正整数可以表示为 n（$n>1$）个连续正奇数之和，例如：9 可以表示为 1+3+5。编写程序，从标准输入上读入两个正整数 s 和 t，找出和为 s 且包含不超过 t 个数的所有连续正奇数序列，将相应的等式输出到标准输出上，格式与**【例 4-10】连续正整数**相同。如果没有符合要求的等式，输出 "NONE"。例如，当输入为 9 3 时输出 1+3+5=9，当输入为 9 2 时，输出 "NONE"。

这道题的基本做法是使用两重循环进行枚举。外层的循环从 1 开始逐一遍历可能的序列起始点。内层循环递增生成连续奇数之和。当连续奇数之和等于给定的正整数时，使用循环输出这个求和序列。程序的代码如下：

```
int main()
{
    int i, j, n, s, t = 0, sum, x, done = 0;
    scanf("%d%d", &s, &t);
    for (n = i = 1; i < s / 2; i += 2) {
        for (sum = i, j = i + 2; j + i <= s; j += 2) {
            sum += j;
            n++;
            if (sum == s && n <= t) {
                for (x = i; x <= j; x += 2) {
                    if (x != i)
                        printf(" + ");
                    printf("%d", x);
                }
                printf(" = %d\n", s);
                done = 1;
                break;
```

```
            }
        }
    }
    if (!done)
        printf("NONE\n");
    return 0;
}
```

程序中的变量 n 用于记录连续正奇数的个数，done 用作标志位，1 表示找到了符合要求的等式。

23. 从标准输入上读入整数 n（$2 < n < 3\ 000$），在标准输出上输出 $n!$ 的最后两位低位不等于 0 的值。例如，当 n 等于 5 时输出 12，当 n 等于 7 时输出 04。

3 000! 是一个长度近万位的巨大的数，仅末尾的 0 就有约 750 个，使用我们目前学到的知识，无法先计算出 $n!$ 再提取其末两位。从算术运算规则可知，两数乘积的最低两位只取决于乘数和被乘数的最低两位。因此我们可以在计算 $n!$ 的过程中，删去乘积末尾的 0，只保留乘积的最低两位有效数字。在计算 $n * (n-1)!$ 时，乘积末尾新增的 0 的个数取决于 n 中质因子 5 的个数。3 000 以下的整数中包含因子 5 数量最多的是 625 及其倍数，有 4 个。为保留两位最低有效位，在计算 $n!$ 时需要至少保留 6 位最低位。因为 int 型变量所能表示的最大正整数约为 21 亿，小于 $3\ 000 * 10^6$，在计算过程中会产生溢出，因此使用表示上限约为 42 亿的 unsigned int 类型。根据这些讨论，可写出代码如下：

```
int main()
{
    unsigned int n, i, s;
    scanf("%d", &n);
    for (s = i = 1; i <= n; i++) {
        s *= i;
        while (s % 10 == 0)
            s /= 10;
        s %= 1000000;
    }
    printf("%02d\n", s % 100);
    return 0;
}
```

24. 回文数是正着读和反着读数值相同的数，例如，123454321、123321 等都是回文数。从标准输入上读入一个正整数，如果该数是一个回文数，输出 Yes，否则输出 No。

我们可以根据回文数的定义，从低位开始逐一取出输入数的各个数字，反向生成一个新的数，比较它的值是否与原来的数值相同。据此，可以写出程序如下：

```
int main()
{
    int m, n, s;

    scanf("%d", &s);
    m = s;
    for (n = 0; m != 0; m /= 10)
        n = n * 10 + m % 10;
    if (s == n)
        printf("Yes\n");
    else
```

```
        printf("NO\n");
    return 0;
}
```

第 5 章

23. 从标准输入上读入正整数 m 和 n，在标准输出上输出 m 与 n 的各位数字逆序后的乘积。例如，当 m 为 3、n 为 123 时，输出 963。

此题的重点在于定义一个生成整数 n 的逆序值的函数。一个整数的逆序值的生成过程如下：从最低位开始依次取出整数的各个位，再逆序构成新的整数。相应的代码如下：

```
int rev_value(int n)
{
    int rv;
    for(rv = 0; n != 0; n /= 10)
        rv = rv * 10 + n % 10;
    return rv;
}

int main()
{
    int m, n;

    scanf("%d %d", &m, &n);
    printf("%d\n", rev_value(m) * rev_value(n));
    return 0;
}
```

24. 一段楼梯有 n（$n \leqslant 36$）级，兔子每次可以跳跃 1 级、2 级或 3 级，从标准输入上读入正整数 n，在标准输出上输出兔子从楼梯底端到达楼梯顶端有多少种跳法。例如，当 n 等于 10 时，输出 274。

设跳法的数量为 $f(n)$。当有 1 级台阶时，只有一种跳法，即 $f(1) = 1$；当有 2 级台阶时，有两种跳法，可以一级一级地跳，也可以一次跳两级，因此 $f(2) = 2$；当有 3 级台阶时，可以一次跳 3 级，也可以先跳两级，再跳一级，还可以先跳一级，剩下的两级有两种跳法，因此 $f(3) = 1 + 1 + f(2) = 4$。当有 3 级以上台阶时，可以分别先跳 1 级、2 级和 3 级，此后分别有 $f(n-1)$、$f(n-2)$ 和 $f(n-3)$ 种跳法。因此，当 $n > 3$ 时，$f(n) = f(n-1) + f(n-2) + f(n-3)$。据此可以直接写出相应的代码。故代码从略。

第 6 章

20. 从标准输入上读入两个正整数 n, k ($n \leqslant 60\ 000\ 000$，$k \leqslant 20$)，在标准输出上输出小于 n 的最大质数对 $(p, p + 2k)$ 中的两个质数。例如，在标准输入上输入“30 1”时，在标准输出上输出“17 19”，因为 (17, 19) 是差值为 2 且小于 30 的最大质数对。

求解本题的基本思路很简单，首先生成 n 以下的质数散列表，然后降序逐一检查每个数是否为质数，以及相邻为 $2k$ 的数是否为质数。当找到符合要求的质数对时输出并停止查找。生成 n 以下的质数散列表使用筛法，已在【例 6-14】中讨论过。注意，输出的质数对是 $(i - k * 2, i)$ 而不是 $(i, i + k * 2)$，因为 i 的最大值是 n，$i + k * 2$ 已经超出了所生成质数表的上限。

```
#define MAX_N    60000002
```

```
char primes[MAX_N];

void gen_primes(char *primes, int max)
{
    int i, j, step;

    memset(primes, 1, max);
    primes[0] = primes[1] = 0;

    for (i = 0; i * i <= max; i++) {
        if (!primes[i]) continue;
        step = i;
        for (j = i + i; j < max; j += step)
            primes[j] = 0;
    }
}

int main(int argc, char* argv[])
{
    int i, n, k;

    if (argc < 3) {
        fprintf(stderr, "Usage: %s <max> <step>\n", argv[0]);
        return 1;
    }
    n = atoi(argv[1]);
    k = atoi(argv[2]);

    gen_primes(primes, n);
    for (i = n; i >= k * 2; i--) {
        if (primes[i] == 1 && primes[i - k * 2] == 1) {
            printf("%d,%d\n ", i - k * 2, i);
            break;
        }
    }
    return 0;
}
```

22. 从标准输入读入正整数 n（$n \leqslant 9$）和由 1~n 组成的整数序列 s，设整数按升序进栈，在进栈过程中可能插入弹栈操作，在进栈结束后弹出栈中所余内容，判断 s 是否是合法的出栈序列。例如，当 n 为 4 时，序列 4 3 2 1 是操作序列 push(1)，push(2)，push(3)，push(4)，pop()，pop()，pop()，pop() 的出栈结果，1 4 3 2 是操作序列 push(1)，pop()，push(2)，push(3)，push(4)，pop()，pop()，pop() 的出栈结果，因此均是合法的出栈序列，而 1 4 2 3 则不是，因为没有任何符合上述要求的进出栈操作组合能够产生这样的出栈结果。当 s 为合法的出栈序列时在标准输出上输出“YES”，否则输出“NO”。

求解这道题关键是理解栈的后进先出特性。数按升序进栈，在进栈过程中随时有可能插入出栈操作，所以当 i 进栈时，如果比 i 小的数没有出栈，则必定是从栈顶到栈底按降序排列的。这样，只要检查出栈序列中每个数后面比它小的数是否是降序排列，就可以判断该出栈序列是否合法。据此，可写出代码如下：

```
#define N  11
int is_descending(int d[], int i, int n)
```

```
{
    while (i < n) {
       if (d[i - 1] < d[i])
          return 0;
       i++;
    }
    return 1;
}

int main()
{
    int i, n, seq[N];

    scanf("%d", &n);
    for (i = 0; i < n; i++) {
       scanf("%d", &seq[i]);
    }
    for (i = 1; i < n; i++) {
       if (seq[i - 1] < seq[i])
          continue;
       if (is_descending(seq, i, n))
          printf("Yes\n");
       else
          printf("NO\n");
       return 0;
    }
    printf("Yes\n");
    return 0;
}
```

23. 写一个程序，检查从标准输入读入的C程序中的各种括号是否匹配正确。假设在程序中没有由单双引号引起来的各类括号，也没有包含在注释内的括号。

程序中的括号是以后进先出的方式匹配的，因此可以使用栈作为检查括号匹配的数据结构：当读入开括号时将其入栈；当读入闭括号时，弹出栈顶元素并检查其与刚读入的闭括号是否匹配。如果输入的程序中所有的括号都是正确匹配的，则在输入结束时，栈为空。代码较为简单，故从略。

24. 从标准输入上读入一行由字母或数字开头，由字母、数字和连字符组成的字符串。若连字符两端同为数字、小写字母或大写字母，且其左端字符的ASCII编码小于其右端字符的ASCII编码，则将连字符及其两端的字符扩展为从其左端字符起至右端字符止的连续字符序列；否则删除连字符及其两端紧邻的字符。不与连字符相邻的字符保持原样。将扩展后的结果写到标准输出上。例如，设输入为a-f3x569b-5uA-d8x-a，则输出abcdef3x569u8。

为便于处理输入的字符串，可以首先将其读入一个字符数组中。顺序扫描数组中的字符，如果不是连字符，则输出其前方的字符。否则调用函数expand()处理字符区间的扩展。这个函数检查连字符的两端的字符是否类型相同并且是升序。如果是，则顺序输出区间的字符，否则不执行任何操作。无论条件是否满足，均返回指向连字符后面字符的指针，以便顺序扫描时跳过这一组字符。程序代码如下：

```
char str[LEN];
```

```
char *expand(char *p)
{
    char c;
    if (isupper(*(p-1)) && !(isupper(*(p + 1)) && *(p + 1) > *(p -1)))
        return ++p;
    if (islower(*(p-1)) && !(islower(*(p + 1)) && *(p + 1) > *(p -1)))
        return ++p;
    if (isdigit(*(p-1)) && !(isdigit(*(p + 1)) && *(p + 1) > *(p -1)))
        return ++p;
    for (c = *(p - 1); c <= *(p + 1); c++)
        putchar(c);
    return ++p;
}

int main()
{
    char *p;

    scanf("%s", str);
    for (p = str; *p != '\0'; p++) {
        if (*(p + 1)!= '-')
            putchar(*p);
        else
            p = expand(p + 1);
    }
    return 0;
}
```

25. 从标准输入读入一个 1 000 以内的正整数 x，计算能够被 x 整除且所有奇数位均为 0、所有偶数位（数位从 0 起算）均不为 0 的最小 7 位正整数，并写到标准输出上。例如，当输入 33 时，输出 6090909，当不存在这样的 7 位数时，输出“N/A”。

这道题目的基本解法是按升序顺序不断生成符合格式要求的 7 位整数，检查其是否能被 x 整除。为生成所有奇数位均为 0、所有偶数位均不为 0 的 7 位整数，可以首先生成符合这样格式的字符串。为此，可以将一个一维字符数组的奇数位元素固定置为 '0'，然后将从低到高的偶数位元素顺序置为 '1'~'9'。为此可以使用 4 重嵌套的循环分别对 4 个偶数位元素进行设置。将字符串转换为整数可以使用标准函数 sscanf()。据此可以写出代码如下：

```
int main()
{
   int i, j, k, m, n, value;
   char value_s[] = "1010101";

   scanf("%d", &n);
   for (i = 1; i < 10; i++) {
      value_s[0] = i + '0';
      for (j = 1; j < 10; j++) {
         value_s[2] = j + '0';
         for (k = 1; k < 10; k++) {
            value_s[4] = k + '0';
            for (m = 1; m < 10; m++) {
               value_s[6] = m + '0';
               sscanf(value_s, "%d", &value);
               if (value % n == 0) {
                  puts(value_s);
```

```
                    return 0;
                }
            }
        }
    }
  }
  puts("N/A");
  return 0;
}
```

对于这类搜索问题，也可以使用递归方式实现，参见下面的代码：

```
char value_str[] = "1010101";
void gen_num(int x, int i, int n)
{
   int k, value;

   if (i > n) {
      sscanf(value_str, "%d", &value);
      if (value % x == 0) {
         puts(value_str);
         exit(0);
      }
      return;
   }
   for (k = '1'; k <= '9'; k++) {
      value_str[i] = k;
      gen_num(x, i + 2, n);
   }
}

int main()
{
   int x;

   scanf("%d", &x);
   gen_num(x, 0, 6);
   puts("N/A");
   return 0;
}
```

可以看出，当搜索的深度较深或者搜索的深度不确定时，使用递归方法的程序更为简洁。

26. 从标准输入中读取两行以空格符分隔的正整数，每行整数的个数不大于 2 000，整数值小于 1 000，可能有重复的数。将每行看成一个集合，将交集元素（不可重复）按升序写到标准输出上，元素之间以一个空格符分隔。若交集为空，则输出 “NONE”。例如，对于下面的输入数据：

```
1 3 4 9
9 8 1
```

输出

```
1 9
```

这道题目的一种较为简单的解法是使用一维数组以散列表的方式记录两个输入集合的交

集。首先将数组所有元素清零。当读入第一个集合时，以集合中整数作为下标将相应的元素置为1，当读入第二个集合时，以集合中整数作为下标将相应的元素的值乘以2。当两个集合的元素输入完毕后，因为第二个集合中可能有重复的元素，所以数值大于或者等于2的元素的下标就是两个集合交集的元素。据此可以写出代码如下：

```
int set[N];
int main()
{
    int i, v, r = 0;
    char c;
    while (scanf("%d%c", &v, &c)) {
        set[v] = 1;
        if (c == '\n')
            break;
    }
    while (scanf("%d%c", &v, &c)) {
        set[v] *= 2;
        if (c == '\n')
            break;
    }
    for (i = 0; i < N; i++)
        if (set[i] >= 2) {
            r = 1;
            printf("%d ", i);
    }
    if (r)
        putchar('\n');
    else
        puts("NONE");
    return 0;
}
```

这段代码不长，主要部分是对数据读入的处理。前面两个while语句分别读入两行整数并完成相应的操作。for语句扫描并输出表示交集元素的数组下标。因为在输入数据中没有给出两个集合中的元素个数，所以需要在读入数据时判断是否遇到了换行符。这里用了一种简单的方法，即在读入一个整数的同时读入其后面的字符，判断其是否为换行符。

27. 用1，2，3，…，9组成三个数abc、def和ghi，每个数字只使用一次，使得abc:def:ghi = 1:2:3，在标准输出上输出所有的解。

这道题目可以使用枚举法求解。既然abc:def:ghi = 1:2:3，因此只需要枚举abc的值就可以了。因为每个数字只能使用一次，那么，abc的最小值只能是123，又因为ghi最大只能是987，因此abc最大只能是987/3 = 329，这样，在这个范围内对abc进行枚举，根据abc的值算出def和ghi的值，并检查每个数字是否只使用了一次。为检查每个数字是否只使用了一次，可以使用一个数组记录每个数字是否已经使用过。据此，可以写出下面的代码：

```
void init_used(int used[])
{
    int i;
    for (i = 1; i < 10; i++)
        used[i] = 0;
    used[0] = 1;
}
```

```
int set_used(int v, int used[])
{
   while (v != 0) {
      if (used[v % 10])
         return 0;
      used[v % 10] = 1;
      v /= 10;
   }
   return 1;
}

int main()
{
   int abc, def, ghi, used[10];

   for (abc = 123; abc < 329; abc++) {
      init_used(used);
      def = abc * 2;
      ghi = abc * 3;
      if (set_used(abc, used) && set_used(def, used) && set_used(ghi, used))
         printf("%d %d %d\n", abc, def, ghi);
   }
   return 0;
}
```

32. 从标准输入上读入一个正整数 n（$2 \leqslant n \leqslant 9$），在标准输出上输出 $n \times n$ 的螺旋矩阵，元素取值为 1 至 $n*n$，1 在左上角，各元素沿顺时针方向依次放置。例如，当 n=3 时，相应的矩阵如下所示：

```
1  2  3
8  9  4
7  6  5
```

求解这道题目的基本方法是使用二维数组模拟标准输出上的矩形区域，按照螺旋矩阵的规律对二维数组的各个元素赋值，然后逐行输出二维数组元素的值。在对二维数组的各个元素赋值时，从左上角开始按螺旋的方式，以上右下左四个边的顺序，使用循环语句；如此循环，直至 $n*n$ 个元素赋值完毕。在使用循环语句时需要注意循环的初始条件和结束条件，循环控制变量的改变方向。据此，可以写出下面的代码：

```
int main()
{
   int n, top, bottom, left, right, buf[9][9], x, y, i = 1;
   scanf("%d", &n);
   top = left = 0;
   right = bottom = n;
   y = top;
   while (1) {
      for (x = left; x < right; x++)
         buf[y][x] = i++;
      top++; x--;
      if (i > n * n)
         break;
      for (y = top;y < bottom; y++)
         buf[y][x] = i++;
      if (i > n * n)
```

```
            break;
        right--; y--;
        for (x = right - 1; x >= left; x--)
            buf[y][x] = i++;
        if (i >= n * n)
            break;
        bottom--; x++;
        for (y = bottom - 1; y >= top; y--)
            buf[y][x] = i++;
        if (i > n * n)
            break;
        left++; y++;
    }
    for (y = 0; y < n; y++) {
        for(x = 0; x < n; x++)
            printf("%2d ", buf[y][x]);
        putchar('\n');
    }
    return 0;
}
```

在上面的代码中，变量 top 和 bottom，left 和 right 分别用作垂直边和水平边的边界，x 和 y 分别用作水平和垂直循环控制变量。

33. 在标准输出上水平宽度为 w、垂直高度为 h（均以字符为单位）的窗口中用字符 '*' 和 '#' 分别画出三角函数 sin 和 cos 在以度为单位的区间 $[0, ang)$ 的图像，在图像中画出 x 轴和 y 轴，其中坐标的 x 轴自上而下平行于屏幕的纵轴，y 轴从左向右平行于屏幕的横轴。使用一维数组实现这一功能。

求解此题的基本思想是用一维数组表示二维图像的一个剖面，每个剖面对应于屏幕上的一行。因为坐标的 x 轴自上而下平行于屏幕的纵轴，所以每一个剖面对应于 y 轴上的一个值，也就是一个不同的角度。计算每一个剖面所对应的角度以及函数图像在这个剖面上落在哪些点上，写入数组并输出。连续移动这一剖面就可以画出完整的图像。程序代码如下：

```
char arr[MAX_W];

void init(char arr[], int w)
{
    int i;
    for (i = 0; i <= w; i++)
        arr[i] = ' ';
    arr[w/2] = '|';
    arr[w + 1] = '\0';
}

void draw_curve(char arr[], int w, int h, int ang)
{
    int u, v;
    double x;
    for (u = 0; u <= h; u++) {
        init(arr, w);
        x = u * ang / h * M_PI / 180.0;
        v = (int) (w / 2 + sin(x) * w / 2);
        arr[v] = '*';
        v = (int) (w / 2 + cos(x) * w / 2);
```

```
            arr[v] = '*';
            puts(arr);
        }
    }

    int main()
    {
        int w, h, ang;
        scanf("%d %d %d", &w, &h, &ang);
        draw_curve(arr, w, h, ang);
        return 0;
    }
```

这段程序的结构和操作与【例 6-28】基本相同。主要的差异在于，因为所有的图像剖面使用同一个一维数组，因此在每次生成剖面前都需要对该数组进行初始化。此外，由于坐标轴的方向变化，函数值的运算符号也相应改变。

34. 使用一维数组实现【例 6-28】的功能。

本题中坐标的 x 轴平行于屏幕的横轴，而每个剖面对应于屏幕上的一行，也就是每个剖面对应于 y 轴上的一个值。为确定函数图像在此剖面上的点，需要扫描整个数组中每个元素对应的函数参数，在函数映射值与剖面对应的 y 值相同的位置上写入相应的字符。这一操作由下面的函数 set_line() 完成，这个函数也顺带完成了对数组的初始化。函数 draw_curve() 自上而下逐行生成并输出图像剖面，就完成了对函数图像的绘制。

```
char arr[MAX_W];

void set_line(char arr[], int w, int h, int n, int ang)
{
    int i, x, y;
    double a;

    arr[w] = '\0';
    for (i = 0; i < w; i++) {
        if (n == h / 2)
            arr[i] = '-';
        else
            arr[i] = ' ';
        a = i * ang / w * M_PI / 180;
        y = (int) (h / 2 - sin(a) * h / 2);
        if (y == n)
            arr[i] = '*';
        y = (int) (h / 2 - cos(a) * h / 2);
        if (y == n)
            arr[i] = '#';
    }
}

void draw_curve(char arr[], int w, int h, int ang)
{
    int v;
    for (v = 0; v <= h; v++) {
        set_line(arr, w, h, v, ang);
        puts(arr);
    }
```

```
}

int main()
{
    int w, h, ang;
    scanf("%d %d %d", &w, &h, &ang);
    draw_curve(arr, w, h, ang);
    return 0;
}
```

第7章

23. 从标准输入读入一行包含字母和数字的字符串，按由大到小的顺序重新排列字符串中的数字字符，其他字符位置不变。将结果写到标准输出上。例如，输入 "there are 123 books, 725pens"，输出 "there are 753 books, 221pens"。

这道题的基本做法是首先读入字符串，建立一个 char 数组和一个 char * 数组。顺序扫描字符串中的各个字符，当遇到数字字符时，将字符及其位置分别保存到 char 数组和 char * 数组中。对 char 数组降序排序，再把 char 数组中的数字按 char * 数组对应元素中的地址写入字符串中，然后输出字符串。程序代码如下：

```
char digits[MAX_LEN], *digits_p[MAX_LEN];
int cmp(const void *p1, const void *p2)
{
   return *((const char *) p2) - *((const char *) p1);
}

int main()
{
   char s[MAX_LEN];
   int i, len, index = 0;

   gets(s);
   len = strlen(s);
   for (i = 0; i < len; i++)
      if (isdigit(s[i])) {
         digits[index] = s[i];
         digits_p[index++] = &s[i];
      }
   qsort(digits, index, sizeof(s[0]), cmp);
   for (i = 0; i < index; i++)
      *digits_p[i] = digits[i];
   puts(s);
   return 0;
}
```

24. 从标准输入读入 n（$3 \leqslant n \leqslant 500\,000$）个闭区间 $[a_i, b_i]$（$-500\,000 \leqslant a_i \leqslant b_i \leqslant 500\,000$，且均为整数），将这些区间合并为不相交的闭区间。例如，区间 [1, 2]、[2, 5]、[3, 8]、[9, 12] 可以合并为区间 [1, 8] 和 [9, 12]。输入数据有 n 行，每行包含两个由空格分隔的整数 a_i 和 b_i，表示区间 $[a_i, b_i]$。将计算结果写在标准输出上，每行包含两个用空格分开的整数 x_i 和 y_i，表示区间 $[x_i, y_i]$。各区间按升序排列输出。

这道题与【例 6-13】很相似，主要的区别在于区间由 $[1, 10^6]$ 左移为 $[-5*10^5, 5*10^5]$。

a_i 可能是负数，因此不能直接使用 a_i 作为数组的下标，否则会造成地址越界。为此，可以定义一个指针，指向一个大于 10^6 个元素的数组中的适当位置，使得下标为 –500 000 的元素仍然是这个数组中的合法元素。据此，可以写出代码如下：

```
#define MAX_N (1024 * 1024)
#define MIN_X (-2000 * 2000)
int arr[MAX_N], *p_arr;
int main()
{
    int a, b;
    init_arr(arr, MAX_N, MIN_X);
    p_arr = &arr[MAX_N / 2];
    while (scanf("%d %d", &a, &b) == 2) {
        if (b > p_arr[a])
            p_arr[a] = b;
    }
    print_zone();
    return 0;
}
```

函数 print_zone() 完成对区间的合并以及输出合并后的结果。该函数的定义如下：

```
void print_zone()
{
   int i, e;
   for (i = -MAX_N/2; i < MAX_N/2; i++) {
      if (p_arr[i] == MIN_X)
         continue;
      printf("%d ", i);
      for (e = p_arr[i]; i <= e; i++)
         if (e < p_arr[i])
            e = p_arr[i];
      i--;
      printf("%d\n", e);
   }
}
```

第 8 章

13. 从标准输入上读入一篇英文文章，其中不同英文单词的数量不超过 5 000 个，且单词中不包含连字符、缩写符。在标准输出上按字典序输出各个单词在文件中出现的数量，格式为 < 单词 >:< 数量 >，每个单词一行，不区分大小写。

为统计每个单词的出现次数，需要在每读入一个单词时查找该单词是否已出现过，如否，则记录该单词，如是，则将读入次数加 1。为方便地记录新读入的单词并在记录中查找，以及排序输出，可以使用排序二叉树。基本的程序结构可以参考【例 8-6】，只是 insert 函数中增加在新读入的单词与树中已有节点的单词相同时的操作：

```
typedef struct node_t{
    char *word;
    int num;
    struct node_t *l_tree, *r_tree;
} node_t;
node_t *root;
```

```
node_t *insert(node_t *root, char *word)
{
   int n;
   if (root == NULL) {
      root = malloc(sizeof(node_t));
      root->word = malloc(strlen(word) + 1);
      strcpy(root->word, word);
      root->num = 1;
      root->l_tree = root->r_tree = NULL;
      return root;
   }
   n = stricmp(word, root->word);
   if (n < 0)
         root->l_tree = insert(root->l_tree, word);
   else if (n > 0)
         root->r_tree = insert(root->r_tree, word);
   else
         root->num++;
   return root;
}

void traverse(node_t *root)
{
    if (root == NULL)
        return;
    traverse(root->l_tree);
    printf("%s: %d\n", root->word, root->num);
    traverse(root->r_tree);
}

int main()
{
    char s[WORD_LEN];
    int n;

    while (scanf("%s", s) != EOF) {
         root = insert(root, s);
    }
    traverse(root);
    return 0;
}
```

在 insert() 函数中的比较函数 stricmp() 不是标准库函数，只能在 Windows 下（VC、MinGW 等）使用，在 Linux gcc 中需要使用在头文件 strings.h 中说明的函数 strcasecmp()。如果使用标准函数 strcmp() 以增加程序的可移植性，可以在读入单词时将输入的新单词中的大写字母改写为小写字母。

14. 从标准输入中读入 n（$1 < n < 2\ 000$）行记录，每个记录由 5 个字段组成，分别是学生姓名、学号、语文成绩、数学成绩和英语成绩；学生姓名只包含英文字母和下划线，学号和成绩均为整数，各字段之间由空格符分隔。按总成绩降序输出学生的学号、姓名和总成绩。总成绩相同时按语文成绩降序排序，语文成绩再相同时按数学成绩降序排序，各科成绩均相同时按学号升序排序。输出结果写在标准输出上，姓名和总成绩之间以 '\t' 分隔。

这道题的基本处理过程是将学生的成绩信息读入一个结构数组，对该数组按要求排序，再顺序输出排序后数组的相应信息。其中排序可以使用标准函数 qsort，排序的重点在于定义比较函数：在比较函数中按照总成绩、语文成绩、数学成绩、英语成绩和学号的顺序进行比较。一旦在某项比较中可以分出先后，即不再继续比较，而立即返回比较结果。需要注意的是，在比较中前四项是降序比较，学号是升序比较。程序较简单，代码从略。

15. 从标准输入读入一个正整数 x（$x < 1\ 000$）和一个 n（$n \leqslant 9$）位字符串 s，s 由十进制数字和不超过 5 个不同的字母组成。将 s 中的字母替换为适当的数字，使得 s 可以构成能够被 x 整除的最小 n 位正整数。将替换方式和替换后的字符串写到标准输出上，输出内容第一行的格式为 c_1:d_1 c_2:d_2…，其中 c_i 是 s 中的字母，d_i 是其替代数字；第二行是替换后的字符串。例如，当输入为 7 25a 时，输出 a:2。当不存在这样的 n 位数时，输出 "N/A"。

这道题的基本做法是给输入字符串中的每个字母顺序赋值为 '0'~'9'，与输入字符串中的数字按升序组成一个个按升序排列的整数，检查并输出第一个能够被 x 整除的数。为此，可以首先扫描输入的字符串，将字母转换为指向一个字符数组 digit 中对应元素的指针。遍历字母数量构成的整数空间中所有整数，将整数的各个位分别赋给数组 digit 中对应的元素。在完成上述工作之后，把输入字符串中的数字字符与字母字符所对应的数字字符按顺序组成一个字符串，将其转换为整数，再检查其是否能被 x 整除。据此可以写出代码如下：

```
typedef struct digit_t {
   char ch, *digit;
} digit_t;

int gen_value(digit_t digits[], int len)
{
   int i, val;
   char s[N];
   for (i = 0; i < len; i++) {
      if (isdigit(digits[i].ch))
         s[i] = digits[i].ch;
      else
         s[i] = *digits[i].digit;
   }
   s[i] = '\0';
   sscanf(s, "%d", &val);
   return val;
}

void output(digit_t *digits, int n)
{
   int i;
   for (i = 0; i < n; i++)
      if (isalpha(digits[i].ch))
         printf("%c:%c ", digits[i].ch, *digits[i].digit);
   putchar('\n');
}

int main()
{
   char s[N], t[N], digit[N];
   int n, n_chars = 0, i, val, max_n, len;
   digit_t digits[N];
```

```
    scanf("%d%s", &n, s);
    len = strlen(s);
    for (i = 0; s[i] != '\0'; i++) {
        digits[i].ch = s[i];
        if (isalpha(s[i])) {
            digits[i].digit = &digit[n_chars];
            n_chars++;
        }
    }
    for (max_n = 1, i = 0; i < n_chars; i++)
        max_n *= 10;
    sprintf(t, "%%0%dd", n_chars);
    for (i = 0; i < max_n; i++) {
        sprintf(digit, t, i);
        val = gen_value(digits, len);
        if (val % n == 0) {
            output(digits, len);
            return 0;
        }
    }
    printf("N/A\n");
    return 0;
}
```

在上面的代码中，struct digit_t 中的成员 ch 保存输入字符，digit 保存字母字符指向字符数组 digit 中元素的指针。函数 gen_value() 把输入字符串中的数字字符与字母字符所对应的数字字符按顺序组成一个字符串并转换为整数。最后一个 for 语句中的 sprintf() 把整数 i 个各个位赋给数组 digit 中的元素。因为输入字符串中的字母数量不固定，因此这个函数的格式串 t 需要由这个 for 语句前面的 sprintf() 动态生成。

第 9 章

17. 设计两组函数，第一组函数以二进制读写方式将 $n \times n$ 的二维 double 数组保存到指定的文件中和从指定的文件中读回到内存中；第二组函数以正文读写方式将同样的二维数组保存到指定的文件中和从指定的文件中读回到内存中。比较当 n 为不同数值时这两组函数的运行速度。

下面以 b_ 和 t_ 开头的分别是以二进制方式和正文方式读写二维数组的函数代码。每个函数有 3 个参数，分别是相应的二维数组 arr、数组的大小 n，以及文件指针。在 b_ 组函数中数组 arr 类型直接定义为 void *，这是因为 void * 的形参可以匹配任何指针类型的实参，并且函数 fread 和 fwrite 相应的参数类型也是 void *。在 t_ 组函数中数组 arr 类型定义为 double *，也就是一维 double 数组。因为数组列数 n 是不确定的，并且 scanf 和 printf 在读写 double 类型的数据时都需要明确数组元素的类型。因此需要在函数内部以根据数组元素排列一维数组的方式计算二维数组元素的位置。

```
void b_read(void *arr, int n, FILE *fp)
{
    fread(arr,sizeof(double), n * n, fp);
}

void b_write(void *arr, int n, FILE *fp)
```

```
{
    fwrite(arr, sizeof(double), n * n, fp);
}

void t_read(double *arr, int n, FILE *fp)
{
    int i, j;
    for (i = 0; i < n; i++) {
       for (j = 0; j < n; j++) {
           fscanf(fp, "%lf ", &arr[i * n + j]);
       }
    }
}

void t_write(double *arr, int n, FILE *fp)
{
    int i, j;
    for (i = 0; i < n; i++) {
       for (j = 0; j < n; j++) {
           fprintf(fp, "%f ", arr[i * n + j]);
       }
       fputc('\n', fp);
    }
}
```

当使用 b_ 组的函数对 double 类型的二维数组读写时，直接把数组作为实参；当使用 t_ 组的函数时，需要用 (double *) 对作为实参的数组进行强制类型转换。

23. 将命令行第一个参数指定的正文文件的各行按长度升序写到命令行第二个参数指定的文件中，长度相同的行按字符顺序升序排序。文件的行数不超过 1 000 万，且不含空行；每行的长度不超过 2 000 个字符（含换行符），文件的长度不超过 3GB。

因为文件的规模很大，所以不能直接将文件内容读入内存后再进行排序。我们可以参考【例 9-4】的做法，把文件中每行的起始位置和长度保存在一个结构数组中，再对这个数组的元素按长度升序排序，然后根据每行的起始位置读入并输出该行的内容。文件的长度不超过 3GB，因此每行的起始位置和长度都需要使用 unsigned int，每行记录需要 8 字节。文件不超过 1 000 万行，共需要 80MB，作为全局变量，常规的计算系统完全可以容纳。程序代码如下：

```
typedef struct line_t {
   unsigned int offset;
   unsigned int length;
} line_t;

line_t lines[MAX_N];
char s1[MAX_LEN], s2[MAX_LEN];
FILE *fp1, *fp2;

int cmp(const line_t *p1, const line_t *p2)
{
   if (p1->length != p2->length)
      return p1->length - p2->length;
   fseek(fp1, p1->offset, SEEK_SET);
   fgets(s1, MAX_LEN, fp1);
```

```
    fseek(fp1, p2->offset, SEEK_SET);
    fgets(s2, MAX_LEN, fp1);
    return strcmp(s1, s2);
}

int main(int argc, char* argv[])
{
    int i, n;

    fp1 = fopen(argv[1], "r");
    if (fp1 == NULL) {
        fprintf(stderr, "Can't open file %s\n", argv[1]);
        return 1;
    }
    fp2 = fopen(argv[2], "w");
    if (fp2 == NULL) {
        fprintf(stderr, "Can't open file %s\n", argv[2]);
        return 1;
    }
    lines[0].offset= 0;
    for (i = 1; fgets(s1, MAX_LEN, fp1) != NULL; i++) {
        lines[i].offset = ftell(fp1);
        lines[i - 1].length = lines[i].offset - lines[i - 1].offset;
    }
    n = i - 1;
    lines[0].length = lines[1].offset;
    qsort(lines, n, sizeof(line_t), cmp);
    for (i = 0; i < n; i++) {
        fseek(fp1, lines[i].offset, SEEK_SET);
        fgets(s1, MAX_LEN, fp1);
        fputs(s1, fp2);
    }
    fclose(fp1);
    fclose(fp2);
    return 0;
}
```

在上面的代码中，因为函数 main() 和 cmp() 需要共享变量 `fp1`、`s1`、`s2`，因此这三个变量也定义为全局变量。

24. 从标准输入上读入的 n（$1 \leqslant n \leqslant 30$）行输入数据，其中第一行是输入文件名，其余各行是显示命令。在标准输出上按显示命令规定的内容和格式输出输入文件中的数据。显示命令的格式如下：

```
<addr>, <num> <format>
```

其中 <addr> 是输出数据的首地址，即所要输出内容在输入文件中以字节为单位的位置，从 0 开始计数。<num>（1 ≤ <num> ≤ 99）是表示输出数据数量的正整数，以 <format> 所要求的数据格式为单位。全部输出数据均在输入文件的数据范围内。各字段间可以有 0 个或多个空格符。<format> 包含一个字符，说明数据的类型和输出格式，可以是以下的字母：

d　十进制整数（4 字节）

o　八进制整数（4 字节）

f　浮点数，常规表示法，保留 5 位小数（8 字节）

每个显示命令的输出结果以换行符结束，当 <num> 大于 1 时，各个数据字段之间由 1 个空格分隔。例如，设文件 f1.txt 中的内容是下列字符串：

```
abcdefghijklmnopqrstuvwxyz
```

则输入数据：

```
f1.txt
2, 2 d
2, 2 o
```

产生如下输出：

```
1717920867 1785292903
14631262143 15232264147
```

本题首先需要根据数据偏移量和数量、按指定格式对应的类型读入数据，再按格式指定输出。可能的格式既有 int 类型，也有 double 类型，因此需要定义两种不同类型的变量，分别用于不同的场合。据此可写出程序代码如下：

```
void show_data(FILE *fp, int addr, int num, int type)
{
   int i, di;
   double dd;

   fseek(fp, addr, SEEK_SET);
   for (i = 0; i < num; i++) {
      switch (type) {
      case 'd':
         fread(&di, sizeof(di), 1, fp);
         printf("%d ", di);
         break;
      case 'o':
         fread(&di, sizeof(int), 1, fp);
         printf("%o ", di);
         break;
      case 'f':
         fread(&dd, sizeof(dd), 1, fp);
         printf("%.6g ", dd);
         break;
      }
   }
   putchar('\n');
}

int main(int argc, char* argv[])
{
   char s[MAX_LEN], c;
   int addr, num;
   FILE *fp;

   scanf("%s", s);
   fp = fopen(s, "r");
   if (fp == NULL) {
      fprintf(stderr, "Can't open %s\n", s);
```

```
        return 1;
    }
    while (scanf( "%d,%d %c", &addr, &num, &c) != EOF)
        show_data(fp, addr, num, c);
    return 0;
}
```

第 10 章

20. 设计一个程序，从标准输入上读入正整数 m（$0 < m < 27$）和 n（$0 < n \leqslant m$），在标准输出上输出所有由前 m 个小写字母组成且长度为 n 的组合。

求解这道题目较简单的方法是使用一个字符数组，从左到右将符合要求的 n 个字母放入数组元素中。n 的值无法事先确定，较为简便的方法是用递归函数 comb() 实现回溯搜索。递归的深度对应于数组元素的下标，在每层递归中依次将符合要求的字母放入相应的字符元素中。当递归的深度为 n 时递归终止，并输出整个字符数组中的内容。下标为 0 的元素的字母下限是 'a'，上限是 'a'+ $m - (n - 1)$，下标为 k 的元素中允许字母的下限是第 $(k - 1)$ 个元素当前字母的第一个后续字母，上限是 'a'+ $m - (n - 1 - k)$。因此，函数 comb 需要知道当前的数组下标（递归深度）k、当前数组元素允许字母的下限 st，以及 m 和 n 的值。据此可写出程序代码如下：

```
char arr[MAX_N];
void comb(int k, int st, int m, int n)
{
    int i;
    if (k >= n) {
        puts(arr);
        return;
    }
    for (i = st; i < m - (n - 1 - k); i++) {
        arr[k] = 'a' + i;
        comb(k + 1, i + 1, m, n);
    }
}

int main()
{
    int m, n;
    scanf("%d%d", &m, &n);
    comb(0, 0, m, n);
    return 1;
}
```

在上面的代码中，使用 puts 将数组 arr 中的内容作为字符串输出，因为 arr 是全局变量，因此不必在 arr[n] 中另外再写入字符串结束符。实际上，如果将 comb() 中 for 语句的循环控制条件 i < m - (n - 1 - k) 改为 i < m，程序输出结果依然正确。解释这是为什么。

21. 从标准输入中读入一段语法正确的 C 代码，查找该程序中控制流关键字 while、for、if，按出现顺序输出其所在的位置，包括行号和该关键字首字母是该行上第几个字符。统计结果以 <关键字>：(<行号>, <首字母位置>)[, (<行号>, <首字母位置>),…] 的形式写到标准输出上，每个关键字占一行，行的结尾没有逗号。

这道题目的难点不在于找到字符序列 while、for 或 if，而在于根据这些字符序列所处的上下文，判断其是否是关键字。相关的讨论参见【例 10-3】。C 程序中有行注释和块注释，注释的界限符可以出现在字符串中，字符串的引号也可能出现在注释中。为此，可以首先删除代码中的所有注释和字符串，再查找关键字序列。对于行注释，可以直接删除其后该行所有的字符。对于块注释和字符串，如果只占一行的一部分，可以使用空格符替换其中的内容，如果是一个完整的行，可删除该行。在完成了对注释和字符串的处理之后，就可以查找字符序列 while、for 和 if。这时需要仔细判断的是，这些字符序列是否是其他标识符的一部分，只有当它们是一个独立完整的标识符时，才需要记录它们所在的行号和位置。存储结构可以使用结构数组，也可以使用链表，取决于关键字出现次数的上限是否可以预估，以及对内存的使用效率是否有特别的要求。此题的参考代码结构简单，为节省篇幅，故从略。

23. 从标准输入中读取两个以花括号界定的单词集合，每个集合中单词的个数不大于 100，可能有重复的单词；每个单词的长度不超过 36 个字符，单词间以逗号分隔，单词前后可能有空白符。将交集元素不重复地按升序写到标准输出上，元素之间以一个空格符分隔。若交集为空，则输出“NONE”。

求解此题可以有多种方法，较为简单的是使用二叉排序树。对两个集合中的单词分别采用不同的插入方法：对于第一个集合中的单词，如果二叉树中没有该单词，则将该单词插入，否则不进行任何操作。对于第二个集合中的单词，如果二叉树中已经有该单词，则对该单词进行标记，否则不进行任何操作。然后对二叉树进行中序遍历，输出二叉树中带有标记的单词。为节省篇幅，代码从略。读者可以参考第 8 章习题 14。有关的讨论参见【例 10-3】。

APPENDIX B

附录 B

vi/vim 的常用命令

命　令		功　能
光标移动	0	将光标移到当前行的第一个字符前
	$	将光标移到当前行的最后一个字符后
	h j k l	分别将光标向左、下、上、右移动一格。与键盘上的箭头键功能相同
	w	将光标沿字符序列向后移动一个单词
	b	将光标沿字符序列向前移动一个单词
插入	i	进入字符插入状态，在光标所在位置前插入字符序列
	a	进入字符插入状态，在光标所在位置后插入字符序列
	o	进入字符插入状态，在光标所在行后建立一个空行并插入字符序列
	I	进入字符插入状态，在光标所在行前插入字符序列
	A	进入字符插入状态，在光标所在行后插入字符序列
	O	进入字符插入状态，在光标所在行前建立一个空行并插入字符序列
	<Esc> 键	退出字符插入状态，回到光标移动状态
删除	x　X	分别删除光标左侧和右侧的字符
	[<n>]dw	删除 <n> 个单词。当省略 <n> 时，删除一个单词
	[<n>]dd	删除 <n> 行。当省略 <n> 时，删除一行
	D	删除从光标位置至行尾的全部内容
替换	cc	替换当前行的全部内容，进入字符插入状态
	C	替换从光标位置至行尾的全部内容，进入字符插入状态
	r	用一个字符替换光标所在位置的字符
	s	用字符串替换光标所在位置的字符，进入字符插入状态
	n1, n2 s/s1/s2/[g]	在从行号 n1 到 n2 的所有内容中查找字符串 s1，并将其替换为字符串 s2。当命令中有最后的 g 时，替换所有的 s1，否则每行只进行最多 1 次替换
查找	/<string>	查找字符串 <string>
移动	n1, n2 m[n3]	将从行号 n1 到 n2 的所有内容移动到行号 n3 的内容之后。当不指定 n3 时，将上述内容移动到光标当前所在行的下面
复制	n1, n2 t[n3]	将从行号 n1 到 n2 的所有内容复制到行号 n3 的内容之后。当不指定 n3 时，将上述内容复制到光标当前所在行的下面
杂项命令	:f	显示当前正在编辑的文件名
	:e <file>	编辑文件 <file>

（续）

命令		功能
杂项命令	:w [<file>]	将当前的编辑内容写入文件 <file> 中。当不指定文件时写入当前文件中
	:q	退出 vi
	:help	显示帮助信息
	!	强制执行，可以跟在 :e、:f、:w 等命令之后

使用 MS VC++ 6.0 IDE 创建 C 程序的基本过程

1）在 MS VC++ 6.0 IDE 的主界面下单击 File，在其选单下选择 New，如图 C-1 所示。系统弹出 New 对话框，如图 C-2 所示。

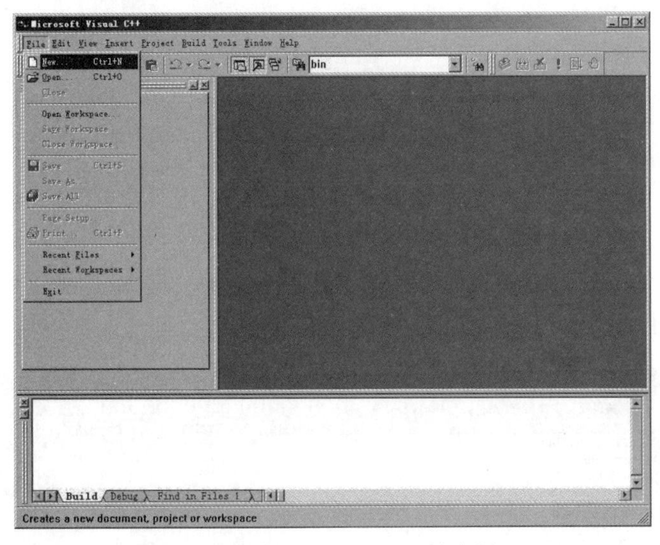

图 C-1　MS VC++ 6.0 IDE 的主界面

2）在 New（新建）对话框中选择 Projects 页面，在各种类型中选择 Win32 Console Application，在 Projects 页面的 Project name 和 Location 输入框中填入或选择适当的名称和路径，参见图 C-2。在完成上述操作后单击 OK 按钮。

3）完成步骤 2 后，系统弹出类型选择对话框，如图 C-3 所示。选择单选钮“An empty project”后，单击 Finish 按钮。

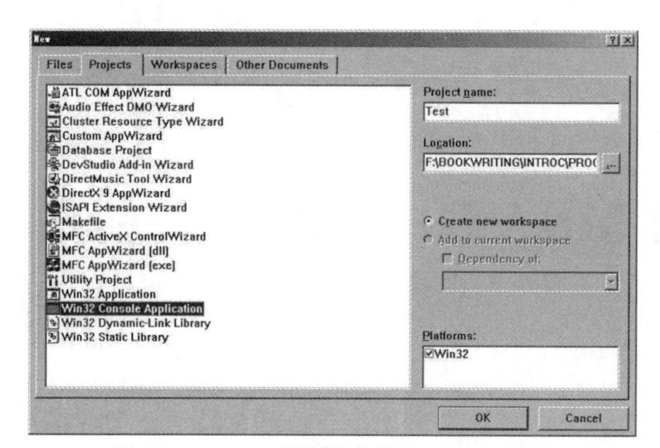

图 C-2　New 对话框中的 Projects 页面

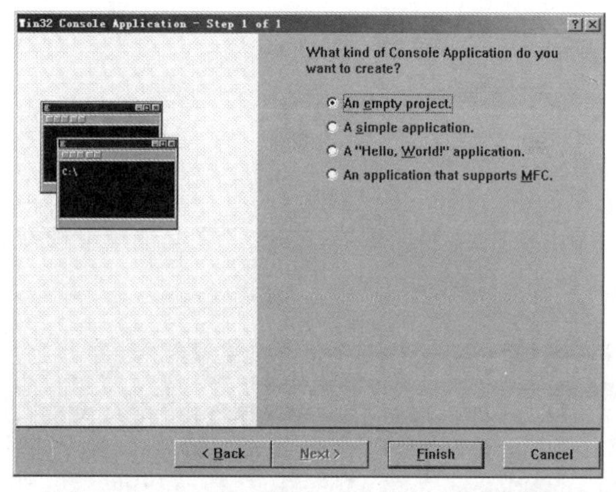

图 C-3　Console Application 类型选择对话框

4）在 File 选单下选择选单项 New，在对话框中选择 Files 页面，在各种类型中选择 C++ Source File，在 File 输入框中填入后缀为 .c 的文件名，如图 C-4 所示。单击 OK 按钮关闭对话框。

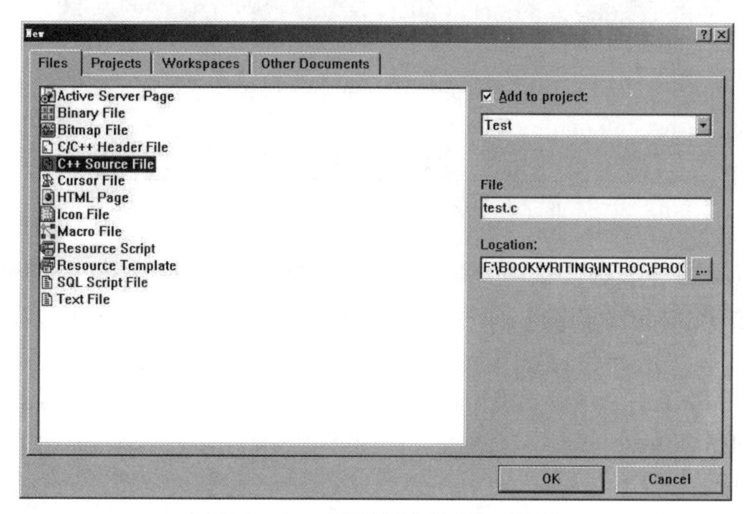

图 C-4　New 对话框中的 Files 页面

5）在 IDE 左侧窗口中选择 FileView 页面，点开 Source Files 文件夹，双击其中所要编辑的文件，在 IDE 右侧的文件窗口中打开该文件，如图 C-5 所示。

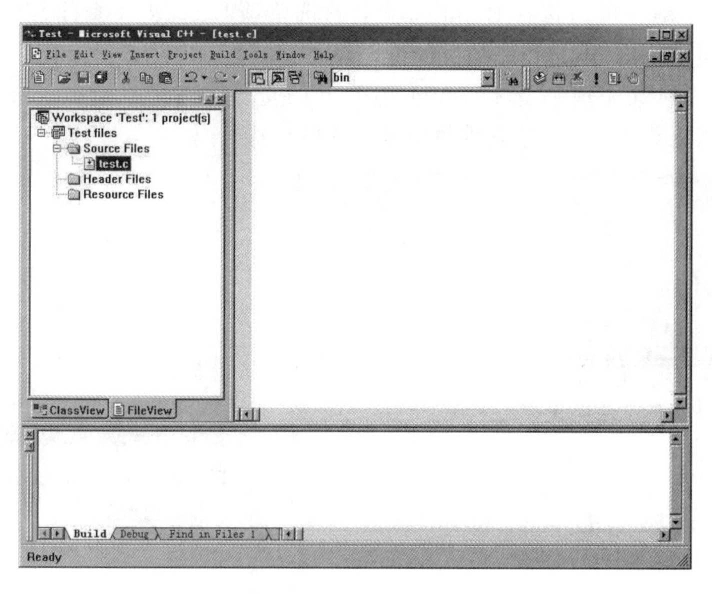

图 C-5　在主界面左侧窗口中选择所要编辑的文件

6）在文件窗口中输入程序源代码。编辑完成后选择 File 选单下的 Save 或单击 IDE 工具条上相应的按钮，保存文件。

7）选择 Build 选单下的选单项 Build < 项目名称 >.exe，或单击 IDE 工具条上相应的按钮，编译生成程序的可执行码。此时默认的可执行码是 Debug 模式。如果代码中有语法错误，系统会将错误信息显示在主界面下方窗口的 Build 页面，如图 C-6 所示。

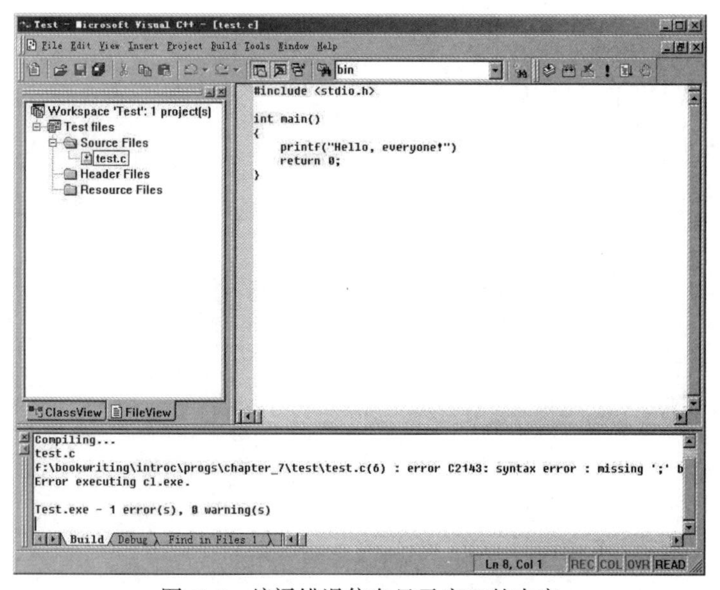

图 C-6　编译错误信息显示窗口的内容

8）根据 IDE 底部窗口中 Build 页面的编译错误信息修改程序的源代码，并重新编译生成程序的可执行码。

9）在程序正确生成后选择 Build 选单下的选单项 Execute < 项目名称 >.exe，或单击 IDE 工具条上的[!]按钮，运行程序的可执行码。

10）在程序调试完成后选择 Build 选单下的选单项 Set Active Configuration，选择 Release 模式，如图 C-7 所示。重新编译生成程序的可执行码。

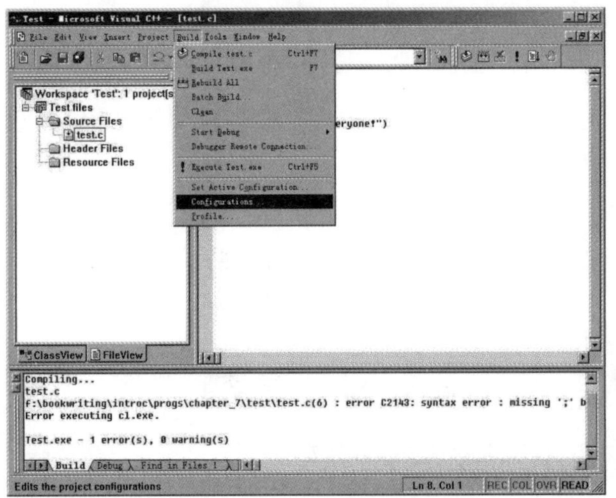

图 C-7　选择 Release 模式

APPENDIX D

附录 D

使用 CodeBlocks 创建和运行 C 程序

1. 创建 C 程序

使用鼠标在显示器的图形界面上双击 CodeBlocks 的图标，如图 D-1a 所示，就可以启动 CodeBlocks。CodeBlocks 的主界面如图 D-1b 所示。可以看出，CodeBlocks 主界面上有一行选单按钮（共 16 个），最前面的几个也是常用的几个选单按钮分别是文件 (F)、编辑 (E)、视图 (V)、搜索 (R)、项目 (P)、构建 (B)、调试 (D)，其下是两行工具按钮。再往下是主界面的主要部分，分为三个子窗口：最左侧的是管理（Management）窗口，窗口中有几个功能标签，如项目、符号等。右侧上面的大窗口上侧的标签是英文的“Start here”，意思是从这里开始，

a）CodeBlocks 图标

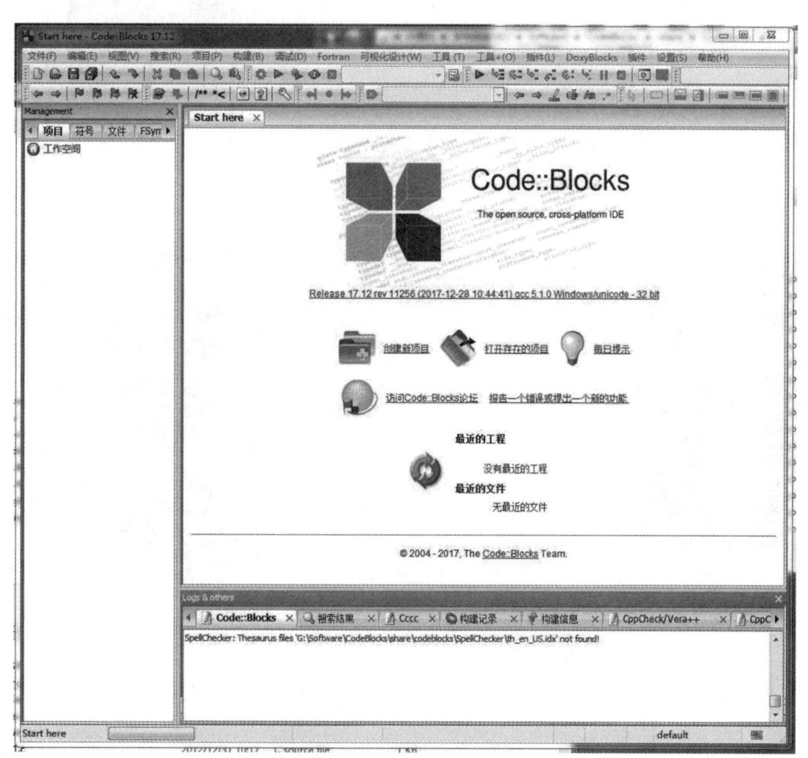

b）CodeBlocks 主页面

图 D-1　CodeBlocks

下面的空间用于显示各种信息。在刚刚启动时，这个窗口中显示的是 CodeBlocks 的版本信息，以及一些功能的快捷链接，如“创建新项目”等。右侧下面的小窗口是用来显示辅助信息的。小窗口又分为很多标签页，单击不同的标签，小窗口中会显示相应的信息，例如搜索结果、构建信息等。

使用 CodeBlocks 可以帮助我们自动创建一个最简单的 C/C++ 程序。在“ Start here”窗口中直接单击快捷链接“创建新项目”，这时 CodeBlocks 会弹出一个名为“根据模板新建”的对话框，让我们选择项目模板。双击第一行最右侧“ Console application”图标（见图 D-2a），也就是控制台应用类型，CodeBlocks 会弹出一个新的对话框，单击“前进”按钮，对话框让我们选择是建立 C 程序还是 C++ 程序（图 D-2b）。默认的选择是 C++。当我们选择 C 之后，CodeBlocks 会弹出一个“ Console application”对话框（图 D-2c）。在对话框的工程标题处填入我们所选定的项目名称，例如“ hello”，再单击“在此创建工程文件夹下面的“ ...”按钮，选择工程文件所要保存的目录（图 D-2d），再单击“下一步”按钮，在新的对话框中直接单击“完成”，CodeBlocks 就自动为我们创建好了我们的第一个程序。

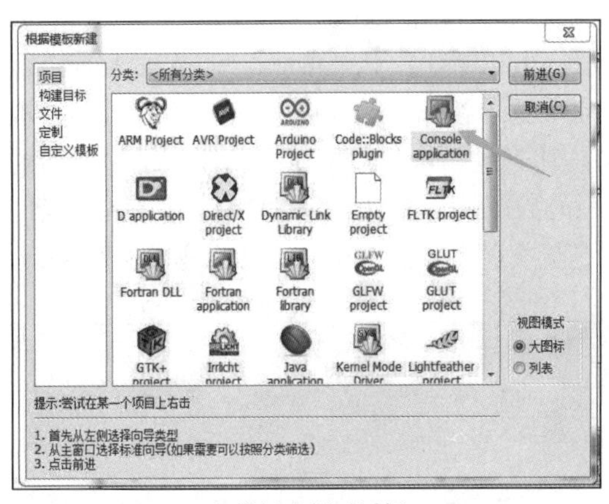

a）模板选择对话框

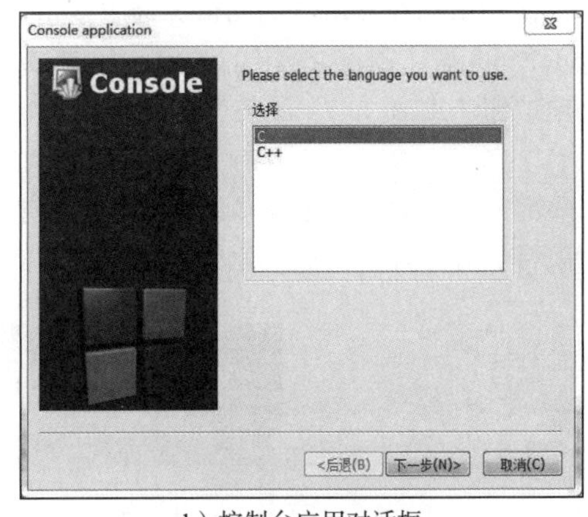

b）控制台应用对话框

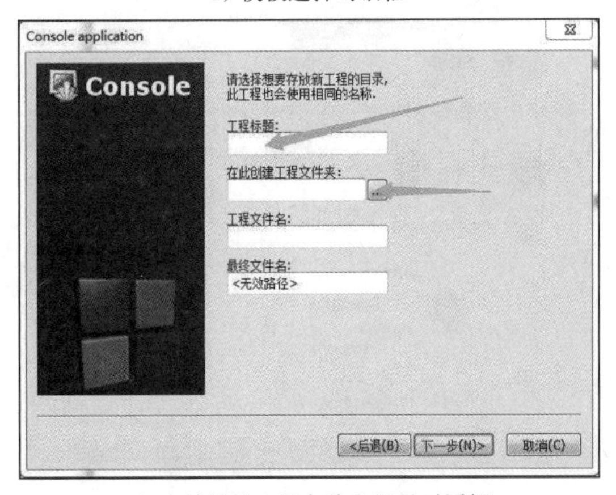

c）未填写的工程名称和目录对话框

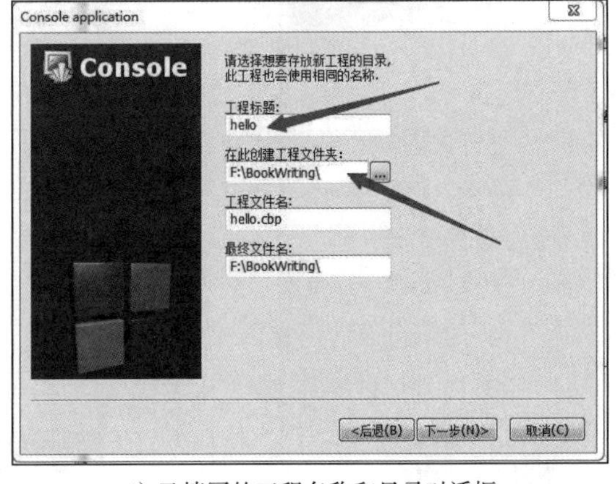

d）已填写的工程名称和目录对话框

图 D-2　项目创建时相关的对话框

我们在 CodeBlocks 左侧的管理（Management）窗口，单击“项目”标签，就可以在下面的窗口看到刚刚建立的项目 hello 的图标以及其下面的文件夹图标 Sources（图 D-3a）。图标 Sources 表示这个项目中源程序的文件夹，一个程序中可能包含多个源文件，这些源文件都被保存在 Sources 文件夹中。单击图标前的‘+’号，在文件夹下面显示出项目中当前源文件的图标和文件名（图 D-3b）。我们创建的项目中当前只有一个源文件，就是 main.c，表示这是一个 C 文件。双击这个文件图标，就会在 CodeBlocks 的主窗口生成一个名为 main.c 的标签页，显示文件中的内容，如图 D-4a 所示。

a）未展开源文件列表时的状态

b）展开源文件列表时的状态

图 D-3　项目的工作空间

2. 运行程序

在键盘上按下 F9 键，CodeBlocks 就会编译生成并运行这一程序的可执行文件。这时在显示器上会出现一个控制台窗口，如图 D-4b 所示。窗口中的第一行是“Hello world!”，第二行的英文信息说明程序的返回值是 0，运行时间是 0.515 秒，最后一行提示按任何键继续。我们在键盘上随便按一个键，例如空格键，这个命令行窗口就消失了，说明我们的程序已经退出运行。

当需要给程序指定命令行参数时，可以在“项目”选单中的“设置程序参数”对话框中设置。

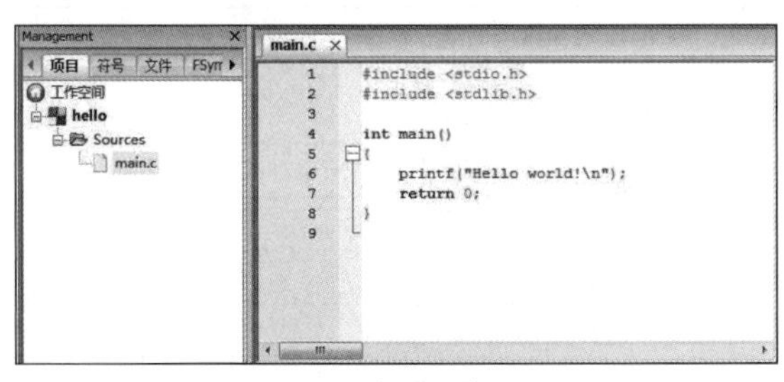

a）程序的源代码

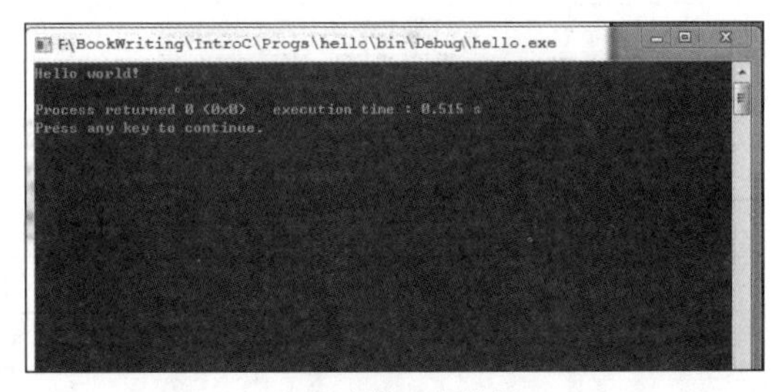

b）程序的运行结果

图 D-4　程序的代码和运行结果

CodeBlocks 是一个跨平台的集成开发环境，在 Linux、MacOS 以及 Windows 上都有相应的版本。CodeBlocks 的编辑器对不同的语法元素以不同的颜色显示，可以自动补充配对的括号和引号，显示括号和引号的匹配关系，自动补全语法关键字和标识符，自动显示标准库函数的函数原型。这些都为初学者的使用提供了方便。当然，CodeBlocks 也有不足之处。对于编程工作有直接影响的主要是：在其 17.12 及以下的版本中，在运行或调试程序时，IDE 不支持在命令行上的 I/O 重定向功能；如果项目或文件的路径名中包含有中文字符，则无法在源程序中设置断点，也不能使用调试器的其他功能。

APPENDIX E

附录 E

cc/gcc 的常用命令行选项

选　项	功　能
-c	编译但不进行链接，只生成以 .o 为后缀的目标码文件
-o <file>	将编译结果写入文件 <file> 中
-v	在标准错误输出上输出编译过程中执行的命令及程序版本号
-Wall	在标准错误输出上输出所有可选的警告级错误信息
-w	不输出任何警告级错误信息
-g	生成调试辅助信息，以便使用 GDB 等调试工具对程序进行调试
-p	加入运行剖面生成代码，以便生成可被 prof 解读的程序运行剖面数据
-pg	加入运行剖面生成代码，以便生成可被 gprof 解读的程序运行剖面数据
-O -O<n>	指定编译优化级别，<n> 可以为 1、2、3 和 s。-O 等于 -O1
-D <name> -D <name>=<def>	定义宏 <name> 等于 <def>。-D <name> 定义宏 <name> 等于 1
-I <dir>	将目录 <dir> 加入搜索头文件的目录集合中。对 <dir> 的搜索先于对标准目录的搜索
-l <library>	在函数库 <library> 中查找需要链接的函数
-L<dir>	将目录 <dir> 加入搜索链接函数库的目录集合中
-static	在支持动态链接的系统上使用静态链接库进行静态链接

APPENDIX F

附录 F

常用的标准库函数名及其头文件

本附录列出了在初级编程中较常使用的标准库函数的函数名及其功能概述。这些函数的原型及对函数的功能和使用方法的详细解释可参阅联机手册或相关的资料。

头文件名		相关功能	
<ctype.h>		字符类型判断和转换	
isalnum	是否是字母或数字	ispunct	是否是标点符号
isalpha	是否是字母	isspace	是否是空白符
iscntrl	是否是控制字符	isupper	是否是大写字母
isdigit	是否是数字	isxdigit	是否是十六进制数字字符
isgraph	是否是除空格外的可打印字符		
islower	是否是小写字母	tolower	将大写字母转换为小写字母
isprint	是否是可打印字符（含空格）	toupper	将小写字母转换为大写字母
<math.h>		数学函数	
acos, asin, atan, atan2	反三角函数	ceil	计算不小于给定浮点数的最小整数
cos, sin, tan	三角函数	floor	计算不大于给定浮点数的最大整数
cosh, sinh, tanh	双曲函数	modf	将浮点数分解为小数部分和整数部分
exp	指数函数	sqrt	求浮点数的平方根
log, log10	对数函数	fabs	计算浮点数的绝对值
pow	计算 x 的 y 次幂	fmod	计算浮点数 x/y 的浮点余数
<stdio.h>		标准输入 / 输出	
remove	删除指定的文件	fputs	向指定的字符流输出一个字符串
rename	文件改名	getc	从指定的字符流中读入一个字符
tmpfile	创建临时文件	getchar	从标准输入中读入一个字符
tmpnam	生成临时文件名	gets	从指定的字符流中读入一行字符
fclose	关闭已打开的文件	putc	向指定的字符流输出一个字符
fflush	冲刷 I/O 字符流中的缓冲数据	putchar	向标准输出写入一个字符
fopen	打开指定文件并建立相关的字符流	puts	向标准输出写入一行字符串
freopen	打开指定文件并关联到已打开的字符流	ungetc	将一个字符退回到输入字符流中
fprintf	向指定的字符流输出格式化数据	fread	以二进制方式读入数据

（续）

头文件名		相关功能	
fscanf	从指定的字符流中读入格式化数据	fwrite	以二进制方式输出数据
<stdio.h>		标准输入 / 输出	
printf	向标准输出输出格式化数据	fseek	设定字符流的读写位置
scanf	从标准输入读入格式化数据	ftell	获取字符流当前的读写位置
sprintf	向字符数组输出格式化数据	rewind	将读写位置设定到字符流的起点
sscanf	从指定字符串中读入格式化数据	clearerr	清空字符流的结束符和错误指示符
fgetc	从指定的字符流中读入一个字符	feof	测试字符流的结束符
fgets	从指定的字符流中读入一行字符	ferror	测试字符流的错误指示符
fputc	向指定的字符流输出一个字符	perror	打印系统错误信息
<stdlib.h>		常用标准函数	
abs	int 类型整数的绝对值	rand	生成伪随机数
atof	将数字串转换为 double 类型的数	srand	设置伪随机数序列的种子
atoi	将数字串转换为 int 类型的数	calloc	为指定元素大小的数组分配空间
atol	将数字串转换为 long int 类型的数	malloc	分配内存空间
labs	long int 类型整数的绝对值	realloc	改变已分配内存空间的大小
bsearch	对数组的二分查找	free	释放已分配的内存空间
qsort	对数组的快速排序	abort	使程序异常终止
getenv	获取环境变量	exit	使程序的执行正常终止
system	执行操作系统命令		
<string.h>		字符串处理	
memcpy	内存空间复制，不允许源与目标区域重叠	strncmp	比较两个字符串的前 n 个字符
memmove	内存空间复制，允许源与目标区域重叠	strchr	查找指定字符在字符串中首次出现的位置
memchr	在内存中查找指定字节首次出现的位置	strrchr	查找指定字符在字符串中最后出现的位置
memcmp	比较两个内存空间的前 n 个字节	strlen	计算字符串的长度
memset	以指定内容填充内存空间的前 n 个字节	strstr	在字符串中查找子串的位置
strcat	将一个字符串连接到另一个字符串的尾部	strspn	在字符串中查找由给定字符集合组成的串
strncat	将字符串的前 n 个字符连接到另一个字符串	strcspn	在字符串中查找由给定集合之外的字符组成的串
strcpy	将一个字符串复制到字符数组中	strpbrk	在字符串中查找给定集合中的字符
strncpy	将一个字符串的前 n 个字符复制到字符数组中	strtok	在字符串中提取符号
strcmp	比较两个字符串	strerror	根据错误编号返回错误信息
<time.h>		时间与日期	
clock	返回处理器使用的时间	difftime	计算两个时间之差
mktime	把 tm 结构的时间转换为日历时间	strftime	按格式生成时间字符串
asctime	把 tm 结构的时间转换为字符串	gmtime	把日历时间转换为 UTC 时间
ctime	把日历时间转换为本地时间字符串	time	返回以秒为单位的日历时间
localtime	把日历时间转换为 tm 结构的本地时间		

APPENDIX G

附录 G

ASCII 编码

<table>
<tr><th>十进制</th><th>十六进制</th><th>字符</th><th>十进制</th><th>十六进制</th><th>字符</th><th>十进制</th><th>十六进制</th><th>字符</th><th>十进制</th><th>十六进制</th><th>字符</th></tr>
<tr><td>0</td><td>00</td><td>NUL '\0'</td><td>32</td><td>20</td><td>SPACE</td><td>64</td><td>40</td><td>@</td><td>96</td><td>60</td><td>`</td></tr>
<tr><td>1</td><td>01</td><td>SOH</td><td>33</td><td>21</td><td>!</td><td>65</td><td>41</td><td>A</td><td>97</td><td>61</td><td>a</td></tr>
<tr><td>2</td><td>02</td><td>STX</td><td>34</td><td>22</td><td>"</td><td>66</td><td>42</td><td>B</td><td>98</td><td>62</td><td>b</td></tr>
<tr><td>3</td><td>03</td><td>ETX</td><td>35</td><td>23</td><td>#</td><td>67</td><td>43</td><td>C</td><td>99</td><td>63</td><td>c</td></tr>
<tr><td>4</td><td>04</td><td>EOT</td><td>36</td><td>24</td><td>$</td><td>68</td><td>44</td><td>D</td><td>100</td><td>64</td><td>d</td></tr>
<tr><td>5</td><td>05</td><td>ENQ</td><td>37</td><td>25</td><td>%</td><td>69</td><td>45</td><td>E</td><td>101</td><td>65</td><td>e</td></tr>
<tr><td>6</td><td>06</td><td>ACK</td><td>38</td><td>26</td><td>&</td><td>70</td><td>46</td><td>F</td><td>102</td><td>66</td><td>f</td></tr>
<tr><td>7</td><td>07</td><td>BEL '\a'</td><td>39</td><td>27</td><td>'</td><td>71</td><td>47</td><td>G</td><td>103</td><td>67</td><td>g</td></tr>
<tr><td>8</td><td>08</td><td>BS '\b</td><td>40</td><td>28</td><td>(</td><td>72</td><td>48</td><td>H</td><td>104</td><td>68</td><td>h</td></tr>
<tr><td>9</td><td>09</td><td>HT '\t'</td><td>41</td><td>29</td><td>)</td><td>73</td><td>49</td><td>I</td><td>105</td><td>69</td><td>i</td></tr>
<tr><td>10</td><td>0A</td><td>LF '\n'</td><td>42</td><td>2A</td><td>*</td><td>74</td><td>4A</td><td>J</td><td>106</td><td>6A</td><td>j</td></tr>
<tr><td>11</td><td>0B</td><td>VT '\v</td><td>43</td><td>2B</td><td>+</td><td>75</td><td>4B</td><td>K</td><td>107</td><td>6B</td><td>k</td></tr>
<tr><td>12</td><td>0C</td><td>FF '\f'</td><td>44</td><td>2C</td><td>,</td><td>76</td><td>4C</td><td>L</td><td>108</td><td>6C</td><td>l</td></tr>
<tr><td>13</td><td>0D</td><td>CR '\r</td><td>45</td><td>2D</td><td>-</td><td>77</td><td>4D</td><td>M</td><td>109</td><td>6D</td><td>m</td></tr>
<tr><td>14</td><td>0E</td><td>SO</td><td>46</td><td>2E</td><td>.</td><td>78</td><td>4E</td><td>N</td><td>110</td><td>6E</td><td>n</td></tr>
<tr><td>15</td><td>0F</td><td>SI</td><td>47</td><td>2F</td><td>/</td><td>79</td><td>4F</td><td>O</td><td>111</td><td>6F</td><td>o</td></tr>
<tr><td>16</td><td>10</td><td>DLE</td><td>48</td><td>30</td><td>0</td><td>80</td><td>50</td><td>P</td><td>112</td><td>70</td><td>p</td></tr>
<tr><td>17</td><td>11</td><td>DC1</td><td>49</td><td>31</td><td>1</td><td>81</td><td>51</td><td>Q</td><td>113</td><td>71</td><td>q</td></tr>
<tr><td>18</td><td>12</td><td>DC2</td><td>50</td><td>32</td><td>2</td><td>82</td><td>52</td><td>R</td><td>114</td><td>72</td><td>r</td></tr>
<tr><td>19</td><td>13</td><td>DC3</td><td>51</td><td>33</td><td>3</td><td>83</td><td>53</td><td>S</td><td>115</td><td>73</td><td>s</td></tr>
<tr><td>20</td><td>14</td><td>DC4</td><td>52</td><td>34</td><td>4</td><td>84</td><td>54</td><td>T</td><td>116</td><td>74</td><td>t</td></tr>
<tr><td>21</td><td>15</td><td>NAK</td><td>53</td><td>35</td><td>5</td><td>85</td><td>55</td><td>U</td><td>117</td><td>75</td><td>u</td></tr>
<tr><td>22</td><td>16</td><td>SYN</td><td>54</td><td>36</td><td>6</td><td>86</td><td>56</td><td>V</td><td>118</td><td>76</td><td>v</td></tr>
<tr><td>23</td><td>17</td><td>ETB</td><td>55</td><td>37</td><td>7</td><td>87</td><td>57</td><td>W</td><td>119</td><td>77</td><td>w</td></tr>
<tr><td>24</td><td>18</td><td>CAN</td><td>56</td><td>38</td><td>8</td><td>88</td><td>58</td><td>X</td><td>120</td><td>78</td><td>x</td></tr>
<tr><td>25</td><td>19</td><td>EM</td><td>57</td><td>39</td><td>9</td><td>89</td><td>59</td><td>Y</td><td>121</td><td>79</td><td>y</td></tr>
<tr><td>26</td><td>1A</td><td>SUB</td><td>58</td><td>3A</td><td>:</td><td>90</td><td>5A</td><td>Z</td><td>122</td><td>7A</td><td>z</td></tr>
<tr><td>27</td><td>1B</td><td>ESC</td><td>59</td><td>3B</td><td>;</td><td>91</td><td>5B</td><td>[</td><td>123</td><td>7B</td><td>{</td></tr>
<tr><td>28</td><td>1C</td><td>FS</td><td>60</td><td>3C</td><td><</td><td>92</td><td>5C</td><td>\ '\\'</td><td>124</td><td>7C</td><td>|</td></tr>
<tr><td>29</td><td>1D</td><td>GS</td><td>61</td><td>3D</td><td>=</td><td>93</td><td>5D</td><td>]</td><td>125</td><td>7D</td><td>}</td></tr>
<tr><td>30</td><td>1E</td><td>RS</td><td>62</td><td>3E</td><td>></td><td>94</td><td>5E</td><td>^</td><td>126</td><td>7E</td><td>~</td></tr>
<tr><td>31</td><td>1F</td><td>US</td><td>63</td><td>3F</td><td>?</td><td>95</td><td>5F</td><td>_</td><td>127</td><td>7F</td><td>DEL</td></tr>
</table>

APPENDIX H

附录 H

调试工具 GDB 的常用命令

- break [file:]function

  在函数入口处设置断点。
- run [arglist]

  运行待调试的程序（arglist 是程序的命令行参数）。
- bt

  显示函数调用栈的内容。
- print expr

  显示表达式的值。
- c

  使程序从断点处继续运行，直至遇到下一个断点或程序结束。
- next

  执行下一条语句。如果语句中包含函数调用，则完成对函数的调用。
- list [file:][function]

  显示指定函数的代码。若不给定函数名，则显示当前停止位置附近的代码。连续使用无函数名的 list 命令则顺序显示后面的代码。
- step

  执行下一条语句。如果语句中包含函数调用，则进入该函数并停在该函数的第一条语句上。
- help [name]

  显示关于 GDB 或指定的命令的帮助信息。
- quit

  退出 GDB。

APPENDIX I

附录 I

不同版本的 C 语言标准之间的主要区别

I.1 C99 与 C89 的主要区别

- 提高了最小编译限制，如下表所示：

限　制	C89 标准	C99 标准
数据块的嵌套层数	15	127
条件语句的嵌套层数	8	63
内部标识符中的有效字符个数	31	63
外部标识符中的有效字符个数	6	31
结构或联合中的成员个数	127	1 023
函数调用中的参数个数	31	127
源代码的最大行长（字符数）	1 023	4 095

- 引进了以 // 开头的单行注释。
- 增加了内联（inline）函数。
- 增加了 restrict 指针类型。
- 允许变量定义在代码中间，而不限于在复合语句（函数体）的开头。
- 允许 for 语句内的变量声明。
- 增加了新的类型，包括长整数类型、逻辑类型、复数类型，以及相关的头文件，如 stdbool.h、complex.h、tgmath.h、inttypes.h 等。
- 增加了可变长数组。
- 增加了指定初始化的方式，可对指定下标的数组元素赋初始值。
- 增强了 printf() 和 scanf() 函数系列的部分功能。
- 定义了一些新的库函数，如 snprintf()。
- 引进了泛型（type-generic）数值函数。
- 改进了对 IEEE 浮点计算的支持。
- 引进了复合字面值（compound literal）。
- 支持带变长参数的宏。

- ❑ 允许使用关键字 restrict 对指针进行限定，以便对代码进行更彻底的优化。
- ❑ 允许使用通用字符名称（universal character name），允许变量名包含标准字符集之外的字符，如中文等。
- ❑ 当缺少类型符时，不再假定类型是 int。
- ❑ 对部分预处理方式做了少量的修改。
- ❑ 符合 IEC 60559 的浮点数计算方式和复数计算方式。

C99 中的一些新属性是可选的，编译系统可以自行决定是否支持这些可选属性。

I.2　C11 与 C99 的主要区别

- ❑ 增加了数据对齐方式的说明。
- ❑ 增加了 _Noreturn 函数说明符。
- ❑ 使用关键字 _Generic 的泛型表达式。
- ❑ 支持多线程。
- ❑ 改进了对 Unicode 的支持。
- ❑ 使用 gets_s 取代了 gets。
- ❑ 提供了边界检查接口。
- ❑ 增加了若干用于复数创建及浮点类型查询的宏。
- ❑ 增加了原子类型和原语。

与 C99 类似，C11 的一些属性也是可选的，其中包括边界检查接口、多线程，以及在 C99 中规定为必须支持的复数类型和可变长数组。

APPENDIX J

附录 J

基本数据类型的长度

数据类型	数据长度（32 位编译器）	数据长度（64 位编译器）	备　注
char	1 字节	1 字节	
short int	2 字节	2 字节	
int	4 字节	4 字节	
unsigned int	4 字节	4 字节	
float	4 字节	4 字节	
double	8 字节	8 字节	
long	4 字节	8 字节	
unsigned long	4 字节	8 字节	
char*	4 字节	8 字节	所有类型的指针长度相同

参考文献和推荐书目

参考文献

[1] Brian W Kernighan, Dennis M Ritchie. The C Programming Language [M]. 2nd ed. Upper Saddle River, NJ: Prentice Hall, 1988.

[2] Samuel P Harbison III, Guy L Steele Jr. C 语言参考手册 [M]. 邱仲潘 , 等译 . 北京：机械工业出版社 , 2003.

[3] P J Plauger. C 标准库 [M]. 卢红星 , 徐明亮 , 霍建同 , 译 . 北京：人民邮电出版社 , 2009.

[4] Andrew Koenig. C 陷阱与缺陷 [M]. 高巍 , 译 . 北京：人民邮电出版社 , 2002.

[5] 胡显承 , 米道生 , 钱文侠 , 等 . 代数 [M]. 北京：人民教育出版社 , 1980.

推荐书目

[1] 尹宝林 . C 程序设计思想与方法 [M]. 北京：机械工业出版社 , 2009.

[2] Peter van Der Linden. C 编程专家 [M]. 徐波 , 译 . 北京：人民邮电出版社 , 2002.

[3] 张乃孝 . 算法与数据结构——C 语言描述 [M]. 北京：高等教育出版社 , 2006.

推荐阅读

C程序设计语言（第2版·新版）习题解答（典藏版）

作者：[美]克洛维斯· L.汤多　斯科特· E.吉姆佩尔　著

译者：杨涛 等 书号：978-7-111-61901-7 定价：39.00元

本书是对Brian W.Kernighan和Dennis M.Ritchie所著的《C程序设计语言(第2版·新版)》所有练习题的解答，是极佳的编程实战辅导书。K&R的著作是C语言方面的经典教材，而这本与之配套的习题解答将帮助您更加深入地理解C语言并掌握良好的C语言编程技能。

计算机程序的构造和解释（原书第2版）典藏版

作者：哈罗德·阿贝尔森　[美] 杰拉尔德·杰伊·萨斯曼　朱莉·萨斯曼

译者：裘宗燕　书号：978-7-111-63054-8 定价：79.00元

"每一位严肃的计算机科学家都应该阅读这本书。本书清晰、简洁并充满智慧，我们强烈推荐本书，它适合所有希望深刻理解计算机科学的人们。"

——Mitchell Wand，《美国科学家》杂志

本书第1版源于美国麻省理工学院（MIT）多年使用的一本教材，1996年修订为第2版。在过去的30多年里，本书对于计算机科学的教育计划产生了深刻的影响。

第2版中大部分主要程序设计系统都重新修改并做过测试，包括各种解释器和编译器。作者根据多年的教学实践，还对许多其他细节做了相应的修改。

本书自出版以来，已被世界上100多所高等院校采纳为教材，其中包括斯坦福大学、普林斯顿大学、牛津大学、东京大学等。

数据结构与算法分析——C语言描述（原书第2版）典藏版

作者：[美] 马克·艾伦·维斯（Mark Allen Weiss）著　译者:冯舜玺

ISBN：978-7-111-62195-9　定价：79.00元

本书是国外数据结构与算法分析方面的标准教材,介绍了数据结构(大量数据的组织方法)以及算法分析(算法运行时间的估算)。本书的编写目标是同时讲授好的程序设计和算法分析技巧,使读者可以开发出具有最高效率的程序。

本书可作为高级数据结构课程或研究生一年级算法分析课程的教材,使用本书需具有一些中级程序设计知识,还需要离散数学的一些背景知识。

推荐阅读

算法导论（原书第3版）

作者：Thomas H.Cormen, Charles E.Leiserson, Ronald L.Rivest, Clifford Stein
译者:殷建平 徐云 王刚 等 ISBN：978-7-111-40701-0 定价：128.00元

MIT四大名师联手铸就，影响全球千万程序员的“算法圣经”！国内外千余所高校采用！

《算法导论》全书选材经典、内容丰富、结构合理、逻辑清晰，对本科生的数据结构课程和研究生的算法课程都是非常实用的教材，在IT专业人员的职业生涯中，本书也是一本案头必备的参考书或工程实践手册。

本书是算法领域的一部经典著作，书中系统、全面地介绍了现代算法：从最快算法和数据结构到用于看似难以解决问题的多项式时间算法；从图论中的经典算法到用于字符串匹配、计算几何学和数论的特殊算法。本书第3版尤其增加了两章专门讨论van Emde Boas树（最有用的数据结构之一）和多线程算法（日益重要的一个主题）。

—— Daniel Spielman，耶鲁大学计算机科学系教授

作为一个在算法领域有着近30年教育和研究经验的教育者和研究人员，我可以清楚明白地说这本书是我所见到的该领域最好的教材。它对算法给出了清晰透彻、百科全书式的阐述。我们将继续使用这本书的新版作为研究生和本科生的教材及参考书。

—— Gabriel Robins，弗吉尼亚大学计算机科学系教授

算法基础：打开算法之门

作者：Thomas H. Cormen 译者:王宏志 ISBN：978-7-111-52076-4 定价：59.00元

《算法导论》第一作者托马斯 H. 科尔曼面向大众读者的算法著作；理解计算机科学中关键算法的简明读本，帮助您开启算法之门。

算法是计算机科学的核心。这是唯一一本力图针对大众读者的算法书籍。它使一个抽象的主题变得简洁易懂，而没有过多拘泥于细节。本书具有深远的影响，还没有人能够比托马斯 H. 科尔曼更能胜任缩小算法专家和公众的差距这一工作。

—— Frank Dehne，卡尔顿大学计算机科学系教授

托马斯 H. 科尔曼写了一部关于基本算法的引人入胜的、简洁易读的调查报告。有一定计算机编程基础并富有进取精神的读者将会洞察到隐含在高效计算之下的关键的算法技术。

—— Phil Klein，布朗大学计算机科学系教授

托马斯 H. 科尔曼帮助读者广泛理解计算机科学中的关键算法。对于计算机科学专业的学生和从业者，本书对每个计算机科学家必须理解的关键算法都进行了很好的回顾。对于非专业人士，它确实打开了每天所使用的工具的核心——算法世界的大门。

—— G. Ayorkor Korsah，阿什西大学计算机科学系助理教授